冷库实用制冷技术

第 2 版

张时正　萧自能　刘火土　编著

机械工业出版社

本书系统地介绍了我国目前冷库制冷系统方面的基本知识和有关技术要求，以及应掌握的制冷操作技术和管理方法，内容包括：冷库制冷技术基础、制冷设备、制冷压力容器的使用和管理、制冷压力管道的安全管理、氨制冷设备的操作规程、制冷系统的操作与调整、冷库的管理、制冷系统的安全技术与管理、空调及其管理、冷库事故实例分析。本书内容系统全面，语言简练，通俗易懂；书中列举了92多个冷库事故实例，并进行了剖析，实用性强。

　　本书可作为冷藏加工企业制冷操作人员及冷库管理人员的实用培训教材和参考资料，也可供相关专业的在校师生及从事冷库设计和施工的有关人员参考阅读。

图书在版编目（CIP）数据

冷库实用制冷技术/张时正，萧自能，刘火土编著．
—2 版．—北京：机械工业出版社，2015.12（2024.1重印）
ISBN 978-7-111-52199-0

Ⅰ.①冷…　Ⅱ.①张…②萧…③刘…　Ⅲ.①冷藏库—制冷技术
Ⅳ.①TB657.1

中国版本图书馆 CIP 数据核字（2015）第 279041 号

机械工业出版社(北京市百万庄大街22号　邮政编码100037)
策划编辑：陈保华　责任编辑：陈保华　崔滋恩
版式设计：霍永明　责任校对：佟瑞鑫
封面设计：马精明　责任印制：邰　敏
北京富资园科技发展有限公司印刷
2024 年 1 月第 2 版第 7 次印刷
169mm×239mm·20.25 印张·450 千字
标准书号：ISBN 978－7－111－52199－0
定价：48.00 元

序

    张时正等该书的编著者长期从事冷库制冷系统的运行和技术管理工作，并亲自参与了多起系统安全事件的处置工作，对制冷系统的运行管理和安全处置工作有丰富的经验，对制冷设备的操作也很熟悉。由张时正主持编著的《冷库实用制冷技术》一书是作者在生产第一线通过长期的探索和实践，并结合制冷理论编撰而成的。该书全面系统地阐述了制冷的基础理论知识，制冷系统的特点、组成、应用场合以及安全管理技术，并全面系统地介绍了制冷设备的操作规程及安全操作要求，还较为系统地介绍了对制冷设备的安全管理、故障判断及调整维修方面的知识和技术要点。该书结合作者的丰富实践经验，理论联系实际，搜集并详细剖析了全国各地的一些制冷系统发生事故的实际案例，提出了有针对性的处置方法。该书内容丰富、翔实，深入浅出、针对性强，对冷冻冷藏行业从事管理的技术人员和从事制冷设备操作的技术工人来说都是一本很好的工具书，可以作为对制冷设备操作人员的培训教材，也可以作为大中专院校相关专业学生的参考书。

    目前业界对制冷系统的安全运行和管理非常重视，政府监管部门也高度关注。原书出版发行后，几年来多次印刷，很受业界欢迎，并得到了很好的评价和肯定。作者在前版的基础上进行了部分删改、增补修订后使该书更加适合读者的需求，该书的再版发行对我省乃至全国的制冷界具有十分重要的意义。我们教师出一本好书都很难，他们非教育工作者出一本专著就更难了，我对他们扎扎实实、勤勤恳恳的写作精神表示敬意，对该书的再版表示祝贺，特为此书作序。

福建农林大学教授、博士生导师
福建省制冷学会副理事长兼秘书长

前　言

当前，随着国民经济的飞速发展和人民群众生活水平的不断提高，我国食品冷冻物流行业得到了迅速的发展，制冷技术的应用也日益广泛。各种类型的新冷藏库在各地不断新建，冷藏库的建设规模越来越大。引进或创新的制冷新设备、新技术在各地各行业广泛应用。国家也十分重视事关广大民生工程的冷藏物流业的发展，并进一步加强了对冷藏物流业的扶持力度。这对冷冻冷藏业来说是一个难得的发展机遇。随着人们对食品质量和食品安全越来越重视，与食品安全息息相关的食品冷链物流也被提到十分重要的位置。但是，目前由于从设计上、建设上与管理上有些地方跟不上发展的步伐，我国仍有相当数量的冷藏企业专业技术人员仍偏少，制冷设备操作人员仍然普遍缺乏，设备操作人员的技术素质仍然参差不齐，有的操作运营不科学，技术管理水平低，致使冷藏库存在较多安全隐患，不但使冷库耗能大，经济效益不高，还导致了各种安全事故的发生。例如：2013年6月3日吉林省宝源丰企业发生特别重大火灾引起氨爆炸燃烧伤亡事故；2013年8月31日上海市翁牌冷藏实业有限公司发生误操作引起大量氨气泄漏伤亡事件；2013年11月28日山东省威海市某食品公司又发生氨气泄漏重大伤亡事故等。现实对高速发展的冷藏物流行业的设计人员、企业管理人员和制冷设备操作人员提出了更高的要求，本着以人为本的精神，对于企业来说，提高企业管理者和制冷操作人员的安全技术和管理水平是一项十分迫切的重要任务。

我们多年来一直参与当地设备特检部门对压力容器及压力管道特种设备有关人员的技术培训工作，参与了相关设备的设计和安装工作。根据长期教学的经验、学员反映的普遍问题和我们在工作中的实践经验，以及我们多年来对一些冷库氨制冷的深入调查和安装制作体会，为了满足大部分学员对专门针对性教材的需求，也为了减少制冷企业安全事故的发生，我们于2011年编写出版了第1版《冷库实用制冷技术》。本书第1版出版几年来，历经几次印刷，得到了业界的认可和肯定。这次的修订再版对书中一些陈旧内容进行了删减，对一些新技术、新产品资料进行了补充，力争使内容更加完善，更具有可读性。本书比较系统地介绍了我国目前冷库制冷装置方面的安全技术要求，以及应掌握的制冷安全操作技术和安全管理方法。本书共有10章，内容包括制冷技术的一些基础知识、制冷设备、设备及制冷系统操作规程、制冷系统的操作与调整、压力容器和压力管道的使用和安全管理、冷藏库的库房管理、空调及其管理，以及制冷系统的安全事故实例分析等。在修订编写过程中，我们结合了我国制冷行业的发展及对专业技术人员、管理人员的实际要求，参考了近几年配合安全生产监督局和技术质量监督局对氨制冷企业的安全大检查的结果，在本书的内容和形式上进行了有益的探索，力求涉及面广、内容比较丰富、适用及通俗易懂。本书着重通过对职业技能及安全管理的介绍，本着突出实用性的编写指导思想，尽量精简了有关理论和有关计算等相关内容。另外，为了能进一步引起本行业人员对安全工作的重视，书中还搜集剖析了92个冷库事故实例，内容涵盖面较广，非常有针对性、警示性和教育性。

由于制冷操作人员和冷库管理人员具有一定的流动性，因此书中有少部分非冷库的内容可供参考。

本书可以作为冷藏物流企业管理人员、冷藏库管理人员，安全管理人员，以及企业制冷操作特种工的实用培训教材和参考资料，也可供相关专业的在校生及从事制冷设计和安装的有关人员参考阅读。

在本书的再版修订过程中得到了厦门集美大学张建一教授及国内贸易工程设计研究院徐庆磊教授级高工的支持和帮助，他们对书稿进行了认真的审阅和修改，同时参阅了很多同行专家的科研成果和资料，在此对他们表示衷心感谢。福建省泉州市丰泽南方设备安装有限公司的张子强总经理及黄良昌工程师、福建省正元工程设计有限公司的廖竞毅高级工程师等为本书做了大量的工作，给予了大力支持，在此也对他们表示衷心的感谢。

福建农林大学王则金教授在百忙中为本书作序，在此表示衷心的感谢！

本书的再版发行得到了泉州柏骏胶印有限公司董事长黄明峰先生及其夫人黄桂金女士在资金上的大力赞助，在此表示衷心的感谢！

由于编者水平有限，又为了尽快弥补市场上制冷操作管理与安全技术读物的需求，再版编写时间相对仓促，书中在内容上和文字上难免有错误和不妥之处，敬请读者批评指正。

于福建省泉州市冷冻行业协会

目　　录

第一章 冷库制冷技术基础

第一节 基本常识

一、冷、热概念

冷和热是两种不同的感觉，是两个相对应的概念。但物质的冷和热，只是热的程度不同，没有本质的区别。各种物质都由分子组成，每个分子都在不断地运动，分子运动产生了热能。凡是分子运动速度快的，物质的温度就比较高，就称为热；分子运动速度比较慢的，温度就比较低，就称为冷。所以用物理学的观点来解释，冷和热是相对的，只是热的程度不同而已，没有本质的区别，只能以温度的高低来衡量。两种温度的物体相接触时，就会发生传热。热量总是从温度较高的物体传向温度较低的物体，直至两物体的温度相等，能量的传递才会停止。热量决不会自发地从温度较低的物体传向温度较高的物体，这是自然界的客观规律。

自然界每年都有季节性变化，地面各种物质的温度也随着变化，这种由于气候的变化使物质变冷的过程称为天然制冷。据《中国制冷史》记载，我国使用天然冷（冰）已有 3600 多年的历史，它不仅记载的时间为世界最早，而且应用范围也最广。

在制冷技术领域内，所谓冷是指低于环境介质（自然界的水或空气）温度的状况。

二、人工制冷

人工制冷又称机械制冷，是借助于一种专门的技术装置，通过消耗一定外界的能量，迫使能量从温度较低的被冷却物体，传递给温度较高的环境介质，得到人们所需要的各种低温。这个过程就称为人工制冷。这种技术装置称为制冷装置，它通常由压缩机、热交换设备、蒸发器和节流机构等组成。

众所皆知，水不能从低处向高处流。但是，借助水泵消耗一定能量，就可以使水从低处向高处流。热量也不能从温度低处向温度高处传递，类似水泵抽水原理，借助制冷机消耗一定能量，就可以使热量从温度低处向温度高处传递。图 1-1 所示为制冷机与水泵工作原理对照。例如冷库内在低温处的热量，借助制冷机，可以把这些热量传递到温度较高的环境，即实现人工制冷。

人工制冷（机械制冷）是从 1755 年才开始的。由于我国工业化的长期滞后，才导致了近代的机械制冷从国外的输入。我国真正能掌握机械制冷技术及有规模地应用，是在中华人民共和国成立之后，特别是在改革开放之后才得以迅速发展。

三、压力

气体或液体分子对容器或管壁表面造成碰撞所产生的作用力称为压力。在容器壁或管壁单位面积上的压力称为压强，在工程上，习惯把压强称为压力。

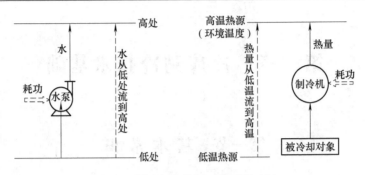

图 1-1　制冷机与水泵工作原理对照

1. 标准大气压

标准大气压又称物理大气压，是指在纬度 45°的海面上大气的平均压力，其值为 1.033kgf/cm² 或 760mmHg（相当于 101325Pa），称为 1 个标准大气压（1atm）。

2. 工程大气压

为计算方便，把大气压力 1kgf/cm²（0.098MPa）的压力，称为 1 个工程大气压（1at）。

3. 绝对压力和表压力

绝对压力是气体或液体的真实压力。表压力是指压力表上的读数，是绝对压力与大气压力之差。绝对压力、表压力及大气压力三者之间的关系为

$$p_{绝} = p_{表} + p_{大气}$$

当表压力为负数时（$p_{负}$）：

$$p_{绝} = p_{大气} - p_{负}$$

在工程上一般采用表压力，但在计算中要用绝对压力。

4. 公称压力（PN）

管子、管件、阀门等在规定的温度范围内，以标准规定的系列压力等级表示的工作压力称为公称压力。

四、公称直径（DN）

采用标准的尺寸系列来表示管子、管件、阀门等口径的名义直径称为公称直径。

五、制冷系统

通过制冷设备及专用管道、阀门、自动化控制元件、安全装置等连接在两个热源之间用于制冷目的的总成，称为制冷系统。

六、压力管道

压力管道是指利用一定的压力，用于输送气体或者液体的管状设备，其范围规定为最高工作压力≥0.1MPa（表压），介质为气体、液化气体、蒸气介质或者可燃、易爆、有毒、有腐蚀性、最高工作温度高于或者等于标准沸点的液体，公称直径≥50mm。公称直径＜150mm，且其最高工作压力＜1.6MPa（表压）的输送无毒、不可燃、无腐蚀性气体的管道和设备本体所属管道除外。

七、闪燃与闪点

在液体（固体）表面上能产生足够的可燃蒸气，遇火能产生一闪即灭的火焰的燃烧现象称为闪燃。在规定的试验条件下，液体（固体）表面能产生闪燃的最低温度称为闪点。闪点的意义非常重要，它是液体介质火灾危险性分类和管道设计布置和选材的重要依据。闪点越低，管道、设备介质泄漏引起火灾的危险性越大。

八、凝固点

液体被冷却到停止流动时的温度，称为该物质的凝固点。

九、临界状态

液体在饱和状态下，如果温度上升到某一数值（即临界温度）时，饱和液体密度与饱和蒸气密度就会相等，液体与蒸气就没有了区别，气、液两相的界面就会消失，液体不再以两种状态存在，这种状态称为临界状态。描述临界状态的主要参数有临界温度、临界压力和临界密度。

临界温度是使液体全部蒸发成气体的温度，在此温度以下对其施加压力才能使介质液化，在此温度以上不管对其施加多大的压力都不能使其液化。

临界压力是指气体在临界温度下，使其液化所需要的最低压力。

临界密度是指气体在临界温度和临界压力下的密度。

十、管道绝热

压力管道的保温与保冷统称为管道绝热。

十一、机械负荷

为维持制冷系统的正常运转，制冷压缩机负载所带走的热量流量值，称为压缩机的机械负荷。

十二、温度

温度是用来表示物质冷和热的程度。衡量温度的标准有三种：摄氏温度、华氏温度和热力学温度。

1. 摄氏温度

在标准大气压下，把水的结冰温度作为 0 度，把沸点温度作为 100 度，在 0 度与 100 度之间平均分成 100 份，每一份作为 1 度。这个温度标准就称为摄氏温度，用℃表示。

2. 华氏温度

在标准大气压下，把水的结冰温度作为 32 度，沸点温度作为 212 度，在 32 度与 212 度之间平均分为 180 份，每一份作为 1 度。这个温度标准称为华氏温度，用℉表示。

3. 热力学温度

把水在标准大气压下的冻结点作为 273.15 度，水的沸点作为 373.15 度，把物质中的分子全部停止运动之点作为 0 度，这个温度标准称为热力学温度（也称绝对温度），用符号 K 表示。

热力学温度与摄氏温度有如下关系：

$$T = t + T_0$$

式中　t——摄氏温度（℃）；

　　T_0——水冰点的热力学温度（K），$T_0 = 273.15K$；

　　T——热力学温度（K）。

计算中一般取 $T_0 = 273K$，0℃ = 273K，热力学温度没有负值。

十三、设计温度

设计温度是指正常操作或运行过程中，由压力和温度构成的最苛刻条件下管道可能承受的最高或最低温度。

十四、过热度与过冷度

在一定的压力下，温度高于饱和温度的蒸气，称为过热蒸气。过热蒸气超过相同压力下饱和温度的差异，称为过热度。一般情况下，制冷压缩机的吸入气体也是过热蒸气，其吸气过热度为 5 ~ 12℃ 是属于正常的。氟利昂制冷压缩机的吸气过热度比氨压缩机要大得多。

在一定的压力下，温度低于饱和温度的液体，称为过冷液体。过冷液体的温度较相同压力下饱和温度低的数值，称为过冷度。

十五、冷凝与升华

物质在饱和温度下由气态转变为液态的过程称为冷凝。我们在日常生活中容易见到水蒸气凝结成水的现象，即当水蒸气遇到低于其饱和温度的壁面就会凝结成水。

物质从固态直接变成气态的过程称为升华。日常生活中碰到将樟脑丸放在空气中或衣柜里会逐渐消失，这是升华的典型例子。

十六、热量

分子运动所具有的热能量称为热量。它是能量的一种形式，是表示物体吸收或放热多少的物理量。在国际单位制（SI）中，热量的单位用焦耳（J）或千焦耳（kJ）表示。工程上根据传统的习惯还用卡（cal）或千卡（也叫大卡，kcal）表示，但按我国规定卡（或千卡）都是非法定单位。在标准大气压下，将 1g 的水加热或冷却，温度升高或降低 1℃，所吸收或放出的热量为 1cal。

焦耳与卡的换算关系：1J = 0.2389cal。

1. 比热容

单位质量的热容叫比热容。即单位质量的物体温度升高或降低 1K 所吸收或放出的热量称为该物体的比热容，也称为质量热容。比热容的单位一般为 kJ/（kg·K）。此外，还有体积热容和摩尔热容。

物体的比热容除了与物体的性质有关之外，还与物体所处的温度有关。如多脂冻鱼的比热容在冻结点以上为 2.395kJ/（kg·K），在冻结点以下为 1.55kJ/（kg·K）；冰激凌的比热容在冻结点以上为 2.75kJ/（kg·K），在冻结点以下为 1.585kJ/（kg·K）。所以严格地讲，任何物体的比热容都不是常数，温度变化时比热容也随着改变。

表 1-1 列举了几种常用食品的比热容。

表1-1　常用食品的比热容

食品名称	最高冻结温度/℃	比热容/〔kJ/(kg·K)〕	
		冻结前	冻结后
鸡蛋（鲜蛋）	-1	3.18	1.67
牛肉（冷却）	-1.5	3.18	1.77
猪肉（冷却）	-1.7	2.26	1.34
鱼（一般鲜鱼）	-2.22	3.43	1.80
牛乳	-0.56	3.85	1.93
鲜家禽	-2.8	3.18	1.76
苹果	-2	3.85	1.88
香蕉	-1	3.74	1.76
橘子	-1.05	3.77	1.93
桃子	-1.1	3.77	1.93
梨子	-2	3.85	1.88
西瓜	—	4.06	2.01
土豆	-1.5	3.43	1.80
洋葱	-0.72	3.77	1.93

2. 显热与潜热

物体在被加热或被冷却时有温度变化，而没有状态（相态）变化时，所加给或放出的热量称为显热。例如，在0.1013MPa气压下对水进行加热，使水的温度逐渐升高，所加的热量称为显热。

物质分子可以聚集成固体、液体、气体三种状态，简称为物质的三态。在一定条件下，物态可相互转化，称为物态变化，也叫相变。

物质发生相变（物态变化），在温度不发生变化时吸收或放出的热量称为潜热。按相变过程种类的不同，潜热有汽化热、熔化热和升华热三种。例如，在0.1013MPa气压下把水加热到沸点100℃时，继续加热，水的温度没有变化，此时所加的热量使水在沸腾状态下变成水蒸气，温度始终为100℃，此时所给的热量即为汽化热。显热和潜热的单位都是kJ/kg，它表示改变每千克物质的状态所吸收或放出的热量。

3. 制冷量

在单位时间内从被冷却的物质或空气中移去的热量，称为制冷量。制冷量法定单位是W（或kW）。以往习惯上也有用kcal/h（大卡/小时）及冷冻吨（即"冷吨"）。其换算关系：

1W = 3.6kJ/h = 0.8599kcal/h = 2.843 × 10⁻⁴美国冷吨 = 2.59 × 10⁻⁴日本冷吨 = 2.395 × 10⁻⁴新英国冷吨。

十七、蒸发与沸腾

物质分子可以聚焦成固、液、气三种状态。在一定条件下，物态可以相互转化，称为物态变化。

物质从液态转变成气态的过程称为汽化。物质的汽化有两种方式，即蒸发和沸腾。

在任何温度下，液体表面发生的汽化现象，叫作蒸发。液体的温度越高，表面越大，蒸发速度进行得越快。在相同的外界条件下，不同的物质蒸发的快慢也不相同，这是由于各物质分子间的引力大小不同，分子飞离液面所需动能不一样所致。

对液体加热到一定温度时，（例如把水烧开时）液体内部便产生大量气泡，气泡上升到液面破裂放出大量水蒸气。这种在液体表面和内部同时进行得剧烈汽化的现象叫作沸腾。把液体沸腾时的温度叫作沸点。在相同的压力下，各种液体的沸点是不相同的。例如，在 0.1MPa 下，水的沸点是 100℃，氨液的沸点是 - 33.4℃。对同一种液体来说，压力减小，则沸点降低。由于高山上大气压低于地面，所以在高山上烧开水，不到 100℃ 就沸腾了。

制冷剂在蒸发器内吸收了被冷却物体的热量后，由液态制冷剂汽化为蒸气，这个过程是沸腾。当蒸发器内的压力一定时，制冷剂的汽化温度就是与其对应的沸点，在制冷技术中，习惯上把沸腾温度称为蒸发温度。

十八、空气的湿度

自然界中的空气（大气）是由于空气、水蒸气等组成的混合物。通常把含有水蒸气的空气叫作湿空气，把不含水蒸气的空气叫作干空气。干空气中主要成分的容积组成（体积分数）如下：氮气（N_2）为 78.09%；氧气（O_2）为 20.95%；氩气（Ar）为 0.93%；二氧化碳（CO_2）为 0.03%。

自然界单纯的干空气是不存在的，如果不特别指出，我们所说的"空气"就是指湿空气。

空气中含有水蒸气的数量，称为空气的湿度，它代表空气干湿的程度。

1. 绝对湿度

在标准状态（0℃，10^5Pa）下，单位体积湿空气中的水蒸气质量称为绝对湿度，常用单位为 g/m^3。

2. 相对湿度

空气中所含水蒸气的密度与同一温度下饱和空气中所含水蒸气密度的百分比值，称为相对湿度，其值用百分数表示。如相对湿度为 0 时，表示空气完全干燥；相对湿度为 100% 时，表示空气湿度最大，达到饱和状态。

3. 露点

含有一定量水蒸气的空气，当温度降低时，其水蒸气密度逐渐增大，当水蒸气达到完全饱和时开始凝结的温度称为该空气的露点。空气的露点温度即为相对湿度达到 100% 时的温度。在制冷工程中，经常会遇到结露现象，例如在冷藏库的冷藏门上，在出库的货物上有时会出现凝结水或结霜，在压缩机的吸气管道处会出现这种现象，低压容器放油操作后期也会出现这种由结露到结霜的现象。

　　在露点温度下，空气中的水蒸气成为饱和水蒸气，部分水蒸气会凝结成露，呈露状黏附在物体表面，如果露点温度低于0℃，则水蒸气凝结成霜状。此时饱和空气的干球温度、湿球温度、露点温度相等。不同温度和相对湿度下的空气露点温度可以从表1-2中查得。

表1-2　不同温度和相对湿度下的空气露点温度

相对湿度（%）	温度/℃								
	60	65	70	75	80	85	90	95	100
	空气露点温度/℃								
+30	+20.9	+22.3	+23.6	+24.8	+25.9	+27.0	+28.1	+29.1	+30.0
+28	+19.0	+20.4	+21.7	+22.9	+24.0	+25.1	+26.1	+27.1	+28.0
+26	+17.2	+18.5	+19.8	+21.0	+22.1	+23.1	+24.1	+25.1	+26.0
+24	+15.3	+16.6	+17.8	+19.0	+20.1	+21.1	+22.1	+23.1	+24.0
+22	+13.4	+14.7	+15.9	+17.0	+18.1	+19.1	+20.1	+21.1	+22.0
+20	+11.5	+12.8	+14.0	+15.1	+16.2	+17.2	+18.2	+19.1	+20.0
+18	+9.9	+10.9	+12.1	+13.2	+14.2	+15.2	+16.2	+17.1	+18.0
+16	+7.7	+9.0	+10.2	+11.3	+12.3	+13.3	+14.3	+15.2	+16.0
+14	+5.8	+7.0	+8.2	+9.3	+10.3	+11.3	+12.3	+13.2	+14.0
+12	+3.9	+5.1	+6.3	+7.4	+8.4	+9.4	+10.3	+11.2	+12.0
+10	+2.1	+3.3	+4.4	+5.4	+6.4	+7.4	+8.3	+9.2	+10.0
+8	+0.3	+1.4	+2.5	+3.5	+4.5	+5.4	+6.3	+7.2	+8.0
+6	−1.5	−0.4	+0.7	+1.7	+2.7	+3.6	+4.4	+5.2	+6.0
+4	−3.2	−2.1	−1.1	−0.2	+0.7	+1.6	+2.5	+3.3	+4.0
+2	−4.9	−3.9	−3.0	−2.1	−1.2	−0.3	+0.5	+1.3	+2.0
±0	−6.5	−5.5	−4.6	−3.7	−2.9	−2.1	−1.3	−0.6	±0.0
−2	−8.4	−7.4	−6.4	−5.6	−4.8	−4.0	−3.3	−2.6	−2.0
−4	−10.3	−9.3	−8.3	−7.5	−6.7	−6.0	−5.3	−4.6	−4.0
−6	−12.1	−11.2	−10.3	−9.5	−8.7	−8.0	−7.3	−6.6	−6.0
−8	−13.9	−13.9	−12.2	−11.4	−10.7	−10.0	−9.3	−8.6	−8.0
−10	−15.4	−14.8	−14.1	−13.3	−12.6	−11.9	−11.2	−10.6	−10.0
−12	−17.7	−16.7	−15.9	−15.1	−14.4	−13.8	−13.2	−12.6	−12.0
−14	−19.8	−18.8	−17.9	−17.1	−16.4	−15.8	−15.2	−14.6	−14.0
−16	−21.9	−20.9	−20.0	−19.2	−18.5	−17.8	−17.1	−16.5	−16.0
−18	−24.1	−23.0	−22.2	−21.4	−20.9	−19.8	−19.1	−18.5	−18.0
−20	−26.2	−25.2	−24.2	−23.4	−22.6	−21.8	−21.1	−20.5	−20.0

十九、压缩、膨胀和节流膨胀

1. 压缩

使气体物质体积减小、密度增大、压力升高的过程称为压缩。在压缩气体时，必须对气体做功。例如，氨压缩机压缩氨蒸气使氨气压力升高。

2. 膨胀

使气体物质比体积增大、密度减小、压力降低的过程称为膨胀。

3. 节流膨胀

流体在管道中流动，通过阀门、孔板等设备时，由于流通截面突然缩小，使流量受到限制，而后流通截面增大，造成流体压力下降，比热容增大的现象称为节流膨胀。

二十、制冷系数

在制冷压缩循环中，所产生的制冷量与所消耗的功量之比，称为制冷系数，常用符号 ε 表示，即

$$\varepsilon = q_0 / W_0$$

式中　　q_0——单位质量制冷量（kJ/kg）；

　　　　W_0——单位理论功（kJ/kg）。

　　或　　　　　　　　　　$\varepsilon = G q_0 / G W_0 = Q_0 / P$

式中　　G——压缩机的质量流量（kg/s）；

　　　　Q_0——压缩机的制冷量（kW）；

　　　　P——压缩机的理论功率（kW）。

制冷系数是考核制冷机循环性能优劣的一个重要技术经济指标。制冷系数越大，则制冷循环的经济性越好。制冷系数与制冷循环的各种参数、制冷剂的种类及设备操作方法等因素有关。

二十一、热力学第一定律

能量既不能被创造，也不能被消失，各种形式的能可以互相转换，但不能增多，也不会减少，其总量保持不变。热力学第一定律也就是讨论热能和机械能相互转变时的能量守恒和转换定律在热力学上的应用。

二十二、热力学第二定律

热力学第二定律包括以下两个说法：

1）热量不能自发地、不付出代价地由低温物体传向高温物体。因为热量由低温物体转移到高温物体时，必然要消耗外界的功。

2）要使热量全部而且连续地转变为机械功是不可能的（永动机的假想是不可能实现的），因为由热能转变为功时，伴随而来的必然会有热量的损失。

根据热力学第二定律，通过实践可以清楚地知道，温度较高的物体能够自动地把热量转移到温度较低的物体。而温度较低的物体则不能自动地把热量传递给温度较高的物体。

制冷系统就是根据热力学第二定律，用消耗机械能或热能作为补偿条件，把热量从低温热源（需要制冷的场所，如冷库、会场、房间）转移到高温热源（如冷凝器中的冷却水、空气等）以达到制冷的目的。

二十三、道尔顿定律

在制冷系统中，经常会遇到几种成分混合而成的气体，如氨系统冷凝器中氨气和空气的混合气体。混合气体的热力性质与其组成成分及所处的温度和压力有关。

道尔顿定律是关于混合气体分压力的定律，其定义是：几种不同气体混合时，混合气体的总压力等于各组成气体之和，即

$$p = p_1 + p_2 + p_3 + \cdots + p_n$$

式中　　　　p——混合压力的总压力（MPa）；

p_1、p_2、$\cdots$、p_n——各组成气体的分压力（MPa）。

因此，在制冷系统中混入空气后会使压缩机的排气压力升高，这对制冷机工作时的经济性是不利的，所以制冷系统必须经常进行放空气。

必须指出，在混合气体中各组成气体互相起化学反应时，道尔顿定律是不适用的。

二十四、共沸制冷剂和非共沸制冷剂

1. 共沸制冷剂

共沸制冷剂是由两种或两种以上互溶的单组分不同的制冷剂在常温下按一定的质量比或容积比相互混合而成的制冷剂。它与单组分制冷剂一样，在一定的压力下具有恒定沸点，而且在饱和状态下气液两相的组分相同。但共沸溶液制冷剂的热力性质不同。例如，在相同的工作条件下，蒸发温度变低，制冷量增大，压缩机排气温度降低，化学稳重性增加等。对封闭式压缩机，共沸溶液制冷剂可以使电动机得到更好的冷却，电动机绕组的温升也可以得以减少。这样一来，就可以达到改善和提高制冷循环性能的目的。

常见的共沸制冷剂有 R504、R507A、R508、R509 等。

2. 非共沸制冷剂

非共沸制冷剂是由两种或两种以上不形成共沸的单组分制冷剂混合而成的制冷剂。其溶液在加热时，虽然都在相同的蒸发压力下，但是易挥发的组分蒸发的比例大，难挥发的组分蒸发的比例小。因而其气相、液相的组成不同，而且在整个蒸发过程中温度值是变化的。在冷凝过程中也有类似的特性。

非共沸制冷剂在相变过程中的不等温，更适宜用于变温热源，对降低功耗、提高制冷系数有利，同时可降低压缩比，使单级压缩机获得更低的蒸发温度。

目前常见的非共沸制冷剂有 R402A、R402B、R403A、R403B、R404A、R407C 等。

二十五、传热的基本方式

在自然界中，如果两种物体在一起接触，温度高的物体的热量总是向温度低的物体转移。无论固态、液态和气态物质都一样。热量转移通过热传导、对流换热和辐射换热三种基本方式进行。在制冷技术中，三种基本传热方式往往同时存在于换热过程之中。

1. 热传导

热传导简称导热，是指热量从物体的一部分传递到另一部分或从一个物体传递到与之直接接触的另一个物体。热传导有单层平面导热及多层平面导热。例如冷藏库的外墙外表面温度高于库内墙内表面温度时，热量以导热的方式由外墙的外表面经冷库墙体传给库内墙的内表面。

不同物质有不同的热导率，如聚氨酯的热导率为 0.035～0.47W/（m·℃），木材的热导率为 0.17～0.23W/（m·℃），砖的热导率为 0.58～0.93W/（m·℃），混凝土的热导率为 0.93～1.28W/（m·℃），钢筋混凝土的热导率为 1.40～1.51W/（m·℃），水的热导率为 0.54～0.58W/（m·℃），冰的热导率为 2.27～2.33W/（m·℃）（是水的 4 倍），钢的热导率为 46.52～58.15W/（m·℃），铝的热导率为 204.69W/（m·℃），铜的热导率为 348.9W/（m·℃）。

2. 对流换热

通过物质分子的运动来进行传递热量的方式称为对流换热。对流换热有自然对流换热和强制对流换热。对流换热只能在液体和气体中产生。对流换热的强弱程度和流体的种类、流速、温度、质量等因素有关。

3. 热辐射

宇宙中一切物体都以一种电磁波的方式向四周传送出它的热能，这种传热现象总称为热辐射。热辐射与热传导和对流换热不同，它的特点是热能通过电磁波来进行能量传递的，因此它不需要任何介质做媒介。它的另一个特点是在物体进行辐射时，还伴随着能量形式的转变，即热能先转变为辐射能，向外通过空间传递到另外一个别的物体后，再由辐射能转变为热能，被第二个物体所吸收。太阳将热能传至地球，就是热辐射的一个例子。物体在任何温度下（只要是高于 0K）都要放射和吸收辐射。因此，即使在冷藏库的低温条件下，库房内物体之间同样存在着热辐射，只是其辐射能量相当微弱罢了。热辐射量的大小除了与热源和周围物质的温差大小有关外，还与物体表面的性质有关。一般的制冷工程中辐射热比例很小，可以忽略不计。

在制冷技术中，热量传递的各种基本方式往往是同时存在的。

二十六、不凝性气体

在冷库制冷系统中，由于压缩机压缩排气高温时润滑油的分解，制冷剂纯度不够，制冷剂接触污物后的分解，系统负压运行时由于制冷装置不密闭或压缩机加油时不慎把空气吸入系统内，以及冷库投产前和设备、管道维修后对制冷系统的空气排除不干净等原因，使制冷系统内含有 O_2、N_2、H_2、Cl_2、水汽和其他碳氢化合物的混合气体，这些混合气体同制冷剂在制冷系统中循环中不能被液化，被称为不凝性气体。它们的存在，使冷凝器内增加了这部分不凝性气体的分压力，造成冷凝压力升高，冷凝器的传热效果下降，耗能量增加，而且混合气体中的水分和 O_2 会加剧对润滑油的氧化。因此，在制冷系统中若有不凝性气体存在，就必须及时把它排出来。各地操作人员习惯把系统中不凝性气体称为空气，因此也把排除不凝性气体操作称为制冷系统放空气操作。

二十七、"冷桥"对冷库建筑的影响

冷桥实际上是传递热量的"桥梁"。在相邻库温不同的库房或库内外之间，由于建筑结构的联系构件或隔热层中断都会形成冷桥。例如，上下层不同库温之间库房的连接柱子、外墙与楼板连接的拉杆、管道穿墙引起松散隔热材料下沉脱空等，都会形成冷桥。

由于联系构件的冷桥所采用的材料一般隔热性能较差，在冷桥处容易出现结冰霜现象，如果不加以处理，不但会造成冷量损失，还因热量不断地传入，在冷桥处结霜和结冰的面积会逐渐扩大，时间长了就会导致冷桥附近隔热层和结构构件的损坏。它是冷库土建工程破坏的原因之一。

二十八、冻融循环

将含水量达到饱和状态的材料放置于低温环境中冻结，然后再置于常温环境中解冻，这样的过程称为一次冻融循环。

在冷库内，结构体系长期处于低温、高温以及温度、湿度变化频繁的环境中，结构表面和内部所含的水分会交替出现冻结和融化现象。这种现象称为冻融循环。

二十九、制冷压缩机的工况

压缩机铭牌上标注的制冷量是在规定的各种名义工况下测得的冷量，叫作名义制冷量。由于实际工况常常有别于名义工况，所以不能直接把名义工况作为设计工况下的制冷量来进行选型。但名义制冷量毕竟是衡量压缩机工作能力的一种重要指标，它们常常会出现在制造厂家提供的产品样本、使用说明等资料中及机器的标牌上。为了避免可能出现的混淆，我国 20 世纪 80 年代以前的标准对各种形式的制冷压缩机规定了两种名义工况，即标准工况和空调工况（见表 1-3）。目前，新的标准中对各种形式的制冷压缩机规定了三种名义工况，即高温工况、中温工况和低温工况，见表 1-3 ~ 表 1-7。

表 1-3　活塞式制冷压缩机的标准工况和空调工况

工况	制冷剂	冷凝温度/℃	蒸发温度/℃	过冷温度/℃	吸入温度/℃
标准工况	R717	30	−15	25	−10
	R22	30	−15	25	15
	R502	30	−15	25	15
空调工况	R717	40	5	35	10
	R22	40	5	35	15

表 1-4　全封闭活塞式制冷压缩机名义工况

工况	制冷剂	冷凝温度/℃	蒸发温度/℃	过冷温度/℃	吸入温度/℃	环境温度/℃
高温工况	R22	54.4	7.2	46.1	35	35±3
低温工况	R22、R12、R502	30	−15	25	15	

表 1-5　小型活塞式单级制冷压缩机名义工况

使用温度	制冷剂	吸入压力饱和温度/℃	吸入温度/℃	排出压力饱和温度/℃	制冷剂液体温度/℃
高温	R12	7	18	49	44
	R22	7	18	49	44
中温	R12	−7	18	43	38
	R22	−7	18	43	38
低温	R22	−23	5	43	38
	R502	−23	5	43	38

表1-6　中型活塞式单级制冷压缩机名义工况

使用温度	制冷剂	吸入压力饱和温度/℃	吸入温度/℃	排出压力饱和温度/℃		制冷剂液体温度/℃	
				低冷凝压力	高冷凝压力	低冷凝压力	高冷凝压力
高温	R12	7	18	43	55	38	50
	R22	7	18	43	55	38	50
中温	R22	−7	18	35	55	30	50
	R717	−7	1	35	—	30	—
低温	R22	−23	5	35	—	30	—
	R502	−23	5	35	—	30	—
	R717	−23	−15	35	—	30	—

表1-7　中型活塞式双级制冷压缩机名义工况

制冷剂	吸入压力饱和温度/℃	低压级吸气温度/℃	排出压力饱和温度/℃	制冷剂液体温度、高压级吸气温度/℃
R22	−40	−10	35	中间压力饱和温度+5
R502	−40	−10	35	中间压力饱和温度+5
R717	−40	−20	35	中间压力饱和温度+5

第二节　制冷原理

实践告诉我们，热量只能自发地从高温物体向低温物体转移，而不能自发地由低温物体向高温物体转移。正像水总是由高处流向低处一样。在冷藏库里，食品在低温环境下进行冷却、冻结和冷藏，并放出热量。只有不断地将库内的热量转移到外界环境中去，才能维持库内的低温，这就必须借助人工机械制冷的方式来实现。蒸气压缩式制冷装置是在消耗一定外功的条件下，利用物质的状态变化，将热量由低温物体（被冷却物体）转移到高温物体中去，从而达到制冷的目的。

一、单级压缩制冷循环

1. 单级压缩制冷循环系统原理

蒸气压缩式制冷系统由压缩机等制冷设备用各种管道连接组成，制冷剂在系统中不断进行制冷循环，达到连续制冷的目的。单级制冷系统的工作原理如图1-2所示，它由制冷压缩机、冷凝器、膨胀阀和蒸发器等组成，并用管道依次连接，构成一个封闭的制冷系统。

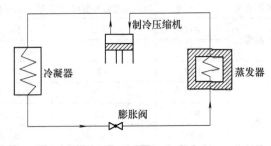

图1-2　压缩机制冷系统原理图

图 1-2 中制冷压缩机用来对制冷剂气体进行压缩，把低压的气体压缩成高温高压的气体。

冷凝器用来对制冷压缩机排出的高温高压的制冷剂气体进行冷却和冷凝，使其放热，在一定的压力和温度下，把气体液化成制冷剂液体。

节流阀的作用是在于将高温高压的制冷剂液体减压，节流膨胀成低压低温的液体制冷剂。

蒸发器把节流膨胀后的低压低温制冷剂液体，从周围介质中吸热汽化成为气体，此时就使得周围介质温度降低。

制冷压缩机、冷凝器、节流阀和蒸发器只是制冷系统中必不可少的四大部件，在一般制冷系统中，为了保证系统的可靠运行和提高制冷效率及便于操作，一般还必须根据制冷机选择配置油分离器、中间冷却器、贮液器、辅助贮液器、低压循环贮液器、氨液分离器和控制阀门等多种辅助设备，才能不断有效地进行可靠的制冷工作。

采用单级压缩制冷循环一般用在 -15℃ 系统，即用于食品冷却、制冰、冰库及果蔬冷藏库等制冷系统。

2. 单级压缩制冷循环的几种基本循环形式

单级压缩制冷循环是制冷系统中最简单的制冷循环，但也是其他制冷循环的基础。按照制冷剂进入压缩机和节流阀前的不同状况，单级压缩制冷循环有以下几种循环形式。

（1）饱和压缩制冷循环　制冷剂进入压缩机气缸时为干饱和蒸汽，进入节流阀时为饱和液体的制冷循环，称为饱和压缩制冷循环，如图 1-3 所示。

图 1-3 所示为蒸发器内等温等压的液体蒸发汽化过程：1—2 为制冷剂在压缩机中的等熵绝热压缩过程，2—3—4 为制冷剂在冷凝器内的等压冷却和冷凝放热过程，4—5 为制冷剂在节流阀内的绝热节流膨胀过程，5—1 为制冷剂在蒸发器内的汽化制冷过程。

（2）蒸气过热压缩制冷循环　当压缩机吸入的气体为过热蒸气时，这样的制冷压缩循环称为蒸气过热压缩制冷循环，如图 1-4 所示。

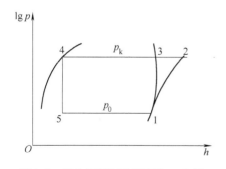

图 1-3　饱和压缩制冷循环 $\lg p - h$ 图

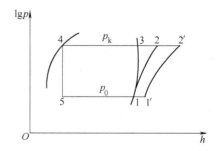

图 1-4　蒸气过热压缩制冷循环 $\lg p - h$ 图

从图 1-4 中看出压缩制冷循环的压缩机吸气温度从 1 点移到 1′ 点，即从饱和蒸气线上移到过热蒸气区，压缩机吸入的是过热气体。过热压缩制冷循环对氨制冷系统虽然不利，但避免了湿蒸气区的氨液进入压缩机造成液击事故。因此，在实际制冷系统运行操作中，压缩机往往带有不同程度的过热压缩。但如果过热度过大，将会使压缩机运转状况恶化，还会使压缩机制冷系数降低。因此，在实际制冷系统运行操作中，操作人员应尽量避免过热度过大。

（3）液体过冷压缩制冷循环　把制冷系统液体的温度降低到饱和温度以下的制冷压缩循环，称为液体过冷压缩制冷循环，如图 1-5 所示。

从图 1-5 中可以看出，压缩机增加的制冷量为 Δq_0，而压缩机吸入蒸气的比体积 V_1 和压缩机所消耗的功 W_1 不变。因此，制冷剂液体的过冷压缩循环会提高制冷系数。液体过冷有好几种形式，但采用得不多。

（4）气体过热、液体过冷压缩制冷循环　在制冷循环中，既有压缩机吸入气体过热，又有液体过冷，这样的压缩循环称为气体过热、液体过冷压缩制冷循环，如图 1-6 所示。

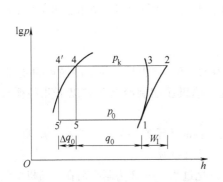
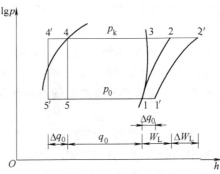

图 1-5　液体过冷压缩制冷循环 $\lg p - h$ 图　　　图 1-6　气体过热、液体过冷压缩制冷循环 $\lg p - h$ 图

液体过冷可提高制冷量 Δq_0，气体过热压缩循环虽然也有所提高制冷量 Δq_0，但同时增加消耗的功 ΔW_L，所以制冷系数不一定提高。气体过热、液体过冷循环对氟利昂制冷系统比较有利，因此在氟利昂制冷系统中普遍设置换热器，以气体过热换取液体过冷以提高制冷量。对氨系统，过热度过大将使制冷压缩机运转状况恶化，并使制冷系数降低，因此应适当控制气体过热度。

（5）湿压缩制冷循环　当进入压缩机气缸的制冷剂的气体呈湿饱和状态，即饱和气体中还带有液粒时，这样的压缩循环称为湿压缩制冷循环，如图 1-7 所示。

这种湿压缩制冷循环，不仅制冷剂在压缩机气缸内温升增大，传热增加，使压缩机制冷效率降低，制冷量减少，耗功增加，而且危害性较大，操作不慎容易造成液击（倒霜）冲缸事故。因此，在实际制冷系统中，通常要设计使用氨液分离器

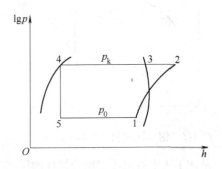

图 1-7　湿压缩制冷循环 $\lg p - h$ 图

来进行气液分离，尽量避免制冷系统出现湿压缩制冷循环。

（6）实际压缩制冷循环　以上介绍的是理想压缩制冷循环，它与实际压缩制冷循环是有差别的。

1）在理想压缩制冷循环中，制冷剂蒸发过程和冷凝过程的压力和温度是假设不变的。而实际上，冷凝过程中压力和温度都有所降低，制冷剂蒸发过程中压力和温度都有所升高。

2）在理想压缩制冷循环中，假设在制冷系统管路没有任何损耗，压力的降低仅在节流阀中形成。而实际上，管道阀门等处都有一定的阻力，都会引起一定的压力降。

3）在理想压缩制冷循环中，在压缩机中是假设为绝热压缩，而且没有任何损失。而实际上，压缩机气缸与外界有热交换，气缸内有摩擦、阀片节流等损耗，以及压缩机存有余隙容积等，使压缩机耗能增加。

二、双级压缩制冷循环

双级压缩（或两级压缩）制冷循环是在单级压缩制冷循环的基础上发展起来的。它的压缩过程分为两个阶段进行。从蒸发器出来的制冷剂蒸气先进入低压缸（或低压级压缩机）压缩到中间压力，经中间冷却器冷却后再进入高压缸（或高压级压缩机）然后被压缩到冷凝器中，这就是双级压缩制冷循环。下面介绍双级压缩制冷循环的制冷循环方式。

1. 一级节流中间完全冷却的双级压缩制冷循环

在氨双级制冷系统中，一般都用冷凝压力下的液态制冷剂节流到中间冷却器。这部分中压液态制冷剂去冷却低压级排出的过热蒸气，并冷却到与中间压力相对应的饱和温度。这种中间冷却方式称为中间完全冷却，如图1-8所示。

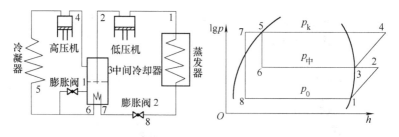

图1-8　一级节流完全中间冷却的双级压缩制冷循环

2. 中间不完全冷却的双级压缩制冷循环

在制冷系统中，中间不完全冷却双级压缩制冷循环与中间完全冷却不同的是低压级压缩机的排气不进入中间冷却器，而是与中间冷却器的蒸气混合后直接进入高压级压缩机。此系统一般只用在氟利昂的双级压缩制冷系统中。中间不完全冷却的双级压缩制冷循环如图1-9所示。

3. 复叠式压缩制冷循环

无论是采用单级压缩还是双级压缩，在制冷循环系统中都是使用一种制冷剂。如果

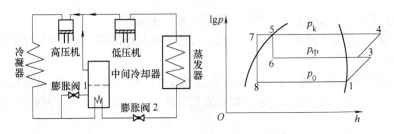

图 1-9　中间不完全冷却的双级压缩制冷循环

在整个制冷循环系统中使用不同的两种以上的制冷剂，并分别进行循环制冷，这一制冷系统称为复叠式制冷压缩循环。复叠式压缩制冷循环系统如图 1-10 和图 1-11 所示。高温部分的制冷剂通常用 R22，低温部分的制冷剂通常用 R13，蒸发温度可达到 −90 ~ −80℃。

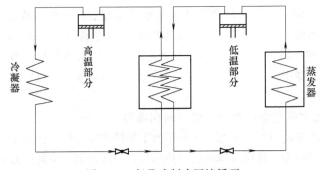

图 1-10　复叠式制冷压缩循环

因为氨制冷剂的可燃性、有毒性和易爆危险性，为了减少制冷系统的存氨量，降低危险源，目前也有采用一种 $NH_3 - CO_2$ 复叠式螺杆制冷系统，如图 1-11 所示。

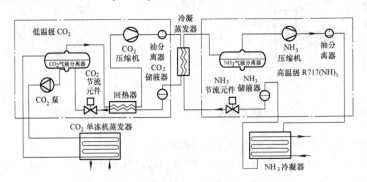

图 1-11　$NH_3 - CO_2$ 复叠式螺杆制冷系统

图 1-11 所示的系统分高温循环和低温循环两部分。其高温循环的流程：NH_3 在压缩机中被压缩后，经过油气分离后进入 NH_3 冷凝器冷凝，由贮液器经过节流后进入冷凝蒸发器，吸收冷凝蒸发器中的 CO_2 冷凝的热量而蒸发，后由气液分离器进行气液分

离，气体进入压缩机，实现高温系统的循环。其低温循环的流程：CO_2 由压缩机压缩后，经油气分离后进入冷凝蒸发器，与高温的 NH_3 进行热交换后冷凝为液体进入 CO_2 贮液器，经过干燥过滤器干燥后节流降压进入 CO_2 气液分离器，通过泵循环给蒸发器供液，从蒸发器回来的气液混合物进入气液分离器进行气液分离，气体返回压缩机，实现低温制冷系统的循环。

三、制冷系统原理图

冷库制冷系统原理图（也称为制冷系统图）以平面的形式体现出制冷装置中所有的设备、容器、管、阀等相互的关联，是表达整个制冷系统全貌的主要工艺图样。从原理图上可以看出以下工程的主要内容：

1）制冷系统的规模和特性。

2）所有设备的名称、规格、型号及数量。

3）系统是否先进、全面及存在的个别问题等。

因此，建设单位人员及制冷系统安装人员查阅制冷系统原理图是了解制冷装置及熟悉安装工程的重要手段。制冷机房操作人员也应该学会阅读制冷系统原理图、正规设备一览表及备注等内容。看图时应首先了解一下图例。冷库制冷原理图常见的管、阀图例见表1-8。

表1-8　制冷原理图常用管、阀图例

部件名称	常用符号	部件名称	常用符号
低压气体管	——————	电磁阀	
高压气体管	- - - - - - -	自动旁通阀	
液体管	——————		
放油管	——— Y ———	安全阀	
放空气管	——— X ———	止回阀	
排液管	—— · ——	浮球阀	
平衡管	——‖——		
安全管	——— XX ———	立式过滤器	
水管	——— S ———	压力表	
直通截止阀			
直角截止阀		液位控制器	
节流阀			

熟悉图例之后，就可以了解整个工程的制冷系统工艺流程了。在读图时应先了解各台压缩机担负的功能及可相互切换的制冷方案，然后再寻找各种辅助流程，如放空气流程、放油流程、冲霜流程及充注制冷剂等。在弄清楚了这些制冷循环和流程后，对整个工艺系统就有了初步印象，最后再熟悉各有关阀门、仪表在系统中所起的作用。结合图中设备一览表，就可以了解各设备的型号规格及数量等信息了。

第三节　制冷剂的压焓图（lg$p$ – h 图）

制冷剂的压焓图中的饱和液体线与干饱和蒸气线将 lg$p$ – h 图分为三个区，如图 1-12 所示。

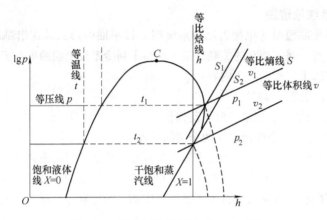

图 1-12　制冷剂的压焓图（lg$p$ – h 图）

图 1-12 中有三个区，饱和液体线的左边是过冷液体区域；饱和液体线与干饱和蒸气线之间是湿饱和蒸气区域；干饱和蒸气线的右边是过热蒸气区域。

图 1-12 中共有八种线条和六个参数：饱和液体线（$X = 0$）；干饱和蒸气线（$X = 1$）；等干度线，参数 X（X = 定值，图中 $X = 0$ 与 $X = 1$ 之间的若干度线未示出）；等压线，参数 p（p = 定值）；等温线，参数 t（t = 定值）；等比焓线，参数 h（h = 定值）；等比熵线，参数 S（S = 定值）；等比体积线，参数 v（v = 定值），或等密度线，参数 p（p = 定值）。

上述参数中，饱和压力和饱和温度两者是互不独立的状态参数，知道其中一个的值，立即可以从制冷剂的饱和热力性质表中查得另一个值。除此以外，一般只要知道参数中任何两个，即可以从 lg$p$ – h 图中找出代表这个状态的一个点，在这个点上可以读出其他有关参数的数值。

对制冷系统压焓图中的各种组成曲线可以只做一般了解，但应熟悉掌握压焓图的应用和制冷循环在压焓图中的表示等，如单级制冷机理论循环在压焓图中的表示，如图 1-13 所示。

图 1-13 中，1—2 是制冷剂在压缩机内的等熵压缩过程，是由蒸发压力 p_0 升高到冷凝压力 p_k；2—4 是在冷凝器内的等压冷却和冷凝过程，先由过热蒸气冷却到干饱和蒸气，再由干饱和蒸气冷凝成饱和液体；4—5 液体制冷剂经过节流

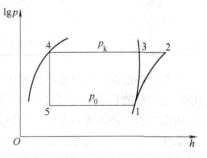

图 1-13　单级制冷机理论循环图

阀的节流过程（焓值不变），由冷凝压力 p_k 节流到蒸发压力 p_0；5—1 是在蒸发器内的等压蒸发过程，直到制冷剂液体在蒸发器内吸收热量全部蒸发变成干饱和蒸气。

第四节　制冷剂和载冷剂

一、制冷剂

在制冷循环中使用的制冷介质称为制冷剂，制冷剂是制冷系统中完成制冷循环所必需的工作介质。制冷剂在制冷系统中不断地与外界发生能量交换，也使本身的热力状态不断地发生变化。

制冷剂所必需借助于制冷压缩机的做功，将被冷却对象（低温热源）的热量连续不断传递给周围环境（高温热源），从而实现制冷的目的。

制冷剂在蒸发器中是在低压低温下汽化，而在冷凝器中是在高压下的常温凝结，即由气体转化为液体。因此，只有在工作范围内能够汽化和凝结的物质才有可能作为制冷剂使用。制冷剂在制冷系统工况中的状态变化仅仅是物理变化，没有发生化学变化。如果在制冷系统中的制冷剂没有发生泄漏，则制冷剂可以长期进行循环使用，而有时从阀门中少量泄漏纯属正常现象，但应及时维修，以减少制冷剂的损失。目前制冷剂的种类很多，其性质差别也就很大，完全符合理想要求的制冷剂是不存在的。在当前重视安全生产的大环境下，各厂家在选用时对不同的制冷系统和不同的工作温度，要进行全面分析，综合比较后加以选用制冷剂。

1. 氨制冷剂

在 1774 年首次发现了氨（化学分子式 NH_3），由于氨极容易溶解于水中，1859 年才应用于氨吸收式制冷机。1873 年出现了第一台氨制冷压缩机，可见氨作为制冷剂已有一百多年的历史了。目前我国大中型冷库广泛采用氨天然制冷剂。氨具有十分优良的热力性质，即运行同比能耗低，价格低廉，不破坏臭氧层，又不产生温室效应，是一种环保性能最好的制冷剂。美国公用冷库采用氨制冷剂的约占 85%，其他发达国家也广泛采用氨制冷剂。

氨属于无机化合物类制冷剂，也是最常用的中温中压制冷剂之一。

（1）氨的一般性质　氨在常温常压下是一种无色气体，有强烈的刺激气味。在标准大气压下，氨的密度为 $0.77kg/m^3$，沸点为 $-33.4℃$，凝固温度为 $-77.7℃$。在通常情况下，氨在制冷系统中的蒸发压力为 $0.098 \sim 0.491MPa$，因而空气不易渗入系统。氨的冷凝压力一般为 $0.981 \sim 1.570MPa$，压力较适中。氨的制冷范围为 $-70 \sim +5℃$，常用于不低于 $-60℃$ 的各类制冷系统。

氨气很容易溶解于水，在常温下，单位容积的水能够溶解 900 倍的氨气体。在制冷系统中氨的纯度一般要求达到 99.8%（体积分数）以上，否则会影响氨的制冷特性。氨在制冷系统中的流动阻力小，并且热导率较大。市场上氨的价格低廉，容易获得。

（2）氨的安全性　氨在常温常压下不会燃烧，但当达到一定的浓度和温度时，有可能引起燃烧或爆炸。其原因是氨在高温时会分解成氢气和氧气。氢气和制冷系统中的空气（主要是空气中的氧气）混合，当达到一定比例时，就会产生爆炸。为了防止发生爆炸事故，除了操作时规定压缩机排气温度和排气压力不得过高外，还必须经常从制冷系统中放出不凝性气体。当氨与空气混合的体积分数为 11% ~ 14% 时即可燃烧，体积分数为 16% ~ 25% 时遇明火就会有爆炸危险。

氨是 IV 级轻度危害化工产品，对人体有较大的毒性。氨具有强烈的刺激性臭味，它会刺激人的眼睛、皮肤和呼吸器官。当氨液飞溅到人的皮肤上时会引起肿胀，甚至冻伤。当空气中氨体积分数达到 0.5% ~ 0.8% 时，人员如果停留 30min 就会发生严重损害，如中毒后会产生头昏、脉搏微弱、血压降低、四肢变冷等。较严重时，还会引起呼吸道及肺泡的损伤，产生支气管炎、肺炎和肺水肿，以及呼吸困难等症状。如果在库房中发生氨气泄漏，应及时对货物进行转库，否则会对库房内的食品造成污染。

氨不会破坏、影响臭氧层，不会产生温室效应，是一种环保的绿色制冷剂。

（3）氨对金属的腐蚀性　无水纯氨对钢铁都没有腐蚀性，但当氨中有水分时，则对锌、铜和青铜合金有腐蚀性作用（锡磷青铜除外）。因此，在制冷系统装置中，阀门、管道、仪表等均不可采用铜和青铜合金材料，只有那些易于润滑的零部件（如活塞销衬套、轴瓦、密封环等）才允许使用高锡磷青铜。

（4）氨对润滑油的影响　纯氨对润滑油不起化学反应，但当制冷系统中有水分时，则经过压缩容易形成乳状物，会降低润滑油的性能。氨在润滑油中不易溶解，在氨制冷系统的设备、管道和热交换器表面容易被润滑油污染，会造成传热性能降低。因此，在制冷系统中必须设置油分离器，对压缩机排出气体中的润滑油进行分离，以尽量减少润滑油进入冷凝器和蒸发器设备中。

（5）氨的检漏　氨是有强烈的刺激性气体，一旦氨气泄漏很容易发现。对一般小的氨泄漏，通常用酚酞试纸和试剂检漏，如果有泄漏，试纸会呈红色。

2. 氟利昂

氟利昂制冷剂蒸气或液体是无色透明的，没有气味，大多对人体没有毒害、不易燃烧和爆炸。在正常大气压下的蒸发温度为 -40.8℃，凝固温度为 -160℃。氟利昂制冷剂有良好的热力学性能，有良好的使用安全性和经济性，对金属和非金属材料无腐蚀性等方面的综合性能，是制冷空调行业中应用较广泛的一类优秀制冷剂。氟利昂与氨相比，单位容积制冷量较小，密度大，流动阻力大，价格比较高。但基于氟利昂制冷剂有破坏臭氧层和产生温室效应，环境保护组织要求禁止使用。目前正在逐步寻找替代品，如碳氢制冷剂和氟氯烃制冷剂等。

当氟利昂在空气中含量达到 20%（体积分数）时，人才感觉到；当含量达 30%（体积分数）以上时，会引起人的缺氧窒息。机房应保持空气流通。

在氟利昂系统中如果有水分，随时间增长与金属共存会慢慢发生水解，生成酸性的氯化氢和氟化氢，会腐蚀镁及其合金，故制冷系统中不能采用镁、锌等合金，否则会发生腐蚀。制冷系统中如果含有水分，会在节流阀处产生"冰塞"，因此在氟利昂制冷系统中要设置干燥过滤器。

氟利昂能溶解有机塑料和天然橡胶，会造成密封填料的膨胀而引起制冷剂的泄漏，因此不能用一般的橡胶来做填料。氟利昂制冷机的密封材料采用氯乙醇橡胶或 CH - 1 - 30 橡胶。

氟利昂由于没有气味，因此系统泄漏不易被发现。检查氟利昂泄漏一般是用卤素检漏灯、电子检漏仪等，也可用浓肥皂液检漏。

氟利昂作为一种化学物质，根据其分子式可分为以下三类：①氯氟烃类产品，简称 CFC，如 R11、R12、R113 等；②氢氯氟烃类产品，简称 HCFC，如 R22 和 R123 等；③氢氟烃类产品，简称 HFC，如 R32、R152、R404A 和 R507A。

CFC 类，如 R12 对臭氧层破坏作用最大，被列为一类受控物质，已禁止使用。HCFC 类，如 R22 在《蒙特利尔议定书》中的规定发达国家最迟在 2030 年前停止使用，发展中国家最迟在 2040 年前停止使用。目前一些发达国家明显加快了淘汰的步伐，如德国、意大利、瑞士等国已于 2000 年停止在制冷空调设备中使用。美国从 2010 年开始不允许 R22 在新的制冷产品中使用。我国估计也会加快提前停止使用。

（1）R404A　R404A 是三元共沸混合制冷剂，由 R125（44%，体积分数）、R143a（52%，体积分数）、R134a（4%，体积分数）组成，是一种无色无味、不燃烧（R143a 有弱可燃性，R125 能起到抑制 R143a 可燃性的作用）、热稳定性好、低毒性的三元非沸混合制冷剂。R404A 的标准沸点是 - 46.6℃。R404A 的制冷量比 R22 大 4% ~11%，在空调、中低温冷冻、工业冷水等制冷领域广泛应用，是未来 R22 被淘汰后的主要制冷剂，成为应用范围广泛的环保型氟利昂制冷剂。

目前 R404A 冷煤的价格比较昂贵，受利益诱惑，市场上有出现假冒的 R404A 制冷剂。使用单位在购买时应引起注意。

（2）R507A　R507A 由 R125（50%，体积分数）与 R143a（50%，体积分数）组成，也是一种无色无味、不燃烧、热稳定性好、低毒性的共沸混合制冷剂。R507A 的标准沸点是 - 47.1℃，它的制冷量比 R22 大 7% ~13%，R507A 的性能比 R404A 略好。同样在空调、中低温冷冻、工业冷水等制冷领域广泛应用，也是未来 R22 被淘汰后的主要替代制冷剂，是一种环保型氟利昂制冷剂。

R404A 及 R507A 目前价格较高，可以预见，伴随着 R22 的限产、停产，今后的价格将会基本等同于 R22。另外，制冷压缩机厂家技术不断更新改造，大部分国内外制冷机均可适用于 R22、R143a、R404A 及 R507A 等多种制冷剂，制冷设备一般无须更换，即可正常使用。

3. 二氧化碳

二氧化碳（CO_2）是一种安全、不燃烧、不污染大气的天然制冷剂。它无色无味，密度比空气大，化学稳定性好，对人和食品无任何危害。发生火灾时若产生二氧化碳泄漏，还能起到灭火剂的作用。用于制冷系统的二氧化碳体积分数为 99.9%，几乎对所有材料无腐蚀。

二氧化碳与氨组成复叠式 NH_3 - CO_2 载冷系统目前在国内正在普及和应用，应用的

二氧化碳管道仍属 GC_2 压力管道。相对于氨制冷系统，二氧化碳蒸发后的气态体积膨胀率小。当系统停止运行时，由于二氧化碳的单位容积制冷量大（是氨的 5 倍），在原有的保温状态下，少量液体蒸发成体积小（相对于氨制冷系统）的气态即可吸收外界热量，蒸发后的压力变化比氨制冷系统小得多，压力平稳，且上升较慢。不会出现一旦系统停止运行即要开启维持机组降压的情况。

在复叠式制冷系统中的二氧化碳如果发生泄漏会有两个明显特性：一是如果液体管道泄漏，二氧化碳将会在管道外壁形成干冰并阻塞住微小的泄漏点；二是当压力超过 3.5MPa（表压）的大量二氧化碳液体泄漏后的物理表现是大量干冰的形成，不会直接危害到有关人员，如果因误操作造成管道爆裂事故，泄漏的二氧化碳大部分形成干冰及小部分形成气态，并且积聚在空间下部，有关人员有足够的逃离时间，不会使人员产生窒息昏迷和致死现象。必须注意的是干冰在升华过程中，皮肤直接接触的人员会有可能产生局部的冻伤。

4. 氨制冷系统与氟利昂制冷系统的比较

制冷系统按采用制冷剂的不同，主要分为氨制冷系统和氟利昂制冷系统等，两者之间比较如下。

（1）一次投资性 一般情况下，大中型氨制冷剂系统较同规模的氟利昂制冷系统投资少。这主要是因氟利昂制冷机组、设备、管路、制冷剂、冷冻油等价格及自动化较高，投资相对较高。

（2）运行成本 氨制冷剂价格低廉，并且制冷剂单位制冷量大，耗电较少，运行成本较低。氟利昂制冷剂价格较高，单位制冷量较小，耗电相对较多，运行成本相对较高。

（3）环保特性 氨制冷剂是天然制冷剂，消耗臭氧系数 $ODP = 0$，地球变暖系数 $GWP = 0$，对环境无污染。氟利昂制冷剂因破坏大气层的特性，将被逐步淘汰。

（4）节能特性 氨制冷系统制冷系数 COP 较大，节能效果较好。氟制冷系数 COP 较小，节能效果相对较差。

（5）安全性 氨是易燃易爆有毒制冷剂，安全性相对较差。氨的刺激性气味更具有容易被人们发现泄漏的情况，能及早发现处理的优势。氟利昂是无毒、不燃烧的制冷剂，安全性较好。

（6）自动化控制程度 氨制冷系统多为人工操作管理，自动化程度相对较低，运行稳定性较好。氟利昂制冷系统自动化程度较高，一般不要人工操作管理。

在大、中型冷库条件允许之下，一般还是选择氨制冷系统。

5. 介质危害程度的划分

职业性接触毒物是指人在生产中接触的原料、中间体和杂物等形式存在，并在操作时可经呼吸道、皮肤或经口进入人体而对健康产生危害的物质。按 GBZ 230—2010《职业性接触毒物危害程度分级》分级规定，根据毒物经人吸入或人体接触后产生中毒后果所允许的最高浓度，将危害程度分级为极度危害、高度危害、中度危害和轻度危害四级。具体见表 1-9。

表 1-9　职业性接触毒物危害程度分级和评分依据

分项指标		极度危害	高度危害	中度危害	轻度危害	轻微危害	权重系数
积分值		4	3	2	1	0	
急性吸入 LC_{50}	气体/(cm^3/m^3)	<100	100~<500	500~<2500	2500~<20000	≥20000	5
	蒸气/(mg/m^3)	<500	500~<2000	2000~<10000	10000~<20000	≥20000	
	粉尘和烟雾/(mg/m^3)	<50	50~<500	500~<1000	1000~<5000	≥5000	
急性经口 LD_{50}/(mg/kg)		<5	5~<50	50~<300	300~<2000	≥2000	
急性经皮 LD_{50}/(mg/kg)		<50	50~<200	200~<1000	1000~<2000	≥2000	1
刺激与腐蚀性		pH≤2 或 pH≥11.5；腐蚀作用或不可逆损伤作用	强刺激作用	中等刺激作用	轻刺激作用	无刺激作用	2
致敏性		有证据表明该物质能引起人类特定的呼吸系统致敏或重要脏器的变态反应性损伤	有证据表明该物质能导致人类皮肤过敏	动物试验证据充分，但无人类相关证据	现有动物试验证据不能对该物质的致敏性做出结论	无致敏性	2
生殖毒性		明确的人类生殖毒性：已确定对人类的生殖能力、生育或发育造成有害效应的毒物，人类母体接触后可引起子代先天性缺陷	推定的人类生殖毒性：动物试验生殖毒性明确，但对人类生殖毒性作用尚未确定因果关系，推定对人的生殖能力或发育产生有害影响	可疑的人类生殖毒性：动物试验生殖毒性明确，但无人类生殖毒性资料	人类生殖毒性未定论：现有证据或资料不足以对毒物的生殖毒性作出结论	无人类生殖毒性：动物试验阴性，人群调查结果未发现生殖毒性	3
致癌性		Ⅰ组，人类致癌物	ⅡA组，近似人类致癌物	ⅡB组，可能人类致癌物	Ⅲ组，未归入人类致癌物	Ⅳ组，非人类致癌物	4
实际危害后果与预后		职业中毒病死率≥10%	职业中毒病死率<10%；或致残（不可逆损害）	器质性损害（可逆性重要脏器损害），脱离接触后可治愈	仅有接触反应	无危害后果	5

（续）

分项指标	极度危害	高度危害	中度危害	轻度危害	轻微危害	权重系数
积分值	4	3	2	1	0	
扩散性（常温或工业使用时状态）	气态	液态，挥发性高（沸点＜50℃）；固态，扩散性极高（使用时形成烟或烟尘）。	液态，挥发性中（沸点≥50～＜150℃）；固态，扩散性高（细微而轻的粉末，使用时可见尘雾形成并在空气中停留数分钟以上）	液态，挥发性低（沸点≥150℃）；固态，晶体、粒状固体、扩散性中，使用时能见到粉尘但很快落下，使用后粉尘留在表面	固态，扩散性低（不会破碎的固体小球（块），使用时几乎不产生粉尘）	3
蓄积性（或生物半减期）	蓄积系数（动物实验，下同）＜1；生物半减期≥4000h	蓄积系数≥1～＜3；生物半减期≥400h～＜4000h	蓄积系数≥3～＜5；生物半减期≥40h～＜400h	蓄积系数＞5；生物半减期≥4h～＜40h	生物半减期＜4h	1

注：1. 急性毒性分级指标以急性吸入毒性和急性经皮毒性为分级依据。无急性吸入毒性数据的物质，参照急性经口毒性分级。无急性经皮毒性数据且不经皮吸收的物质，按轻微危害分级；无急性经皮毒性数据、但可经皮肤吸收的物质，参照急性吸入毒性分级。
　　2. 强、中、轻和无刺激作用的分级依据 GB/T 21604—2014 和 GB/T 21609—2008。
　　3. 缺乏蓄积性、致癌性、致敏性、生殖毒性分级有关数据的物质的分项指标暂按极度危害赋分。
　　4. 工业使用在 5 年内的新化学品，无实际危害后果资料的，该分项指标暂按极度危害赋分；工业使用在 5 年以上的物质，无实际危害后果资料的，该分项指标按轻微危害赋分。
　　5. 一般液态物质的吸入毒性按蒸气类划分。

二、载冷剂

先接受制冷剂的冷量而后去冷却其他物质的介质称为载冷剂，又称为冷媒，它是间接冷却系统中传递热量的物质。载冷剂有气体载冷剂、液体载冷剂和固件载冷剂三种。气体载冷剂主要有空气等，液体载冷剂主要有水、盐水等，固体载冷剂主要有冰、干冰（干冰是固态的二氧化碳，因其具有吸热后不经过液体状态而汽化，即有升华的特点，所以叫作干冰）等。

对载冷剂的要求如下：

1）无毒、无腐蚀性，对人体无毒，不会引起其他物质变色、变质，对金属不易腐蚀。

2）比热容大，当制冷量一定时，可使载冷剂的循环量或进、出温差减小。

3）黏度小，密度小，使流动时阻力损失减小。黏度高时传热性能变差，所需传热面积要增加。

4）凝固点低，在使用温度范围内呈液态。

5）化学稳定性好。

6）价格低廉，便于购买。

目前载冷剂按其工作温度可分为三类，见表1-10。

表1-10　载冷剂的种类

序　　号	分　　类	适用温度范围	品　　名
1	水、空气	适用于0℃以上	水、空气
2	盐水溶液	−45～0℃中温制冷	氯化钠、氯化钙等水溶液
3	有机溶液	−130～−100℃低温制冷	乙二醇、丙二醇、二氯甲烷等

在制冷系统中，载冷剂应用最多的是空气和盐水。

在正常压力下，水的结冰点为0℃。水中加入盐，成为盐水后凝固温度会降低，当盐水温度降到凝固点时，溶液中的一部分水结冰，同时使剩余溶液的浓度增大，剩余溶液的凝固点进一步降低，到共晶点，凝固温度达到最低。

单位质量或单位体积的盐水溶液中含有盐分的数量称为盐水的浓度。在一定温度下，单位体积的溶液能够溶解盐分的最大数量称为溶解度。此时的盐水溶液称为饱和溶液，超过此浓度，即会析出固体盐。如果溶液的浓度小于溶解度，则成为不饱和溶液。盐在水中的溶解速度随温度的变化而不同。

图1-14所示为氯化钠水溶液曲线，图1-15所示为氯化钙水溶液曲线。

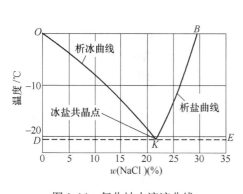

图1-14　氯化钠水溶液曲线

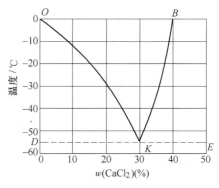

图1-15　氯化钙水溶液曲线

在图1-14和图1-15中，OKB为溶解度曲线，曲线上的任意一点都是饱和溶液，OKB曲线是饱和溶液与不饱和溶液的界限；OKB曲线以上的任意一点，其溶液都处于不饱和状态；KB曲线以上的任意一点，其溶液都处于不饱和状态；KB曲线以下的任意一点都是过饱和溶液，固体盐与盐水溶液共存；OK曲线以下任意一点在ODK部分是水冻结；DE以下部分是固相的盐和冰，已经不再是溶液。

O点是纯水点，在这一点的温度和盐分的浓度都等于零。水中加入盐后，结冰温度将会下降，其结冰温度沿OK曲线往下移动，直至K点。如果此时溶液中继续加盐，结冰温度不再下降，反而沿着KB曲线上升。OK和BK曲线的交点K称为盐水溶液的共晶点，此点为盐水溶液可能达到的最低温度。在共晶点，盐水以呈固体盐和固态冰混合物形式存在。氯化钠水溶液的共晶点为 - 21.2℃，此时 100 质量份水中含有盐 22.4 质量份，盐水的密度为 1.175g/cm³。氯化钙水溶液的共晶点为 - 55.5℃，此时 100 质量份水中含有盐 29.9 质量份，盐水的密度为 1.286g/cm³。

盐水在工作过程中，会因吸收空气中的水分而使其浓度降低。特别是在敞开式盐水制冷系统中，如制冰池中的盐水，不仅会吸收空气中的水分，而且由于冰桶将融冰池中的水分带入盐水池，时间一久，盐水的浓度会降低。为了防止盐水的浓度降低，引起凝固温度升高，必须定期用密度计测定盐水的密度，如果浓度降低，应当补充盐量，使制冰池的盐水保持在适当的浓度。

除了氯化钠和氯化钙外，乙二醇、丙二醇、乙醇、甲醇等都可作为载冷剂。纯乙二醇和丙二醇无色、无味、无电解性、无燃烧性。丙二醇无毒性，它可与食品直接接触而不致引起污染。甲醇和乙醇具有燃烧性，使用时应注意采取防火措施。

乙二醇略有腐蚀性，一般需加缓蚀剂，以减轻其腐蚀性。为减少冷库的存氨量，目前有些冷库采用 R404A 或 R507A 等，与乙二醇组成复叠式制冷系统。用专用泵把低温乙二醇直接送往各库房排管热交换器进行满液式制冷。据使用单位介绍制冷效果还不错。

氯化钠和氯化钙盐水的密度分别详见本书附录 D 和附录 E。

三、漏氨测试试纸的制作

1. 高灵敏度试纸

1）取 0.25g 酚酞粉末，放置于容器里，然后加入 250mL 纯酒精和 50mL 的纯甘油，用棒搅拌到完全溶解为止。用准备好的一般白色薄纸在该溶液中浸透，并在空气中晾干，再把晾干后的试纸裁成小条（一般裁成 10cm×5cm 的纸条），放入塑料袋里保存备用。

2）取出酚酞粉末 0.1g 放入玻璃杯内，加入 95% 酒精 100mL，搅拌均匀，使酚酞粉完全溶解后，将白纸浸入溶液中，湿润后取出晾干，而后将试纸裁成纸条备用。

2. 中等灵敏度试纸

取 0.3g 酚酞粉末放置于容器里，再加入 250mL 酒精，用它浸泡制成的试纸称为中等灵敏度试纸。在实际制作中取酚酞粉末和酒精大约量即可。用它制成晒干的试纸，实际试漏时，将试纸用自来水浸湿就可以进行测试，如试纸遇到氨气即会变红。

3. 普通白色纸条

取适量酚酞粉末，再加入适量清水制成酚酞溶液。用裁好的普通白色纸条浸湿酚酞溶液，也可现场查找到氨气泄漏处。

试纸一般用于阀门、设备及管道轻微漏氨的测试，也可以从制冰池盐水中测出蒸发器是否漏氨。

目前，虽然制冷系统氨制冷剂用于查漏的已有各种先进的手持式测试仪器，但酚酞试纸仍然普遍还在广泛使用。

第五节　冷库保温隔热材料及防潮隔气层

一、冷库保温隔热材料

冷库的隔热层是与冷库的建筑结构黏合在一起的，它的作用是减少外界热量对冷库内的传递，使库房内的温度稳定，达到保温的效果，减少压缩机的耗能量。

GB 50072—2010《冷库设计规范》对冷库所采用的隔热材料提出如下要求：

1）热导率宜低。

2）不应有散发有害或异味等对食品有污染的物质。

3）宜为难燃材料，且不易变质。

4）宜选用块状温度变形系数小的块状隔热材料。

5）易于现场施工。

6）正铺贴于地面、楼面的隔热材料，其抗压强度不应小于0.25MPa。

在冷库建设施工中都会用到一些保温隔热材料，理想的隔热材料应当具有下列性能：

（1）热导率低　冷藏库常用保冷隔热材料的热导率范围为0.024~0.139W/（m·K），并且应力求最小。

（2）密度低　在同一种材料中，密度低的材料热导率也低（在一定的范围内），密度低、质量轻，将使设备和管道的支撑结构小，节省投资费用。

（3）吸水率低且耐水性能好　隔热结构中虽设有防潮层，但施工存放时要与空气接触，且使用后也难以完全避免局部地方防潮层失效，致使水分进入隔热材料。若吸水率高，将使材料的热导率增加，隔热性能大大降低。

（4）抗水蒸气渗透性能好　即水蒸气不易渗入隔热材料内部。材料的小孔应为封闭型，或者有一致密、光滑的表面层。目前常用的材料中，聚氨基甲酸乙酯（简称聚氨酯）泡沫塑料，就是抗蒸汽渗透性能较高的材料。

（5）耐低温性能好　在低温下其结构不被破坏，强度不受影响，并能保持其隔热性能。耐低温性能越好，意味着该材料在制冷工程中的使用范围越广泛。特别是随着石油化工工业和制冷技术的发展，−70℃、−90℃、−110℃、−190℃等低温下工作的装置越来越多，隔热材料的这一特性也越来越重要。

（6）材料本身不能燃烧　冷库万一发生火灾时，不致沿隔热材料蔓延至其他地方。

（7）不易霉烂、经久耐用　天然有机物构成的隔热材料的这一性能要求，一般不如无机物构成的隔热材料好。例如，锯末、稻壳、牛毛毡、羊毛毡等都较易腐烂。软木是天然有机物隔热材料是较不易霉烂者，但与无机隔热材料相比仍然相差得多，而矿物棉、泡沫玻璃、泡沫塑料均相对较好。

（8）能抵抗或避免鼠咬、虫蛀　特别是用于冷藏库的材料，都希望有抵抗或避免被鼠咬、虫蛀的特性。以前，我国冷藏库常用的软木、稻壳等保温材料都有被鼠咬、虫蛀的问题。玻璃棉、矿渣棉类则无此问题。泡沫玻璃虽然较理想，但实际采用得较少。

（9）制品的尺寸准确和尺寸稳定性好　冷库用的保温材料制品的尺寸如果不准确，

将会增加保温材料施工的困难，甚至会影响到施工质量。如果尺寸稳定性不好，若在施工前出现，则与尺寸不准确一样会影响施工；若在施工以后出现，则将会使隔热层出现变形，造成凸起、挠曲、下陷或者剥落，会严重影响隔热效果。

（10）强度较高，特别应具有较高的强度与自重比　尤其是用于大型设备（如叉车运输）冷藏库的隔热材料，这一特性十分重要。这将使隔热层的支撑结构简化，既可以节省投资，又可以减少出现"热桥"（冷桥）。

（11）施工方便且施工劳动条件好　冷库隔热工程的工作量，在整个制冷装置中占有相当的比例。冷库工程则占有更大的比例。因此，隔热工程选用施工方便的保温材料，将使工期缩短、投资减少。

（12）价格低廉且资源丰富　货源充足，并应尽量能就地取材，以节约运输力量和运费成本。

在实际冷库施工中，完全符合上述性能的隔热材料是很少的。因此，在选用时应根据具体的使用要求、围护结构、材料的技术性能以及其来源和价格等具体情况，进行全面的分析比较后再做出选择。我国冷库目前常用的几种隔热材料的特性见表 1-11。

表 1-11　我国冷库目前常用的几种隔热材料的特性

材料名称	规格	密度/（kg/m³）	热导率测定值/[W/(m·K)]	比热容 c/[J/(kg·K)]	蒸汽渗透系数/[g/(m·h·Pa)]
炉渣	—	660	0.170	837.36	2.18×10^{-4}
		900	0.240	1088.57	2.03×10^{-4}
		1000	0.290	837.36	1.95×10^{-4}
聚苯乙烯泡沫塑料	普通型、自发性	18	0.036	1172.30	2.78×10^{-5}
	自熄型、可发性	19	0.035	1214.17	2.55×10^{-5}
乳液聚苯乙烯泡沫塑料	—	37	0.034	1088.57	—
聚氨酯泡沫塑料	硬质、聚醚型	40	0.022	1256.04	2.55×10^{-5}
岩棉半硬板	—	186	0.038	837.36	4.88×10^{-4}
		100	0.036	962.96	
膨胀珍珠岩	Ⅰ类	70	0.052	1297.91	
	Ⅱ类	150	0.056	1046.70	
	Ⅲ类	150～250	0.064～0.076	—	
水泥珍珠岩	1:12:1.6	380	0.086	879.23	9.00×10^{-5}
	1:8:1.45	540	0.116	879.23	
水玻璃珍珠岩	—	300	0.078	847.36	1.5×10^{-4}
沥青珍珠岩：沥青（压缩比）	1m³:75kg (2:1)	260	0.077	1381.64	6.00×10^{-5}
	1m³:100kg (2:1)	380	0.095	1632.85	
	1m³:60kg (1.5:1)	220	0.062	1256.04	

（续）

材料名称	规 格	密度/（kg/m³）	热导率测定值/〔W/（m·K）〕	比热容c/〔J/（kg·K）〕	蒸汽渗透系数/〔g/（m·h·Pa）〕
乳化沥青膨胀珍珠岩	乳化沥青：珍珠岩=4:1 压缩比1.8:1	350	0.091	1339.78	6.9×10⁻⁵
加气混凝土	蒸汽养护	500	0.116	962.96	9.98×10⁻⁵
泡沫混凝土	—	370	0.098	837.36	1.8×10⁻⁴
软木	—	170	0.058	2051.53	2.55×10⁻⁵
稻壳	—	120	0.061	1674.72	4.5×10⁻⁴

二、防潮隔气层

冷库投产后，随着冷库温度的降低，隔热层材料的温度也同样降低，隔热层中空气的体积缩小，空气中水蒸气的分压力随温度降低而降低。因此，如果没用设置防潮层，在水蒸气分压力差的作用下，大气中的水蒸气将和空气一起进入隔热层，并且向温度更低、水蒸气分压力更低的内部渗透。如果隔热材料的孔隙不是完全封闭的话，水蒸气就逐渐进入隔热层内部，直到被隔热的低温表面上。进入隔热层的水蒸气，在被冷却之后变成水，冷库温度达到冰点以下时，水蒸气就被凝固成冰。隔热层受潮将使隔热性能降低，甚至失效。而当水蒸气凝固成冰时，将导致隔热结构损坏，甚至破坏。因此，设置一道质地优良、经济耐用冷库的防潮隔气层，防止隔热材料受潮，是保冷隔热工程中头等重要的任务。由于水蒸气是从高温侧向低温侧渗透，故冷库防潮隔气层应设置在隔热层温度高的一侧。隔热层温度低的一侧不必再设置防潮隔气层。常用的防潮隔气层有乳化沥青、冷底子油、油毡、环氧树脂及氰凝涂料等。

第六节 制冷系统的供液方式

制冷剂在制冷系统的蒸发过程可以在不同形式的蒸发器中实现。其主要区别在于蒸发器的类型和蒸发器的供液方式。本节将介绍在冷库制冷系统中常见的几种氨制冷供液方式。

一、直接供液方式

在制冷系统中，液体制冷剂从贮液器经过膨胀阀节流降压后直接供给蒸发器。构成如下循环：节流阀→蒸发器→氨液分离器→压缩机→油分离器→蒸发式冷凝器→贮液器→节流阀。这种供液方式称为直接膨胀供液系统。这种系统的节流阀一般采用手动膨胀阀或热力膨胀阀。直接供液原理如图1-16所示

直接膨胀供液系统有以下特点：

1）用在氨制冷系统时，一个膨胀阀只宜向单一通路的（或串联的）蒸发器排管供液，而不宜向多组并联的蒸发器供液。必要时应该在膨胀阀后采用分液器，将节流后的制冷剂均匀分配后再供液各路蒸发排管。单一通路的蒸发排管总长不宜过长，通常按每

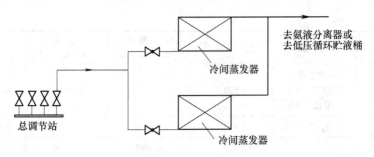

图1-16　直接供液原理

路压力降对应的饱和温度不超过1℃来确定每通路的长度。对于氨制冷系统,氨液直接膨胀供液时,每通路的总长度一般可以参考表1-12。

表1-12　氨液直接膨胀供液每通路允许当量总长度

蒸发管管径/mm	20	25	32	38	57
允许当量总长度/m	150	180	200	250	300

2）这种供液方式依靠膨胀阀的开启度,直接调节蒸发器的供液量。通过膨胀阀的制冷剂流量,是随前、后的压力差而变化的,实际所需的冷负荷也是在变化的。为了使供液量适当,需随时根据负荷变化情况,不断对膨胀阀的开启度进行调整。这种供液方式仅适用于热负荷比较稳定的情况。

3）氨系统蒸发管内制冷剂流向一般采用下进上出方式。

4）为了防止未蒸发的液态制冷剂被压缩机吸入,发生压缩机湿行程,这种供液方式应注意供液量,尽量控制压缩机回气有一定的过热度。

当采用热力膨胀阀或者电子膨胀阀时,直接膨胀供液具有系统简单、制冷剂充注量少、操作方便和维护工作量小等优点。

二、重力供液方式

氨制冷剂液体先经制冷系统节流阀,然后进入氨液分离器进行气液分离。在贮存一定液量后,由于流体液位差而产生的重力将液氨送入调节站,再进入各蒸发器。这种制冷供液方式称为重力供液方式,如图1-17所示。重力供液系统适用于氨为制冷剂的制冷系统。

（1）系统的优点　这种系统的优点如下:

1）液氨在节流膨胀过程中所产生的闪发气体在氨液分离器中被分离出来,由压缩机吸走,因而进入供液阀调节站的不

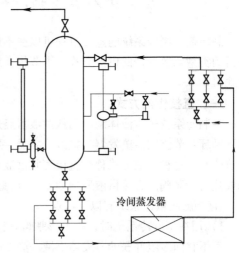

图1-17　重力供液原理

再是气-液两相流体，而是蒸发压力下的饱和液体。

2）从蒸发器出来的氨气如果带有部分液体，可以在氨液分离器内被分离。即使负荷不很稳定，可能带回来的液体比较多，但只要在氨液分离器设有自动液体控制装置，发生湿冲程的可能性则比直接膨胀供液系统大为减小。

3）由于要靠静液柱压力来克服流体的流动阻力，氨液分离器的液面比蒸发器的工作液面通常要高1.5m以上。

4）重力供液系统蒸发器内氨制冷剂的流向采用下进上出方式。

（2）系统的缺点　与直接供液方式相比，重力供液系统在改善蒸发器传热效果和配液的均匀性方面有明显的优点，但该系统也有以下不足之处：

1）由于液体是在较小的压差之下自然循环下流动，所以其放热系数不高，并且在蒸发器内容易产生积油，也影响了蒸发器传热。

2）需增加一些辅助设备，或需专设阁楼等，从而使一次投资增加。

3）气液分离器和分调节站布置分散，远离机房，不便于操作人员集中管理和实现自控。

目前除了老企业外，新建冷链物流冷库已很少采用重力供液方式。一般在300t以下冷库可以考虑采用重力供液方式。

三、氨泵供液方式

采用氨泵将低压循环贮液器中的低温制冷剂经氨泵通过调节站送往各蒸发器，一般供液量稍大于所需蒸发量，多余的液体（没蒸发完的小部分液体）连同蒸发气体返回低压循环贮液器，与容器内的液体一起再由氨泵供给冷却设备（蒸发器），而分液后的蒸气则进入压缩机。这种供液方式称为氨泵供液方式，如图1-18所示。同直接膨胀供液系统、重力供液系统这两种供液方式比较，氨泵供液系统的主要特点如下：

1）氨泵供液系统一般都设在机房内，仍可采取集中供液的方式，便于日常管理。

2）由于用氨泵提供流动的动力，可以远距离和多层冷库输送氨液，蒸发器管道也可适当加长。

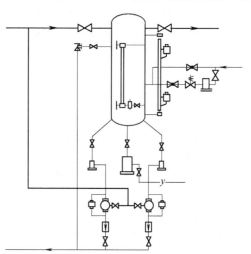

图1-18　氨泵供液原理

3）由于制冷系统制冷剂的循环流量较大，蒸发器内的制冷剂处于强制的两相流动，蒸发系统内润滑油相应减少，从而提高了冷却设备的换热效果。据资料介绍，其制冷效果比直接膨胀供液系统可提高25%左右，比重力供液系统可提高10%左右。

4）蒸发系统负荷变化的适应性较强，不需经常调节制冷剂流量。易于实现自动化操作，适用于各种类型的工业制冷装置。

5）氨泵吸入口必须保持足够的液柱静压，低压循环桶内的正常液位与氨泵进液口中心的位差一般不得小于 1.5m，以保证氨泵的进液。

6）增加了氨泵的维护，增加了氨泵的耗电量。

7）回气管要相应加大，阀门也要相应加大，管道保温材料也要加大。

目前我国冷库制冷系统中不管是直接膨胀供液、重力供液还是氨泵供液，基本上都是采用"下进上出"的供液流向。

综上所述，氨泵供液系统的制冷效率较高，安全性好，操作管理方便，易于自动化操作，在国内外的制冷装置中得到了广泛应用。原习惯用重力供液的制冰系统，也逐渐采用氨泵供液系统。

氨制冷剂在蒸发器供液的流向大多采用下进上出方式，但也有个别库温自动控制的系统采用上进下出方式。

除了上述三种供液系统外，目前我国用得较少的还有一种加压供液系统，称气泵供液系统，或叫作喷射式供液系统，它是属于强制制冷剂循环的超量供液系统，即介于重力供液和泵压力供液之间的一种方法，它兼有泵供液时超量供液的特性。有些平板冻结器就采用了这种喷射供液方式。

有些食品加工厂使用的真空冷冻干燥炉的供液方式近 100%（管路内有少量汽化）满液式供液方式制冷。

小型氟利昂冷库供液方式一般采用直接膨胀供液的比较多，大、中型氟利昂冷库大多采用桶泵供液系统，以提高制冷效果。

第七节　冷库设置概况

冷库是指采用人工制冷降温并具有保冷功能的仓库建筑群，包括有库房、制冷机房、制冰间、变配电间及附属建筑等。现有各地冷库设置大多不一样，因有以宰猪（或牛、羊等）及加工为主的肉类冷库，有以水产鱼类加工为主的水产冷库，有以市场供应为主的分配性冷库，有以产品加工出口贸易为主的生产性冷库，以及以果蔬、禽蛋冷藏为主的冷库等，因此冷库配套内容各不相同。

一、制冷机房

制冷机房被称为冷库的"心脏"，是工厂的主要车间之一。GB 50072—2010《冷库设计规范》对氨制冷机房的要求如下：

1）氨制冷机房平面开间、进深应符合制冷设备布置要求，净高应根据设备高度和采暖通风的要求确定。

2）氨制冷机房的层面应设置通风间层及隔热层。

3）氨制冷机房的控制室和操作人员值班室应与机器间隔开，并应设固定密闭观察窗。

4）机器间内的墙裙、地面和设备机座应采用易于清洗的面层。

5）变配电所与氨压缩机机房贴邻共用的隔墙必须采用防火墙。

6）氨制冷机房和变配电所的门应采用平开门并向外开启。

7）氨制冷机房、配电室和控制室之间的门均应为乙级防火门。

制冷机房一般设在紧邻主库一边，此类机房通风及采光相对差一些。大、中型冷库的机房一般是离开主库单独设置。氨制冷机房一般设置在一层独立房间，也有个别设置在楼上几层的房间。氨机房如果设置在楼上，应满足机座的稳定性和承受力。

此外，如果是氨机房还应设置氨泄漏报警设备，以及防爆事故排风扇。

二、冷藏库

冷藏库广泛应用于冷链物流行业，其结构形式大致可分为土建冷库和装配式冷库。

土建式冷库的主体一般为钢筋混凝土结构或砖混结构，内部喷涂聚氨酯保温，具有围护结构热惰性大、受外界温度影响小等特点。一般为多层冷库，每层层高为 4.5 ~ 6m，货物采用托板或铁笼码垛的形式堆放。

装配式冷库采用"三明治"保温板作为冷库围护，钢结构作为主体结构，主要构件均可在工厂预制，现场在完成土建基础及地面后，进行钢结构和保温板及设备安装即可。相比较土建式冷库而言，装配式冷库建设周期短。装配式冷库一般为单层冷库，层高从 6m 到 30m 不等，货物采用托盘方式在货架中堆放，货物存取方便，适合现代物流方便快捷的要求。

1. 冷藏库容量的计算

冷藏库也叫作冻结物冷藏间，简称为冷库。冷库的大小在 GB 50072—2010《冷库设计规范》中是以冷藏间或冰库的公称容积为计算标准。公称容积 >20000m³ 的称为大型冷库；公称容积为 5000 ~ 20000m³ 的称为中型冷库；公称容积 <5000m³ 的称为小型冷库。

如果知道库房的公称容积（不扣柱子、门斗容积等），根据 GB 50072—2010《冷库设计规范》规定，冷库或冰库的计算吨位可以按如下公式计算：

$$G = \frac{\sum V \rho_s \eta}{1000}$$

式中　G——冷库或冰库的计算吨位（t）；

　　　V——冷藏间或冰库的公称容积（m³）；

　　　ρ_s——食品计算密度（kg/m³）；

　　　η——冷藏间或冰库的容积利用系数。

冷藏间容积利用系数不应小于表 1-13 的规定值

表 1-13　冷藏间容积利用系数

公称容积/m³	容积利用系数 η
500 ~ 1000	0.40
1001 ~ 2000	0.50
2001 ~ 10000	0.55

（续）

公称容积/m³	容积利用系数 η
10001～15000	0.60
>15000	0.62

注：1. 对于仅储存冻结加工食品或者冷却加工食品的冷藏库，表内公称容积应为全部冷藏间公称容积之和；对于同时储存冻结加工食品和冷却加工食品的冷藏库，表内公称容积应分别为冻结物冷藏间或冷却物冷藏间各自的公称容积之和。
　　2. 蔬菜冷藏库的容积利用系数应按本表中的数值乘以 0.8 的修正系数。

贮藏块冰冰库的容积利用系数不应小于表 1-14 的规定值

表 1-14　贮藏块冰冰库的容积利用系数

冰库净高/m	容积利用系数 η
≤4.20	0.40
4.21～5.00	0.50
5.01～6.00	0.60
>6.00	0.65

2. 冷库储存食品的计算密度

冷库管理人员应熟悉冷库储存食品的计算密度。GB 50072—2010《冷库设计规范》中规定的食品计算密度见表 1-15。

表 1-15　食品计算密度

序号	食品类别	密度/（kg/m³）
1	冻肉	400
2	冻分割肉	650
3	冻鱼	470
4	篓装、箱装鲜蛋	260
5	冻蔬菜	230
6	篓装、箱装鲜水果	350
7	冰蛋	700
8	机制冰	750
9	其他	按实际密度使用

注：同一冷库如果同时存放猪、牛、羊肉（包括禽兔），则密度可按400kg/m³确定；当只存放冻羊肉时，密度应按250kg/m³确定；存放冻牛、羊肉时，密度应按330kg/m³确定。

我国各地大部分冷藏企业对冷库的规模不以公称容积为准。一般是以库房的有效堆货体积乘以主要冻品的计算密度来确定冷库的大小。如果蔬冷库一般是以有效体积乘以箱装水果计算密度 350kg/m³；食品综合冷库一般是以有效体积乘以冻鱼计算密度 470kg/m³；肉类加工冷库是以有效体积乘以冻肉计算 400kg/m³。因此，冷库一般是以容量吨位进行分类的。如把 5000t 以上冷库称为大型冷库，把 5000～1000t 的称为中型冷库，把1000t以下称为小型冷库。以容量吨位称冷库规模比较直观，因此长期来习惯沿用此叫法。

随着社会的进步发展和冷库机械化的应用，近来新建的冷库向大型化发展，由原来的每座几百吨向每座几千吨、几万吨到十几万吨规模发展。其土建结构大多采用无梁楼板，也有部分采用有梁楼板的。目前无梁楼板层高一般为5.5～6m，有梁楼板层高一般为6m左右。大型冷库采用多层建筑。冷藏货物的装卸大多采用1.3～1.5t的叉车，用托板堆垛。新建的冷藏库只设顶排无缝钢管蒸发器，不设墙排管蒸发器。也有少数冷藏库蒸发器采用吊顶冷风机或铝管蒸发器。冷藏库作为贮存国内流通货物使用的库温一般控制在 -20～-18℃，货物如果是外贸出口产品的库温一般控制在 -25～-22℃。温度波动不应大于1℃，库内空气相对湿度维持在90%～95%。

三、冻结间

冻结间也称为速冻间、急冻间，是食品加工的主要设施。生鲜食品的储藏必须先将食品温度快速降至 -18℃以下再进入冷藏间。如果冷冻过程太长，水分子形成的大冰晶将破坏细胞膜和组织，解冻后使食品的结构和形状发生改变，不仅维生素和营养受到破坏，食品也会失去原有的味道。所以食品冷加工都用到冻结间（或速冻设备）。

冻结间的形式很多，早期大多采用落地冷风机隧道式冻结间，其冻结间采用吊轨或架子车，冻结时间一般为20～24h，现在称它为慢冻设备。较快速冻结的是采用改进型搁架式（也有称管架式）中间吹风冻结装置，如图1-19所示，图1-19中A的大小由现场具体确定。搁架组之间的B距离一般为1～1.1m。目前轴流风机是冻结每吨食品每小时配8500～9000m³的风量。空气流速一般采用2m/s左右，风量太大会引起食品干耗增加。搁架式排管的单位面积制冷量一般采用0.7～0.8kW/（m²·h）。较快速冻结间排管的层数宜为偶数，以使进液管和回气管位于搁架的同一侧，既便于管道的安装，也可增加一定的蒸发面积，一般做成14～16层（堆货11～13层）。搁架每层水平支数根据情况而定，管与管的间距一般为85～95mm。同样的冻结间面积，改进型搁架式冻结间比纵向吹风冻结间（见图1-20）、横向吹风冻结间（见图1-21）、吊顶式冷风机冻结间（见图1-22）及搁架式两端装风机冻结间（见图1-23）的冻结量约高25%以上。如果每盘装10kg，冻结间按 -33℃系统降温，一般改进型搁架式冻结间冻结间时间为5～7h。如果按 -45℃系统降温，冻结时间一般在4h左右。如果采用铝板架式两端装轴流风机的冻结装置，冻结速度比改进型搁架式冻结间的快一倍以上，冻结时间仅为3～4h。但铝板架式冻结间目前造价是改进型搁架式同样面积冻结间的4倍左右，所以从投资考虑，如果加工产品是市场内销的，目前一般民营企业是采用改进型的搁管架式冻结装置。

管架式的缺点是工人劳动强度较大，要靠人工操作而不能使用机械化。搁架式冻结间的蒸发排管采用热氨冲霜，人工辅助扫霜，有的企业有人工用水喷淋辅助除霜。

此外，用于速冻食品的还有一种平板冻结器。平板冻结器是一种接触式快速冻结设备，现在好多有水产品加工业务的厂家及其他食品加工厂都有使用。平板冻结器分有卧式和立式两种，冻结时间一般为 2～3h。图 1-24 所示为某型号平板冻结器。这种冻结装置可适用于水产品、肉类小包装制品、蔬菜、调理食品等的冻结。该设备具有可以块冻也可以单体冻，冻品干耗小、质量高，冻结速度快，能使设备性能得到充分发挥的特点。

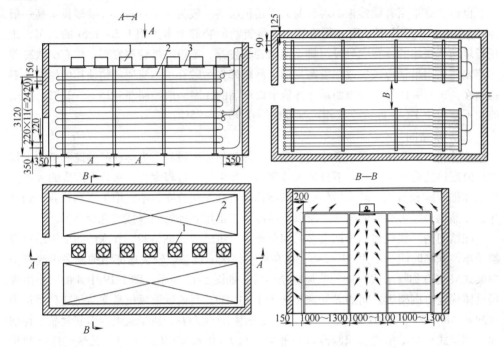

图 1-19　搁架排管冻结间布置

1—轴流风机　2—蒸发器　3—杉木板

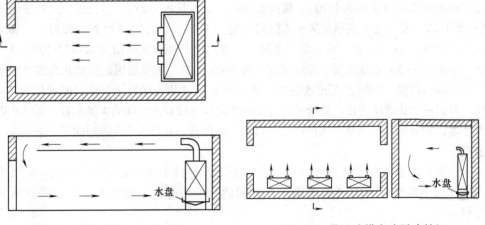

图 1-20　落地式纵向吹风冻结间　　图 1-21　落地式横向吹风冻结间

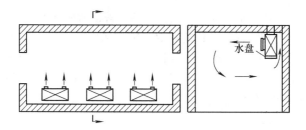

图 1-22　吊顶式横向吹风冻结间

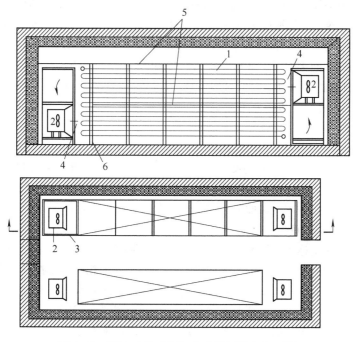

图 1-23　顺流吹风型搁架式冻结间设备布置图

1—搁架排管　2—风机　3—导风机构　4—出风口　5—隔板　6—支柱

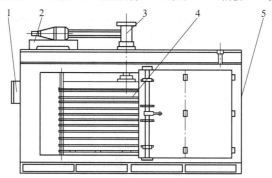

图 1-24　平板冻结器装置示意图

1—电控箱　2—液压站　3—升降液压缸　4—平板蒸发器　5—隔热箱体

　　作为对外产品加工销售的企业,目前的冻结设备也增加采用流态速冻机。该系列产品很多,有隧道式、螺旋式(有单螺旋和双螺旋速冻机)、网带式、板带式等。因流态速冻机能保证产品质量,可节省时间并且省电,同时可大大改善工人的劳动条件,目前的应用越来越广泛。据参观了解,有些民营企业每小时加工量 3t 的流态速冻机就有五六台之多,这说明目前采用流态速冻机的厂家也逐渐增多。

四、冷却间

　　冷却间是将常温食品迅速降温,使其温度接近冰点,而不使食品冻结的库房。冷却的品种不同,就有不同的冷却设施。对猪、牛等肉类的冷却,要对肉体进行冷却(排酸) 20h 左右,冷却间的温度为 0 ~ 4℃,相对湿度为 90% ~ 95%,当肉体中心温度达到 0 ~ 4℃,即完成冷却。目前有些冷库冷却白条肉的冷却间采用低温快速二次冷却的方法,即先用冷却间温度为 -10 ~ -8℃,冷却时间为 2 ~ 3h,这时肉体表面温度为 -2℃左右,内部温度为 18 ~ 25℃。然后在 -2 ~ 0℃室温下冷却 10 ~ 16h,肉体内部温度为 3 ~ 6℃,即完成冷却。采用二次冷却的优点是比一般冷却方法可减少肉的干耗 40% ~ 50%,肉的质量也比较好,表面干燥,外观良好。

　　白条肉的冷却大多企业采用横向吹风、纵向吹风或吊顶式吹风的冷却方法,冷却间室内一般装设吊轨。对鱼产品的冷却一般称为保鲜。鱼的冷却一般不设专门的冷却库房,只是对鱼加冰、加冰盐混合物冷却,或在冷却海水中冷却。对果蔬或禽蛋国内目前许多企业都采用直接进入冷藏库的方法,不再专门进行预冷处理。

五、冷却物冷藏间

　　冷却物冷藏库也称为高温库,主要是用来贮存果蔬、禽蛋等具有生机的食品或冷却的肉类。除了特殊品种外,一般库温控制在 0 ~ 4℃,库内相对湿度控制在 85% ~ 95%。库内的蒸发器都采用冷风机。冷却物冷藏间内一般都应设有通风换气设备。为减少食品在库房内的干耗,保证食品的质量和新鲜度,库内还应设置固定(或移动)的空气加湿器。而设置固定加湿器的主设备最好应放在库外,既便于维修,对空库不用时加湿器也不会因潮湿而使电器容易出现故障。

　　新鲜果蔬等活性食品在冷藏过程中要不断地进行呼吸作用,使库内 O_2 的含量逐渐减少,CO_2 含量逐渐增多,这样能抑制果蔬的呼吸作用,延缓果蔬的成熟过程。但是,若空气中 O_2 含量太低,CO_2 含量太高,则会引起果蔬发生生理病害而死亡变质,所以果蔬冷藏间需要定期进行通风换气,以供果蔬呼吸,排除产生各种有害气体和贮藏异味。

六、包装间

　　目前配备有流态速冻机的冷库已逐步增多,一般冻结食品,特别是外贸出口产品都应尽量在低温环境下包装,这有利于提高食品加工的质量,宜设置专门的包装间。如果是生产工艺许可,包装间温度可调控在 5 ~ 15℃,这样既有利于工人的生产条件,对保护建筑结构的寿命也有利。如果生产工艺要求包装间的温度低于 0℃,则平时应特别注意在没有包装任务时也应保持包装间的低温状态,以免经常生产冻融循环而损坏围护结构。

包装间和封闭月台的制冷系统为了安全生产，规定不能采用氨制冷系统，一般采用冷水机组等空调制冷系统。采用冷风机时，应注意包装间空气流速不大于 0.4m/s，即采用微风为好，以免影响包装工人的健康。有设置蒸发器的包装间一般都应做保温处理。

此外，一些冷冻厂一般还配套有制冰及冰库，详情详见本书第二章第六节。

第八节　制冷特种作业的法律法规

《中华人民共和国安全生产法》适用于各个行业的生产经营活动，制冷系统设备的操作属于特种作业之一。本节介绍 2014 年全国人大常委会修改的《中华人民共和国安全生产法》中，涉及特种作业人员的有关条款。

一、修改完善的安全生产法有十大要点

1. 坚持以人为本，推进安全发展

新法提出安全生产工作应当以人为本，坚守发展决不能以牺牲人的生命为代价这条红线，牢固树立以人为本、生命至上的理念，正确处理重大险情和事故应急救援中"保财产"还是"保人命"问题等方面，具有重大现实意义。为强化安全生产工作的重要地位，明确安全生产在国民经济和社会发展中的重要地位，推进安全生产形势持续稳定好转，新法将坚持把安全发展写入了总则。

2. 建立完善安全生产方针和工作机制

新的安全生产法确立了"安全第一、预防为主、综合治理"的安全生产工作"十二字方针"，明确了安全生产的重要地位、主体任务和实现安全生产的根本途径。

"安全第一"要求从事生产经营活动必须把安全放在首位，不能以牺牲人的生命、健康为代价换取发展和效益。"预防为主"要求把安全生产工作的重心放在预防上，强化隐患排查治理。"打非治违"，从源头上控制、预防和减少生产安全事故。"综合治理"要求运用行政、经济、法治、科技等多种手段，充分发挥社会、职工、舆论监督各个方面的作用，抓好安全生产工作。坚持"十二字方针"，总结实践经验，新法明确要求建立生产经营单位负责、职工参与、政府监管、行业自律、社会监督的机制，进一步明确各方安全生产职责。做好安全生产工作，落实生产经营单位主体责任是根本，职工参与是基础，政府监管是关键，行业自律是发展方向，社会监督是实现预防和减少生产安全事故目标的保障。

3. 强化"三个必须"，明确安全监管部门执法地位

按照"三个必须"（管行业必须管安全、管业务必须管安全、管生产经营必须管安全）的要求：一是新法规定国务院和县级以上地方人民政府应当建立健全安全生产工作协调机制，及时协调、解决安全生产监督管理中存在的重大问题；二是新法明确国务院和县级以上地方人民政府安全生产监督管理部门实施综合监督管理，有关部门在各自职责范围内对有关行业、领域的安全生产工作实施监督管理，并将其统称为负有安全生产监督管理职责的部门；三是新法明确各级安全生产监督管理部门和其他负有安全生产

监督管理职责的部门作为执法部门，依法开展安全生产行政执法工作，对生产经营单位执行法律、法规、国家标准或者行业标准的情况进行监督检查。

4. 明确乡镇人民政府以及街道办事处、开发区管理机构安全生产职责

乡镇街道是安全生产工作的重要基础，有必要在立法层面明确其安全生产职责。同时，针对各地经济技术开发区、工业园区的安全监管体制不顺、监管人员配备不足、事故隐患集中、事故多发等突出问题，新法明确规定：乡、镇人民政府以及街道办事处、开发区管理机构等地方人民政府的派出机关应当按照职责，加强对本行政区域内生产经营单位安全生产状况的监督检查，协助上级人民政府有关部门依法履行安全生产监督管理职责。

5. 进一步明确生产经营单位的安全生产主体责任

做好安全生产工作，落实生产经营单位主体责任是根本。新法把明确安全责任、发挥生产经营单位安全生产管理机构和安全生产管理人员作用作为一项重要内容，做出三个方面的重要规定：一是明确委托规定的机构提供安全生产技术、管理服务的，保证安全生产的责任仍然由本单位负责；二是明确生产经营单位的安全生产责任制的内容，规定生产经营单位应当建立相应的机制，加强对安全生产责任制落实情况的监督考核；三是明确生产经营单位的安全生产管理机构以及安全生产管理人员履行的七项职责。

6. 建立预防安全生产事故的制度

新法把加强事前预防、强化隐患排查治理作为一项重要内容：一是生产经营单位必须建立生产安全事故隐患排查治理制度，采取技术、管理措施及时发现并消除事故隐患，并向从业人员通报隐患排查治理情况的制度；二是政府有关部门要建立健全重大事故隐患治理督办制度，督促生产经营单位消除重大事故隐患；三是对未建立隐患排查治理制度、未采取有效措施消除事故隐患的行为，设定了严格的行政处罚；四是赋予负有安全监管职责的部门对拒不执行执法决定、有发生生产安全事故现实危险的生产经营单位依法采取停电、停供民用爆炸物品等措施，强制生产经营单位履行决定的权力。

7. 建立安全生产标准化制度

安全生产标准化是在传统的安全质量标准化基础上，根据当前安全生产工作的要求、企业生产工艺特点，借鉴国外现代先进安全管理思想，形成的一套系统的、规范的、科学的安全管理体系。近年来，矿山、危险化学品等高危行业企业安全生产标准化取得了显著成效，工贸行业领域的标准化工作正在全面推进，企业本质安全生产水平明显提高。结合多年的实践经验，新法在总则部分明确提出推进安全生产标准化工作，这必将对强化安全生产基础建设，促进企业安全生产水平持续提升产生重大而深远的影响。

8. 推行注册安全工程师制度

为解决中小企业安全生产"无人管、不会管"问题，促进安全生产管理队伍朝着专业化、职业化方向发展，国家自2004年以来连续10年实施了全国注册安全工程师执业资格统一考试，21.8万人取得了资格证书。截至2013年12月，已有近15万人注册并在生产经营单位和安全生产中介服务机构执业。新法确立了注册安全工程师制度，并

从两个方面加以推进：一是危险物品的生产、储存单位以及矿山、金属冶炼单位应当有注册安全工程师从事安全生产管理工作；鼓励其他生产经营单位聘用注册安全工程师从事安全生产管理工作；二是建立注册安全工程师按专业分类管理制度，授权国务院有关部门制定具体实施办法。

9. 推进安全生产责任保险制度

新法总结近年来的试点经验，通过引入保险机制，促进安全生产，规定国家鼓励生产经营单位投保安全生产责任保险。安全生产责任保险具有其他保险所不具备的特殊功能和优势。一是增加事故救援费用和第三人（事故单位从业人员以外的事故受害人）赔付的资金来源，有助于减轻政府负担，维护社会稳定。目前有的地区还提供了一部分资金用于对事故死亡人员家属的补偿。二是有利于现行安全生产经济政策的完善和发展。2005 年起实施的高危行业风险抵押金制度存在缴存标准高、占用资金量大、缺乏激励作用等不足。目前，湖南省、上海市等已经通过地方立法允许企业自愿选择责任保险或者风险抵押金，受到企业的广泛欢迎。三是通过保险费率浮动、引进保险公司参与企业安全管理，有效促进企业加强安全生产工作。

10. 加大对安全生产违法行为的责任追究力度

一是安全生产法规定了事故行政处罚和终身行业禁入。第一，将行政法规的规定上升为法律条文，按照两个责任主体、四个事故等级，设立了对生产经营单位及其主要负责人的八项罚款处罚规定。第二，大幅提高对事故责任单位的罚款金额：一般事故罚款 20 万 ~ 50 万元，较大事故 50 万 ~ 100 万元，重大事故 100 万 ~ 500 万元，特别重大事故 500 万 ~ 1000 万元；特别重大事故的情节特别严重的，罚款 1000 万 ~ 2000 万元。第三，进一步明确主要负责人对重大、特别重大事故负有责任的，终身不得担任本行业生产经营单位的主要负责人。

二是安全生产法加大罚款处罚力度。结合各地区经济发展水平、企业规模等实际，新法维持罚款下限基本不变、将罚款上限提高了 2 ~ 5 倍，并且大多数罚则不再将限期整改作为前置条件，反映了"打非治违""重典治乱"的现实需要，强化了对安全生产违法行为的震慑力，也有利于降低执法成本、提高执法效能。

三是建立了严重违法行为公告和通报制度。要求负有安全生产监督管理职责的部门建立安全生产违法行为信息库，如实记录生产经营单位的安全生产违法行为信息；对违法行为情节严重的生产经营单位，应当向社会公告，并通报行业主管部门、投资主管部门、国土资源主管部门、证券监督管理部门和有关金融机构。

二、特种作业人员的权利

1. 劳动安全保障权

生产经营单位有义务告知从业人员作业场所和工作岗位存在危险因素，应当采取的防患措施和事故应急措施。这一方面有利于从业人员做到心中有数，提高安全生产意识和事故防患能力，减少事故发生，降低经济损失；另一方面这也是从业人员知情权的要求。

2. 知情权、建议权

特种作业人员的知情权、建议权与安全生产有关的三方面情况：

1）作业存在危险因素，危险因素一般是能对人员造成伤亡或者对物体造成突发性损害的因素。

2）作业的安全防患措施。

3）事故应急措施。

3. 批评权、检举控告权

这里讲的检举权、控告权，是指从业人员对本单位及有关人员违反安全生产法律、法规的行为，有向主管部门和司法机关进行检举和控告的权利。法律规定这一权利，有利于从业人员对生产经营单位进行群众监督，促进生产经营单位不断改进本单位的安全生产工作。

4. 拒绝违章指挥、强令冒险作业权

生产经管单位管理人员违章瞎指挥或强令冒险作业，这些会使作业人员生命安全和健康构成极大威胁。为了保护自己的生命安全和健康，对于生产经营单位的这种行为，从业人员有权予以拒绝。

5. 避险权

作业人员如果发现直接危及人身安全的紧急情况时，本着以人为本的精神，作业人员有权停止作业或者在采取可能的应急措施后撤离作业场所。

6. 工伤保险权和其他赔偿权

作业人员如果因生产安全事故受到损害，除了依法享有工伤社会保险外，依照有关民事法律尚有获得赔偿的权利。

三、特种作业人员的义务

1. 遵规守纪的义务

作业人员应当严格遵守本单位的安全生产规章制度、操作规程和单位的其他规章制度，并服从管理。安全生产是需要生产经营单位的每一个人，每个工序相互配合和衔接。每一个从业人员都从不同的角度为企业的安全生产担负责任，每个人尽责的好坏影响到生产经营单位安全生产的成效。只有这样才能保证企业的活动安全、有序地进行。

2. 接受安全教育的义务

采取控制人的不安全行为是减少伤亡事故的主要措施。而对从业人员进行安全生产教育，是控制人的不安全行为的有效方法，是安全生产管理工作中的一个重要组成部分，也是提高从业人员安全素质和自我保护能力，防止事故发生，保证安全生产的重要手段。对特种设备从业人员应当有主动接受安全生产教育和培训的意识。安全教育的内容包括设备的性能、作用和一般的结构原理；事故的预防和处理及设备的使用、维护和修理。接受安全生产教育培训的人员应当达到相应的从业要求。

3. 隐患报告的义务

安全生产管理要坚持安全第一，预防为主的方针。生产安全事故虽然有意外性、偶然性和突发性的特点，但它又有一定的规律，可以通过采取有效措施尽可能加以预防。从业人员处于安全生产的第一线，最有可能及时发现事故隐患或者其他不安全因素，应当及时报告。接受报告的人员须及时进行处理，以防止有关人员延误消除事故隐患的时

机，避免事故的发生。

四、安全生产法规定的基本法律制度

1. 安全生产监督管理制度

县级以上地方各级人民政府有关部门依照国家安全法和其他有关法律、法规的规定，在各自的职责范围内对有关的安全生产工作实施监督管理。

2. 生产经营单位的安全保障制度

生产经营单位应当具备国家安全法，其他行政法规和行业标准规定的安全生产条件。不具备安全生产条件的，不得从事生产经营活动。

3. 生产经营单位负责人的安全责任制度

生产经营单位主要负责人有下列职责：

1）建立、健全本单位安全生产责任制。

2）组织制定本单位安全生产规章制度和设备操作规程。

3）保证本单位安全生产投入的有效实施。

4）督促、检查安全生产工作，及时消除生产安全事故隐患。

5）组织制定并实施生产事故应急救援预案。

6）及时、如实报告生产安全事故。

4. 安全生产责任追究制度

国家实行生产安全事故责任追究制度，依法追究生产安全事故责任人员的法律责任。

5. 事故应急救援和处理制度

县级以上地方各级人民政府应当组织有关部门制定本区域内的特大生产安全事故应急救援预案，建立应急救援体系。各生产企业应建立应急救援组织并建立事故处理应急预案。

五、特种作业人员应具备的职业道德和岗位职责

1. 职业道德

特种作业人员的岗位危险性较大，不仅仅对自身安全有较大危险，对他人或设备、财产等也具有较大的危险。因此，对特种作业人员的职业道德水准也比一般工人提出更高的要求。

（1）安全为公的道德观念　特种作业人员在工作过程中不仅要确保自身安全，更要有安全为大家的道德观念。应该意识到自己的安全责任比别人重，要求也更严。始终要谨记：我要安全，安全为我，我为人人。这就是安全为公的道德观念。

（2）好学上进的道德观念　特种作业人员在工作中应具有精益求精的工作作风和道德观念。好学上进、勇于钻研是特种作业人员应当具备的良好道德观念之一。特种作业人员必须加强学习、善于钻研，通过学习，一方面尽快掌握现有设备的操作术，为安全生产打下坚实的基础；另一方面，在条件允许的条件下，还可以自己摸索、发现、改进设备的安全性能，提高设备的本质化安全程度。

（3）精益求精的道德观念　特种作业人员对自己的工作在质量上、精度上应有更

高的要求标准。

2. 特种作业人员的岗位职责

1）认真执行有关安全生产规定，对所从事工作的安全生产负直接责任。

2）各岗位专业人员，必须熟悉本岗位全部设备和系统，掌握构造原理、运行方式和特性。

3）经常检查作业环境及各种设备、设施的安全状态，保证运行、备用、检修设备的安全，发现问题、异常和缺陷时应立即进行处理并及时联系汇报，不得让事态扩大。

4）定期参加有关的安全学习，参加安全教育活动，接受有关部门和人员的安全监督检查，积极参与解决不安全的问题。

5）如果发现因工伤亡及未遂事故要保护好现场，并应立即上报，并主动参加抢险救援工作。

第二章 制 冷 设 备

第一节 制冷压缩机的种类

制冷系统可分为蒸气制冷系统、空气制冷系统和热电制冷系统。其中蒸气制冷系统又可分为蒸气压缩式制冷系统、蒸气喷射式制冷系统和蒸气吸收式制冷系统。目前冷库绝大部分是采用蒸气压缩式制冷系统。以下是一些蒸气压缩式的分类。

（1）按使用的制冷剂分类　制冷压缩机按使用的制冷剂可分为氨制冷压缩机、氟利昂制冷压缩机和其他制冷压缩机，也有三种制冷剂通用的压缩机（更换少数零件），如目前使用的 125 及 170 系列压缩机以及螺杆机。

（2）按活塞运动形式分类　制冷压缩机按活塞运动形式可分为往复式压缩机、回转式压缩机（如螺杆式压缩机）。

（3）按制冷能力分类　制冷压缩机按制冷能力可分为小型制冷压缩机（60kW/h 以下）、中型制冷压缩机（60~465kW/h）和大型制冷压缩机（465kW/h 以上）。

（4）按气缸布置方式分类　制冷压缩机按气缸布置方式分为立式压缩机、卧式压缩机和角度式压缩机。

（5）按气缸数量分类　制冷压缩机按气缸数量分为单缸压缩机、双缸压缩机及多缸压缩机。

（6）按压缩机的级数分类　制冷压缩机按压缩机的级数分为单级压缩机和双级压缩机。

（7）按制冷剂在气缸内的流动状况分类　制冷压缩机按制冷剂在气缸内的流动状态分为顺流式压缩机和非顺流式（进、出气同方向及不同方向之分）压缩机。

（8）按压缩方式分类　制冷压缩机按压缩方式不同分为单作用式压缩机和双作用式压缩机（活塞在气缸内只向一侧压缩时为单作用，向两侧轮流往复压缩时为双作用）。

（9）按压制冷缩机转速的不同分类　制冷压缩机按转速不同分为低速压缩机和高速压缩机。一般把转速 < 960r/min 的称为低速压缩机，把转速 ≥960r/min 的称为高速压缩机。

（10）按压缩机与电动机的连接方式分类　制冷压缩机按与电动机的连接方式不同分为带传动压缩机和联轴器传动压缩机。

（11）按结构形式分类　制冷压缩机按结构形式不同还分为开启式压缩机、半封闭式压缩机和全封闭式压缩机。

1）开启式制冷压缩机。压缩机曲轴的功率输入端伸出曲轴箱外通过联轴器或带轮与电动机相连，因此在曲轴伸出端必须装有轴封，以避免制冷剂向外泄漏。在曲轴箱内为负压时，可避免空气向内泄漏。这种形式的压缩机称为开启式压缩机。

2）半封闭式制冷压缩机。半封闭式和开启式压缩机在结构上最明显的区别是电动机的外壳和压缩机机体是铸在一起的，相互间内腔连通，不需安装任何轴封。消除了轴封处最易泄漏的缺点，还可以利用吸入的低温、低压制冷剂蒸气来冷却电动机绕组，改善了电动机的冷却条件，从而提高了电动机的出力。半封闭式压缩机与电动机共用一根轴连接，取消了传动用的联轴器，缩短了机组的轴向尺寸。

3）全封闭式制冷压缩机。制冷压缩机与电动机一起水平或者垂直装置在一个密闭的、由上、下两部分冲压而成的铁壳内，焊接成一个整体。从外表看，只有压缩机的吸、排气管和制冷剂充注管的管接头和电动机的引出线，这种形式的压缩机称为全封闭式压缩机。它比半封闭式压缩机的结构更加紧凑、更轻、密封性更好。机组与壳体间设有减振装置，运转比较平稳，噪声低。它们另一个特点是壳体好像一个气液分离器，能减少液击事故的发生；电动机沉浸在低温制冷剂蒸气中，改善了电动机的冷却条件并提高了出力。此类制冷压缩机大多用于小型制冷装置，如冰箱等，制冷剂一般为氟利昂。

第二节　活塞式制冷压缩机

一、活塞式制冷压缩机的特点

1. 主要优点

活塞式制冷压缩机的优点如下：

1）高速、多缸、逆流式、体积小、质量轻，结构紧凑，占地面积小，使用方便。

2）产品系列化，互换性强、通用性高，使用维修方便。

3）运转平衡性好，振动小。

4）压缩机装有加油、放油用三通阀，可在正常运转时加油。

5）压缩机上装有能量调节机构，使制冷压缩机可以实现空载起动。可调节投入运转工作的气缸数，以适应不同的制冷量需要，具有正常运转和使用的经济性。

6）曲轴箱内设有冷却水管，可降低油温。

2. 主要缺点

活塞式制冷压缩机的缺点如下：

1）压缩机吸气呈逆流式，排气温度较高。

2）压缩机上的摩擦部件较多，转速高，虽然压缩机设有冷却水管，但油温仍然较高。

3）运行中出现湿行程时易引起油冷却器的水管冻裂。

4）压缩机不能反向工作。如果要求反向工作，则需要在管路系统中另设置通道和阀门。

5）压缩机的耗油量相对较高，制冷系统需经常放油。

二、活塞式制冷压缩机的构造

目前冷库使用比较普遍的为 12.5 型氨压缩机及 17 型氨压缩机。下面介绍其主要结构。

1. 机体

图 2-1 所示为 8AS – 12.5 型压缩机的机体。机体是压缩机的主体，也是机器的外壳和工作部件的支承，使它们保持相对的位置。机体采用整体结构，减少了结合面，提高了压缩机的精度。机体上部的前、后两端设置吸、排气管，低压蒸气从吸气管经滤网进入吸气腔，再从气缸套上部凸缘处的吸气阀进入气缸。经压缩后的高压气体通过排气阀进入排气腔后排出。气缸体上部和排气腔周围设有冷却水套，使排气得到冷却。吸、排气管上设置温度计套筒，借以检查机器运行时的温度变化。吸、排气腔之间设有安全阀，当排气腔压力过高时，高压气体能顶开安全阀阀芯后流回吸气腔，避免发生超压的危险。排气腔顶部端面用气缸盖封闭，机体的下部为曲轴箱，其前、后各有主轴承支座，用以支承曲轴，曲轴箱又是盛装润滑油的油箱，两侧开有窗孔，窗孔用侧盖封闭。其中一个侧盖装设油面玻璃视孔，另一个侧盖设油冷却管和加油孔。加油孔用螺塞封闭。

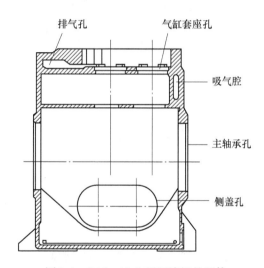

图 2-1　8AS – 12.5 型压缩机的机体

2. 吸、排气阀组，气缸套与能量调节装置

活塞式制冷压缩机吸、排气阀组的作用是当吸、排气阀开启时使气缸和吸、排气管道接通，将气体吸入气缸或把压缩气体从气缸排出；当吸、排气阀关闭时组成密闭的气缸容积。

气缸套上部为吸气阀阀座。吸、排气阀为组合阀，均采用单环片阀。压套的六个螺钉中有三个穿过排气阀的外阀座与气缸套凸缘连接，使气缸套、排气阀外阀座间接与气缸套座连接。当压缩机进行不加排气阀的空载运转时不用压板压住气缸套。排气阀外阀座的内圆部分和内阀座共同组成排气阀的阀座。在排气阀盖上部设有安全弹簧，防止液击时损坏压缩机。气缸套的中部周围设有顶开吸气阀阀片的顶杆和转动环，转动环液压缸拉杆机构控制，用以调节压缩机的排气量和起动时卸载之用。图 2-2 所示为气缸套及吸、排气阀组合件。

3. 曲轴

曲轴是压缩机的主要零部件之一。电动机的旋转运动，通过曲轴和连杆连接改变为活塞的往复直线运动，以达到压缩气体的目的。曲轴还传递电动机的驱动转矩，并承受所有各气缸的阻力负荷。曲轴上合理地布置曲拐和添加平衡铁，能改善机械的平衡性能。另外，曲轴又是润滑系统的动力，轴身油道兼供输润滑油用。曲轴为双曲拐、夹角为180°的整体铸造曲轴，用球墨铸铁铸成，平衡铁和曲轴铸在一起。在每一个曲柄销上连接四个连杆。曲轴的中心部分开有润滑油通道，两个曲柄销分别由曲轴的两端供油。图 2-3所示为 8AS – 12.5 型压缩机的曲轴。

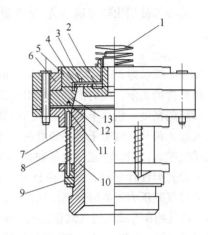

图 2-2　气缸套及吸、排气阀组合件

1—缓冲弹簧　2—内阀座　3、12—阀片弹簧
4—排气弹簧　5—阀盖　6—导向阀　7—顶杆
8—顶杆弹簧　9—转动环　10—气缸套
11—吸气阀片　13—外阀座

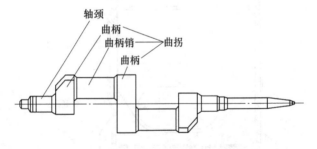

图 2-3　8AS – 12.5 型压缩机的曲轴

4. 连杆

连杆的作用是将曲轴的旋转运动转换成活塞往复运动，并将曲轴输出的能量传递给活塞，使活塞压缩气体。连杆的主要组成部分有连杆体、连杆小头衬套、连杆大头轴瓦、连杆螺栓等。连杆为工字形断面，用球墨铸铁或可锻铸铁制造。连杆大头为斜剖式，连杆体中心钻成长孔，使润滑油输入活塞销进行润滑。连杆大头轴承为薄壁轴瓦，小头轴承用磷青铜衬套。连杆螺栓用合金钢制造。图 2-4 所示为 8AS – 12.5 型压缩机的斜剖连杆。

5. 活塞

压缩机活塞与气缸共同组成一个可变的封闭工作容积，使气体能在此封闭容积中受

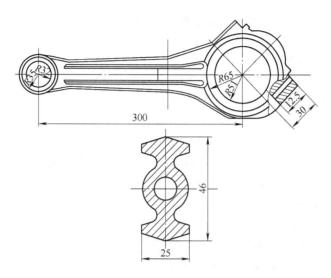

图 2-4　8AS－12.5 型压缩机的斜剖连杆

到压缩。在压缩机吸、排气过程中使气缸能吸入和排出气体，传递机械能给气体，使其变为气体的压缩能。压缩机采用筒形活塞。活塞用铜硅铝合金铸造，质量轻，往复运动惯性力小，适合于高转速机器。活塞上装有三道活塞环和一道刮油环。活塞顶部呈凹陷形，与各排气阀的内、外阀座形状相适应，减少了余隙容积。图 2-5 所示为 8AS－12.5 型压缩机的活塞。

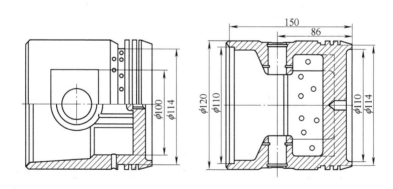

图 2-5　8AS－12.5 型压缩机的活塞

6. 密封器（轴封）

对于开启式制冷压缩机，曲轴的曲颈伸出机体外，为了防止制冷剂和冷冻油外泄，以及空气进入机体内，必须设置密封器。

密封器应有良好的密封作用，并且具有摩擦阻力小、消耗动力少、磨损小、寿命长、结构简单、维修方便等特点。

新系列活塞式制冷压缩机都采用摩擦环式密封器。

摩擦环式密封器又称端面密封或机械密封。这种形式的密封器密封性能好，使用寿命长，结构虽然复杂些，但由于已经标准化，制造还是很方便的。

摩擦环式密封器弹簧的一端通过弹簧座压在曲轴轴肩上，另一端压在垫圈上。垫圈压橡胶圈时，橡胶圈产生横向变形，同时压紧曲轴表面和活动环里表面，起轴向密封作用。曲轴转动时橡胶圈产生摩擦力，带动活动环、橡胶圈、垫圈、弹簧、弹簧座等一起转动。固定环用销钉和轴封盖之间设有耐油橡胶圈，它也起密封作用。这样使活动环和固定环之间形成摩擦面（又称摩擦副），起径向密封作用。有一对摩擦副的称为单密封，有两对摩擦副的称为双密封。新系列活塞式制冷压缩机都采用单密封。图 2-6 所示为 8AS – 12.5 型压缩机的密封器。

为了润滑摩擦面，减轻磨损，轴封室中充满冷冻油，并使油循环流动，不仅起着润滑和油封的作用，还可带走一部分由于摩擦而产生的热量。

此外，还有一种波纹管式密封器，如图 2-7 所示。这种波纹管式密封器应用于小型开启式氟利昂制冷压缩机中，通常曲轴直径小于 40mm 的压缩机都应用波纹管式密封器。

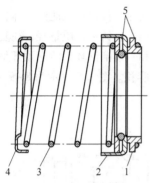

图 2-6　摩擦环式轴封
1—固定环　2—活动环　3—弹簧
4—弹簧座　5—橡胶圈

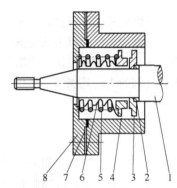

图 2-7　波纹管式轴封
1—曲轴　2—橡胶圈　3—活动环　4—固定环
5—弹簧　6—波纹管　7—垫片　8—压盖

7. 润滑

压缩机采用液压泵供油润滑，由后轴端带动的外啮合齿轮液压泵供油。润滑油从曲轴箱底部经过滤网和三通阀进入液压泵。液压泵排出的油经梳片式油过滤器清除杂质后从曲轴两端进入润滑油道，润滑两端主轴承、连杆轴承、活塞销和密封器的摩擦面。

侧盖的油冷却器浸入曲轴箱底部的润滑油中，当通入冷却水时，可使曲轴箱内的润滑油得到冷却。

8. 传动方式

压缩机采用直接传动方式，用联轴器由电动机直接传动。

这种直接传动的缸径系列有 2 缸、4 缸、6 缸、8 缸四种气缸数的压缩机，构成四种制冷量，适应库房不同热负荷制冷量的需要。我国系列制冷压缩机都按氨、F – 12、F – 22三种制冷剂通用的要求设计。当系统换用制冷剂时，压缩机必须同时更换相适应的密封弹簧、安全阀及气阀弹簧。

9. 安全弹簧

压缩机排气阀盖上的安全弹簧又称为缓冲弹簧。它的作用是当制冷压缩机吸入液体产生液击（倒霜）时，使安全盖跳起，超压液体直接进入排气腔，避免发生事故。

安全弹簧压在安全盖上，弹簧上面压着气缸盖。安全弹簧装上后所产生的预紧力，应该在气缸内压力超过排气腔压力（包括冷凝压力、气阀弹簧、阀片重力）0.35MPa时起跳。

安全弹簧对于制冷压缩机起安全保护作用，因此对安全弹簧有严格要求，否则非但不起安全保护作用，反而影响压缩机的正常工作。安全弹簧弹力过大，液击时安全盖不能及时起跳，会造成机器事故；安全弹簧弹力不足，压缩机压缩气体时安全盖过早起跳，使压缩机不能正常排气。

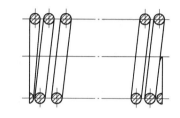

图 2-8 8AS-12.5 型压缩机安全弹簧

8AS-12.5 型压缩机安全弹簧如图 2-8 所示。

10. 液压泵

压缩机采用内啮合转子式液压泵，用电动机直接带动。液压泵安装在曲轴箱下部，使泵室浸泡在润滑油内，当压缩机在吸气压力较低的情况下运转时，液压泵仍然能正常供油。

11. 压缩机的主要技术参数

1）170 系列活塞式压缩机主要技术参数见表 2-1。

表 2-1 170 系列活塞式压缩机的主要技术参数

项 目			JZY4AV17	JZY6AW17	JZY8AS17	JZY4AS17	JZY8ASJ17
机组	制冷量/kW	标准工况	256	384	512	81.4	163
		空调工况	558	840	1116		
	轴功率/kW	标准工况	71.9	107.1	142	42.75	83.9
		空调工况	107	160	213		
	总质量/kg	标准工况	5080	5500	6040	4320	5850
		空调工况	5160	5570	6190		
压缩机	形式		V	W	S	S	S
	气缸直径/mm		170	170	170	170	170
	活塞直径/mm		140	140	140	140	140
	气缸数/个		4	6	8	高1、低3	高2、低6
	主轴转速/(r/min)		720	720	720	720	720
	活塞行程容积/(m³/h)		550	825	1100	高137、低412	高275、低825
	能量调节范围		0、1/2、1	0、1/3、2/3、1	0、1/4、1/2、3/4、1	0、1/3、2/3、1	0、1/3、2/3、1

（续）

<table>
<tr><td colspan="3">项　目</td><td>JZY4AV17</td><td>JZY6AW17</td><td>JZY8AS17</td><td>JZY4AS17</td><td>JZY8ASJ17</td></tr>
<tr><td rowspan="8">压缩机</td><td colspan="2">进气管径/mm</td><td>DN100</td><td>DN125</td><td>DN150</td><td>高 DN65、低 DN100</td><td>高 DN80、低 DN125</td></tr>
<tr><td colspan="2">排气管径/mm</td><td>DN80</td><td>DN100</td><td>DN125</td><td>高 DN65、低 DN80</td><td>高 DN65、低 DN100</td></tr>
<tr><td colspan="2">曲轴箱装油量/kg</td><td>30</td><td>44</td><td>50</td><td>40</td><td>50</td></tr>
<tr><td colspan="2">油冷却器进出水管径/in</td><td>Rc3/4</td><td>Rc3/4</td><td>Rc3/4</td><td>进水 Rc3/4</td><td>Rc3/4</td></tr>
<tr><td colspan="2">压缩机冷却水进出管径/in</td><td>Rc3/4、2×Rc3/4、4</td><td>Rc1</td><td>2×Rc3/4、Rc1</td><td>Rc3/4</td><td>Rc3/4</td></tr>
<tr><td colspan="2">冷却水耗量/kg</td><td>2000</td><td>3000</td><td>4000</td><td>1500</td><td>2000</td></tr>
<tr><td colspan="2">压缩机质量/kg</td><td>2640</td><td>2950</td><td>3390</td><td>2787</td><td>3280</td></tr>
<tr><td rowspan="20">电动机</td><td rowspan="2">型号</td><td>标准工况</td><td>Y315S-8/95</td><td>Y315M$_2$-8/132</td><td>Y355M$_3$-8/190</td><td rowspan="2">Y280M-8/70</td><td rowspan="2">Y315M$_2$-8/132</td></tr>
<tr><td>空调工况</td><td>Y315M$_2$-8/132</td><td>Y355M$_3$-8/190</td><td>Y355L$_2$-8/250</td></tr>
<tr><td rowspan="2">功率/kW</td><td>标准工况</td><td>95</td><td>132</td><td>190</td><td rowspan="2">70</td><td rowspan="2">132</td></tr>
<tr><td>空调工况</td><td>132</td><td>19</td><td>250</td></tr>
<tr><td rowspan="2">电压/V</td><td>标准工况</td><td>380</td><td>380</td><td>380</td><td rowspan="2">380</td><td rowspan="2">380</td></tr>
<tr><td>空调工况</td><td>380</td><td>380</td><td>380</td></tr>
<tr><td rowspan="2">同步转速/(r/min)</td><td>标准工况</td><td>750</td><td>750</td><td>750</td><td rowspan="2">750</td><td rowspan="2">750</td></tr>
<tr><td>空调工况</td><td>750</td><td>750</td><td>750</td></tr>
<tr><td rowspan="2">质量/kg</td><td>标准工况</td><td>1450</td><td>1537</td><td>1610</td><td rowspan="2">780</td><td rowspan="2">1537</td></tr>
<tr><td>空调工况</td><td>1537</td><td>1610</td><td>1710</td></tr>
<tr><td rowspan="5">电控</td><td rowspan="4">减压起动控制箱</td><td>标准工况 型号</td><td>XQ01-110</td><td>XQ01-135</td><td>XQ01-190</td><td rowspan="2">XQ01-70</td><td rowspan="2">XQ01-135</td></tr>
<tr><td>标准工况 质量/kg</td><td>450</td><td>450</td><td>450</td></tr>
<tr><td>空调工况 型号</td><td>XQ01-135</td><td>XQ01-190</td><td>XQ01-255</td><td rowspan="2">200</td><td rowspan="2">450</td></tr>
<tr><td>空调工况 质量/kg</td><td>450</td><td>450</td><td>500</td></tr>
<tr><td rowspan="2">氨压缩机控制台</td><td>型号</td><td>ZK-3E$_2$</td><td>ZK-3E$_3$</td><td>ZK-3E$_4$</td><td>ZK-3E$_4$</td><td>ZK-3E$_4$</td></tr>
<tr><td>质量/kg</td><td>27</td><td>27</td><td>27</td><td>27</td><td>35</td></tr>
</table>

注：1. 该表为大连冷冻机股份有限公司170系列技术参数。

2. 1in = 25.4mm。

2）125系列活塞式压缩机的主要技术参数见表2-2。

表 2-2 125 系列活塞式压缩机主要技术参数表

项　目			8AS12.5-A	6AW12.5-A	YF4AV12.5-A	4AV12.5-A	8ASJ12.5-A
机组	制冷量/kW	标准工况	250	187.5	125	125	81
		空调工况	545	409	272.5	272.5	
	轴功率/kW	标准工况	70.5	53	35.5	35.5	44.2
		空调工况	106	79.5	53.5	53.5	
	总质量/kg	标准工况	2550	2400	1930	1930	2600
		空调工况	2660	2400	2300	2060	
压缩机	气缸直径/mm		125	125	125	125	125
	活塞行程/mm		100	100	100	100	100
	气缸数/个		8	6	4	4	高2、低6
	主轴转速/(r/min)		960	960	960	960	960
	活塞行程容积/(m^3/h)		565	424	282.5	282.5	高141、低424
	能量调节范围		0、1/4、1/2、3/4、1	0、1/3、2/3、1	0、1/2、1	0、1/2、1	0.1:1.1:2.1:3
	进气管径/mm		125	100	80	80	高80、低125
	排气管径/mm		100	80	60	60	高60、低100
	冷却水进、出水管径/in		3/4	3/4	3/4	3/4	3/4
	冷却水耗量/(kg/h)		1800	1500	1200	1200	1800
	压缩机质量/kg		1378	1150	900	900	1300
电动机	型号	标准工况	JS116-6	JS115-6	Y280M-6	Y280M-6	JS115-6
		空调工况	JS117-6	JS116-6	JS315S-6		
	功率/kW	标准工况	95	75	55	55	75
		空调工况	115	95	75	75	
	电压/V		380	380	380	380	380
	转速/(r/min)		1000	1000	1000	1000	1000
	质量/kg	标准工况	970	970	595	595	970
		空调工况	1080	970	990	990	
电控	减压起动控制箱	标准工况	XQ_{01}-100	XQ_{01}-75	XQ_{01}-55	XQ_{01}-55	XQ_{01}-75
		空调工况	XQ_{03}-135	XQ_{01}-100	XQ_{01}-75	XQ_{01}-75	
	压缩机控制台		ZK-3E_4	ZK-3E_3	ZK-3E_3	ZK-3E_3	ZK-4E_4

注：1. 该表为鞍山骏达制冷设备有限公司 12.5 系列技术参数。

　　2. 1in = 25.4mm。

三、活塞式制冷压缩机的清洗和检查

压缩机经定位达到水平后，即可进行第二次基础灌浆。等地脚螺栓孔内的混凝土的强度达到要求后，才可拧紧地脚螺栓。

由于压缩机出厂前都要对其进行试运行检验，所以很多厂在投产前没对压缩机再清洗检查就投入制冷系统降温运行，直至投产使用。对这种情况在刚开始时应注意运转情况，如果有异常，则应停机查找原因；如果运行正常，则在新系统投产一个多月后应对其压缩机进行清洗和检查。压缩机的拆卸程序是打开气缸盖，取出吸排气阀，检查各零件、活塞、气缸壁及卸下能量调节装置等，经检查如情况正常，可对零部件只作一般清洗，新系统杂质较多，因此应卸下压缩机盖板后，放掉曲轴箱内的冷冻油，对油过滤网及曲轴箱进行清洗，然后重新组装试机后即可投产正常运行。

如果认为需要对压缩机进行全面检查清洗，则在拆卸气缸套、活塞、连杆时，应打上钢印，避免调错。机件拆卸后，对机体及各零件用煤油进行清洗，并检查各机件是否良好，气缸镜面应光滑无痕，活塞与连杆的连接应灵活可靠，活塞环和油环无卡滞现象，吸、排气阀各零部件应完整无损，阀片、气阀弹簧和阀座密封面应没有缺陷。阀门清洗组装后，用煤油检验，密封应无渗漏，排气阀中间的气阀螺栓必须拧紧，不得松动，供油系统各油路、油管应没有堵塞，气缸外用来调节能量的转动环和顶杆应处于正确位置，转动灵活。

如果液压泵需要拆卸，则将压缩机后面的滤油器端盖取下，将油管拆除，就可以整个拆下液压泵进行清洗检查。压缩机轴封一般不需拆卸。

各机件安装后，应测量和检查各运动摩擦件的间隙，各间隙不应超过其规定。冷库常用制冷压缩机主要运动部件的装配间隙见表 2-3。

表 2-3　冷库常用制冷压缩机主要运动部件的装配间隙　　（单位：mm）

部　　位		100 型	125 型	170 型
活塞上死点间隙		0.7 ~ 1.3	0.7 ~ 1.3	1 ~ 1.6
排气阀阀片开启度		1.1	1.4 ~ 1.6	1.5
吸气阀阀片开启度		1.2	2.4 ~ 2.6	2.5
活塞与气缸间隙	上部	0.33 ~ 0.43	0.35 ~ 0.47	0.37 ~ 0.49
	下部	0.15 ~ 0.21	0.20 ~ 0.29	0.28 ~ 0.36
活塞销与活塞销孔配合（选配）间隙		− 0.015	− 0.005 ~ − 0.010	− 0.018
活塞环锁口间隙		0.3 ~ 0.5	0.5 ~ 0.65	0.7 ~ 1.1
活塞环在槽内的轴向间隙		0.018 ~ 0.055	0.05 ~ 0.095	0.05 ~ 0.09
连杆小头轴承孔与活塞销的配合间隙		0.03 ~ 0.062	0.04 ~ 0.066	0.04 ~ 0.073
连杆大头与曲柄销的轴向配合间隙	8 缸	0.4 ~ 0.79	0.8 ~ 1.1	0.8 ~ 1.12
	6 缸	0.3 ~ 0.6	0.6 ~ 0.86	0.6 ~ 0.88
	4 缸	0.2 ~ 0.4	0.4 ~ 0.6	0.4
连杆大头轴承孔与曲柄销的配合间隙		0.03 ~ 0.12	0.11 ~ 0.19	0.05 ~ 0.15
主轴承与主轴颈的配合间隙		0.06 ~ 0.11	0.1 ~ 0.148	0.1 ~ 0.162
主轴与主轴承的轴向配合间隙			0.8 ~ 2.0	

注：1. 各尺寸应尽可能选用中间值。

　　2. 其他机型的装配间隙可参考本书第六章第九节。

四、制冷压缩机的定期检修

活塞式制冷压缩机能不能经常处于完好的运转状态，防止事故发生，除了操作人员要合理使用以外，平时还要做好经常性的维护和修理工作。根据使用和机器磨损规律，做好定期检修工作。制冷压缩机的定期检修计划和内容的制订，应根据制造厂家建议检修产品的时间和要求，以及结合广大制冷工程技术人员的经验，根据机型不同，检修内容不同。具体的检修时间，应视制冷压缩机的工作性质、使用单位的具体情况而定。

对于广泛使用的活塞式压缩机，一般分为大修、中修和小修。制造厂商通常会提供具体的检修时间。一般情况下，活塞式压缩机每运行 700h 左右需进行小修，运行 3000h 左右需进行中修。全年连续运行使用的制冷压缩机和用于空气调节的制冷压缩机，一般可每年进行一次大修。由于使用情况不同，维护管理的水平也不同，所以制冷装置的操作管理人员应根据压缩机的实际状况，逐渐摸索总结制订出本厂各台机器大修的周期。

1. 小修内容

1）清洗、检查阀片的密封性能，更换磨损、变形或有裂纹的阀片。检查阀片弹簧的弹性，更换因疲劳而失去弹性或折断的阀片弹簧，最好一次全部换掉，保持阀片弹簧弹性一致。

2）检查阀板结构的气阀防松垫片、固定螺栓等的紧固情况，更换不好的防松垫片。

3）检查、修理气缸内壁的轻微拉毛、划痕。

4）清洗油过滤器、更换或补充润滑油。

5）紧固缸盖、端盖、压盖、连接部件的螺栓。

6）试验能量调节电磁阀的通断，检查清洗卸载装置的液压缸，更换失去弹力的拉簧。

7）检查联轴器减振橡胶套的磨损，更换老化断裂的 V 带。

2. 中修内容

中修时除小修内容外，还应包括以下内容：

1）检查测量活塞环的开口间隙、轴向间隙、径向间隙，更换磨损超限的活塞环。

2）检查测量连杆大头轴瓦的配合间隙、瓦面的接触面积及磨损情况，进行必要的瓦面刮修。薄壁瓦磨损严重时不再进行刮修，应换上新轴瓦。

3）检查清洗油封，更换失去弹性的弹簧、橡胶密封环，研磨石墨环和定环的结合面。

4）测量联轴器的同轴度、轴向圆跳动，更换磨损的减振橡胶套。

5）检查清洗干燥过滤器，更换干燥剂。

6）检查卸载装置的顶杆长度，更换磨损的顶杆。

7）清洗液压泵，检查液压泵配合间隙。

3. 大修内容

对压缩机进行解体，对可拆卸的零件全部进行拆卸、清洗和检查，对不合格件进行修理或予以更换。

1）清洗检查压缩机气阀组件或更换气阀组件损坏的零部件，用煤油做阀片的气密性检查。

2）检查安全阀并进行动作试验，合格后加铅封。

3）拆修进、排气截止阀，更换耐蚀填料，用煤油检查阀门的密封性，并对关闭不严的阀进行阀芯与阀座的研磨。

4）测量气缸圆度，更换磨损超限的缸套。

5）测量曲轴的圆度、圆柱度。根据情况测量曲柄的扭摆度、水平度、主轴颈与连杆轴颈的平行度。

6）检查连杆大小两孔的平行度及连杆小头铜套内孔和外径的磨损量。按照修复后的曲轴轴颈，修整连杆大头轴瓦。

7）更换气环及刮油环。

8）检查机体各受力部分有无裂纹。清洗压缩机气缸水套内的水垢。

9）进行曲轴箱内部的清理。

10）校验吸、排气压力表及油压表、压力保护控制器。吹除和清洗连接管道。

对压缩机的检修工作十分重要，要求机房操作人员要熟悉机器的结构和性能，正确掌握机器的运转规律，提高操作、检修的技术水平，保持设备的完好率，确保设备的安全运行，更好地为安全生产服务。

对于离心式制冷压缩机和螺杆式制冷压缩机，由于没有易损件，所以它们的检修主要是针对随机的各种辅助设备，通常可以按照厂家说明书的要求进行。

五、活塞式制冷压缩机的液压泵

制冷压缩机中的液压泵形式主要有外啮合齿轮液压泵、月牙形内啮合齿轮液压泵、内啮合转子液压泵和偏心孔泵机构。

1. 外啮合齿轮液压泵

外啮合齿轮液压泵的工作原理如图 2-9 所示。液压泵壳体内有两个相互啮合的同直径齿轮，曲轴带动主动齿轮旋转时，油就从吸油腔一边通过齿间凹谷与泵体内壁形成的许多储油空间被排送到排油腔一边，并源源不断地向外排出。

2. 月牙形内啮合齿轮液压泵

月牙形内啮合齿轮液压泵如图 2-10 所示。月牙形内啮合齿轮液压泵主要由内齿轮（主动），外齿轮（从动）、月牙体、泵体和

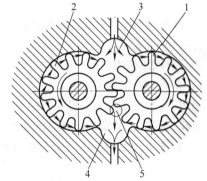

图 2-9　外啮合齿轮液压泵的工作原理
1—主动齿轮　2—从动齿轮　3—吸油腔
4—排油腔　5—卸压槽

泵盖组成。月牙体和泵盖将内、外两个齿轮分割成许多储油空间。两齿轮旋转时，将封闭空间内的润滑油由吸油腔一边被排送到排油腔一边。月牙形内齿轮的特点是无论正转还是反转都能按照原定流向供油，这种液压泵外形尺寸小，结构紧凑，因此非常适用于

全封闭和半封闭式压缩机。

图 2-10a 中齿轮为顺时针旋转，润滑油从下部吸入，上部排出；而在图 2-10b 中，齿轮为逆时针旋转，此时通过月牙体背面卡在泵盖的半圆槽内的定位结构，使月牙体转过 180°，从而改变了两齿轮的啮合方式，润滑油仍然从下部吸入上部排出。

3. 内啮合转子液压泵

内啮合转子液压泵如图 2-11 所示。内啮合转子液压泵由内转子 1、外转子 2、泵体 3 和泵轴 4 等组成。内、外转子以一定的偏心装在泵体内。曲轴转动内转子，外转子也随之旋转。随着啮合转动时齿隙容积的变化和位置的移动，不断产生吸、排油作用，其工作过程如图 2-12 所示。

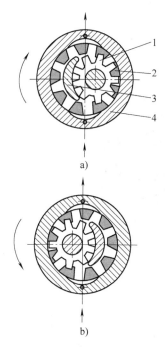

图 2-10 月牙形内啮合齿轮液压泵
a）正转 b）反转
1—外齿轮 2—内齿轮 3—月牙体 4—壳体

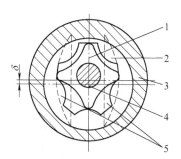

图 2-11 内啮合转子液压泵
1—内转子 2—外转子 3—泵体
4—泵轴 5—吸排油口

转子式液压泵结构紧凑，转子采用铁－石墨含油粉末冶金烧结，具有精度高、成本低等优点。转子式液压泵一般只能单向旋转，但如果使外转子的偏心方向也随转向改变而做 180° 移位，则也能使这类泵不受转向的限制而供油方向不变（见图 2-13）。这种液压泵同样具有结构紧凑的优点，目前已在缸径 12.5cm 的新系列制冷压缩机中使用，效果良好。此类液压泵目前广泛应用于开启式和半封闭式的压缩机。

4. 偏心孔泵机构

偏心孔泵机构如图 2-14 所示。小型全封闭式压缩机的偏心轴普遍为立置的，因而可利用轴下端钻偏心深孔和主轴承、偏心轮（销）活塞销等必须润滑的部位相通。利

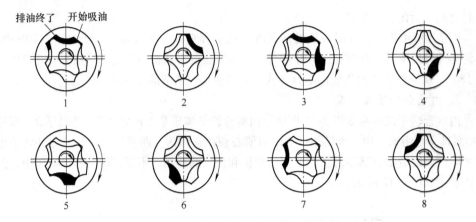

图 2-12　内啮合转子液压泵的工作原理

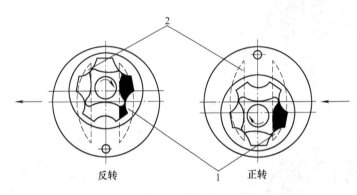

图 2-13　内啮合转子液压泵的正、反转工作位置
1—吸油孔　2—排油孔

用主轴旋转时离心力的作用，将润滑油排送至上述各部位。

六、检修拆卸压缩机应注意的事项

对压缩机的故障检修或正常保修，在拆卸压缩机时应注意以下事项：

1）拆卸前应切断电源和连接高、低压管道的有关阀门。如曲轴箱压力较高，应先打开吸气阀将氨气抽入系统后，再切断吸气阀，放出润滑油和气缸盖冷却水。

2）拆卸时应由外及里、先上后下、防止碰撞。无必要拆卸或有可能损坏原有配合、降低连接质量的零部件应避免拆卸。

3）拆卸时用力不宜过大，不易拆卸时应查明原因，设法选用合适的方法拆卸，以防不适当用力导致零部件损伤。

4）压出轴套或销子之类零件时应避免金属锤损伤

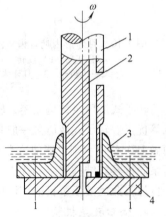

图 2-14　偏心孔泵机构
1—主轴　2—偏心孔
3—下轴承　4—推力轴承

零件表面，应辨明方向，选用软性材料做衬垫，用木锤施力取出。

5）拆卸较复杂的零部件时，必须做好标记编号放置，以免装配混淆、遗忘。

6）拆卸的零部件应依次分别放在专用存盘或支架上，防止碰撞损伤表面以及受力变形或锈蚀。

7）小零件拆卸清洗后及时装配成部件以防遗失。

8）拆下的易锈蚀零件，清洗洁净除油后要用纱布盖好。

9）拆下的油管、水管、气管等，经清洗干燥后用木塞或布条堵口，以防灰尘或污物进入。

10）有固定位置，不可改变方向的零部件，如能量调节拉杆、缸套组件等，应画好装配记号，防止装反，造成动作失灵，工作不正常等各种事故。

七、压缩机曲轴磨损和断裂的主要原因

1. 压缩机曲轴磨损的主要原因与规律

（1）冷冻机油不符合要求　冷冻机油是影响曲轴磨损的主要因素。在压缩机的使用说明书中，对采用的冷冻机油牌号一般都做了规定，操作人员应注意加入规定牌号的冷冻机油，不可随意降低油的黏度或将不同牌号的冷冻机油混合使用。同时，操作人员要经常注意润滑油的清洁，定期清洗油过滤器、压缩机内部和更换新的冷冻机油。

（2）操作中经常出现湿冲程　压缩机湿冲程时，液体制冷剂进入曲轴箱，与冷冻机油混合并起泡沫，使各摩擦部位的润滑效果下降，造成磨损加剧。

（3）曲轴的材质和加工问题　碳钢制曲轴的主轴颈、曲轴颈硬度不符合要求，球墨铸铁曲轴的金相组织不良都会造成曲轴的不正常磨损。

（4）曲轴质量不好　曲轴上的主轴承和连杆轴瓦大都采用巴氏合金为轴衬耐磨材料。合金材料中的杂质或工作时磨损出来的金属屑嵌入合金层也会造成曲轴磨损加剧。因此，要经常检查并定期更换轴瓦。在自制轴瓦时，更要注意合金层的质量。

注意，一般与活塞处于上死点位置相对应的曲轴颈磨损较大。

2. 压缩机曲轴断裂的主要原因

曲轴是压缩机传递动力的重要零件，电动机输入的动力通过曲轴转变为连杆活塞的往复运动，并在气缸中压缩气体而做功。压缩机在运行中有时会发生曲轴断裂，其断裂的主要原因有：

（1）操作不当引起　由于操作人员对系统调整操作不当，压缩机产生液击（倒霜），曲轴受到强力的冲击而容易产生变形和断裂，或者在运动中长期断油致使曲轴颈和连杆大头轴承、气缸和活塞严重咬住，最后导致曲轴断裂。

（2）疲劳破坏引起　在交变应力的长期作用下，曲轴应力较大的截面产生疲劳破坏，破坏处的裂纹逐渐扩大，最后导致曲轴断裂。疲劳破坏大都发生在应力集中的部位，如曲轴颈的润滑油孔处或曲轴颈与曲柄的过渡圆处。

（3）曲轴制造缺陷引起　制造曲轴的球墨铸铁内部有非金属夹渣或缩孔等铸造缺陷，或锻钢曲轴在进行表面淬火时产生裂纹，这些缺陷是影响强度的重要因素。

八、压缩机气缸磨损的检查

压缩机气缸套与活塞组成可变的容积，承受气体压力和活塞侧压力，且又是活塞上、下运动时支撑活塞的部件，并与活塞环频繁摩擦。因此，要求气缸套的工作面光洁耐磨，有足够的强度和刚度，有较高的加工精度。

在压缩机运转时，由于活塞连杆组和曲轴工作时，除了沿着连杆方向用力外，在连杆的摆动平面内还有一个压着气缸侧的力，使气缸壁得不到对称的磨损，因此常使气缸内径磨损成椭圆形。

气缸套的磨损程度可以用量缸表或内径千分表装在丁字形支架上进行测量。通常是在气缸内孔的上、中、下三个部分交叉测量并与内孔的原始尺寸对比定出气缸套的磨损量。可以在气缸套顶部、活塞上行程最高点上面的余隙部位，测出内孔的原始尺寸。

气缸套允许的磨损量约为 $0.005D$（D 为气缸套内径），超过时应更换气缸套。

九、压缩机轴封发生的故障和原因

活塞式压缩机发生的故障一般有轴封渗漏和轴封温升过高两类。

1. 轴封渗漏

如果是氟利昂系统的压缩机轴封渗漏，则意味着会产生制冷剂泄漏，必须及时修复。其渗漏原因大致有如下几点：

1）装配不正确或弹簧质量不良导致密封不良。

2）动环和定环密封面受损致使径向密封破坏。

3）橡胶密封圈老化变形致使轴向密封失效。

4）耐油石棉橡胶垫损坏，使密封破坏。

5）润滑油不清洁或油压不能保证。

2. 轴封温升过高

轴封温升过高可能进一步引发密封面或轴承的故障。轴封温升过高的原因大致有以下几点：

1）润滑油量不足，油路受阻或油温过高。

2）润滑油不清洁或油品品质不良。

3）轴封弹簧弹力过大，使动环与定环间比压过大。

4）填料式轴封压盖过紧，使运动副摩擦力过大。

十、压缩机阀片破碎和活塞卡死的原因

1. 压缩机阀片破碎

压缩机在平时运行过程中，阀片有时会发生破碎，造成破碎一般有以下一些原因：

1）因操作不当，压缩机发生湿行程（液击），严重时会导致温度剧变，使阀片破碎或振碎。

2）压缩机阀片的各个弹簧弹力不平衡，在工作时会造成阀片受力不均匀导致局部冲击破碎。

3）升高限止器和阀座等零件磨损，使阀片变形，翘曲，受力不平衡而破碎。

4）密封面不清洁，有污物杂质，不平整，也可能导致破碎。

5）压缩机阀片本身的材质有问题，或者热处理不当等，也容易造成阀门破碎。

2. 压缩机活塞卡死

压缩机活塞卡死，如果不及时处理，严重时会造成气缸、连杆、曲轴、活塞及机体敲坏，从而引发严重后果。产生压缩机活塞卡死的原因大致有以下几点：

1）活塞与气缸配合间隙过小，活塞环装配间隙或锁口尺寸不正确。

2）压缩机发生湿行程（倒霜）使温度剧变，导致材料变形而破坏装配间隙，局部产生干摩擦。

3）压缩机气缸内进入铁屑、焊渣等杂质，或使用的润滑油（再生油）不清洁，含有杂物，或油质不好等原因会引起气缸壁拉毛发热甚至局部熔结。

4）压缩机排气温度过高，造成润滑油黏度下降，油膜破坏产生局部干摩擦发热甚至熔结。

5）连杆中心线与曲轴颈轴线不垂直，造成压缩机活塞偏磨，局部发热严重引起拉毛卡死。

十一、压缩机活塞环的安装使用

压缩机活塞环的搭口间隙是指活塞环安装在气缸中时，活塞环开口部位两端面间的距离。两端面的开口一般有直切口和斜切口两种，对斜切口的活塞环来说，两端面间的距离指的是法向间隙。

活塞环的端面间隙是指活塞环安装在活塞环槽后厚度方向的间隙（也称天地间隙），它等于活塞环槽的宽度和活塞环厚度之差。

搭口间隙过大会造成压缩行程中活塞与气缸间的气体泄漏；过小则可能由于活塞环受热膨胀使搭口卡死，导致气缸和活塞"咬毛"。

在制冷压缩机中，活塞环的最小搭口间隙考虑了热膨胀的因素一般为 $0.004D$（D 为气缸直径），活塞环的端面间隙一般为 $0.01H$（H 为活塞环的厚度）。

活塞环的搭口间隙和端面间隙的最大允许值为正常值的 $2 \sim 3$ 倍。

安装使用的活塞环应符合材质规定的技术要求。装配时除要注意活塞环搭口间隙和端面间隙外，同时各道活塞环的搭口间隙须错开 $120°$ 以提高气封效果。

十二、压缩机活塞与气缸的测量和检查

对压缩机进行检修，在测量和检查压缩机活塞与气缸的间隙时，操作人员可以利用外径千分尺测出活塞的外径，用内径千分尺测出气缸的内径。气缸内径与活塞外径的差值即为压缩机活塞与气缸的间隙。通常可在装配好的压缩机上用塞尺测量活塞与气缸的间隙。气缸与活塞之间的正常间隙一般为气缸直径的 $1/1000 \sim 2/1000$。铝合金制造的活塞由于热膨胀系数较大，通常采用较大的装配间隙。作为修理更换的极限间隙一般取正常间隙的两倍。

十三、活塞式压缩机零部件的修理

对损坏的压缩机零部件，检修人员应本着力求节约的精神进行修复。新系列压缩机的零部件虽然通用性强、互换性好，但在压缩机的零部件没有到达更换期时，应根据具体情况尽可能修复使用。下面主要介绍在冷库设备条件下，检修人员用一般钳工技能修

理零部件的方法。

1. 拉毛气缸套的修理

对于缸套内壁面有轻度拉毛时，可用半圆磨石和280号或320号金相砂纸沿缸壁周壁方向往复搓磨，去掉毛刺。个别较深的拉痕不一定都要打平，以免形成沟槽而造成漏气，检修人员只要用手触不太明显时即可认为合格继续使用。

如果压缩机气缸拉痕比较深，还可以采用熔焊轴承合金附层的方法填补，熔焊程序与活塞的修理相同，但如果发现气缸拉痕深1.5mm、宽3~5mm时就应考虑更换新缸套。

缸套上的吸气阀密封线和顶部的密封面，在每次检修或更换吸气阀片时，都应重新研磨。

2. 阀片

压缩机的阀片出现密封不严或拉毛超过原厚度1/3时，则必须更换新阀片。轻微的拉毛可以置于平板或玻璃板上，涂以研磨剂（如油或研磨砂等）进行研磨。研磨时应先用粗研磨剂，后用细研磨剂，最后可用油继续光磨。磨平后用煤油洗净装入阀座内，翻过来将煤油注入阀片中，3~5min内不漏即证明阀片与阀座密封良好，可以继续使用。

3. 阀座密封线

压缩机阀座磨损时可用研磨修复，如吸、排气阀座密封线磨损或拉痕，都可在平板、玻璃板上进行研磨，或与铸铁胎具对磨。排气阀座也可和气缸套顶部平面对磨。研磨好后，要用合格的阀片检查，观察阀座密封面是否平整，其方法是：把阀片放在阀座上，用手指按住轻轻敲击，如没有跳动说明是平的，有跳动说明阀座不平，要继续研磨。研磨合格后对阀座还应用煤油试漏，方法与阀片试漏相同。

圆柱形弹簧损坏后，如无备件，也可改用圆锥形弹簧。如改用的弹簧直径偏大，座孔放不下，必要时可用钻头扩大座孔。

4. 曲轴拉毛和磨损的修理

压缩机曲柄销和主轴颈拉毛不太严重时，可将油孔堵住，用油光锉修整拉痕和不圆处，先用细砂布打磨，最后用粗帆布拉光。取出油孔堵塞物，用煤油冲洗油孔，即可装复使用。

压缩机曲轴曲柄销的磨损一般比主轴颈大，相当于主轴颈的2倍以上。当轴颈或曲柄销磨损达1mm以上，或拉痕很深时，可以进行喷涂或镀铬处理，然后再在曲轴磨床上磨削。

5. 连杆大头轴瓦的修理

新系列压缩机大头轴瓦都是薄壁瓦，衬瓦的合金层很薄，一般不允许多刮。轻微的拉毛和拉痕用刮刀轻轻刮拂后，用帆布打光即可。如果拉线多而深，应换新瓦。轴瓦上油孔周围的毛刺及飞边要刮去，注意不要把油槽刮通，刮通了油便存不住，会引起干摩擦发热或将瓦烧毁。刮拂后的瓦必须洗净后才能装复使用。

当两半轴瓦装入连杆大头后，要是太松，可以更换合适的新瓦。对于薄壁瓦，不必规定瓦面接触面积的百分数,但要求接触均匀,贴合无缝即可。

6. 连杆小头衬套

压缩机的连杆小头衬套是由磷青铜制成的,检修时要注意油槽是否畅通。如果铜套拉毛,最好换新的。装入新套后,要用相应直径的铰刀铰一下,以保证铜套和活塞销的间隙(一般为0.005mm)。铰孔通常用手工进行,小型衬套可夹持在台虎钳上,双手握住铰刀,边转动边推进;大型衬套可用特制铰刀在机床上进行。为了保证销孔两端的同轴度,最好选用有导杆的或切削刃较长的铰刀。调整铰刀时,要考虑到铰孔后的尺寸会略大于铰孔尺寸(通常大0.02~0.03mm)。为了保证与活塞有良好的配合,铰孔时要用内径千分尺检查,或用活塞销试配,如果能用一手之力轻轻拍入销孔并能转动,说明配合良好。如果没有铰刀,可在衬套内孔涂油后,把活塞销用木锤轻轻打入,然后再打出。这样套内便有碰痕,用刮刀刮修碰痕,直至活塞销全部进入铜套并能转动为止。检修人员应注意活塞销和小头衬套最好同时更换,因为一般都是活塞销先磨损。

7. 活塞的修理

(1)活塞体的修复 压缩机的活塞一般由铸铁或铝合金制成,同一机器上的各个活塞的相对质量的差不宜大于5%。活塞常见的问题是外表面拉毛,活塞本身出现裂纹、磨损,以及活塞销孔和活塞销的磨损。

活塞外表面拉毛与气缸的拉毛修理相同。如产生裂缝或裂痕,则不做修理,应更换新活塞。

(2)活塞环槽和活塞销的修理 压缩机的活塞环槽也容易磨损,特别是顶部环槽容易加大或变形。磨损严重的活塞环槽可用堆焊的方法进行修理,然后在车床上进行车削修整,或者更换新的活塞环。

活塞销表面渗碳层如果有裂痕或剥落,则应报废换新。

(3)活塞环修复 活塞环如果磨损后会造成压缩机的制冷能力下降,使润滑油消耗量增加。活塞环一般的损坏现象为弹性的丧失和间隙的增大。压缩机在运行使用中活塞常磨出飞边或毛刺,可用砂纸打光。如果活塞环出现下列情况之一就应换新。

1)活塞环厚度磨损(径向磨损)达1mm。

2)活塞环高度磨损(轴向磨损)达0.2mm。

3)在环槽中轴向间隙超过正常间隙(0.06~0.1mm)。

4)活塞环外表面与气缸镜面不能保持应有的紧密贴合,配合间隙的总长超过气缸圆周的1/3。

5)活塞环失去弹性或质量减轻了10%。

由于压缩机长期在高压高温条件下往复运动及在此情况下润滑条件的恶化等原因,会促使活塞环的第一道环(接近活塞顶)磨损特别严重,所以对系列的压缩机来说,更换活塞环时最好一个活塞上的所有环一起换掉。如果条件不许可,可以从表面磨损较少的下几道活塞环中选优调为上部第一道环使用。

8. 密封器的修理

压缩机密封器容易发生的故障是漏气、漏油。这主要是弹簧弹力不足或橡胶圈老化及密封器两环密封不严所致。

（1）弹簧的修理　弹簧弹力不足或变形时，可重新进行热处理并校正。热处理的过程是：退火、整形、淬火、回火。

（2）摩擦环的修理　压缩机摩擦环的损伤，主要是活动环（45 钢）密封面与固定环（轴承合金或磷青铜）密封面拉毛所造成的。修理的方法是，在平板或玻璃板上进行研磨，或将两者套在预制轴上对磨，要经过细磨和精磨。细磨时用 400 号研磨砂研磨，精研采用油磨，达到无拉痕和要求的表面粗糙度为止。如果轴承合金镶入杂质，则应先用刮刀除去，然后再研磨。

如果摩擦环伤痕很深，可更换新品，或在伤痕处补焊轴承合金，用刮刀刮平，研磨后使用。

（3）橡胶圈老化　橡胶圈老化后只能更换新的，不能修理。

十四、活塞式制冷压缩机的常见故障与排除方法

活塞式制冷压缩机的常见故障与排除方法见表 2-4。

表 2-4　活塞式制冷压缩机的常见故障与排除方法

序　号	常见故障	原　　因	排除方法
1	压缩机不能正常起动	1）电动机（包括起动器）及线路有故障，或电网电压太低 2）排气阀片泄漏，造成曲轴箱压力过高 3）曲轴箱有氨液 4）能量调节机构失灵	1）检查电动机及线路 2）修理漏气的阀门，研磨阀门密封面 3）抽空曲轴箱，使氨液蒸发 4）见序号9
2	压缩机已起动，但当吸气阀打开后，机器容易停机	1）由于排气阀片泄漏，造成吸气管路压力太高 2）蒸发器热负荷太大	1）检修排气阀 2）控制冷库内的进货量，吸气阀开小些，降低吸气压力
3	机器起动后，没有油压或运转中油压降低	1）液压泵进油通道连接处漏气或管路堵塞 2）油压调节阀开启太大 3）曲轴箱中有氨液，使油变稠，造成液压泵不进油 4）曲轴箱中油太少 5）液压泵齿轮、壳盖等严重磨损 6）连杆轴瓦和主轴严重磨损	1）紧固各连接处的螺母，调换结合面上的垫片，液压泵中灌满油，清洗进油管道及滤网 2）调整到合适的油压 3）按序号1中3)的方法处理 4）加油至正常油面 5）修理或更换磨损严重的零件 6）同上
4	油压过高	1）油压调节阀开启太小 2）油路系统局部阻塞	1）调整至合适油压 2）检查油路，疏通阻塞

（续）

序 号	常 见 故 障	原 因	排 除 方 法
5	曲轴箱中油起泡沫	1）油中混有大量氨液，降压时由于氨液蒸发产生泡沫 2）曲轴箱中油太多，由于连杆大头撞击油而引起泡沫	1）抽空曲轴箱 2）减少油量至规定油面
6	油压不稳定，忽高忽低	1）液压泵吸入有泡沫的油（油起泡沫的原因见序号5） 2）油路不畅通 3）管路漏油	1）消除形成油起泡沫的原因 2）拆检疏通油路 3）检查修理漏油处
7	压缩机耗油量过多	1）运动部件严重磨损，各部间隙过大 2）活塞环间隙大或锁口装配在一条线上 3）油环装反，或弹性弱 4）排气温度过高，使润滑油被气流大量带走 5）曲轴箱油面过高	1）更换运动部件 2）检查活塞环，重新装配活塞环到规定要求 3）重装油环，或校正弹性元件或更换 4）查明排气温度过高的原因，并消除之，正常操作 5）保持正常油面
8	曲轴箱压力升高	1）活塞环密封不严，造成气缸内高、低压气体窜通 2）排气阀关闭不严 3）缸套与机座不密封 4）曲轴箱进入氨液，因外界温度影响而压力上升	1）检查修理 2）拆开检查阀片，如有破碎后翘曲，更换之；研磨阀片与阀座密封面至规定要求 3）更换填料圈 4）抽空曲轴箱
9	能量调节机构失灵	1）油压过低 2）油管堵塞 3）油活塞卡住 4）拉杆与转动环装配不正确，转动环卡住	1）增大油压 2）清洗油罐，如油太脏，需更换 3）清洗赃物，修理磨损，合理安装 4）检查装配情况，修理至转动环能灵活转动
10	压力表指针剧烈跳动	系统内有空气	放掉空气
11	吸入氨气过热	1）蒸发器中氨液太少 2）吸气管道隔热层损坏 3）吸、排气阀泄漏	1）加氨或调节供液阀 2）修理隔热层 3）研磨密封面或更换阀片

（续）

序　号	常见故障	原　因	排除方法
12	排气温度过高	1）冷凝压力过高 2）吸气压力太低 3）排气阀泄漏或损坏 4）吸气过热 5）余隙太大 6）安全盖密封不严，高、低压窜气	1）加大冷凝器冷却水量，降低水温，放掉空气 2）开大膨胀阀，向系统充氨等 3）研磨密封面或更换损坏零件 4）按序号 11 所给办法解决 5）调整余隙至规定要求 6）研磨安全盖密封面
13	压缩机吸气压力比正常蒸发压力低	1）吸气管道中的阀门未全开 2）压缩机吸气过滤器太脏或堵塞 3）吸气管道太脏 4）几台机器同用一根进气管	1）开足吸气管道中的全部阀门 2）清洗吸气过滤器 3）清洗吸气管道或吹污 4）改进管道设计
14	压缩机排气压力比正常冷凝压力高	1）排气管道中的阀门未全开 2）排气管道局部堵塞 3）排气管道设计不良	1）开足排气管道中的有关阀门 2）清洗排气管道或吹污 3）改进管道设计
15	气缸中有敲击声	1）余隙过小 2）活塞销与连杆小头轴承的间隙过大或缺油 3）吸、排气阀固定螺栓松动或有杂质 4）活塞与气缸间隙过大 5）安全弹簧变形或弹力不足 6）润滑油供油太多或不干净 7）活塞环磨损或折断 8）连杆弯曲 9）气缸与曲柄连杆机构中心线不正 10）液体冲入气缸产生液击	1）按规定重新调整 2）更换衬套或增大油压 3）紧固螺栓或清洗 4）修理 5）修理或更换 6）清洗、换油或调整油压 7）停机检修 8）校正或更换 9）检查修理 10）正确操作调整
16	曲轴箱中有敲击声	1）连杆大头的间隙过大 2）主轴承间隙过大 3）连杆螺栓松动或开口销折断 4）飞轮与键或曲轴结合松弛，联轴器中心不正	1）调整或更换新瓦 2）调整或更换 3）紧固螺栓或更换开口销 4）修理曲轴键槽，牢固安装飞轮，校正联轴器
17	来霜或敲缸	1）气缸吸入较多氨液，未能及时排出 2）气缸壁润滑油太多	1）正确操作，避免机器湿行程运转 2）调小油压至规定要求
18	气缸壁温度过热	1）液压泵发生故障或油路堵塞 2）活塞与气缸壁间隙太小或活塞走偏 3）安全盖密封不严，高、低压窜气 4）操作不当或隔热层损坏严重，造成吸气温度过高 5）润滑油质量不好，黏度太低	1）停机检修 2）检查修理 3）修理排除 4）正确操作或更换隔热层 5）更换新油

（续）

序　号	常见故障	原　因	排除方法
18	气缸壁温度过热	6）冷却水量不足，水垢过多或水温过高 7）进、排气阀门及活塞环严重磨损，造成泄漏	6）开足冷却水，清除水垢或降低水温 7）检修或更换
19	气缸拉毛	1）活塞与气缸装配间隙太小，活塞环装配间隙及锁口尺寸不正确 2）气缸或气缸套温度变化大，使气缸与活塞的间隙变小，破坏油膜造成干摩擦 3）气缸内进入污物，如铁屑、砂子、焊渣等 4）润滑油不合格或不干净 5）排气温度过高，油变稀，黏度下降，润滑能力减弱，油膜承压能力下降 6）连杆中心线与曲轴颈中心线不垂直，使活塞走偏	1）按要求的间隙重新装配 2）正确操作，防止湿行程 3）及时检查清除 4）选用合格的清洁冷冻油 5）操作中注意避免排气温度过高 6）校正检修至规定要求
20	阀片漏气或碎裂	1）机器湿行程，温度变化剧烈，使阀片破裂，机器敲缸阀片振碎 2）阀片装歪 3）阀片不平直 4）阀片密封面表面粗糙，活密封面处有硬质物	1）正确操作，避免机器湿行程 2）检查校正 3）采用平直度好的阀片 4）应研磨光洁，以在放大镜下不出现纹路为合格，有污物的清除污物
21	密封器漏油严重	1）装配不良 2）活动环与固定环摩擦面咬毛 3）橡胶密封面老化 4）石棉垫圈损坏	1）正确装配 2）检查后重新研磨密封面 3）更换橡胶圈 4）更换石棉垫圈
22	密封器温度过高	1）润滑油不足 2）润滑油不清洁 3）活动环与固定环摩擦面压得过紧 4）填料压盖过紧	1）检查液压泵与油管是否漏油或堵塞，消除之 2）清洗油过滤器，更换润滑油 3）调整密封器弹簧强度 4）调整填料压盖松紧度
23	轴承温度过高	1）主轴承的径向间隙和轴向间隙过小 2）轴承偏斜或曲轴翘曲 3）传动带过紧 4）润滑不充分或断油	1）调整间隙 2）检查主轴承的同轴度和曲轴的轴颈平行度，校正之 3）调整传动带松紧度 4）检查液压泵磨损程度，供油管路是否阻塞，油槽是否接通周边，以及润滑油质量是否符合要求
24	连杆大头轴瓦熔化，与曲柄销抱合	1）润滑油中杂质过多，引起断油或严重缺油 2）液压泵故障 3）连杆轴瓦与曲柄销之间间隙太小	1）换油，清洗油过滤器和油路 2）拆开检修至规定要求 3）更换新瓦

目前国内活塞式制冷压缩机的生产厂家很多，产品大多是 125、170 系列。在各省市大、中、小型冷库中都大量使用活塞式制冷压缩机。大连冰山集团、烟台冰轮股份有限公司及鞍山骏达制冷设备有限公司等生产的活塞式制冷压缩机制造工艺及质量都很成熟，使用单位反映也较好，虽然在价格上各有差异，但多年来各厂家的产品用户都能放心使用。

目前冷藏企业所用的活塞式制冷压缩机已逐渐有被螺杆式制冷压缩机所代替的趋势。

第三节　螺杆式制冷压缩机

一、螺杆式制冷压缩机的工作原理

螺杆式制冷压缩机是一种新型的高转速压缩机，螺杆式压缩机的气体压力提高原理与活塞式压缩机相同，都属于容积型压缩。目前使用的一般为双螺杆压缩机，双螺杆压缩机利用两根互相啮合的螺杆做相对旋转运动来压缩气体。随着我国冷藏业的迅速发展，以及加工手段的提升，近年来螺杆式制冷压缩机有很大的发展，冷库日渐趋于大型化，机组品种日益增加，使用范围不断扩大，并向不同的应用领域扩展。现在已经发展成为制冷压缩机的主要形式之一。

螺杆式制冷压缩机的工作原理如图 2-15 所示。

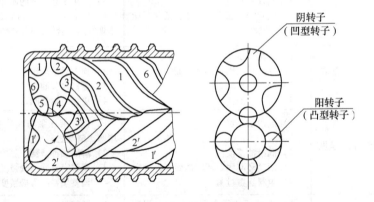

图 2-15　螺杆式制冷压缩机的工作原理

在电动机的带动下，主动转子与电动机一起旋转，此时啮合的从动转子也跟随相向运转。在转子运动中，当主动转子和从动转子的一对啮合的沟槽与吸气管道连通时，即进行充分吸气；当转子继续旋转，这对吸气的沟槽在吸气端面上离开了吸气孔口，吸、排气端座所封闭的齿槽内的气体被机壳外界隔绝，并开始被压缩；主动、从动转子继续旋转，主动转子的齿峰连续地向从动转子的齿谷（即沟槽）中填塞，同样，从动转子的齿峰也不断地填塞对应的主动转子的齿谷，这样互相填塞的结果，使各自转子的沟槽容积逐渐减少，沟槽中的气体被逐渐压缩。当气体压力达到指定值后，转子转到沟槽与排气口相连通的位置，把气体排出。如此连续不断地运转，制冷剂不断被压缩后从螺杆压缩机排出。

螺杆式制冷压缩机在压缩过程中喷入大量的油，以带走压缩过程中产生的热量，同时用油膜来密封阴、阳转子之间的间隙及转子与气缸之间的间隙，使内部泄漏损失减少。另外，也使阴、阳转子得到润滑，并且使噪声降低。

螺杆式制冷压缩机有滑阀式能量调节装置，可对负荷做无级调节。

二、螺杆式制冷压缩机的优缺点

螺杆式制冷压缩机与活塞式制冷压缩机相比优缺点相当明显。

1. 主要优点

1）管理方便。没有活塞式压缩机所具有的吸、排气阀，活塞，活塞环，缸套等易损零件，维护检修方便。运转平稳可靠，易于实现远距离操纵与自动化。

2）转速高，经济性能好。螺杆式压缩机是回转机械，由于没有吸、排气阀，因而转速可以提高，通常转速为 1500～3000r/min，一般都比活塞式压缩机转速高，因而提高了经济性指标。

3）体积小，质量轻。由于转速高，当排气量相同时，机器的体积小，结构紧凑，质量轻，消耗金属量少，占地面积小。

4）基础小。由于螺杆式压缩机没有活塞式压缩机的质量惯性力，动力平衡性能好，故基础可以做得很小。

5）单机制冷容量大。目前，国产螺杆式制冷压缩机系列的制冷量为 9～2300kW/h，能适应生产上的不同需要。

6）运转适应性强。可适用于多种制冷剂，容积效率高。即使在低蒸发温度和高压缩比时，仍有良好的性能。由于没有余隙容积，因此容积效率较活塞式高得多。

7）排气温度低。采用喷油冷却，排气温度比往复式低，因而在较高压缩比时仍可采用单级压缩。当蒸发温度为 -40℃时，排出温度小于或等于 90℃，这对机件运行有利。

8）结构简单。结构较为简单，零件数量少，运行周期长，维修次数少，节省了加工时间。

9）连续无级调节。由于目前应用最广泛的是利用滑阀进行能量调节，所以制冷量可以在 10%～100% 能量范围内无级调节，实现连续无级调节。

10）运行寿命长。由于机器易损件少，使用性可靠，所以运行周期长。一般机器运行 30000～50000h 才检修一次。

11）无液击危险。由于结构上的特点，螺杆式压缩机对湿行程不敏感，它可容许湿蒸气或少量液态制冷剂进入机体，无液击危险。

2. 主要缺点

1）转子加工困难。转子的加工精度要求高，加工比较困难，需要专用设备。

2）辅助设备庞大。对于喷油的螺杆式压缩机，为了分离排气中的润滑油，需要有体积大、结构复杂、效率高的油分离器和回油装置。

3）噪声大。由于转子齿槽周期性地高速通过吸、排气孔口，以及通过缝隙的泄漏等原因，噪声较大。一般如果机房里设置的都是螺杆式制冷压缩，则机房不要紧靠主库或其他车间，最好应离开其他建筑物单独布置，消声相对较好。最好机房与设备操控室做消声隔开设置，以减少对操作人员的噪声干扰。

螺杆式制冷压缩机目前适用于氟利昂空调以及单级、双级（-40℃）系统中。在大、中型（制冷量在 350kW/h 以上）的场合，优点较突出。

三、螺杆式制冷压缩机的部分构件

1. 液压泵

液压泵的作用主要用于在压缩机的起动初期，为压缩机各个润滑点（转子与机体之间、平衡活塞及吸气端轴承、轴封及排气端轴承、能量调节滑阀以及内容积比调节滑阀）的增减载等提供所需的润滑油。压缩机运行正常后，如排气压力与吸气压力差达到 0.45MPa（表压），液压泵停止运行，当压差低于 0.35MPa（表压）时，液压泵自动起动运行。

注意，新机组在开机前，要先检查液压泵旋转方向是否与液压泵标识所显示的旋转方向一致。

2. 单向阀（旁通阀）

单向阀是用作压缩机组运行时循环润滑油的流量旁通的，防止过多的润滑油进入压缩机中增加压缩机的功耗。其阀门的开启由阀门前后的压差决定。当压力超过 0.3MPa 时，阀门内部的内装弹簧弹开，阀门开启，压差越大，开启度就越大。

3. 油过滤器

循环系统中的焊渣、铁屑等杂质会随着制冷剂的循环最终进入油中影响润滑油的使用，使设备产生磨损。为保证设备的正常运行，机组中必须安装油过滤器。使用过滤器应注意以下事项：

1）使用一定时间后应清洗过滤器。

2）油压差保护设定值为 0.15MPa（表压）。

3）建议新使用机组运行 72h 后应拆洗一次油过滤器。按此时间间隔至少应再进行 2~3 次，以后可根据过滤器清洁情况来确定清洗时间。

4. 安全阀

系统中的安全阀均为弹簧式。当设备内压力逐渐升高，超过安全阀设定时间自动开启，降低设备内的压力，从而保证系统处于正常的操作状态。高压侧安全阀开启压力为 1.2MPa（表压）。使用安全阀的注意事项如下：

1）安全阀每年应校验一次（陆上冷库）。

2）安全阀启跳后必须重新由有资质的专业机构检验。

5. 电动机

电动机是通过联轴器向主动转子输入功，并驱动压缩机工作的动力设备。开机前要注意检查电动机的旋转方向与电动机的指示箭头方向一致。

注意，电动机损坏更换应根据不同的使用环境选择不同形式和防护等级的产品。

6. 控制系统

螺杆压缩机组控制系统由控制箱和低压控制柜组成，其控制方式有手动控制和微机控制。

1）手动控制。手动控制能实现制冷机组液压泵手动起停。

手动控制能通过手动换向阀调节压缩机的能量、内容积比的大小，同时具有形象直观的能量位置及内容积比大小显示功能。

机组有完善的自动保护功能。当机组在运行过程中出现吸气压力过低、排气压力过高、油压差过低、油温多高、液压泵电动机过载、压缩机电动机过载等故障时，能自动停止机组运行，并发出声光报警，指示故障部位。

机组的控制操作在机组的手动仪表箱和低压控制柜，操作方便。

2）微机自动控制。微机控制系统采用可编程序控制器，实现对螺杆式制冷机全工作过程的自动控制。系统运行状况有自动监视、故障自动检测及自动处理，发生严重故障时能及时保护停机，避免机组损坏。

微机自动控制在机组运行过程中，能根据实际工况自动调节能量范围及内容积比大小，使运行更加经济可靠。操作人员还可根据需要对所有运行参数进行预置和在线变更，适应自身制冷系统的需求。独特的手动、自动控制方式及相互之间的无扰动切换，使操作更为方便灵活。

注意，严禁随意调整各保护设定值，吸气压力低保护值可根据使用工况进行调整。

7. 止回式主喷油直角截止阀

该阀是在直接截止阀的基础上内置一个弹簧而构成的。防止停机时润滑油反向流动，导致转子损伤。

注意，机组加油时该阀门应关闭。

8. 止回式液压泵旁通直角截止阀

该阀在结构上与止回式主喷油直角截止阀相通，其作用是液压泵运行时防止润滑油回流形成内循环，液压泵停止时是油路系统的通道。

注意，机组加油时该阀门应关闭。

9. 经济器

机组配经济器的系统中，从冷凝器或贮液器出来的液体，并不直接送节流阀节流，而是首先进入经济器中进一步冷却，进来后的液态制冷剂的温度可下降数十摄氏度，制冷量将得到提高。经济器中液体的冷却，是依靠经辅助节流阀节流后进入经济器中的中压液态制冷剂，它吸收高压液态制冷剂的热量而蒸发。蒸发出来的中压气体被螺杆压缩机的中间补气口吸走。

四、螺杆式制冷压缩机组的安装

1. 螺杆式制冷压缩机组安装时的安全要求

1）螺杆式制冷压缩机组将压缩机、电动机、油分离器及油冷却器等部件安装在同一底座上。螺杆式制冷压缩机属于回转式压缩机，动力平衡性能好，振动小，所以对基础的要求较活塞式制冷压缩机低，参照活塞式制冷压缩机的基础制作和安装要求，可以满足要求。

2）螺杆式制冷压缩机的传动都是用联轴器直接传动，所以制冷压缩机安装好后也需重新校正联轴器的中心。

3）压缩机组的纵向和横向安装水平偏差均不应大于1/1000，并应在底座或与底座平行的平面上测量。

4）如果按出厂整台设备安装，应再逐一校正，而且在初次使用时，应注意观察设备的运行情况。

2. 试运转的安全要求

1）脱开联轴器电动机的转向应符合压缩机要求，连接联轴器其找正允许偏差应符合设备技术文件的规定。

2）盘动压缩机应无阻滞、卡阻等现象。

3）应向油分离器、贮油器或油冷却器中加注冷冻机油，油的规格及油面高度应符合设备技术文件的规定。

4）液压泵的运行转向应正确，油压宜调节至0.15～0.3MPa（表压）；调节四通阀至增、减负荷位置；滑阀的移动应正确、灵敏，并应将滑阀调至最小负荷位置。

5）各保护继电器、安全装置的整定值应符合技术文件的规定，其动作应灵敏、可靠。

五、阀门及管路的安全操作注意问题

1. 阀门及管路的安全操作注意要点

1）一般情况下，阀门的开启和关闭都应缓慢进行。

2）向压力容器内充装制冷剂时，其阀门应缓慢打开，以免引起压力容器的脆性破坏。

3）开启供液和回气阀门时，应当缓慢进行，防止压力波动过大而引起液击事故。

4）液体制冷剂管路及水路的阀门应缓慢关闭，防止发生"液锤"现象破坏管道和阀门。

5）安全阀应每年检查一次。

6）严禁敲击、碰撞低温设备的阀门。

2. 易产生"液爆"的部位

1）冷凝器与贮液器之间的管路。

2）高压贮液器至膨胀阀之间的管道。

3）高压设备的液位计。

4）容器之间的液体平衡管。

5）气液分离器、循环贮液器至蒸发器的管道。

6）泵供液的液体管道。

7）容器至紧急泄氨器（指氨制冷系统）之间的液体管道等。

六、螺杆式压缩机油分离器的操作要求

1）油位应符合要求。

2）高效分离区必须回油，确保内部干气分离；回气必须保证节流，有油时可开大，无油时可开小（影响油温）。

3）根据排气压力与冷凝压力的差来决定是否更换滤芯。

4）注意区分常开回油阀和定期开回油阀，不要弄错。

5）应避免回液。

七、螺杆式制冷机油冷却器的操作注意事项

螺杆制冷机的油冷却器有水冷和其他介质冷却两种。油冷却器是一种卧式壳管式热交换器，水或其他介质在管内，其操作时应注意以下问题：

1）对水侧应注意清洗。

2）在起动压缩机时，若发现润滑油温度较低，则可适当调整油冷却器的循环水量。

八、螺杆式压缩机正常运行的标志

螺杆式压缩机运行时的正常标志见表2-5。

表 2-5　螺杆式压缩机运行时的正常标志

项 目	数值或现象
排气压力/MPa	≤1.5
吸气压力/MPa	根据工艺要求而定
油温/℃	35～55
油压/MPa	高于排气压力0.15～0.3
电动机电流/A	不超过额定电流
压缩机结霜	根据吸气温度而定
主机、液压泵轴封漏油量/（滴/min）	≤6

九、螺杆式压缩机润滑油的更换

1. 换油步骤

螺杆式压缩机换油时应尽可能地将机组内的油放干净后再充注新油。其换油步骤如下：

1）关闭压缩机吸、排气阀。

2）将机组油分内压力降低到0.1MPa左右。

3）连接放油截止阀与回收装置，打开放油截止阀将油回收。

4）利用清洁气体对机组进行吹扫排污。

5）清洗过滤网。

6）注入新油。

2. 操作注意事项

具体操作时应注意以下事项：

1）放油时油分内压力不得超过 0. 15MPa。

2）润滑油在热态时（60℃左右）容易放出。

十、螺杆式压缩机组的过滤器

螺杆式压缩机组的过滤器主要包括吸气、补气过滤器和油（二次回油、四通电磁阀前）过滤器等，应及时或定期检修和清洗。其检修过程如下：

1）安全排放压力。

2）打开过滤器端盖，将过滤器的网胆取出。

3）清洗网胆，网胆不应有破损，否则必须更换。

4）检查 O 形圈和密封垫，必要时更新。

5）将端盖安装坚固。

十一、带经济器的螺杆式制冷压缩机

螺杆式制冷压缩机虽然具有单级压力比高的优点，但随着压力比的增大，泄漏损失也急速地增加，致使制冷量减小，制冷系数降低，因此低温工况下运行时效率显著降低。单机双级螺杆能够解决这个问题，但是其结构复杂，加工和装配精度高，制造和维修难度大，可靠性不高。

为了扩大螺杆式制冷压缩机的使用范围，改善低温工况的性能，提高效率，可利用螺杆制冷压缩机吸气、压缩、排气单向进行的特点，在机壳或端盖的适当位置开设补气口，使转子基元容积在压缩过程的某一转角范围，与补气口相通，使系统中增设的中间容器内的闪发性气体，通过补气口进入基元容积中，此增设的中间容器称为经济器。这种带经济器的单级螺杆压缩机既有单级螺杆结构简单的特点，又具备双级螺杆在大压力比下运行，制冷量大、制冷系数高的特性，达到了节能的效果。

带经济器的制冷系统有一级节流与二级节流两种形式。图 2-16a 所示为带经济器的一级节流制冷系统。来自贮液器 D 的制冷剂液体分为两支：一小支流经过节流阀 G_1 降

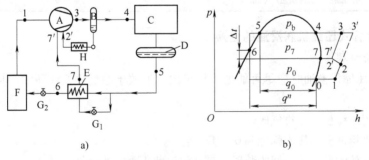

图 2-16　带经济器的一级节流阀制冷系统

a）系统图　b）$p-h$ 图

A—压缩机　B—油分离器　C—冷凝器　D—贮液器　E—经济器

F—蒸发器　G_1、G_2—节流阀　H—油冷却器

压，到经济器 E 中吸热而产生闪发性气体，经中间补气口进入正处在压缩初始阶段的基元容积中，与原有气体混合继续被压缩；另一主流流过经济器 E 中的盘形管放热而过冷，然后经节流阀 G_2 节流进入蒸发器 F 中制冷。进入蒸发器的主流制冷剂液体只经一次节流，且节前与进入补气口的气体存在温差 Δt。系统的压 – 焓（即 $p-h$）图如图 2-16b 所示。

图 2-17a 所示为带经济器的二级节流制冷系统，来自贮液器 D 的制冷剂液体，经节流阀 G_1 至经济器 E 中，上部产生的闪发性气体，通过补气口进入处在压缩阶段的基元容积中，与原有气体混合继续被压缩；下部的液体经节流阀 G_2 第二次节流后，进入蒸发器 F 中制冷。进入蒸发器的制冷剂液体，经过二次节流，且二次节流前与进入补气口的气体温度相同。无论是一次节流还是二次节流，都是使进入蒸发器的制冷剂过冷，因而制冷量增加。同时补气后使基元容积中气体质量增加，压缩功也有一定的增大，但增大速率比制冷量增加得慢，所以制冷系数提高，具有节能的效果。节能效益的大小与制冷剂的性质及工况有关，用 R502 最好，其次是 R12 及 R22，而 R717 最差；低温工况下的节能效果十分显著，当冷凝温度不变，蒸发温度越低时，其循环的制冷系数提高得越多。其系统的压 – 焓（即 $p-h$）图如图 2-17b 所示。

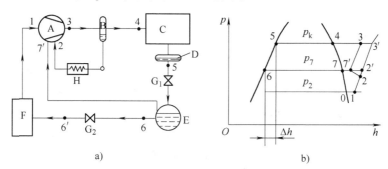

图 2-17 带经济器的二级节流阀制冷系统
a）系统图 b）$p-h$ 图
A—压缩机 B—油分离器 C—冷凝器 D—贮液器 E—经济器
F—蒸发器 G_1、G_2—节流阀 H—油冷却器

另外，带经济器的螺杆制冷机有较宽的运转条件，单级压力比大，卸载运行时能实现最佳运行，目前应用较广。

十二、机组润滑油的作用

螺杆压缩机组中润滑油主要起下列作用：

1）喷入压缩机转子工作容积中的润滑油起润滑、冷却、封闭、降噪、减振的作用。

2）提供轴承及轴封的润滑。

3）提供能量及内容积上调节机构所需的压力油。

4）向平衡活塞供油。

螺杆制冷机一般采用 46 号、68 号冷冻机油，它是一种矿物油，以原油（石蜡基、环烷基）为基础油，经过蒸馏、容积提炼精炼，然后加入各种添加剂，就成了各种规格的成品润滑油。

在具体添加各种润滑油时，应注意各种润滑油不要混合使用，尽量不要使用再生油。

十三、螺杆式压缩机的油分离器及其特点

螺杆式制冷压缩机多数采用转子喷油的结构，向压缩机工作腔喷油有三个作用：

1）冷却。油与被压缩的气体均匀混合，从中吸收压缩过程中气体的热量，从而大大降低气体的排出温度。以氨和R22为制冷剂时，其排气温度低于100℃。

2）润滑。大多数的喷油螺杆制冷压缩机在结构上是用电动机直接驱动而由主动转子带动从动转子的，其润滑是靠喷入的油实现的。

3）密封。喷入的油在螺杆及气缸壁面形成一层薄油膜，使转子之间以及转子与气缸之间的实际间隙减小，从而减少了气体通过间隙的泄漏。喷入工作腔内的油，随压缩机气体流出压缩机，并经油分离器将油分离出来，再经冷却、过滤，用液压泵压入压缩机的工作腔循环使用。

由于喷油量相当大，一般为输气量的1%～2%，因此螺杆排出的高压蒸气中混有大量的油。为了不使进入制冷系统导致传热恶化，必须设置高效率的油分离器，分油效率一般要求达到99.99%。

目前使用的油分离器的结构形式有卧式和立式两种。油分离器的特点是直径较大，进出气流方向能改变，具有细密编织的金属丝网垫或聚合体滤芯。压缩机排出的高压气、油混合气体进入油分离器后，由于气流方向突然改变并减速，使油分因重力沉降而分离，其系统运行中至少有97%的油是在这个过程中被油分离器分离出来的。

十四、单级螺杆式制冷压缩机的油回路

螺杆压缩机油分离器内的冷冻机油经油冷却器冷却和油过滤器过滤后，一部分在压差的作用下进入压缩机转子腔，另一部分通过液压泵增压后经压缩机轴承、轴封和平衡活塞等处进入压缩机转子腔。转子腔内的冷冻机油与吸入的蒸气一同被压缩。高温高压的油气混合物再进行油气分离，依次循环。

螺杆式制冷系统与活塞式制冷系统在结构上有所不同，主要差别在于压缩机部分和油路部分的管道连接上，其制冷剂的循环流程及工作原理与活塞式类似，所不同的是机组部分的油路。

1. 需要供油的位置

螺杆机需要供油的部分如下：

1）转子的啮合部，油起润滑、密封和冷却作用。

2）转子的前后轴承，起润滑和冷却作用。

3）联轴器端的转子端平衡活塞，用以平衡转子旋转压缩气体时产生的轴向推力，从而减少转子端面磨损。

4）量调节滑块的动力活塞两端，用以沿轴向移动滑动来调节压缩机的输气量。

2. 油回路的构成

螺杆机油路系统的组成如下：

1）油分离器和油箱。由于螺杆机的排气中带有大量的油雾，设置有高效率的油分离器，向压缩机供油的油箱与油分离器连成一体，即螺杆机是利用油分离的底部来作贮油箱的。当环境温度较低时，停机后油箱内的油黏度增大，可能影响下次开机液压泵上油。若油内含有的制冷剂数量较多，则刚起动也会产生油泡而影响上油。因此，螺杆机的贮油箱里设有油分离器。必要时在起动前对油进行加热，以免上述现象发生。

2）油冷却器。压缩机所用润滑油需要有一定的黏度，而油箱里刚分离下来的润滑油温度较高，无法保证润滑油的黏度，因此需用冷却器把油温冷却至40℃左右。目前油冷却器采用的冷却方式一般采用水冷却（采用制冷剂液体冷却和制冷剂节流冷却等）。

如果要对油冷却器进行清洗，可拆下两侧端盖，根据结垢情况决定采用机械、人工或化学清洗方法。对制冷机冷却油冷却器可根据使用情况定期排污和放油。在清洗油冷却器时应检查换热管有无泄漏情况。

3）油过滤器。有粗滤和精滤两种，在液压泵前设置粗过滤器，在液压泵后进压缩机前设置精过滤器，目的都是防止杂质随油进入制冷压缩机。有的系统在精过滤器两侧设压差增大到一定数值时，油压保防装置会延时30s动作使压缩机停机。

4）螺杆机用的液压泵大都为齿轮泵，并由专门的电动机直接驱动。为了保证供给压缩机的润滑油有足够的压力，在液压泵的出油处还装设有油压调节阀。

5）油分配总管

由泵排出的油经精滤器进一步过滤后送至有分配总管，再从分配总管送至压缩机的各需油场所。

润滑油从分配总管进入压缩机，随制冷剂气体排入油分离器。被分离后进入油冷却器冷却，然后经由粗滤器、液压泵、精滤器再到油分配总管便完成了一次循环。

十五、螺杆式压缩机的能量调节

1. 手动能量调节

按增载按钮，高压油从电磁阀进油接头进入，然后从电磁阀增载接头流出进入油活塞后腔，此时油活塞前腔与电磁阀减载接头接通，并通过电磁阀回油接头与吸气端座上的回油接头相通，于是油活塞后腔压力大于前腔压力，在压差的作用下油活塞向前运动，通过润滑导管带动滑阀后移，实现增载。卸载则与此过程相反。

2. 自动能量调节

可编程序控制器根据冷却水出水温度（吸气压力）与设定水温（压力）的偏差，以及出水温度（吸气压力）的变化率计算出上载或卸载的频率和持续时间，控制上载电磁阀和卸载电磁阀的开、关，通过油压驱动滑阀所要求的工作位置达到能量调节要求。应注意的是，能量指示器的显示滑阀位移的百分比不等于能量的真实百分比。另外，螺杆式压缩机的能量调节范围一般为15%～100%。

十六、螺杆式制冷压缩机的维护操作

1. 压缩机的正常维护操作

当要对压缩机实施维护时，应做好以下几点：

1）如果机组正在运行，应按停止键。

2）在实施任何维修以前应把机组电源切断。

3）当压缩机组被打开暴露于大气时要配备良好的安全装备。

4）要确保足够的通风。

5）使用制冷剂时要求采取必要的安全防护措施。

6）在维护机组前，要关闭压缩机箱上所有的切断阀，避免导致发生事故。

2. 压缩机平时的一般维护

为确保制冷机组的长期无故障工作，适宜的维护很重要。应做好平时的一般维护：

1）保持制冷剂和油清洁无水分，要避免湿气污染。在对冷却系统的任一部分进行了维护之后，在重新工作前要抽真空以除去湿气。凝聚在压缩机内的水分，在压缩机运行时，或更可能在关机时会导致关键部件的锈蚀并降低寿命。

2）保持吸入口过滤网清洁。要定期检查，尤其对于到压缩机的吸入口通道上可能存在焊渣和管内铁锈的新系统。吸入口过滤网上过度的污物会引起过滤网的破裂，并把颗粒漏入压缩机内。

3）保持油过滤器的清洁。如果出现压降增加，表明有污物，就要停机清洗或更换过滤器。压缩机在高的过滤器压降下长期运行，会导致压缩机缺油，并导致过早的轴承损坏。

4）避免压缩机受液体制冷剂阻塞。在现有各种类型的压缩机中，螺杆式压缩机虽然可能是最能容许液体制冷剂的吸入的压缩机，但它不是液体泵。要确保有足够的过热和吸入口蓄液器的规格适当，以避免把液体制冷剂排入到压缩机内。要保护液体喷入阀调整适当并处于良好的状态，避免液体充溢压缩机。液体会导致压缩机寿命的降低，在极端情况下还会引起压缩机彻底损坏。

5）在长期停机期间要保护压缩机。如果要长期非运行停机，应把压缩机抽真空到低压，再将氮气或油充入。

6）任何时候，只要压缩机呈现振动水平、噪声或性能上明显变化，应采取预防性维护检查。

十七、螺杆式制冷压缩机的技术参数

1）单级氨螺杆式制冷压缩机组的主要技术参数见表 2-6 ~ 表 2-8。

表 2-6　单级氨螺杆式制冷压缩机组的主要技术参数 I

项　　目		LG12B 系列	LG16BS 系列	LG16BM 系列	LG20BS 系列
制冷剂	品种	R717/R22			
	标准	GB 536—1988《液体无水氨》、GB 7373—2006《工业用二氟一氯甲烷（HCFC-22）》			
压缩机	理论排量/(m³/h)	285	385	598	806
	能量调节范围	10% ~ 100%			

（续）

项　目			LG12B 系列	LG16BS 系列	LG16BM 系列	LG20BS 系列
制冷量 /kW	高温工况		316/292	440/406	692/640	1000.4/918.4
	中温工况		174.8/168.1	243.8/243.1	383.5/370	555.2/530.6
	低温 工况	带经济器	62/68.9	87.7/97.9	137.4/154	200.5/225.5
		无	51.7/54.7	72.9/76.8	114.9/122.9	166.8/177.3
电动机 额定功 率/kW	高温工况		65	90	132	185
	中温工况		65	90	132	185
	低温工况		55	75	110	160
电源			3 相、50Hz、380V			
额定转速/(r/min)			2960			
电动机转向			顺时针（从电动机轴端看）			
冷冻 机油	牌号		L-DRA/B46			
	标准		GB/T 16630—2012《冷冻机油》			
	充注量/kg		≈150（110）	≈200（160）		≈370（310）
进气管直径/mm			DN80	DN125		DN150
出气管直径/mm			DN65	DN80		DN100
二次进气直径/mm			DN20	DN25		DN32
经济器进出液直径/mm			DN40	DN40		DN50
安全阀直径/mm			DN20	DN25		DN32
油冷却器	水冷	形式	壳管式			
		进出水直径/mm	DN32	DN40		DN40
		冷却水量/(m³/h)	≈10	≈12	≈15	≈20
		水侧设计压力/MPa	0.4			
		冷却水污垢系数 /(m²·K/kW)	0.086			
		水程阻力/MPa	≤0.1			
		水质标准	GB 50050—2007《工业循环冷却水处理设计规范》			
	制冷剂	进液管径/mm	DN25	DN32		DN40
		出气管径/mm	DN40	DN50		DN65
液压泵	型号		ZH125A（F）R（L）			
	电动机功率/kW		1.5	2.2		
外形尺寸 （长×宽×高）/mm			2573×1050×1605 （2542×1065 ×1605）	3052×1228×1870 （3052×1253×1870）		3334×1368×2076 （3334×1428 ×2076）
机组质量/kg			≈2200	≈3400	≈3500	≈3800
机组运行质量/kg			≈2860	≈4420	≈4550	≈4940

表 2-7 单级氨螺杆制冷压缩机组的主要技术参数 Ⅱ

<table>
<tr><td colspan="3">项 目</td><td>LG20BM 系列</td><td>LG25BS 系列</td><td>LG25BM 系列</td></tr>
<tr><td rowspan="2">制冷剂</td><td colspan="2">品种</td><td colspan="3">R717/R22</td></tr>
<tr><td colspan="2">标准</td><td colspan="3">GB 536—1988《液体无水氨》、
GB 7373—2006《工业用二氟一氯甲烷（HCFC-22）》</td></tr>
<tr><td rowspan="2">压缩机</td><td colspan="2">理论排量/(m³/h)</td><td>1120</td><td>385</td><td>2289</td></tr>
<tr><td colspan="2">能量调节范围</td><td colspan="3">10% ~ 100%</td></tr>
<tr><td rowspan="4">制冷量/kW</td><td colspan="2">高温工况</td><td>1399/1225</td><td>2172/1996</td><td>2731/2516</td></tr>
<tr><td colspan="2">中温工况</td><td>743.4/709.9</td><td>1207/1159</td><td>1518/1462</td></tr>
<tr><td rowspan="2">低温
工况</td><td>带经济器</td><td>269.2/298.2</td><td>442.9/496.5</td><td>557.2/621.1</td></tr>
<tr><td>无</td><td>225.3/238.6</td><td>369/391.8</td><td>465.5/495.4</td></tr>
<tr><td rowspan="3">电动机额定
功率/kW</td><td colspan="2">高温工况</td><td>250</td><td>450</td><td>500</td></tr>
<tr><td colspan="2">中温工况</td><td>250</td><td>400</td><td>450</td></tr>
<tr><td colspan="2">低温工况</td><td>200/220</td><td>315</td><td>400/450（带经济器）</td></tr>
<tr><td colspan="3">电源</td><td>3 相、50Hz、380V</td><td colspan="2">3 相、50Hz、10kV（或6kV）</td></tr>
<tr><td colspan="3">额定转速/(r/min)</td><td colspan="3">2960</td></tr>
<tr><td colspan="3">电动机转向</td><td colspan="3">顺时针（从电动机轴端看）</td></tr>
<tr><td rowspan="3">冷冻机油</td><td colspan="2">牌号</td><td colspan="3">L-DRA/B46</td></tr>
<tr><td colspan="2">标准</td><td colspan="3">GB/T 16630—2012《冷冻机油》</td></tr>
<tr><td colspan="2">充注量/kg</td><td>≈370</td><td colspan="2">≈760</td></tr>
<tr><td colspan="3">进气管直径/mm</td><td>DN150</td><td colspan="2">DN200</td></tr>
<tr><td colspan="3">出气管直径/mm</td><td>DN100</td><td colspan="2">DN150</td></tr>
<tr><td colspan="3">二次进气直径/mm</td><td>DN32</td><td colspan="2">DN50</td></tr>
<tr><td colspan="3">经济器进出液直径/mm</td><td>DN50</td><td colspan="2">DN65</td></tr>
<tr><td colspan="3">安全阀直径/mm</td><td>DN32</td><td colspan="2">2 × DN32</td></tr>
<tr><td rowspan="9">油
冷
却
器</td><td colspan="2">形式</td><td colspan="3">壳管式</td></tr>
<tr><td rowspan="6">水
冷</td><td>进出水直径/mm</td><td>DN65</td><td colspan="2">DN65</td></tr>
<tr><td>冷却水量/(m³/h)</td><td>≈25</td><td>≈35</td><td>≈45</td></tr>
<tr><td>水侧设计压力/MPa</td><td colspan="3">0.4</td></tr>
<tr><td>冷却水污垢系数
/(m²·K/kW)</td><td colspan="3">0.086</td></tr>
<tr><td>水程阻力/MPa</td><td colspan="3">≤0.1</td></tr>
<tr><td>水质标准</td><td colspan="3">GB 50050—2007《工业循环冷却水处理设计规范》</td></tr>
<tr><td rowspan="2">制
冷
剂</td><td>进液管径/mm</td><td>DN40</td><td colspan="2">DN50</td></tr>
<tr><td>出气管径/mm</td><td>DN65</td><td colspan="2">DN80</td></tr>
</table>

（续）

项　目		LG20BM 系列	LG25BS 系列	LG25BM 系列
液压泵	型号	ZH125A（F）R（L）	2ZH220A（F）	
	电动机功率/kW	2.2	4	
外形尺寸（长×宽×高）/mm		3334×1368×2076 （3334×1428×2076）	4597×1980×2963	
机组质量/kg		≈4000	7000~10000	
机组运行质量/kg		≈5200	9100~13000	

表 2-8　单级氨螺杆制冷压缩机组的主要技术参数Ⅲ

项　目			LG25BL 系列	LG32BM 系列	LG32BL 系列
制冷剂	品种		R717/R22		
	标准		R77 GB 536—1988《液体无水氨》、 R22 GB 7373—2006《工业用二氟一氯甲烷（HCFC‑22）》		
压缩机	理论排量/（m³/h）		2840	4341	5182
	能量调节范围		10%~100%		
制冷量/kW	高温工况		3294/3044	5168/4776	6177/5708
	中温工况		1834/1769	2877/2776	3439/3317
	低温 工况	带经济器	674/750	1059.9/1183.5	1268/1410
		无	564.1/601.2	885.1/943.4	1058/1128
电动机额定 功率/kW	高温工况		630	1000	1120
	中温工况		560/500	900	1000
	低温工况		400/450（带经济器）	710/800（带经济器）	800/1000（带经济器）
电源			3 相、50Hz、10kV（或 6kV）		
额定转速/（r/min）			2960		
电动机转向			顺时针（从电动机轴端看）		
冷冻机油	牌号		L‑DRA/B46		
	标准		GB/T 16630—2012《冷冻机油》		
	充注量/kg		≈800	≈1200	

（续）

项　目	LG25BL 系列	LG32BM 系列	LG32BL 系列
进气管直径/mm	DN250	DN350	
出气管直径/mm	DN150	DN200	
二次进气直径/mm	DN50	DN80	
经济器进出液直径/mm	DN65	DN100	
安全阀直径/mm	2 × DN32	2 × DN50	

油冷却器		形式	壳管式		
	水冷	进出水直径/mm	DN65	DN100	
		冷却水量/(m³/h)	≈55	≈90	
		水侧设计压力/MPa	0.4		
		冷却水污垢系数/(m²·K/kW)	0.086		
		水程阻力/MPa	≤0.1		
		水质标准	GB 50050—2007《工业循环冷却水处理设计规范》		
	制冷剂	进液管径/mm	DN50	DN65	
		出气管径/mm	DN80	DN125	

油泵	型号	2ZH220A/2ZH220AF	2 × 2ZH220A/2ZH220A（F）
	电动机功率/kW	4	2 × 4

外形尺寸（长×宽×高)/mm	4597 × 1980 × 2963	7257 × 2750 × 3528	
机组质量/kg	8000 ~ 10000	≈12000	≈18000
机组运行质量/kg	≈13000	≈15600	≈23400

注：1. 表2-6 ~ 表2-8 中，高温工况为 +40℃/+50℃工况，中温工况为 +40℃/−10℃工况，低温工况为 +40℃/−35℃工况，带经济器时液体出口温度补气压力对应的饱和温度高5℃。油冷却的冷却水进水温度+33℃，进出水温差5℃。

2. 表2-6 ~ 表2-8 中括号内数据为制冷剂油冷机组的参数。

3. 表2-6 ~ 表2-8 为烟台冰轮股份有限公司产品的主要技术参数。

2）开启式螺杆式制冷压缩机的技术参数见表2-9 和表2-10。

表2-9 螺杆I型、II型制冷压缩机的技术参数

型 号	LG10A LG10F	LG12.5A LG12.5F	LG12.5-IA LG12.5-IF	LG16A LG16F	LG16IIA LG16IIF	LG20A LG20F	LG20IIA LG20IIF	LG25A LG25F	LG25IIA LG25IIF	LG31.5-IA LG31.5-IF	LG35.5A LG35.5F
转子名义直径/mm	100	125	125	160	160	200	200	250	250	315	357
转子长度/mm	150	190	190	240	240	300	300	375	375	530	589
阳转子转速/(r/min)	2960	2960	4400	2960	2960	2960	2960	2960	2960	2960	2960
理论排量/(m³/h)	133	264	396	552	552	1068	1068	2110	2110	4620	7240
能量调节范围	15%~100%无级调节										
内容积比	2.6/3.6/5	2.6/3.6/5	2.6/3.6/5	手动调节	手动调节	手动调节	自动调节	2.6/3.6/5	自动调节	2.6/3.6/5	2.6~5.0
噪声/dB(A) ≤	80	83	85	88	85	90	88	98	95	102	105
振动量/μm ≤	10	20	20	20	20	20	20	25	25	35	35
进气管直径/mm	DN50	DN80	DN80	DN100	DN100	DN150	DN150	DN200	DN200	DN300	DN350
排气管直径/mm	DN45	DN65	DN65	DN80	DN80	DN100	DN100	DN150	DN150	DN250	DN250

表2-10　螺杆Ⅲ型制冷压缩机技术参数

型　号 \ 参数	LG16ⅢDA / LG16ⅢDF	LG16ⅢA / LG16ⅢF	LG20ⅢA / LG20ⅢF	LG20ⅢTA / LG20ⅢTF	LG25ⅢDA / LG25ⅢDF	LG25ⅢA / LG25ⅢF	LG25ⅢTA / LG25ⅢTF	LG31.5ⅢA / LG31.5ⅢF	LG31.5ⅢTA / LG31.5ⅢTF
转子名义直径/mm	160	160	200	200	250	250	250	315	315
转子长度/mm	182	240	228	300	285	375	485	460	625
阳转子转速/(r/min)	2960	2960	2960	2960	2960	2960	2960	2960	2960
理论排量/(m³/h)	436	574	852	1120	1663	2189	2831	4175	5678
能量调节范围	15%~100% 无级调节								
内容积比	2.5~5.0								
噪声/dB(A)≤	85	85	88	88	95	95	95	102	102
振动量/μm≤	20	20	20	20	25	25	25	30	30
进气管直径/mm	DN100	DN100	DN125	DN150	DN150	DN200	DN225	DN300	DN300
排气管直径/mm	DN80	DN80	DN100	DN100	DN150	DN150	DN150	DN225	DN225

注：表2-9、表2-10 为武汉新世界制冷工业有限公司产品的技术参数。

十八、螺杆式制冷压缩机的常见故障及排除方法

螺杆式制冷压缩机的常见故障及排除方法见表2-11。

表 2-11 螺杆式制冷压缩机的常见故障及排除方法

序 号	常见故障	原 因	排除方法
1	起动负荷过大或根本不能起动	1）压缩机排气端压力过高 2）滑阀未停在"0"位 3）机体内充满润滑油或液体制冷剂 4）运动部件严重磨损、烧伤 5）电压不足 6）压力继电器、热继电器报警未复位 7）油压过低，不能适应正常工作	1）通过旁通阀使高压气体流到低压系统 2）将滑阀调至"0"位 3）盘机排出积液和积油 4）拆卸检修更换零部件 5）检查电网情况 6）进行复位 7）调整油压
2	机组发生不正常振动	1）机组地脚螺栓未紧固 2）管路振动引起机组振动加剧 3）联轴器同轴度不好 4）吸入过多的油或制冷剂液体 5）滑阀不能定位且在那里振动 6）吸气腔真空度过高	1）旋紧地脚螺栓 2）加支撑点或改变支撑点 3）重新找正 4）停机，盘机使液体排出压缩机 5）检查卸载机构 6）开吸气阀、检查吸气过滤器
3	压缩机运转后自动停机	1）自动保护设定值不合适 2）控制电路存在故障 3）电动机过载	1）检查并适当调整设定值 2）检查电路，消除故障 3）检查原因并消除
4	压缩机制冷能力不足	1）滑阀的位置不合适或其他故障 2）吸气过滤器堵塞 3）机器磨损严重，造成间隙过大 4）吸气管路阻力损失过大 5）高低压系统间泄漏 6）喷油量不足，密封能力减弱 7）排气压力远高于冷凝压力	1）检查指示器或角位移传感器的位置 2）拆下吸气过滤网并清洗 3）调整或更换零件 4）检查吸气截止阀或单向阀 5）检查旁通阀及回油阀 6）检查油路系统 7）检查排气管路及阀门，清除排气系统阻力
5	运转时机器出现异常响声	1）转子齿槽内有杂物 2）推力轴承损坏 3）主轴承磨损，转子与机体摩擦 4）滑阀偏斜 5）运动部件连接处松动	1）检修转子及吸气过滤器 2）更换推力轴承 3）更换主轴承 4）检修滑阀导向块及导向柱 5）拆开机器检修，加强放松措施
6	排气温度过高	1）压缩比较大 2）油温过高 3）吸气严重过热或旁通阀泄漏 4）喷油器不足 5）机器内部有不正常摩擦	1）降低排压，减小负荷 2）清洗油冷却器，降低水温或加大水量 3）增加供液量，加强吸气保温，检查旁通阀 4）检查液压泵及供油管路 5）检拆机器

（续）

序 号	常见故障	原　因	排 除 方 法
7	排 气 压 力 过高	1）冷凝器进水温度过高或流量不够 2）系统内有不凝性气体 3）冷凝器水垢严重 4）制冷剂充灌过多 5）吸气压力高于正常情况 6）水泵故障没工作	1）检查冷凝器 2）排放不凝性气体 3）清洗冷凝器 4）排出多余制冷剂 5）参考"吸气压力过高"栏目 6）检查水泵
8	排气温度或油温下降	1）吸入湿蒸气或液体制冷剂 2）连续无负荷运转 3）排气压力异常低	1）减少供液量，减小负荷 2）检查卸载机构 3）减少供水量及冷凝器投入台数
9	排 气 压 力 过低	1）通过冷凝器的水量放大 2）冷凝器的进水温度过低 3）系统制冷剂不足 4）吸气压力低于正常标准	1）调小阀门 2）调整冷凝器风机工作台数 3）补充制冷剂 4）参考"吸气压力过低"栏目
10	滑阀动作太快	1）手动阀开启过大 2）喷油压力过高	1）关小进油截止阀 2）调小喷油压力
11	滑阀动作不灵活或不动作	1）电磁阀动作不灵活 2）油管路有堵塞 3）手动截止阀开度太小或关闭 4）油活塞卡住或漏油 5）滑阀或导向链卡住	1）检查电磁阀 2）检修 3）开大截止阀 4）检修油活塞或更换密封圈 5）检修
12	压缩机机体温度过高	1）压缩比过大 2）喷油量不足 3）吸气严重过热或旁通阀泄漏 4）运转部件有不正常摩擦	同"排气温度过高"，最主要的原因是运动部件摩擦，检修压缩机或更换推力轴承
13	压缩机轴封泄漏	1）轴封供油不足造成密封环损坏 2）油有杂质磨损密封面 3）装配不良，弹簧弹力不足 4）"O"形圈变形或损伤 5）动静环接触不严密 6）油中制冷剂液体过多	1）调整油压或检查油路 2）检查油过滤器 3）调整 4）更换 5）拆下重新研磨 6）停机，进行油加热
14	喷油压力过低	1）油分内油量不足 2）油中制冷剂含量过多 3）油温度过高 4）液压泵磨损或油压调节阀故障 5）油稠，黏附过滤网形成脏堵 6）压缩机内部泄油量大	1）加油或回油 2）停机，进行油加热 3）降低油温 4）检修或更换，或调整油压调节阀 5）清洗滤芯 6）检修转子、滑阀、平衡活塞
15	回油不畅	1）二级油分滤网脱落 2）回油阀或过滤器堵塞	1）检修 2）清洗

（续）

序号	常见故障	原因	排除方法
16	压缩机耗油量增大	1）油压过高或喷油量过多 2）压缩机回液 3）排气温度高，油分效率降低 4）油分滤芯效率降低 5）油分滤芯脱落或松动 6）二级油分内油位过高 7）回油管道堵塞	1）调整油压或检修压缩机 2）关小蒸发器及经济器节流阀 3）参考"排气温度过高"栏 4）更换滤芯 5）紧固或更换胶圈 6）放油或回油，降低油位 7）清洗疏通油路
17	油分油面上升	1）系统内的油回到压缩机 2）过多的制冷剂进入油内 3）立式油分液面计有凝液	1）放油 2）提高油温，加快蒸发 3）计算实际高度
18	停机时反转	1）吸、排气单向阀关闭不严 2）防倒转的旁通管路失效	1）检修，消除卡阻 2）检查旁通管路及电磁阀
19	吸气温度过高	1）系统制冷剂不足，过热度增大 2）供液阀开度小或管路堵塞 3）旁通阀泄漏 4）吸气管道保温不良	1）检漏，充注制冷剂 2）增加供液、检查管路 3）检查 A、B 电磁阀及回油阀 4）检修或更换绝热层
20	吸气压力过高	1）系统制冷剂过量 2）在满负荷时大量制冷剂进入制冷机	1）放出多余的制冷剂 2）调整供液量
21	吸气温度低	1）蒸发器供液量过大 2）蒸发器换热效果降低	1）调整节流阀或热力膨胀阀 2）清洗蒸发器或放油
22	吸气压力过低	1）蒸发温度过低，换热温差大 2）系统制冷剂不足 3）供液阀开度小，回气管路阻力过大 4）吸气截止阀开度小或故障 5）吸气过滤器堵塞或冰塞	1）检修蒸发器，增大载冷剂流量，减少温差 2）检漏，充注制冷剂 3）增加供液、检查管路 4）开大吸气阀门或检查阀头 5）清洗过滤网、清除水分
23	冷凝压力过高	1）冷却水温高或水（风）量不足 2）空气湿度过大 3）冷凝器水垢或有油垢 4）冷凝器凝液过多 5）不凝性气体过多	1）减低水温或增大水（风）量 2）加大风量 3）清洗除垢、放油 4）及时排放过多凝液 5）及时排放空气
24	喷油温度过高	1）冷却水温度高或水量不足（油温比水温应高 8～10℃） 2）冷凝水侧结垢 3）冷凝压力（温度）过高（热虹吸油冷却器的出油温度一般比冷凝温度高 10～12℃）	1）降低对温，补充水量 2）清除水垢，严重者应更换 3）应设法降低排气压力

（续）

序　号	常见故障	原　因	排除方法
24	喷油温度过高	4）热虹吸油冷却器的制冷剂侧存油量较多（制冷剂中含有润滑油，随着制冷剂的蒸发，润滑油会存积下来，影响热交换） 5）喷液量不足（喷液过滤器堵塞、喷液电磁阀未打开或失灵，热力膨胀阀开启度过小等）	4）降低虹吸贮液器中的存油量 5）应保证喷液量有足够的压差
25	油压差过大	1）油分内油位过低 2）油路系统或油粗滤网、油精滤芯过滤网堵塞 3）油温度过高（油温高，润滑油黏度降低，流动性增大，机组喷油量增大，使油压降低） 4）压缩机部件磨损，间隙过大（因磨损配合间隙增大，泄漏大量润滑油，使油压降低）	1）应及时回油或加油 2）清洗过滤网 3）应检查油温 4）磨损件检修或更换
26	能量调节失灵	1）四通电磁阀故障 2）油管堵塞 3）油活塞间隙过大，密封圈老化，造成上载、卸载腔不能完全封闭，引起失灵 4）油活塞卡住 5）滑阀拉毛卡住 6）油压低，能量调节动力不足 7）能量指示器故障。如指针松动脱落等	1）对电磁阀阀芯进行拆洗 2）应疏通清洗油管 3）应检查更换油活塞密封圈 4）应对油活塞和液压缸进行修理 5）应对滑阀进行修理 6）应调整油压 7）检查或更换指示器
27	润滑油泵有杂音	1）油泵联轴器损坏 2）螺钉松动 3）油泵损坏	1）应更换 2）重新紧固 3）应检修或更换
28	压缩机头结霜异常	1）热力膨胀阀开启过大 2）系统热负荷过小 3）热力膨胀阀感温包未扎紧或捆扎位置不正确	1）适当关小膨胀阀 2）减少供液或压缩机减载 3）按要求重新捆扎

十九、其他螺杆式制冷压缩机

目前国内生产螺杆制冷机的厂家逐渐增多，产品品种也逐渐增多，如烟台冰轮股份有限公司、大连冷冻机股份有限公司、福建雪人股份有限公司及约克螺杆机等都是比较有影响的品牌厂家，其产品种类也很多。除了有单级不带经济器的螺杆机外，现在已有单级带经济器的螺杆机、单机双级螺杆机及双机双级螺杆机。除了大型的各系列螺杆式制冷压缩机外，也有小型螺杆式制冷压缩机。这些制冷机可组成螺杆式多台并联机组，此类机组大多采用 R22、R502、R404A 及 R507 等作为制冷剂的制冷系统。

另外，在制冷系统中除了大量陆地上应用的螺杆机外，也有适用于船上使用的各系列螺杆式制冷压缩机。

制冷压缩机的应用领域非常广泛，经过几十年的快速发展，我国压缩机企业无论是产品生产、技术研发，还是系统集成能力都得到长足发展，但某些核心技术与发达国家仍有一定的差距，主要表现在产品的安全性、节能性、耐久性和稳定性四方面的不足。

第四节　溴化锂吸收式制冷机

一、溴化锂吸收式制冷机的特点

吸收式制冷机是以热能为驱动能量，利用溶液吸收和发生制冷剂蒸气的特性来完成工作循环的制冷装置。

吸收式制冷机和压缩式制冷机一样，都是利用制冷剂的气－液相变来实现吸热制冷和散热冷却的。不同之处是前者用吸收器和发生器来代替后者的压缩机，并以吸收过程和发生过程代替压缩过程完成制冷循环。

以水为制冷剂的溴化锂吸收式制冷机已使用了几十年。由于溴化锂吸收式制冷机具有许多独特的优点，所以近年来发展很快，它已广泛应用于石油化工、机械、冶金、纺织、医药、国防等行业。

溴化锂吸收式制冷机与其他类型的制冷机相比，具有以下特点：

1）人工制冷总是要有一个补偿过程，即消耗能量。溴化锂吸收式制冷机中的这一过程，是用蒸气（或其他形式的热能）加热发生器来实现的。一般的低压蒸气即可。特别有利于对废气、废热的综合利用，以及地下热水（80℃以上）均可使用，即对能源要求低，可明显节约用电。

2）溴化锂吸收式制冷机是热交换器的组合体，除了泵之外，并无运动部分，所以设备运行时振动、噪音都很小，运转平稳。此外，设备对基建要求不高，甚至楼顶、露天均可放置。

3）溴化锂吸收式制冷机的发生器、冷凝部分绝对压力约为 0.1at（≈0.01MPa），蒸发吸收部分绝对压力约为 0.01at（≈0.001MPa）绝对大气压，制冷过程是处于接近真空状态下的，所以安全可靠，无爆炸危险。

4）以水为制冷剂，以溴化锂溶液作为吸收剂。这种制冷剂具有无臭、无味、无毒、无烧伤等特性，对人体无危害，符合环保要求，是一种良好的制冷剂。

5）操作简单，便于实现自动化运转。能在 20%～100% 范围内进行冷量的无级调节，对工况变化的适应性强。

6）对于高温冷却水，不像其他形式的制冷机那样敏感，冷却水进水温度即使高到 37～38℃，机器仍然运转。

7）结构简单，制造方便，热效率高。

8）溴化锂溶液对于金属，特别是对于钢铁材料在接触空气的情况下有较强的腐蚀性，所以对于密封及防腐要特别予以注意。

9）由于以热能为动力，设备在工作过程中要放出所吸收的热量，故排热量大，一般是活塞式压缩机的2倍，故需要的冷却水量较大。

10）溴化锂制冷机是以水为制冷剂的，所以制冷温度只能在0℃以上，一般用于空调系统。

二、溴化锂吸收式制冷机的工作原理

溴化锂吸收式制冷机的工作原理是基于溴化锂水溶液具有在常温下（特别是在温度较低时）能强烈地吸收水蒸气，而在高温下又能将其所吸收的水分释放出来；同时，水在真空［例如7mmHg（≈0.93kPa）］状态下蒸发时具有较低的蒸发温度这些特性之上的。

为了让水在压力很低的蒸发器中连续地蒸发吸收热量而制出低温水，必须要不断地补充被蒸发掉的水。同时，为了维持蒸发器中一定的压力，就要不断地吸收蒸发时所形成的水蒸气。因此，利用溴化锂水溶液吸收水蒸气的特性，便能让它在吸收器中将蒸发器中形成的水蒸气吸收。因吸收了水蒸气而变稀的溴化锂溶液，在发生器中受到了高温的工作蒸气（或其他形式的热能）的加热，并由于水的沸点较溴化锂沸点低得多，使溶液中的水分重新汽化出来。在冷凝器中通过冷却水的冷却，放出汽化热而凝结为水。这样形成的低温水（即制冷剂）通过节流装置，又进入蒸发中，再蒸发吸热。因此周而复始，就能达到制冷的目的。

图2-18所示为溴化锂吸收式制冷机的工作流程图。由发生器泵11送来的溴化锂稀溶液经过热交换器5进入发生器2内，被发生器内管簇中的工作蒸汽加热，溶液中的水分汽化成为低温水蒸气（相对于水而言，溴化锂具有不挥发性，故低温水蒸气中不带

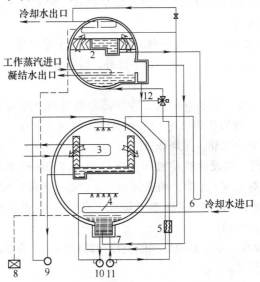

图2-18　溴化锂吸收式制冷机的工作流程图

1—冷凝器　2—发生器　3—蒸发器　4—吸收器　5—热交换器　6—U形管　7—防晶管
8—抽气装置　9—蒸发器泵　10—吸收器泵　11—发生器泵　12—三通阀

有溴化锂的成分）。低温水蒸气经过挡水板进入冷凝器1，被冷凝器管簇内的冷却水冷却而凝结成低温水。低温水经过节流装置U形管6，进入蒸发器3的水盘（由于压力的急剧降低，低温水有少量的闪蒸，又由于闪蒸过程吸取了低温水本身的热量，所以低温水有一定程度的温度降低），并由蒸发器泵9送往蒸发器的喷淋装置，而被均匀地喷淋于蒸发器管簇的外表面，由于吸取了管内载冷剂的热量而汽化为水蒸气。同时，载冷剂则由于放出了热量而被冷却到所需温度，即达到了制冷的目的。蒸发器3中由冷却水汽化所形成的水蒸气，则经过挡水板进入吸收器4中，而被由吸收器泵10送来喷淋在吸收器管簇外表面的中间溶液（从发生器来的浓溶液与吸收器中溶液的混合溶液）所吸收。至于在吸收过程中放出的吸收热，则被吸收器管簇内的冷却水带走。这样由于吸收了水蒸气而再生得到的稀溶液，再由发生器泵11送往发生器2中去加热。如此就形成了一个连续的制冷循环。

近年来溴化锂吸收式制冷机在空调工程和生产工艺中得到了广泛应用，并发展成多种形式。按工作流程分，有单效型、双效型、两级吸收型；按热源种类分，有蒸汽型、热水型、余热型和直燃型；按结构形式分，有单筒型、双筒型和三筒型。

溴化锂吸收式制冷机的操作应按产品说明书要求认真执行。

三、溴化锂制冷装置的维护保养

溴化锂吸收式制冷机能否长期稳定运行，性能能否长期保持不变，取决于能否严格地执行操作程序和良好的保养。因此，除了要能正确地掌握操作技能外，机组操作人员还应熟悉机组的维护保养知识。溴化锂吸收式制冷机的保养分为停机时的保养、定期检查和定期保养。

1. 机组停机时的保养

溴化锂吸收式制冷机机组停机时的保养，又分为短期停机保养和长期停机保养两种。

（1）短期停机保养 所谓短期停机保养，是指停机时间不超过2周。此时的保养要做两项工作：一是将机组内的溴化锂溶液充分稀释；二是要保持机组内的真空度，应每天早晚两次监测其真空度。为了准确起见，在观测压力仪表之前，应把发生器泵和吸收器泵起动运行10min，然后再观察仪表读数，并和前一次做比较。若漏入空气，则应起动真空泵，将机组内部空气抽除。抽空时要注意必须把冷凝器、发生器抽气阀打开。

在短期停机保养时，如需检修屏蔽泵、清洗喷淋管或更换真空膜阀片等，应事先做好充分准备，工作时一次性完成。切忌使机组内部零部件长时间暴露在大气中。一次检修机组内部接触大气的时间最长不要超过6h。要尽快完成检修工作，工作结束后，及时将机内抽至规定的真空度，以免机内产生锈蚀。

（2）长期停机保养 所谓长期停机保养，是指机组停机时间超过两周以上或整个冬季都处于停机状态。长期停机时应将蒸发器中的冷剂水全部旁通到吸收器上，与溴化锂溶液充分混合，均匀稀释，以防在环境温度下结晶。在冬季，如果溶液中溴化锂的质量分数小于60%、室温保持在20℃以上时，则无结晶危险。为了减少溶液对机组的腐蚀，在长期停机期间，最好将机组内的溶液排放至另设的储液器中，然后向机组内充 0.02～0.03MPa 表压力的氮气。若无另设的储液器，也可把溶液储存在机组内。这种情况下，应将机组的绝对压力抽至 66.7Pa，再向机组内灌氮气。向机组充入氮气的目的是为了防止机组万一有渗漏处而使空气进入机组内。另外，长期停机时还应该把发生器、冷凝器和吸收器封头箱水室内的积水排净。有条件时，最好用压缩空气或氮气吹干，然后把封头盖好。

2. 机组的定期检查和保养

（1）定期检查 在溴化锂吸收式制冷机运行期间，为了确保机组安全运行，应进行定期检查。定期检查的项目见表 2-12。

表 2-12 溴化锂吸收式制冷机定期检查项目

项 目	检 查 内 容	检 查 周 期				备 注
		每日	每周	每月	每年	
溴化锂溶液	溶液的浓度		√		√	
	溶液的 pH 值			√		9～11
	溶液的铬酸锂含量（质量分数）			√		0.2%～0.3%
	溶液的清洁程度，决定是否需要再生				√	
冷剂水	测定冷剂水密度，观察是否污染，是否需要再生		√			
屏蔽泵	运转声音是否正常	√				
	电动机电流是否超过正常值	√				
	电动机的绝缘性能				√	
	泵体温度是否正常	√				不大于 70℃
	叶轮拆卸和过滤网的情况				√	
	轴承磨损程度的检查				√	
真空泵	润滑油是否在油面中心	√				
	运行中是否有异常声音和运行电流是否正常	√				
	运转时泵体的温度	√				不大于 70℃
	润滑油的污染和乳化	√	√			
	传动带是否松动		√			
	电动机的绝缘性能				√	
	真空管路泄漏的检查				√	无泄漏，24h 压力回升不超过 66.7Pa
	真空泵抽气性能的测定			√	√	

（续）

项 目	检查内容	检查周期				备 注
		每日	每周	每月	每年	
隔膜式真空阀	密封性				√	
	橡胶隔膜的老化程度				√	
传热管	管内壁的腐蚀情况				√	
	管内壁的结垢情况				√	
机组密封性	运行中不凝性气体	√				
	真空度的回升值	√				
带放气真空电磁阀	密封面的清洁度			√		
	电磁阀动作的可靠性		√			
冷媒水、冷却水、蒸发管路	各阀门、法兰是否漏水、漏气现象		√			
	管道保温情况是否良好				√	
电控设备、计量设备	电器的绝缘性能				√	
	电器装置的动作可靠性				√	
	仪器仪表调定点的准确度				√	
	计量仪表指示值准确度校验				√	
报警装置	机组起动前一定要调整各控制器的可靠性				√	

（2）定期保养　为了保证溴化锂吸收式制冷机机组安全运行，除了做好定期检查外，还要做好定期保养。定期保养可分为日保养、小修保养及大修保养三种形式。

1）日保养又分为班前保养和班后保养。班前保养的内容有：检查真空泵的润滑油油位是否合适，按要求注入润滑油；检查机组内溴化锂溶液表面是否符合运行要求；检查巡回水池液位及水管管路是否通畅；检查机组外部连接部位的紧固情况；检查机组的真空情况。班后保养的内容有：擦洗机组表面；保持机组清洁；保持机房整洁等。

2）小修保养周期可视机组运行情况而定，可一周一次，也可一月一次。小修保养的内容有：检查机组的真空度、机组内溴化锂溶液的含量、缓蚀剂铬酸锂的含量、pH值及清洁度；检查各台水泵联轴器橡胶的磨损程度、法兰的漏水情况；检查各循环系统管路的连接法兰、阀门，确定不漏水、不漏气；检查全部电气设备是否处于正常状态，并对电气设备和电动机进行清洁。

3）大修保养周期一般为一年一次。大修保养的内容有：清洗制冷机组传热管（包括其他管道）内壁的污垢；油漆涂刷机组表面；检查视孔镜的完好和清晰度；检查隔膜或真空泵的密封及橡胶隔膜的老化程度；测定溴化锂溶液的含量、铬酸锂的含量，并测定溶液的 pH 值和浑浊度；检查机组的真空度；检查屏蔽泵的磨损情况，重点检查叶轮和石墨轴承的磨损情况；检查屏蔽泵套的磨损情况及机组冷却管路是否堵塞等。

3. 溴化锂吸收式制冷机组的化学清洗

（1）清洗步骤 主要清洗步骤如下：

1）水洗。将机组中的溴化锂溶液排出。用水冲洗机器内部，至无溴离子为止（可用硝酸银检验），并检验系统及临时管线有无泄漏。

2）清洗剂清洗。用质量分数为 7% 的氨基磺酸、0.1% 的 LX9-001 缓蚀剂、0.1% 的 Y 复配表面活性剂、1% 的渗透剂 W 配成清洗剂溶液，注入机组内腔，在常温状态下循环 8 ~ 10h，根据清洗液中铁离子含量的变化来判断是否达到清洗终点。

3）钝化。排净清洗液，并用水冲洗至中性，加 1%（质量分数）磷酸三钠，并加热到 80 ~ 90℃，循环 8h 后排放。用水冲洗至中性，水质澄清为止。

（2）清洗效果 解放军某医院、辽宁省某宾馆、秦皇岛某腈纶厂、某卷烟厂等二十多台溴化锂制冷机在清洗前机组腐蚀都很严重，喷嘴 70% 以上不通，制冷量大幅度下降，制冷量一般仅为新机的 50% ~ 60%。清洗后无油泥锈迹，碳钢表面清洁，无残留氧化物及二次浮锈，不锈钢结水盘、滤网露出本色，喷嘴 100% 畅通，制冷量显著提高，一般提高到新机的 80% ~ 90%。挂片分析，纯铜平均腐蚀率为 $0.06 ~ 0.07g/(m^2 \cdot h)$，碳钢平均腐蚀率为 $4.89 ~ 5.1g/(m^2 \cdot h)$，都低于 HG/T 2387—2007《化工设备化学清洗质量标准》的规定。

溴化锂吸收式制冷机的清洗成本仍偏高，新的清洗技术和低成本的清洗技术尚在探索阶段。

四、溴化锂吸收式制冷机的制冷量调节方法

当环境温度和用冷情况发生变化时，溴化锂吸收式制冷机的冷负荷将随着发生变化。制冷量调节就是采用自动调节的办法，使吸收式制冷机的制冷量和它的冷负荷相适应。一般来讲，保持机组运行的经济性也是制冷调节的目的。其调节方法见表 2-13。对于直燃式冷热水机组，通常采用燃料量调节与溶液量调节相结合的组合式调节法。由于用变频调节溶液泵电动机的转速，避免了调节阀与溶液接触产生泄漏的可能性，使调节手段更趋完善。

表 2-13 溴化锂吸收式制冷机的制冷量调节方法

调节方法	装调节阀处	优　点	缺　点	适用范围
蒸汽量	蒸汽管进口	简单可靠，不影响密封性，有利于防止结晶和腐蚀	工作蒸汽单耗增大，热力系数 ζ 降低	蒸汽型机组，制冷量 Q_0 大于 50%
热水量	热水管进口	有利于防止结晶和腐蚀	热水单耗增大，热力系数 ζ 降低	热水型机组，制冷量 Q_0 大于 50%
凝水量	凝水管进口	有利于防止结晶和腐蚀	易产生水击	单效蒸汽型机组，制冷量 Q_0 大于 50%

（续）

调节方法	装调节阀处	优 点	缺 点	适用范围
燃料量	燃料管路和空气管路	可实现有级或无级控制，不影响密封性，有利于防止结晶和腐蚀	—	直燃型机组
溶液量	稀溶液管进口	发生器放气范围基本不变，热力系数近似不变	可能影响密封性，不利于防止结晶和腐蚀	各类机组，和其他方法结合起来使用

五、溴化锂吸收式制冷机中的安全防护装置

为了保证溴化锂吸收式制冷机的正常运行，防止事故的发生，必须在机组上设置监视仪表、安全装置和报警装置。其作用是监控机组的运行状态，一旦发生事故，及时发出报警信号，以便采取相应的措施，保证机组安全运行。在表 2-14 中列出了常见的安全装置及其作用。

表 2-14　安全装置及其作用

	安全装置名称	设 置 地 点	作 用
低温安全装置	冷水温度控制器	冷水管道	3.5℃停止运行，5.5℃恢复运行
	冷剂水温度控制器	冷剂水管道	2.5℃停止运行，3.5℃恢复运行
	冷水流量控制器	冷水管道	流量＜50% 规定流量停止运行，流量≥50% 规定流量恢复运行
高温安全装置	溶液温度控制器	发生器浓溶液管道	高压发生器 160～170℃动作，低压发生器 85～95℃动作，单效发生器 100～110℃动作
	高压发生器压力控制器	高压发生器汽包	表压 0.01MPa 时关蒸汽阀，表压 −0.02MPa时开蒸汽阀
防结晶装置	冷却水流量控制器	冷却水管道	流量＜70% 规定流量停止运行，流量≥70% 规定流量恢复运行
	真空压力控制器	集气筒	发现泄漏起动真空泵
	冷却水温度控制器	冷凝器出口管路	调节流量，保持出口温度恒定
		吸收器进口管路	保持进口温度恒定
蒸汽压力控制器	稀释延时继电器	溶液泵、冷剂泵电源控制电路	切断蒸汽后延时停止泵的运转
	稀释温度控制器	发生器浓溶液管道	以溶液温度控制稀释时间
	蒸发器液位控制器	蒸发器液囊	液位过高时，将制冷剂旁通到吸收器
	熔晶旁通管	低压发生器液囊	将溶液旁通到吸收器
	高压发生器液位控制器	高压发生器液囊	当液位过高时使溶液泵停止运行

（续）

安全装置名称		设置地点	作　用
防污染装置	高压发生器液位控制器	高压发生器液囊	当液位过高时使溶液泵停止运行
	冷却水温度控制器	冷凝器冷却水出口管道	保持冷却水温度恒定
屏蔽泵安全装置	液位控制器	蒸发器、吸收器液囊	保持液位恒定，防止低液位时吸空
	过电流控制器	电源电路	过载时切断电源
	温度控制器	机壳	机壳温度超过规定值时停止运行
燃烧安全装置	点火安全装置	燃烧系统	防止燃料泄漏或爆炸事故
	压力控制器	燃烧系统	保持燃料和送风压力恒定
熄火安全装置	延时继电器	燃烧系统	风机在熄火后延时工作，把燃气排出机外
	温度控制器	烟道	排烟超过300℃时停止运行
	过电流控制器	风机电源电路	过载时切断电源

六、溴化锂吸收式制冷机组的常见故障及排除方法

溴化锂吸收式制冷机组在运转过程中，难免会出现各种各样的故障。其常见故障及排除方法见表 2-15。

表 2-15　溴化锂吸收式制冷机组的常见故障及排除方法

常见故障	原　因	排除方法
运转时，发生器液面波动（偏低或偏高），吸收器液面随之偏高或偏低（有时产生气泡）	1）溶液调节阀开度不当，使溶液循环量偏小或偏大 2）加热蒸汽压力不当，偏高或偏低 3）冷却水温低或高时，水量偏大或偏小 4）机器内有不凝性气体，真空度未达到要求	1）调整送往高、低压发生器的溶液循环量 2）调整加热蒸汽的压力 3）调整冷却水温或水量 4）起动真空泵，排除不凝性气体，使之达到真空度要求
制冷量低于设计值	1）送往发生器的溶液循环量不当 2）机器密封性不良，有空气漏入 3）抽气不良 4）喷淋管喷嘴堵塞 5）传热管结垢 6）冷剂水中的溴化锂含量超过预定标准	1）调节送往发生器的溶液循环量，满足工况要求 2）排除泄漏并运转真空泵 3）测定真空泵的抽气性能，并排除故障 4）冲洗喷淋管喷嘴 5）清洗传热管内的污垢与杂质 6）测定冷剂水的相对密度，超过1.04 时进行再生

（续）

常 见 故 障	原　　　因	排 除 方 法
制冷量低于设计值	7）蒸汽压力过低 8）冷剂水和溶液充注量不足 9）溶液泵和制冷泵有故障 10）冷却水进口温度过高 11）冷却水量或冷媒水量过小 12）阻气排水器故障 13）结晶 14）能量增强剂不足	7）调整蒸汽压力 8）添加适量的冷剂水和溶液 9）测量泵的电流，注意运转声音，检查故障，并予以排除 10）检查冷却水系统，降低冷却水温 11）适当加大冷却水量或冷媒水量 12）检修阻气排水器 13）排除结晶 14）添加能量增强剂
结晶	1）蒸汽压力高，浓溶液温度高 2）溶液循环量不足，浓溶液浓度高 3）漏入空气，制冷量降低 4）冷却水温急剧下降 5）安全保护继电器有故障 6）运转结束后，稀释不充分	1）降低加热蒸汽压力 2）加大送往发生器的溶液循环量 3）消除泄漏并运转真空泵，抽除不凝性气体 4）提高冷却水温度或减少冷却水量，并检查冷却塔及冷却水循环系统 5）检查溶液高温、冷却水防冻结等安全保护继电器，并调整至给定值 6）延长稀释循环时间，检查并调整时间继电器或温度继电器的给定值，在稀释运转的同时，通以冷却水
冷剂水中含有溴化锂	1）送往发生器的溶液循环量过大，或发生器中液位过高 2）加热蒸汽压力过高 3）冷却水温过低或水量调节阀有故障 4）运转中由冷凝器抽气	1）调节溶液循环量，降低发生器液位 2）降低加热蒸汽压力 3）提高冷却水温度并检修水量调节阀 4）停止从冷凝器中抽气
浓溶液温度过高	1）蒸汽压力过高 2）机内漏入空气 3）溶液循环量少	1）调整减压阀，压力维持在给定值 2）运转真空泵并排除泄漏 3）加大溶液循环量
冷剂水温度低	1）低负荷时，蒸汽阀开度值比规定值大 2）冷却水温过低或水量调节器阀有故障 3）冷媒水量不足	1）关小蒸汽阀并检查蒸汽阀开大的原因 2）提高冷却水温度，并检修水量调节阀 3）检查冷媒水量与冷媒水循环系统
冷媒水出口温度越来越高	1）外界负荷大于制冷能力 2）机组制冷剂能力降低 3）冷媒水量过大	1）适当降低外界负荷 2）见"制冷量低于设计值"的故障处理方法 3）适当降低冷媒水量

（续）

常见故障	原　因	排除方法
运转中突然停机	1）断电 2）溶液泵或冷剂泵出现故障 3）冷却水与冷媒水断水 4）防冻结的低温继电器动作	1）检查电源，排除故障，继续供电 2）检查并分析原因，修复之 3）检查冷却水与冷媒水系统，恢复供水 4）检查低温继电器刻度，调整至适当位置
真空泵抽气能力下降	1）真空泵有故障 ① 排气阀损坏 ② 旋片弹簧失去弹性或折断，旋片不能紧密接触定子内腔，旋转时有撞击声 ③ 泵内脏及抽气系统内部严重污染 2）真空泵油中混入大量冷剂蒸气，油呈乳白色，黏度下降，抽气效果降低 ① 抽气管位置布置不当 ② 冷剂分离器中喷嘴堵塞或冷却水中断 3）冷剂分离器中结晶	1）检查真空泵运转情况，拆开真空泵 ① 更换排气阀 ② 更换弹簧 ③ 拆开清洗 2）更换真空泵油 ① 更改抽气管位置，在吸收器管簇下方抽气 ② 清洗喷嘴，检查冷却水系统 3）清除结晶
自动抽气装置运转不正常	1）溶液泵出口无溶液送至自动抽气装置 2）抽气装置结晶	1）检查阀门是否处于正常状态 2）消除结晶
机组因安全装置而停机	1）电动机因过载而不转 2）屏蔽泵因过载而损坏 3）冷剂水低温继电器不动作 4）安全保护装置动作而停机	1）使过载继电器复位，寻找过载的原因 2）寻找原因，若泵汽蚀，则加入溶液或冷剂水；若泵内部结晶，则溶晶；若泵壳温度过高，则应采取冷却措施 3）检查温度继电器动作的给定值，重新调整 4）寻找原因，若继电器的给定值设置不当，则重新调整

第五节　冷库辅助设备

一、冷库门

冷库门也称为冷藏门，是冷库的重要设施之一，也是冷库进出货物的通道，是冷库跑冷的重要部位之一。由于冷库内外的温度差，开启库门时热空气通过门洞产生强烈对流，导致进入库房的热湿空气交换，增加了冷库的热负荷。这部分热负荷通常称为开门耗冷量或开门冷损失。开启冷库门时，进入冷库内的热空气量与门的高度和宽度有关，与库内外的温差有关，当然也跟开门的时间和次数有关。从节能的角度出发，设计时应尽量控制冷库门的数量，尽量缩小门洞尺寸。应选用启闭运作迅速的冷库门，并要设置空气幕。

有的厂家对冷库门的管理不重视，常见有的冷冻厂有时出一两件货物，开门推一辆小推车进去拿货，到出库时才关门。有时叉车装货开库门进库，装卸完货物出来时才关门。这段时间差较长，应尽量减少冷藏门处的热交换，及时关闭库门，尽可能减少开门的耗冷量。同时，如果由于管理不善，有大量热湿空气进入库房，会增加蒸发器的霜层厚度，降低制冷效率，并间接增加冲霜的次数，增加了能耗。因此，对于冷库的经济有效运营来说，冷库门是关键因素之一。

现在我国应用于冷库大门的形式主要有以下几种：

1）早期木框冷库门。这类冷库门为手动方式，大多是 Lm1 ~ Lm4 型号。原早期冷库仍有部分还在使用。有的冷库已改为新型式冷库门。

2）普通电动单开冷库门。目前我国大多数新建冷库广泛采用这种冷库门。

3）普通电动对开冷库门。这类冷库门因对开经常碰撞容易损坏漏气，并且密封性不是很好，价格相对较高，故采用得不是很多，如图 2-19 所示。

图 2-19　电动对开冷库门

不管是单开电动冷库门还是对开电动冷库门，一般库内都设有内门斗，并且设置有PVC 门帘。

4）卷帘加电动冷库门。这种设置是在库体外侧采用快速卷帘（有的带保温或不带保温，提升速度为 1.2 ~ 2.5m/s），可以通过地磁、雷达、遥控或拉绳开启，在库体内侧安装有普通电动冷库门。在货物进出过程中，电动门一直开启，靠快速卷帘隔断库内外，进出货完毕时再将库内侧冷库门关闭。这种方式适合于进出货频繁的冷库，如图 2-20 所示。

图 2-20　卷帘加电动冷库门

国外有较多装配式冷库采用这种方式，国内也有个别装配式冷库采用这一方案。

以上各种形式冷库门尺寸各不相同，都是根据实际需要选择的。

目前我国新建的冷库已不再使用老式嵌入式冷库门（包括半嵌入式冷库门）了。老式冷库门使用一段时间后常常发生变形，关不密闭，产生跑冷结霜现象，如图 2-21 所示。目前好多旧冷库采用杉木门框（门樘）的外贴式冷库门，其做法有多种形式，如平开、推拉及电动等。而目前新建的冷库普遍采用不锈钢带防冻电加热的新型电动（手动）冷库门。新型冷库门采用高压灌注聚氨酯，保温隔热性能好。门的开关设有拉

图 2-21　老式冷藏门

线、按钮、遥控和手动方式。此类型冷库门比较轻巧，启用灵活，密封性好，维修方便。新型冷库门一般采用单扇电动（手动），不易跑冷，效果较好，得到了企业界的广泛认可。目前国内生产此类冷库门的厂家较多，如南京天诺冷库门有限公司、厦门巨盈制冷企业有限公司、展宏（福建）板业发展有限公司和烟台奥威制冷设备有限公司等。有些老冷冻厂的老式冷库门，因变形损坏严重，跑冷很多，也逐步改用新型冷库门。

二、空气幕

冷库常用空气幕如图 2-22 所示，由风机、风筒、调节板等组成。

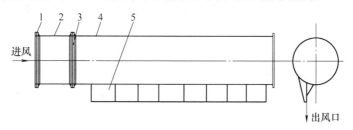

图 2-22　空气幕
1—风量调节板　2—轴流风机　3—螺栓　4—风筒　5—导风板

空气幕也叫风幕，安装在冷藏门的上方。它的作用是在冷库门打开时，风幕立即开始运行，向下吹风，在门洞正面形成一股匀速类似于屏障的扁平风帘，防止库外热空气的侵入和库内冷空气的外流，减少冷量损失，减小库内食品干耗，以保证库温的稳定和库存商品的质量。空气幕出风口宽度应稍大于冷库门的宽度，应能均匀分布在门的面积上。风速和风吹出的角度应是最佳的。随着冷库门的启闭，空气幕也应当能自动灵敏启闭。根据有关经验资料介绍，空气幕只要安装调整恰当，一般使用效率可达85%左右。有的冷库门宽度较大，空气幕多采用两台风机从风幕的双端进风。

目前发现有不少冷库的空气幕喷口是向下垂直安装的，此种安装不正确。空气幕的角度安装调整是保证空气幕使用效果的关键，如图 2-23 所示。

安装空气幕时要保证喷风口与门框有适当的倾斜夹角。不能垂直安装，倾斜夹角不宜过大也不宜过小。过大时，空气幕喷风引向库外的冷量多，射流就会远离门槛，使门边漏出冷空气；夹角过小时，则引入库内的空气

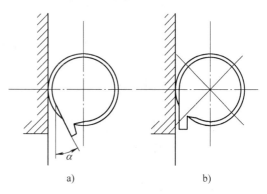

a)　　　　　b)

图 2-23　空气幕喷口
a) 正确安装　b) 不正确安装

量多，回流区大，进入库内的热量和水分也多。空气幕安装时，倾斜角一般以夏季温差为准。不同情况下空气幕喷口的倾斜角见表 2-16。

表 2-16　空气幕喷口的倾斜角

门洞净高 H/m	库内外温差 $\Delta t/℃$	喷口倾斜角 $\alpha/$（°）
≈2	15 ~ 30	15
≈2	30 ~ 45	20
≈2	45 ~ 60	25
2.3 ~ 2.5	15 ~ 35	15
2.3 ~ 2.5	35 ~ 60	20

另外，在一些地方除了发现空气幕安装不正确外，还有一些冷库的空气幕喷风口宽度与冷库门洞宽度一样宽，我们认为空气幕喷风口宽度应该比门洞净宽度大 80 ~ 100mm 效果会更好。

三、氨泵

氨泵用于冷库的制冷系统中，其作用是将低压低温的氨液输送到各个冷间的蒸发器，如排管、冷风机等。

冷库目前制冷系统常用的氨泵有齿轮氨泵、叶轮氨泵（离心式泵）和屏蔽氨泵三种。

1. 齿轮氨泵

齿轮式泵由于使用氨制冷剂，俗称齿轮氨泵。该泵是一种容积式转子泵，主要部件有泵体、左右泵盖子、主动轴、主动齿轮、从动轴、从动齿轮、机械式密封器和安全回放阀等。

齿轮氨泵与叶轮氨泵相比，结构简单，工作可靠，吸入端需要的液柱静压小，排出压力高。但高转速时齿轮容易磨损，因而只适用于较低转速，容积流量也因此受到限制。此外，齿轮氨泵运行时噪声较大，密封器易泄漏。

齿轮氨泵在冷库制冷系统中目前使用得不是很多。

2. 叶轮氨泵

叶轮氨泵是一种速动氨泵，主要的部件包括进液端盖、排液端盖、隔板、叶轮、主轴、密封器和油包等。

叶轮氨泵在冷库制冷系统中使用相对较少。

3. 屏蔽电泵

一些冷库一般都把屏蔽电泵称为屏蔽氨泵，它的特点是使氨泵的叶轮和电动机共用一个外壳，因而既不需要密封器，也不需要联轴器，使泵的结构紧凑，外形尺寸小，维护方便。

屏蔽氨泵有立式和卧式两种。屏蔽氨泵还是有旧型与新型之分。

新型 JBPY 屏蔽氨泵的特点是结构紧凑、高效、节能、噪声小、不泄漏，在空转或无液体时不会烧损绕组，使用安全可靠，减少了环境污染。新型屏蔽氨泵安装时不必安装压差继电器，减少了系统中的泄漏点，给安全生产带来有利条件。

使用新型 JBPY 屏蔽氨泵注意事项如下：

1）实用新型 JBPY 屏蔽氨泵可以空转 30min，但空转不得超过 30min。

2）前端轴泵必须 6 个月更换一次。

3）不准持续反转运行。

4）发现堵塞时不准运行。

5）电压电流必须符合铭牌要求。

6）输送液体温度不得超过 -40 ~ 100℃。

7）不允许连续起动氨泵。

新型 JBPY 屏蔽氨泵的常见故障及排除方法见表 2-17。

表 2-17　新型 JBPY 屏蔽氨泵的常见故障及排除方法

故　障	原　因	排 除 方 法
电动机不转	导线或熔丝断路，电源没接通	检查导线、电源、熔丝是否正常
电动机嗡嗡响且不转	断相或断线或机械卡住	检查电源导线及机械运转部分
运转时保护开关动作①	断相；电动机无液运行；绕组短路；电动机超载	检查供电系统，检查电动机电流；检查供液是否不足，对地绝缘；检查出口压力表，控制在 0.4MPa 位置上
输送液体速度慢	电动机方向接反；进口液体不足；出口阀门没有全打开	改变电动机旋转方向；检查阀门是否全开；进口管管径是否符合泵的进口直径
异常响声和振动	轴承磨损；叶轮或泵腔相摩擦	更换轴承、轴套、叶轮
堵塞	叶轮流道中有异物	消除异物
泵不抽液①	产生气蚀；进出口阀门关闭；系统压力过高，有异物；液面过低；吸气过低	保证排出系统压力；打开阀门；清除异物；保持液位高度；减慢吸气速度
电动机过热	电动机冷却液不足，电源电压过高或过低；电动机超负荷运行	检查液面高度，检查电源电压，检查轴承和润滑系统，串液阀门是否打开

① 易出现问题，请操作时特别注意。

四、蒸发式冷凝器的使用与维护

1. 蒸发式冷凝器及其结构

在原来制冷系统中旧的立式冷凝器、卧式冷凝器及淋浇式（也称淋水式）冷凝器等设备现已被蒸发式冷凝器所代替。蒸发式冷凝器以水和空气为冷却介质，通过与盘管内的高温气态制冷剂进行热交换，制冷剂由气态被冷凝成液态。工作时冷却水由水泵送至冷凝器管组上部喷嘴，均匀地喷淋在冷凝排管外表面，形成一层很薄的水膜。高温高压气态制冷剂由冷凝排管组上部进入，被管外的冷却水吸收热量冷凝成液体从上部流下来。吸收热量的水一部分蒸发为水蒸气，其余落到下部集水盘内，供水泵循环使用。蒸发式冷凝器中的风机强迫空气以 3 ~ 5m/s 的速度掠过冷凝排管促进水膜吸热蒸发，强化冷凝管向外放热，并使吸热后的水滴在下落的进程中被空气冷却，下落的水滴以疏水换热层被分流，在换热层填料表面形成很薄的水膜二次冷却后落回水盘。蒸发的水蒸气随空气被风机排出，空气中夹带的水滴被脱水器阻挡落回水盘。蒸发式冷凝器下部的水盘中设有浮球阀，可自动补充足够的冷却水量。

对于蒸发式冷凝器的结构，早期有的厂家设计为风和水形成逆向流动的结构。目前大多厂家设计为水和风形成同向流动的结构，冷凝排管与疏水器同时进入干燥的新风，形成双效冷却效果，加强水的蒸发，使下部与上部盘管组的气流呈叉流同时换热状态，进一步降低淋水温度，增强换热效果，从而降低制冷系统的冷凝压力；其特殊的结构又保证了喷淋水与空气间良好的接触，使冷凝排管周围始终被水所包容，避免了风水逆向所造成冷凝管下部的水风吹散出现干冷凝现象；同时，风水同向结构水流速加快，还能有效阻止冷凝排管的结垢。

2. 蒸发式冷凝器的使用与维护要点

蒸发式冷凝器在平时的使用和维护中应做好以下几点：

1）随着蒸发式冷凝器较长期的运行，部分水的蒸发使水中的矿物质和其他杂质遗留下来积聚在蒸发冷的水池里，因此必须定期检查水质，定期排污清洗。这样才能较好地控制水质和防止结垢。图 2-24 所示为烟台市奥威制冷设备有限公司某型号蒸发式冷凝器结构原理图。

2）补充水时应使用清洁的淡水，压力 ≥140kPa（1.5kgf/cm²），水中有杂质必须过滤。若补充的水太硬，还应考虑进行软化水处理问题。水处理方案应与有经验的专业水处理公司共同制定。

3）经常检查蒸发冷水泵与风机的运转情况，要做到定期维护保养与检查。这两个部件运转是否正常，直接影响换热效果。

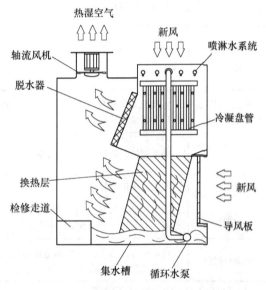

图 2-24　蒸发式冷凝器结构原理图

4）蒸发式冷凝器在冬季运行时还应考虑循环水的防冻问题，特别是在我国的北方地区。

5）使用蒸发式冷凝器的系统应注意，系统中不凝性气体的存在将明显降低蒸发冷的换热效果，造成冷凝压力偏高，因此必须经常进行放空气操作，特别是制冷机吸气压力为负压的低温系统。

6）在实际使用中还应根据不同季节环境的变化和使用地区的不同来调节蒸发冷的使用状态和使用台数，从而使系统经济运作，达到节能的目的。

① 当系统热负荷比较少，或气温相对不算高时，可减少蒸发冷的使用台数。

② 在北方当环境温度比较低时可以停止风机运转，可以只开水泵，单独用水冷凝制冷剂。当气温降到冰点以下时，应注意水的防冻，要保证冷凝水不冻结。

3. 两台以上蒸发式冷凝器的并联安装方法

两台以上蒸发式冷凝器并联安装时，在接管上应遵循以下原则：

1）冷凝器出液管端应设置存液弯。

2）出液管应具有足够长度的垂直立管。

3）贮液器与冷凝器之间的均压管应连接在冷凝器的进气口处。

五、紧急泄氨器

在冷库制冷系统中，一般都有设置紧急泄氨器，如图2-25所示。当发生火灾等紧急情况下，起动该设备，将系统中的氨液与水混合排至专设事故水池中，再经进一步处理后排入厂区排水管网或沟渠里，以降低系统氨液泄漏对周围环境的污染。

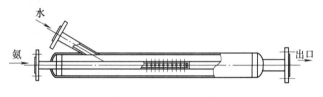

图 2-25 紧急泄氨器

六、液面计

制冷系统常用的液面计有玻璃管式液面计和玻璃板式液面计两种。

1. 玻璃管式液面计

玻璃管式液面计装设于制冷系统的设备上，用以直观指示容器中的氨液面或润滑油的液面位置。玻璃管式液面计的结构由上阀体、下阀体、玻璃管等构件组成，如图2-26所示。上、下阀有的用普通直角截止阀，有的是用直角弹子阀。弹子阀阀体进口端设一内贮钢珠的通道，钢珠后侧拧进一螺圈，两个阀连接玻璃管处用填料密封。玻璃管指示器正常工作时，两直角阀处于开启状态，此时流道内压力均衡，钢珠沉降于通道底部，当发生玻璃管破裂时，通道两端产生压差，此时液体的压力将钢珠冲起，堵塞阀座通路，借以避免发生大量跑漏事故。玻璃管的公称直径有15mm和25mm两种。在安装和使用过程中玻璃管容易损坏，所以玻璃管液面计应设有防护罩，防止发生意外事故。防护罩有用较厚钢化玻璃板制成，它可将玻璃

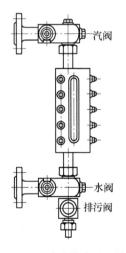

图 2-26 玻璃管式液面计

管罩住，但不影响观察液位。有的用铁皮制作，为了便于观察液位，在防护罩的前面应开有宽度大于12mm、长度与玻璃管可见长度相等的缝隙，并在防护罩后面留有较宽的缝隙，以便光线射入，使操作人员能清晰地看到液位。也有的在玻璃管四周设置四根

$\phi5\text{mm} \sim \phi6\text{mm}$ 的圆钢防护。玻璃管式液面计因存在有安全隐患，凡介质为易燃、有毒的容器目前已较少采用，冷库工艺也极少采用。

2. 玻璃板式液面计

玻璃板式液面计又称板式液面计，这种液面计的结构由上阀体、下阀体、框盒、平板玻璃等构件组成，具有读数直观、结构简单等特点。其结构如图2-27所示。大型容器安装液面计时，是把几段玻璃板连接起来使用的。由于玻璃板式液面计比玻璃管式液面计耐高压，安全可靠性好，目前在制冷系统的容器中采用板液面计的较多。

此外，在制冷系统中还有用到金属液面计和压差式低温油面液位指示器的，但使用者不多。

七、浮球式节流阀

制冷系统的低压循环贮液器及中间冷却器等通常配用浮球式节流阀，又称浮球阀。这种节流阀既可使制冷剂节流降压，又可因浮球的升降通过杠杆机构调节阀的开启度，实现对供液量的自动调节，使设备内的制冷剂液面保持一定的高度。图2-28所示为氨制冷装置中低压浮球阀的连接安装图。只要关闭截止阀和角阀，就可以对浮球阀和过滤器拆下修理和清洗。

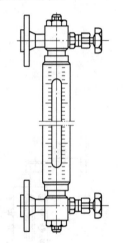

图2-27　玻璃板式液面计

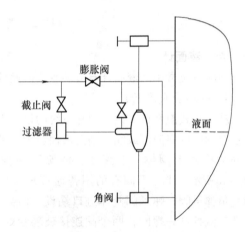

图2-28　低压浮球阀连接安装图

八、加湿器

1. 冷库的加湿和加湿器的形式

高低温冷库都是处于密闭的状态，为了维持冷库的一定温度，都需要在冷库中设置制冷蒸发器。在日常冷库降温时，对空气中的冷凝水会通过蒸发器结露（结霜）分离出来。制冷系统长时间运行将造成库内水分越来越少，空气越来越干燥，库内空气中的相对湿度越来越降低，冷库内的食品就会不断干耗。为了保证食品的质量和新鲜度，必须对库房内进行加湿，使冷库内的相对湿度控制在85%～95%。这种对库内空气进行增湿的设备称为加湿器。目前加湿器有多种形式，如高压喷雾加湿器、高压微雾加湿器、蒸发式湿膜加湿器、超声波加湿器、干蒸气加湿器、离心式加湿器、电加热加湿器、电极加湿器等。

在各种形式的加湿器中，防冻型离心式加湿器，因具有良好的防冻装置，是温度低于0℃的低温冷库湿度控制的理想设备。

2. 超声波加湿器

超声波加湿器分为整机一体型和分体式专用机型两种。分体式专用型加湿器是根据冷库、气调冷库、保鲜库及食用菌养殖室等场所的实际情况研发而成的专用加湿设备。超声波加湿器的工作原理是通过高频振荡原理将水雾切割化成细小颗粒，通过送风系统将其输送并扩散，从而达到完成对空气加湿、降温的目的。由于产生的水雾颗粒仅1～10μm，所以加湿效果比较好，应用环境也十分广泛。

超声波加湿器具有如下特点：

1）加湿效率高。整机所输出的雾粒直径只有1～10μm，最大相对湿度可高达99%以上，加湿效率高达95%以上。

2）智能控制，有准确控湿模块机心，芯片可换。SS系列超声波雾化加湿器，内部采用集成式雾化模块，可换芯片（寿命可达6000h以上），维护简单，可以用简单的工具对设备进行维护和检修。

3）灵活移动，安装方便。设备有多种安装方式，可以移动，可以壁挂安装，也可以坐地安装，适用于多种使用环境。

4）不锈钢体，洁净可靠。整机加湿器采用不锈钢箱体喷塑而成，无水锈，运行使用寿命长，并且配有标准给水口、推水口和溢水口，可以采用自动和人工上水。

5）能源消耗低。加湿耗电量约为100W/kg。

6）安全可靠。设备自动补水，有无水保护、缺水报警、水位控制、溢水设计等安全措施，设备无机械驱动，无加热装置，故障率大大降低。

7）控制方便。设备控制方式灵活方便，有开关控制、时间控制、湿度自控等多种方式可供选择。

8）过滤白粉，除尘杀菌。可选配软水装置，以使不同水质达到无钙化白粉污染的要求，专有的杀菌技术，可强力除藻抑菌。

3. 加湿器使用注意事项

1）加湿器在调试使用过程中，应严格参看随箱使用说明书，以防操作不当导致设备损坏。

超声波加湿器安装时还应注意以下事项：

①应水平安装，既可坐装，也可挂装，安装高度应以人员容易操作、维护为基本原则。

②安装时应注意将管件连接处密闭好，以防止漏气和漏水。

③为使水雾扩散更均匀，应采用若干变径三通（如110mm变50mm）作为水雾出口，具体型式请参看设备安装示意图。可按设备的喷雾口的大小选择PVC管路，一般每个喷雾口可配15m左右的管路，每条管路可配10～15个水雾出口。水雾出口应略向上一定角度倾斜，预防滴水，并将连接处密封好，整条管路应保证管内冷凝水能充分回

流到设备雾化箱内，再次雾化。

2）加湿器用水应定期更换并清理水箱，一般视水质情况两三个月一次，最好能使用软化水或纯净水，防止结垢，减少维护。

3）设备长期不用时，应将设备内的水放掉，断水，断电，以备再用。

4）设备外壳应有效接地。

5）在北方地区，如果设备使用环境的温度低于0℃，应在订货时说明，以防止选型错误。

6）气调冷库、保鲜库等冷库如果不是长年使用，而是断续使用，则应尽量将加湿器安装在库外，通过风道输送较好。因为冷库如果停止一段时间不用，库房内温度常会达到露点温度，加湿器安装在库内容易产生潮湿，电器设备容易产生生锈、短路或烧坏。

7）其他注意事项可向生产厂家具体了解。

第六节　制冷系统阀门的安装和操作

一、阀门的安全操作

各种阀门的开关操作是制冷系统操作中的主要工作。阀门的作用是控制和引导制冷剂在系统中的流量和流向，切断和导通设备与设备之间或设备与外界的联系。阀门的操作不当会引发不安全因素或造成事故，所以阀门的操作必须严格遵守操作规程，以免造成事故。冷库阀门根据它们的用途主要有截止阀、膨胀阀和安全阀等。截止阀的形式有直通阀与角阀两种。阀门的安全操作应做好以下工作：

1）操作人员对阀门的操作一定要做到认准对象，不要误开其他阀门而造成人为事故。

2）开启压缩机的吸气阀门、冷凝器或贮液器的出液阀门时一定要缓慢进行，甚至有时应开、停交替进行，以免由于开启速度过快而造成压缩机的湿冲程事故。

3）各阀门在开启过程中，尤其在接近最大开度时，一定要缓慢扳动手轮，不能用力过大，以免造成阀芯被阀体卡住、阀扳脱落等现象。当阀门处于最大开度时（以手轮扳不动为限）应将手轮回转一两圈。

4）操作人员对各阀门在关闭过程中，应该注意用力适当，不能用力过大，以免顶坏阀门。

5）对有液态制冷剂的管道和设备，严禁同时将两端的阀门关闭，以免因吸收外界热量使液体产生体积膨胀而导致管道或设备爆裂氨泄漏事故。一般情况下，液爆大都在阀门处崩裂。

防止液爆的正确方法是在关闭液体管阀门时先将管内的液体抽空。在特殊情况下液管不能抽空时，则应只将液管一端的阀门关闭，使另一端与设备连接的阀处于开启状态，如果在压缩机全部停止运转，则首先应关闭贮液器的供液阀，等系统及液管抽空后再关闭去调节站的总供液阀。

在制冷系统中，可能发生液爆的部位应特别加以注意。这些部位有：冷凝器与贮液器之间的液体管道、高压贮液器至膨胀阀之间的管道、两端有截止阀的液体管道、高压设备的液位计、氨容器之间的液体平衡管、液体分配站、低于循环贮液器出口阀至氨泵吸入端的管道、氨泵供液管道、贮液器至紧急泄氨器之间的管道及所有可能造成液爆的管道。

6）长期不启闭的阀门，应定期进行启闭灵活性的检查。

7）制冷系统中的安全阀门必须每年进行一次校正，有问题的安全阀应及时给予修理或更换。

8）在阀门的手轮上加挂用彩钢板制作的红、黄两色启闭牌，以尽量避免误操作。

二、各种阀门操作的注意事项

氨制冷系统中常用的阀有手动膨胀阀、浮球阀、截止阀、单向阀等。应根据它们的结构特点，在安装及使用中采取相应的措施。

1）手动膨胀阀安装时应注意流向，手柄向上或水平布置方便操作，使用中应注意阀杆填料失效及阀杆芯轴磨损情况，该更换的及时更换以免氨气泄漏。

2）浮球阀在使用中应注意带动针阀的联动装置，动作失灵或因油泥、杂质等粘在密封面上或密封面有凹陷、划痕等损伤，使浮球阀关闭不严造成液位失控。一般在使用浮球时，都并联有手动膨胀阀以便在产生故障时临时改为手动供液，切断浮球供液以便维修。

3）截止阀在安装时必须注意流向，在使用中应注意填料失效和阀杆芯轴磨损。尤其应注意防止使用过大的扳手将芯轴拧弯加剧填料破损或磨损引起氨泄漏，或导致螺纹损坏、阀芯脱落、阀杆旋出等严重事故。

4）单向阀安装时应注意保持弹力均衡、比压适中，禁止在使用中进行间歇性敲击。重力式单向阀必须垂直安装正确，防止在使用中局部受阻卡住而达不到止逆效果。

三、电磁阀的常见故障

电磁阀必须垂直安装，下面介绍电磁阀使用中常见的故障及排除方法。

1. 通电不动作

可能的原因及应采取的措施如下：

1）安装错误，特别是隔磁套管上的一些零件应重新安装。

2）线圈烧毁，确认后调换线圈。

3）动铁心卡住或损坏，应拆修排除卡住故障，损坏的更换动铁心。

2. 断电不关闭

可能的原因及应采取的措施如下：

1）动铁心或弹簧卡住，应拆检重装或更换铁心。

2）剩磁吸住动铁心，应设法去磁或更换合适的铁心。

3. 关闭不严密

可能的原因及应采取的措施如下：

1）聚四氟乙烯阀座受损，更换阀座。

2）动铁心阀针拉毛，磨光使之达到规定的表面质量要求。

3）阀内有污物，清洗阀门及过滤器。

4）弹簧变形老化，更换合格弹簧。

4. 制冷剂外泄

可能原因及应采取的措施如下：

1）密封垫圈受损，拆检更换。

2）紧固螺钉受力不均，应松开螺钉按平衡受力规则重新紧固。

3）隔磁套管在氩弧焊时受损，先补焊，若无效则更换隔磁套管。

四、安全阀的常见故障

安全阀是一种自动阀门，它能够在被保护设备内介质压力超过预设的安全压力值时自动开启，排出一定量的介质，而后在设备内介质压力降至或略低于安全压力值时又自动关闭，从而起到保护设备的作用。目前应用最广泛和最普遍的是弹簧直接载荷安全阀。

安全阀常见的故障有以下几方面。

1. 泄漏

安全阀泄漏是指在规定的密封试验压力下介质从阀座与阀瓣密封面之间泄漏出来的量超过允许值的现象，它是安全阀最常见的故障之一。导致安全阀泄漏的原因如下：

1）阀座或阀瓣密封面损伤。造成密封面损伤的原因可能是由于腐蚀性介质对金属密封面的侵蚀；也可能是安全阀在安装过程中带入阀进口腔室或密封面的脏物以及设备安装时留在安全阀进口管道或设备内的焊渣、铁锈及混夹在介质中的各种固体物质等随安全阀排放时的高阻介质的流速冲刷密封面而造成伤痕。

2）安装不当。安装不当主要是指安全阀进出口连接管道的安装不正确，由此所形成的不均匀载荷使阀门同轴度超差或使阀门变形等引起泄漏。

3）高温。用于高温介质或安装在高温环境中的安全阀，在阀座或阀芯密封面堆焊层周围可能会产生不均匀的热膨胀以及弹簧受热后刚度变软、预紧力减小，使密封比压力下降等而引起泄漏。

4）选用不当。当所选用安全阀的开启压力与设备实际工作压力过于接近时，由于设备工作压力的波动范围接近或超过安全阀的密封压力也可能引起阀门泄漏。

5）脏物夹在密封面上。由于装配不当使脏物夹在密封面上，或设备和管路的脏物冲夹在密封面上等都将造成阀门密封不严而泄漏。

2. 动作不灵活

安全阀动作不灵活是指安全阀开启、回座时动作不灵活、不清脆或开启后不回座等现象。导致安全阀动作不灵活的主要原因如下：

1）运动部件有碰伤、拉毛、铁锈或毛刺等缺陷，装配时又没有及时清除，造成排放时部件之间的卡阻。

2）管道或设备中的脏物，如焊渣、铁锈等随安全阀排放出的介质冲到运动部件的间隙中引起运动件之间的卡阻。

3）安全阀在长时间运行中未曾动作，又未做定期检查、维修，从而导致阀运动件之间的锈蚀进而引起卡阻。

3. 动作性能指标达不到设计要求

这里指的是那些在制造厂出厂时性能合格的安全阀产品，在使用过程中由于安装、选型或检修中装配、调整不当等原因所引起的性能变化。

（1）安全阀开启压力变化 造成开启压力变化的原因如下：

1）整定压力误差。导致整定压力误差的因素有多种，主要有定压使用的介质与实际使用介质不同、常温定压与高温介质之间的温差、定压所使用的压力表与实际运行中用的压力表精度等级的差别，以及定压操作人员的操作水平与压力表读数误差等，这些因素都可能导致安全阀的实际开启压力超离开启压力允许误差的范围。

2）环境温变的变化。安全阀在使用过程中由于环境温度较大幅度的变化也将造成弹簧刚度的变化，使其实际开启压力偏离原先的整定压力。一般情况下温度上升会引起弹簧刚度变小，使开启压力降低。

3）选用非背压平衡式安全阀，当其排出管既存背压发生变化时，阀门的开启压力也随之变化，排放管背压增加，开启压力也增加。

4）调整螺杆与锁紧螺母松动，造成弹簧预紧力偏离原定值，引起开启压力的变化。

（2）排放压力或回座压力变化 引起排放压力和回座压力变化的主要原因如下：

1）调节圈位置变动。制造厂出厂的安全阀，其调节圈的相对位置通常经过试验而被固定在某一位置上并加以铅封。若因调节圈固定螺钉松动或阀门重新装配时调节圈偏离了原来的位置，将使阀门的排放压力与回座压力发生变化。

2）排放管流动阻力过大。当所选用的排放管内径和长度不合理时，阀门排放时会因排放管的阻力太大而造成回座压力的升高。

4. 阀门频跳

安全阀阀门频跳是指阀芯迅速异常地来回运动，在运动中阀芯接触阀座，这是安全阀调试中所不允许出现的现象。造成阀门频跳的原因如下：

1）阀门通径选用不当，即所选用阀门的排放能力过大（相对于设备必需的排量而言）。

2）进口管道的阻力太大。

3）排放管道的阻力太大。

4）弹簧刚度太大。

5）调节圈位置不当。

采用氨制冷的冷藏企业对制冷系统有问题的安全阀一般都不自己检修，而是采购经有资质单位调试的新阀。

第七节　制冰及其设备

冰在日常生活中应用很广，它的制造方法大多采用氯化钠盐水冷却制冰，个别厂也有用氯化钙盐水冷却制冰的。具体制冰过程是制冷剂在蒸发器内蒸发制冷，先将周围的盐水冷却，低温的盐水又使冰桶里的水冻结成冰。

冰的种类按形状分为块冰、管状冰和片冰等。块冰生产因具有设备简单、制造方便、易于堆放储存及运输时损耗较小等优点而被广泛采用。

一、块冰生产的主要设备

1. 盐水池

盐水池用钢板焊接而成，一般用6mm厚的钢板。对于小型盐水箱也可以用薄一点钢板。盐水池高度为1.2～1.5m，目前较多采用1.5m。池内焊有一定支架，既可用来搁置盖板，也可加强盐水池的刚性。一般在盐水池四周钢板外面或里面设有型钢作为加强肋。池内装有导流用隔板，使池内盐水能够循环流动。盐水池制作安装时，盐水池池底钢板焊接最为关键，较大制冰池如果钢板一块一块焊接而成，很容易受热变形，鼓起不平，会影响冰池的上部结构。安装时池底钢板按尺寸铺好，一定要先定位焊固定，再错开焊接才不会变形。

盐水池底部和四周均要做隔热层。隔热材料一般采用聚氨酯现场发泡。池底隔热层厚度为200～250mm，聚氨酯密度不得小于$40kg/m^3$，池壁四周聚氨酯厚度为150～200mm，密度一般不得小于$35kg/m^3$。盐水池底板下面（保温层上面）应铺设40～50mm的素混凝土抹面保护层，施工做法时水泥保护层与池墙应断开，不构成冷桥。在南方30t/（天·池）以下制冰池的宽度都小于6m，因为周围有足够的热源补给，通常冰池下面一般不必采用设置架空、通风管或加热装置等防冻鼓措施。如果是较大的制冰池，一般冰池宽度超过6m，此时需考虑冰池地坪的防冻鼓措施。盐水池上面不做隔热层，冰桶上面设置有可吊动的木盖板，但目前一般采用软橡胶板状盖板，人可踏上去，使用方便又保温。

另外，在设计制冰池时，应考虑冰桶底与制冰池底应有200～250mm的间距，以适当增加低温盐水的蓄水量，以利节能。

2. 蒸发器

盐水池中蒸发器的种类很多，在老式制冰池中经常使用排管式蒸发器、立管式蒸发器、V形管式等形式的蒸发器。目前盐水池一般采用螺旋管式蒸发器。20t/（天·池）以下的制冰池大多采用重力供液制冷循环方式，20t/（天·池）以上的制冰池可采用氨泵供液制冷循环方式。一般不足10t/（天·池）的制冰池的蒸发器只设置在盐水池内的一侧。10t/（天·池）以上的制冰池的蒸发器应设置在盐水池内的两侧，如图2-29所示。制冰池不宜单边设置蒸发器，冰池横向单边或纵向单边设置蒸发器的布置目前极少采用，一般都以双边设置，如图2-30所示。这样盐水流动比较均匀，效果较好。螺旋式蒸发器的安装高度要考虑被盐水浸没。由于隔板的导流作用，盐水在池内环流时，

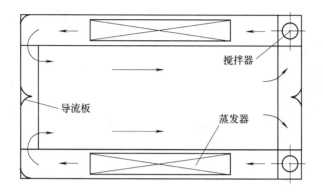

图 2-29 制冰池平面示意图

制冰池的盐水都要经过螺旋式蒸发器，与蒸发器内的制冷剂进行热交换。双螺旋式蒸发器组一般宽度为430mm左右，因此盐水池的蒸发器通道宽度一般为610～630mm。如果通道太窄，盐水流速会太快，不利于热交换。另外，按以往做法，冰池两侧钢板的角钢加强肋是做在钢板外侧，现在的做法是把角钢错开改做在钢板内侧（即蒸发器通道内），这样既利于钢板外的保温效果，又使通道内的水流呈更合理的S形流动。对于选配蒸发器，以往一般情况下，旧式24h制冰池所用的蒸发器面积配比是按每吨冰3～3.5m²选用，因所配面积较少，所以蒸发器一般只设在冰池一边。目前较快速制冰（8～9h起吊一池冰）所配的蒸发器面积一般为每吨冰配8～9m²，较快速制冰所配蒸发器面积应比24h制冰加大一倍以上。当制冰原料水初温为25～30℃时，压缩机对制冰池所需配置的制冷量一般为每吨冰12～14kW。目前一些制冰企业正常的制冰情况是晚上11点开压缩机制冷，一直开到第二天早上7点停机，充分利用这段时间的低谷电价。停止制冷后因盐水池温度仍较低（一般在-16～-12℃），根据具体情况，有时充分利用低谷用电，在快停机时适当降低盐水温度，提高制冰效率。停机后盐水池搅拌器继续搅拌，到早上8点开始可以整池操作吊冰进库或现场出售。冰桶从溶冰池加水后（有的冰厂制冰池不设加水箱）放入盐水池，冰起吊完毕及加水入池后搅拌器停止运行，到晚上11点再继续重复开机制冷。如果冰销售紧张，冰池可连续降温生产。冰块脱冰时并没出现爆裂现象。这种制冰成本低，经济效益好，新建制冰池大多采用这种形式。有的旧式24h制冰也改造成较快速制冰，很受企业欢迎。

3. 盐水搅拌器

搅拌器是制冰池内盐水流动的动力，使池内盐水不断环流，连续传递热量。

目前制冰车间的盐水制冰池，一般都采用立式搅拌器，采用卧式搅拌器的厂家极少，立式搅拌器垂直安装于制冰池的上面。一般根据制冰池制冰量的大小，考虑冰桶间盐水的流速，制冰池一般可以设置两个以上不等的立式搅拌器。在一个制冰车间里，可以做两三个制冰池，并且可以共同使用一组吊冰行车，冰池平面如图2-30所示。一般图2-30b较多采用。在制冰池中盐水通过蒸发器时的流速，一般是0.95～1.1m/s，在冰桶之间的纵向流速为0.5～0.6m/s。

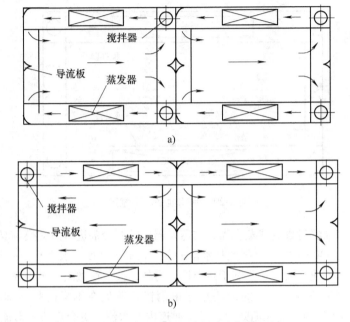

图 2-30　双制冰池平面示意图

4. 冰桶

冰桶可以用厚度为 1.5～2mm 的薄钢板制成，也可以用厚度为 1.5mm 的镀锌板制作。目前制冰厂采用每块冰块 50kg 及 100kg 的较多，而每块冰 100kg 的更为普遍。为了提高制冰速度，现在冰桶宽度比以往做得薄一些，高度增高一些。为了简化操作程序，降低劳动强度，通常将多只冰桶（一般为 10～15 只）联装在一起成排操作。为了加大热交换，各冰桶之间（上部）的间距应在 40～50mm。常用的冰桶规格见表 2-18。

表 2-18　常用的冰桶规格

冰块重量/kg	冰桶内尺寸/mm			壁 厚/mm	桶 重/kg
	上部	下部	高		
5	175×80	160×70	600	1.5	3.6
25	260×130	230×110	1100	1.5	12
35	342×115	313×123	1100	1.5	16.5
50	380×190	340×160	1100	1.5	17.2
100	500×250	466×216	1175	2.0	34
	(577×212)	(547×192)	(1180)	(1.5)	(32)
125	550×275	522×247	1175	2.0	38.6

注：括号内为推荐冰桶尺寸。

5. 冰桶架

冰桶架又称冰桶床，是承受冰桶的支架。根据制冰间的宽度，再由数量来确定冰桶架的尺寸。每排冰桶架不宜设置过多的冰桶。一般100kg的冰桶架，尽量不要超过15个冰桶。冰桶架由100～150mm宽、10～15mm厚的钢板或钢带制成。为了防止生锈，一般制成后刷防锈漆两遍，个别企业冰桶架曾采用镀锌处理。

6. 吊冰行车

制冰量在10t/（天·池）以上时，一般都设置电动单梁桥式起重行车。采用双吊钩比较稳定。采用3t行车较为普遍。行车可控制上下、前后方向行走。小型制冰一般用单梁电动葫芦。行车轨道安装应注意水平及运行平稳，轨道两边应装设限位开关和挡板，防止行车运行操作失控时出轨。冰桶的提升也应装限位开关，防止提升超高与行车相碰，损坏设备。行车吊冰的升降速度为4～8m/min，前后移动速度为20～30m/min。行车或电动葫芦应由有资质的安装单位负责安装调试。一般制冷设备安装单位没有行车安装资质

7. 倒冰架

倒冰架（也称翻冰架）的长度应比冰桶架稍长，一般为100～250mm。倒冰架装在支架轴承上，要求严格同心及翻转灵活，靠池一边设有两个支架，有的倒冰架还设有平衡铁，当冰块倒出来后，将行车吊钩上行，把空冰桶吊起，此时由于有平衡的作用（也可人为按动），倒冰架也一起竖起来，恢复到倒冰前的水平放置状态。然后，可向冰桶加水供再次制冰使用。倒冰架安装时的高度尽量放低，避免脱冰时冰块脱落断裂，倒冰处一般采用倾斜木格竹片板来滑送冰块。

8. 加水箱

加水箱是用来给冰桶加水的。冰桶加水一般用手动控制，也可以自动控制。

目前也有部分制冰厂家不设加水箱，而是设置整排冰桶在溶冰池里加水。加水操作简单方便，又充分利用了冷水。这种在溶冰池里加水的方式，应注意在将成排冰桶吊离盐水池150～250mm时，可停顿30s左右，让冰桶外的盐水滴回盐水池，尽量避免把太多的盐水带到溶冰池里。

9. 溶冰池

溶冰池又称脱冰池，是用钢板、混凝土或砖砌的水池，其位置在制冰池的一端。如果是用混凝土或砖砌的溶冰池均应做好防渗措施。溶冰池的宽度一般为1.1～1.2m，如果冰桶是从溶冰池里直接加水的，则溶冰池的宽度一般为1.9～2m。溶冰池应设置补充水源及溢流排水口。

二、制冰池平时应注意的事项

1）在一般情况下，盐水池的温度应比系统氨的蒸发温度高5℃左右。

2）盐水池的盐水溶液液面应高于螺旋蒸发器，即盐水必须完全覆盖蒸发器上部的排管。

3）应注意检查盐水的浓度。

4）应注意检查盐水搅拌器的运行情况和电动机轴的润滑情况。

5）因工业盐有一定的杂质，为了保证盐水的清洁，盐的溶解应尽量在配制箱内进行。

6）应根据情况定期从盐水蒸发器中放油。

7）注意检查盐水中是否含氨。如果发现有，则一定是盐水蒸发器和连接管道泄漏，应及时停产处理。

另外，不管采用何种供液方式，制冰系统都应设置热氨加压装置，以便于加压放油。否则，盐水池蒸发器的放油比较困难。

目前对于制冰方式，有的厂家为了生产安全起见，采用氟利昂制冷系统。具体方式有采用对制冰池双螺旋蒸发器供氟制冰的，也有采用盐水制冷机组通过循环泵向冰池供冷盐水制冰的。经比较，氟利昂制冰比用氨制冰明显时间长，一般 25t/（天·池）左右的制冰池要开机 14～17h，而按氨制冰一般用时 7～9h，氨制冷耗能相对较少。因此，建议有条件的厂家还是选用氨制冰系统比较节能。

三、冰库

我国冷库设计规范规定指出，盐水制冰的冰库温度可取 -4℃。但沿海省份的一些冰库因存在有淡旺季，冬季贮冰往往较少，企业要充分利用冰库贮藏其他低温食品，但如果按 -4℃设计的冰库要贮藏食品，冰库温度最低往往达不到 -10℃，因此会影响所贮藏食品的质量。现在好多厂家改变单一冰库，做成两用库，以利于冷库的充分利用。沿海一些冰库好多按冷藏库设计，平时冰库库温控制在 -12～-8℃，冬季短期贮藏食品时温度可控制在 -18～-15℃，在冷藏库位紧张时可以充分利用冰库在春节前多贮放一部分年货食品。

较快速制冰的冰块如果从盐水池里取出来，经过溶冰池溶冰后冰块温度一般在 -3～-1℃，如果没经过进库就直接销售冰块比较容易溶解，特别是不利于长途运输。因此，要根据情况使冰块先进冰库，最好应有贮存一天以上再销售，此时冰的温度一般达到 -8℃以下，不容易溶解和断裂。即使是碎冰后的小冰块也可使用较长时间，所以冰库温度平时控制在 -12～-8℃还是比较合理的。

目前冰库蒸发器都没采用墙排管，只设顶排管。冰库也早已不采用翅片排管了。冰库一般设置有进、出冰门洞，一般净洞口高为 600mm，宽为 400mm。也有个别厂把门洞改为高 1200mm、宽 500mm 的，有时人员也可从该洞口进出，比较方便，还可以减少开库门的耗冷。

四、制冷管道和设备的油漆刷色

制冷操作人员通过制冷管道和设备外表的不同色标，来识别制冷剂在管道和设备内所处的压力相态以及与有关设备所连接的油管等。这对安全操作是非常重要的。因此，制冷系统管道和设备经试压、排污合格后，除库内冷却设备外，不论包敷隔热层与否，在未大量充氨以前，均应涂防锈漆防锈，然后根据高、低压系统和制冷剂所处的不同相态，对管道、设备（包敷隔热层的应在隔热层外面），进行刷漆涂色，以便识别。根据 GB 50072—2010《冷库设计规范》规定，具体色标见表 2-19。

表 2-19　制冷管道及设备涂敷色漆的色标

管道或设备名称	颜色（色标）
制冷高、低压液体管	淡黄（Y06）
制冷吸气管	天酞蓝（PB09）
制冷高压气体管、安全管、均压管	大红（R03）
放油管	黄（YR02）
放空气管	乳白（Y11）
油分离器	大红（R03）
冷凝器	银灰（B04）
贮液器	淡黄（Y06）
气液分离器、低压循环贮液器、低压桶、中间冷却器、排液桶	天酞蓝（PB09）
集油器	黄（YR02）
制冷压缩机及机组、空气冷却器	按产品出厂涂色涂装
各种阀体	黑色
截止阀手轮	淡黄（Y06）
节流阀手轮	大红（R03）

第八节　渔业制冷及其设备

一、制冷技术在渔业生产中的应用

船上的制冷系统目前已应用很广。低温货物所需的冷藏运输船早已应用。我国沿海渔船上为了给捕捞上来的鱼产品保鲜，早期普遍采用加冰冷却，可抑制微生物的繁殖，并可减缓鱼体的生物化学变化的过程，从而能够延长鱼的保鲜期限。但众所周知，冷却本身只能抑制和减缓微生物的繁殖，而不能够杀死微生物和终止鱼体的化学变化过程，因此鱼产品加冰冷却时间是有限的，并且保鲜期与加冰量、鱼货新鲜度、鱼温、环境温度等多种情况有关。

加冰冷却保鲜方法长期以来应用广泛，一方面是在渔船上采用，另一方面是鱼货到港数量过多，卸货后来不及及时速冻处理，要临时采取加冰保鲜。有时有的水产加工厂速冻能力不足，不能一次全部进速冻间，剩余鲜鱼都必须临时加冰保鲜，存放一两天，调节生产。海上加冰保鲜期一般为 8~12 天。目前只有小船才带冰出海作业。

每次渔船出海生产前，都要贮藏一定的碎冰。鲜鱼捕捞上来后一层冰一层鱼，上面再加一层冰，使鱼层夹在冰层之间。每层鱼的厚度一般为 100~150mm，以便使鱼体能够迅速、均匀冷却。渔船出海带冰量根据地区、季节不同而异，一般根据实践经验而定。据有关资料统计，渔船预计捕鱼量与带冰量之比最高达到 1:2 之多，冬季为 3:1~2:1。

　　为了保持刚捕捞上来的鱼产品的新鲜度，渔船也有采用冷却海水来冷却鱼产品的。现在一般较大的渔船都设有制冷系统，该制冷系统可将一个或几个船舱内的海水温度控制在 −1℃左右。渔船捕获的鱼放入冷却海水舱里，就可使鱼产品得到冷却，达到保鲜的目的。有时捕获的鱼较多，鱼放入冷却海水舱有时温度波动较大，有的渔船在出海前常常带有一部分补充碎冰，需要时可将碎冰和鲜鱼一起放入冷却渔舱，使鲜鱼得到迅速冷却。其渔船补充冰量，一般为鱼货数量的 25%～35%，但也因船因制冷量而异。为了防止海水浓度被冲淡，在加冰同时要加入适量食盐（约为加冰量的 3.5%），冷却海水与鱼货的比例一般约为 3∶7。如果设有几个冷却船舱，则一般根据鱼的品种进行分类存放，目前远洋捕捞渔船都不带冰出海。

二、渔船的制冷概况

　　随着渔业生产的发展，带冰出海作业的渔船正在减少。目前正在改进的一种灯光围网渔船，长度为 51.6m，宽度为 9.8m，排水量近 1200t，目前每艘造价在 2000 万元以上。还有一种远洋渔船，长度为 70m 以上，宽度为 10.8m，排水量为 1500t 左右。这些渔船上都设置有较大的制冷系统。其系统中设有搁架式或铝板式冻结间。冻结间一般有 4～6 间，冻结量为 16～25t。这些渔船上有低温冷藏舱 4～6 间，储藏量为 250～300t。船用制冷设备应以我国《钢质海洋渔船建造规范》为依据，因为船用和陆用制冷设备主要有以下不同点：

　　1）船用制冷设备应具有更高的使用安全可靠性，应有较高的耐压、抗震及抗冲击性能。

　　2）应有一定的抗倾性能，在船舶航行时能抗风浪，能确保制冷机正常润滑、安全工作。

　　3）制冷装置的安装、连接应具有更高的气密性及运行可靠性。

　　4）船用制冷装置选用的制冷剂应尽量采用不燃、不爆、无毒（微毒），不影响人体健康的产品。

　　渔船上的制冷系统中采用的制冷机组一般都是船用活塞式制冷压缩机组或船用螺杆式制冷压缩机组。由于渔船的长度、体积越来越大，其制冷压缩机的数量也在不断增加，有的渔船安装 6 台 12.5 系列活塞式压缩机组，在有限的船舱中占去很大面积。目前有的渔船逐步正在采用螺杆式制冷压缩机组，以减少压缩机的台数，为设备安装及操作提供便利。

　　图 2-31 所示为某型灯光围网渔船的船底舱平面图。图 2-32 所示为该渔船甲板的平面图。

　　渔船上的制冷装置有氨制冷系统及氟利昂（F－22）制冷系统两种，使用氟利昂制冷剂的比较普遍。因渔船设备空间有限，从安全角度考虑，应尽量采用氟利昂制冷系统。至今渔船上制冷装置事故没见报道，这与采用氟利昂制冷剂有很大关系。另外，由于渔船上的机舱温度很高，空间较小，不管是采用氨制冷系统还是氟利昂制冷系统，渔船机舱都应设置有良好的通风设备。

三、渔船冷藏舱的特点

　　1）具有隔热结构良好且气密的冷藏舱船体结构。

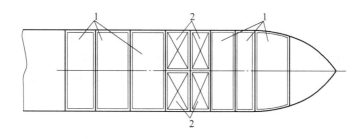

图 2-31　某型号渔船底舱平面布置
1—保温舱　2—冷藏海水保鲜舱

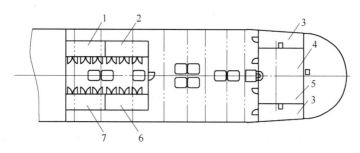

图 2-32　某型号渔船甲板平面布置
1—速冻舱 3 左　2—速冻舱 2 左　3—杂物舱　4—速冻舱 1 左
5—速冻舱 1 右　6—速冻舱 2 右　7—速冻舱 3 右

2）具有能提供足够的制冷量，且运行可靠的制冷装置与设备。

3）结构上应适应冻结渔货的装卸，并在保证气密或启、闭灵活的条件下，选择大舱口及舱口盖。

4）制冷系统及其自动控制器、阀件等比陆用要求高，如性能稳定性、使用可靠性、运行安全性、工作抗震性及抗倾斜性等。

四、渔船冷藏货舱的制冷方式

冷藏货舱的制冷方式有桶泵供液方式、直接膨胀供液方式和间接冷却制冷三种。较大渔船一般采用桶泵供液，其制冷效果较好。直接膨胀供液方式是制冷剂在冷却排管内直接吸收冷藏舱内的热量，其热量的传递是依靠舱内空气的对流作用完成的。直接冷却按照空气的对流情况不同，又有直接盘管冷却和直接吹风冷却两种，前者舱内空气为自然对流，后者为强迫对流。强迫对流冷却的冷却效果高，舱内降温速度快，舱温分布均匀，但其能耗较大，运行费用增加，并且干耗增加。

间接冷却中制冷剂在盐水冷却器内先冷却盐水（即载冷剂），然后通过盐水循环泵把低温盐水送至冷藏舱内的蒸发盘管，实现冷藏舱的降温，冷藏舱的降温是通过盐水吸热完成的，相对制冷剂而言，它是间接获得热量的。

冷藏舱的蒸发盘管一般都是采用光滑无缝管，通常以排管组形式布置在冷藏舱舱壁和顶板。一般高温冷藏舱不设蒸发排管而采用冷风机，渔船冷藏舱一般设置 3~5 舱不等。

五、渔船速冻间的制冷方式

渔船速冻间的制冷一般采用桶泵供液方式和直接膨胀供液制冷方式。渔船速冻间的蒸发器一般采用管架式，目前也逐步采用铝板侧面上下吹风式。这种方式制冷速度较快，但造价相对高一些。渔船速冻间一般设置4~6间，一次速冻量约15~25t。有的渔船上还设置有液压平板速冻机，以提高速冻量。

渔船上的制冷系统中冷藏舱的蒸发器大多采用无缝钢管，而冻结间有采用搁架管式无缝钢管蒸发器的，也有采用铝板架式蒸发器的。铝板式蒸发器的造价远远比无缝钢管高，有的经营者为追求制冷速度快，并且又节能，仍有较多采用铝板式蒸发器。渔船上用的冷凝器都是卧式壳管式换热器。船用冷凝器采用锡黄铜高效换热管（用氟利昂制冷剂），管板采用耐海水腐蚀的复合板。冷凝器左右端盖可以互换，方便操作。渔船上的制冷系统，不管是采用氨作制冷剂还是采用氟利昂作制冷剂，其使用、维修和管理大体上跟陆地上的冷库一样。

六、渔船的冷海水冷却保鲜

渔船的冷海水冷却保鲜有的还设置有冷却海水舱，即采用低温冷却海水微冻保鲜。冷却海水保鲜是将捕捞上来的鱼放入温度为-5~-1℃的冷却海水中进行保鲜的一种方法。冷海水可分为机制冷海水和冰制冷海水两种。随着渔船的不断改革更新，目前采用机制冷海水的也较为普遍。冷海水保鲜是在船舱内海水预制盐的含量为10%~12%（质量分数）的海水溶液，用制冷装置降至-5~-1℃。把挑选的鱼货装入放在冷海水舱内的网袋中进行微冻保鲜。鱼体的中心温度约为-2~0℃。冷海水鱼的保鲜期为20天以上。

冷海水保鲜的优点是鱼货冷却速度快、用冷海水保鲜的鱼货不会失去天然的色泽和硬度，还能保持鱼鳃的颜色和透明度、冷海水因有浮力，鱼不会被挤压受伤。其缺点是鱼体在海水中浸泡，因渗盐吸水使鱼体膨胀，鱼肉略带咸味，体表稍有变色，由于船身不停摇动会出现鱼货脱鳞等现象。应注意保证循环冷水的回水通道不被鱼鳞堵塞。

渔船冷海水冷却是将捕获鱼放入0℃左右的冷却海水中进行冷却保温的方法。这种方法冷却速度快，可在很短时间内均匀地使鱼体达到冷却状态，能够获得较好的保鲜效果。冷海水保鲜常用于产量大而集中的中上层集群洄游鱼类的渔船和冷藏运输船上。

使用冷海水保鲜时应注意以下几方面：

1）鱼水比。一般冷却过程中，最好鱼少些，水多些。一般国外采用的鱼水比为1:2。为了提高有限的舱容，在冷却过程中国内采用的鱼水比为7:3或8:2。

2）冷海水循环速度一般为0.1~0.25m/s。

3）冷海水的清洁度。由于鱼体有血液、黏液及鱼鳞等污物，极易使海水变质，严重时会产生异味，影响鱼品质量，如果降温不好会整舱鱼变质不能食用。因此，应在冷海水循环回路的适合部位加设沉淀、过滤设施。并应根据实际情况采取更换冷海水，排除脏水的措施，补充清洁新冷海水，保持较好的冷海水水质。

4）必须切实做好迅速冷却和恒温保冷的工作，舱内不能有较大的温差变化，这是渔船海水保鲜的重要工艺要求。操作人员随时可通过舱底排污、水量、水温等分析确认鱼体是否已达到冷却状态。

5）在冷海水保鲜过程中，如果加淡水制冰冷却海水，则因冷海水会被冲淡，应避免海水在冷却蒸发器表面冻结，要随时注意保持冷海水的含盐浓度，必要时需要加盐补充。

6）要严格控制保温期。任何冷却保法都有一定的保鲜期限。冷海水保鲜一般在一个星期左右有较好的效果。这时的鱼水比为 4:1 左右。如果温度控制较低，保鲜时间相对会延长。相反，如果温度高就应注意鱼的质量。

七、渔船空舱的清洗、消毒和除异味

对卸货完毕升温后的船舱和垫板等，可用 10% ~ 20%（质量分数）的漂白粉溶液或 2% ~ 4%（质量分数）的次氯酸钠，加 2%（质量分数）碳酸钠的混合液喷洒、洗刷，或用 $1W/m^2$ 的紫外线，每昼夜照 3h，或用 $40mg/m^3$ 的嗅氧进行消毒除嗅。在用药剂液时，最后要用清水冲洗、吹干。

八、冷冻机舱的安全要求

较大渔船的冷冻机房，采用氟利昂制冷剂的制冷设备一般设置在渔船机舱内，且必须设有良好的通风换气设备、消防设备和检测仪表、仪器，采用氨制冷剂的冷冻机舱最好单独设置，且应配备操作防护服、防毒用具（包括洋气呼吸器）及配置有专用药品等，制冷系统应安装安全设施、信号器和事故提示，机房还应安装漏氨消防设备。渔船的制冷系统应尽量不要采用氨作为制冷剂，以确保生产安全。

九、渔船机舱的通风

渔船机舱因设置有各种主机、辅机和其他机械，这些机械会发出大量的热量使机舱温度升高，加上水蒸气、油蒸气及泄漏的制冷剂等，使机舱的空气污浊，因此机舱要设置通风系统，保持机舱有一定的新鲜空气，使机舱维持适当的温度和湿度。通风系统主要有风机、风管、吸风口及排水口等。

渔船机舱通风一般采取机械送风，自然排风方式。机舱通风应保证有一定的送风量，使机舱工作区间的温度与外界温度偏差的绝对值为 5 ~ 8℃。机舱内一般采用各种回转变向的喷射式送风设备。

第三章 制冷压力容器的使用和管理

第一节 压力容器

一、压力容器的定义

所谓容器，一般是指由曲面构成的用于盛装气体或者液体的空间构件。化工、炼油、冷库、食品等生产所用的各种设备外部的壳体都属于容器。因此，所有承受压力的密闭容器称为压力容器，也称为受压容器。制冷系统的低压循环贮液器、排液桶、中间冷却器、贮液器、油分离器、氨液分离器等均为压力容器。

二、压力容器的压力源

压力容器所盛装的，或在容器内参加反应的物质，称为工作介质。通常，压力容器的工作介质是各种压缩气体或水蒸气。压力可以来自容器内也可以来自容器外。

1）当容器的气体压力产生于容器外时，其压力源一般是气体压缩机械或蒸汽锅炉。气体压缩机主要有容积型（活塞式、螺杆式、转子式、滑片式等）和速度型（离心式、轴刘式、混流式）两类。容积型气体压缩机是通过缩小气体的体积，增加气体的密度来提高气体压力的。而速度型气体压缩机则是通过增加气体的流速，使气体的动能转变为势能来提高气体压力的。

2）容器的气体压力产生于容器内时，其原因是容器内介质的聚集状态发生改变：气体介质在容器内受热、温度急剧升高、介质在容器内发生体积增大的化学反应等。

由于气体介质在容器内受热而产生或显著增大压力的情况一般是少见的。只有因特殊原因气体在容器内吸收了大量的热量温度大幅升高时压力显著增加的情况才会发生。

三、压力容器按压力的分类

1. 按承受压力分类

按所承受压力（p）的高低，压力容器可以分为低压容器、中压容器、高压容器及超高压容器四个等级。具体划分如下：

1）低压容器满足 $0.1\text{MPa} \leqslant p < 1.6\text{MPa}$。

2）中压容器满足 $1.6\text{MPa} \leqslant p < 10\text{MPa}$。

3）高压容器满足 $10\text{MPa} \leqslant p < 100\text{MPa}$。

4）超高压容器满足 $p \geqslant 100\text{MPa}$。

2. 安全技术管理角度分类

从安全技术管理角度来划分，压力容器可分为固定式容器和移动式容器两大类。

1）固定式容器。指压力容器固定的安装和使用地点；工艺条件和使用操作人员也比较固定，一般不是单独装设，而是用管道与其他设备相连接的容器，如低压循环贮液器、氨液贮存器、油分离器、中间冷却器和集油器等。

2）移动式压力容器。此类指一种贮装容器，如气瓶、氨液槽车等。其主要用途是装运有压力的液体或气体。这类压力容器无固定使用地点，一般没有专职的使用操作人员，使用环境经常变迁，管理比较复杂，容易发生事故。

四、应力对压力容器安全性的影响

对不同的载荷使容器壁产生的应力，或者由一种载荷在容器不同部位引起不同类型的应力，对于压力容器安全性的影响是不一样的。

有些应力分布在容器壁的整个截面上，它使容器发生整体变形，且随着应力的增大使容器变形加剧，当这些应力达到材料的屈服强度时，容器壁即产生显著的塑性变形。若应力继续增大，压力容器则因过度的塑性变形而最终破裂。由容器内的压力而产生的薄膜应力就是这样一种应力。因其能直接导致容器的破坏，所以是影响容器安全的最危险的一种应力。

有些应力只产生在容器的局部区域内，也能引起容器变形。当应力值增大到材料的屈服强度时，局部地方还可能产生塑性变形。但由于相邻区域应力较低，材料处于弹性变形，使这局部地方的塑性变形受到制约而不能继续发展，应力将重新分布。一般应力和总体结构不连续处的弯曲应力就是这样的一种应力。在这种应力作用下容器的加载与卸载循环次数不需太多，就会导致容器破坏，因此对容器的安全性也构成重要影响。

有些由应力集中而产生的局部应力，只局限在一个很小的区域内，因为这种应力衰减很快，在其周围会很快消失。因受到相邻区域的制约，基本上不会使容器产生任何重要变形。这种类型的应力虽不会直接导致容器破坏，但可使韧性较差的材料发生脆性破坏，也会使容器发生疲劳破坏，故对容器安全也有一定影响。

从以上分析可知，不同应力对压力容器安全性的影响虽然不同，但都可能导致容器破坏。为了防止在使用过程中压力容器早期失效或发生破裂而导致严重的破坏事故，对容器在各种载荷下可能产生的各类型的应力都必须加以控制，进而把它们限制在允许范围内。要做到这一点，除了设计人员精心设计外，操作人员认真操作，保持工况稳定，不超温，不超压也是十分重要的。

第二节 制冷压力容器的安全技术档案

制冷压力容器的安全技术档案是压力容器设计、制造、使用和检修全过程的文字记载，它向人们提供各过程的具体情况，通过它可以使压力容器的管理部门和操作人员全面掌握设备的技术状况，了解其运行规律。完整的技术档案是正确、合理使用压力容器的主要依据。因此，建立压力容器的安全技术档案是安全管理工作的一个重要环节。

一、压力容器的生产技术资料

压力容器的生产技术资料包括压力容器的设计文件、制造单位、产品质量合格证明、使用维护说明以及安装技术文件和资料。

1. 压力容器的设计文件

压力容器的设计文件包括设计图样、技术条件、强度计算书，必要时还应包括设计或安装、使用说明书。

1）压力容器的设计单位应向压力容器的使用单位或压力容器的制造单位提供设计说明书、设计图样和技术条件。

2）用户需要时，压力容器设计或制造单位还应向压力容器的使用单位提供安装、使用说明书。

3）对移动式压力容器、高压容器、中压反应容器和储存容器，设计单位应向使用单位提供强度计算书。

4）对压力容器工艺参数、材料等有特殊要求的，应在合同中注明。

2. 压力容器的制造单位应向用户提供的技术文件和资料

1）设备图样。图样上应有设计单位资格印章（复印印章无效），以及制造单位名称、制造许可证编号等。

2）产品质量证明书及产品铭牌拓印件。

3）压力容器产品安全质量监督检验证书。

4）移动式压力容器还应提供产品使用说明书（含安全附件使用说明书）、随车工具等。

3. 安装技术资料

1）压力容器安装告知书（复印件）。

2）压力容器安装证件（复印件）。

3）压力容器安装工艺及相关安装现场记录。

4）压力容器安装质量证明书。

二、压力容器的使用情况记录资料

压力容器使用后，应及时做好以下记录：

1）定期检验和定期自行检查的记录。

2）日常使用状况记录。

3）压力容器运行故障和事故记录

三、安全装置日常维护保养记录

氨制冷系统的特种设备使用单位应当对在用的特种设备的安全附件、安全保护装置、测量调控装置及有关附属仪器（仪表）进行定期校验、检修，并进行记录。

1. 安全装置技术说明书

技术说明书应有安全装置的名称、形式、规格、结构图、技术条件及装置的适用范围等。技术说明书应由安全装置的制造单位提供。

2. 安全装置检验或更换记录

内容包括装置校验日期、试验或调验日期、下次校验日期、更换日期和更换记录等。校验或更换资料由压力容器专管人员如实填写。

第三节　制冷压力容器的使用、变更登记

制冷压力容器的使用、变更登记，主要依据《特种设备安全监察条例》等来进行。压力容器在投入使用前或者投入使用后30日内，使用单位应当向所在地的特种设备安全监督管理部门登记，领取使用登记证。

一、使用登记

1. 使用单位提交有关文件。

使用单位申请办理使用登记，应当逐台填写《压力容器登记卡》一式两份，并同时提交压力容器及其安全阀和紧急切断阀等安全附件的有关文件，交于登记机关。

1）安全技术规范要求的设计文件、产品质量合格证明、安装及使用维修说明、制造、安装过程监督检验证明。

2）进口锅炉压力容器安全性能监督检验报告。

3）压力容器安装质量证明书。

4）移动式压力容器车辆走行部分和承压附件的质量证明书或者产品质量合格证以及强制性产品认证证书。

5）压力容器使用安全管理的有关规章制度。

办理机器设备附属的且与机器设备为一体的压力容器只需提交前条第1、2项文件。以上各地在执行上可能要求不同，以当地要求为准。

2. 登记机关审核、办理

登记机关接到使用单位提交的文件和填写的登记卡（以下统称登记文件），应当按照下列规定及时审核、办理使用登记。

1）登记机关能够当场审核的，应当当场审核。登记文件符合本办法规定的，当场办理使用登记证；不符合规定的，应当出具不予受理的通知书，书面说明理由。

2）登记机关当场不能审核的，登记机关应当向使用单位出具登记文件受理凭证。使用单位按照通知时间凭登记文件受理凭证领取使用登记证或者不予受理通知书。

3）对于1次申请登记数量在10台以下的，应当自受理文件之日起5个工作日内完成审核发证工作，或者书面说明不予登记的理由；对于1次申请登记数量在10台以上50台以下的，应当自受理文件之日起15个工作日内完成审核发证工作，或者书面说明不予登记的理由；1次申请登记数量超过50台的，应当自受理文件之日起30个工作日内完成审核发证工作，或者书面说明不予登记的理由。

二、变更登记

压力容器安全状况发生下列变化的，使用单位应当在变化后30日内持有关文件向登记机关申请变更登记。

1）如果压力容器经过重大修理改造或者压力容器改变了用途、介质的，应当提交锅炉压力容器的技术档案资料、修理改造图样和重大修理改造的监督检验报告。

2）压力容器安全状况等级发生变化的，应当提交压力容器登记卡、压力容器的技

术档案资料和定期检验报告。

3）压力容器拟停用1年以上的，使用单位应当封存压力容器，在封存后30日内向登记机关申请报停，并将使用登记证交回登记机关保存。重新启用应当经过定期检验，经检验合格的持定期检验报告向登记机关申请启用，领取使用登记证。

第四节　制冷压力容器的安全使用管理

一、压力容器的安全使用管理工作

为保证压力容器的安全和可靠运行，正确合理地使用压力容器至关重要。其安全管理工作主要有以下几项：

1）压力容器使用单位的技术负责人，必须对压力容器的安全技术管理负责，并根据设备的数量和对安全性的要求设置专门机构或指定具有压力容器专业知识的技术人员负责安全技术管理工作。

2）使用单位必须贯彻压力容器的有关法规，编制本单位压力容器的安全管理规章制度及安全操作规程。

3）使用单位必须持压力容器的有关技术资料至当地压力容器安全监察机构逐台办理使用登记，并管理好有关的技术资料。

4）使用单位必须建立《压力容器技术档案》，每年应将压力容器数量和变动情况统计报表报送主管部门和当地安全监察部门。

5）使用单位应编制压力容器的年度定期检验计划，并负责组织实施。

6）压力容器使用单位应做好压力容器运行、维修和安全附件校验情况的检查，做好检验、维修、改造和报废的技术审查工作，如果有重大修理和改造，应报有关部门审查批准。

7）发生压力容器爆炸及重大事故的单位应迅速报安全监察机关和主管部门，并立即组织调查，根据调查结果填写事故报告书，报送当地安全监察部门和主管部门。

8）使用单位必须对压力容器管理、焊接和操作人员进行安全技术培训，经过考核取得合格证后才准许上岗操作。

二、压力容器的安全管理制度

建立和完善压力容器安全使用管理的各项规章制度，并有效地执行和落实，是确保压力容器使用安全的基本条件。

1. 压力容器管理责任制

压力容器的专职负责人员应在行政负责人和技术总负责人的领导下认真履行下列职责：

1）具体负责压力容器的安全技术管理工作。

2）参加新建容器的验收和试运行工作。

3）编制或修订压力容器的安全管理制度和安全操作规程。

4）负责压力容器的登记、建档及技术资料的管理和统计上报工作。

5）监督检查压力容器的操作、维修和检验情况。

6）根据检验周期，组织编制压力容器年度检验计划，并负责组织实施，定期向有关部门报备。

7）负责组织制订压力容器的检修方案，审查压力容器的改造、修理、检验及报废等工作的技术资料。

8）组织压力容器事故的调查，并按规定上报。

9）负责对压力容器有关人员的安全技术培训和技术考核。

2. 压力容器操作人员的责任制

压力容器专职操作人员应具有保证压力容器安全运行所必需的知识和技能，应持证上岗，并应履行以下职责：

1）按照操作规程的规定正确操作使用压力容器，确保安全运行。

2）按照规定填写运行、交接班等记录。

3）做好对制冷系统各种压力容器的维护保养工作，使压力容器经常保持在良好的技术状态。

4）经常对制冷系统各种压力容器的运行情况进行检查，如果发现操作条件不正常应及时进行调整，遇紧急情况应按规定采取紧急处理措施，并及时向上级主管部门报告。

5）对任何不利于压力容器安全的违章指挥，应拒绝执行。

6）定期参加专业培训，不断提高自身的专业素质和操作技能。

3. 压力容器安全操作规程

为了保证压力容器的正确使用，防止因盲目操作而发生事故，压力容器的使用单位应根据生产工艺要求和压力容器的技术性能制定压力容器安全操作规程。一般应有以下内容：

1）压力容器的操作工艺控制指标，包括最高工作压力、最高或最低工作温度、压力及温度波动幅度的控制值等。

2）压力容器的岗位操作方法，开、停机的操作程序和注意事项。

3）压力容器运行中日常检查的部位和内容要求。

4）压力容器运行中可能出现的异常现象的判断和处理方法，以及应采取的防范措施。

5）压力容器的维护保养方法。

第五节 制冷压力容器的操作与维修

压力容器的合理使用对安全的影响很大，因此对操作人员提出以下具体要求，以保证压力容器的安全运行。

一、安全操作的一般要求

压力容器的安全操作的主要要求如下：

1）操作人员必须取得当地监察部门颁发的《压力容器操作人员合格证》后才可独立承担压力容器的操作。

2）操作人员要熟悉本岗位的工艺流程及相关压力容器的结构、类别、主要技术参数和技术性能，严格按操作规程操作，能掌握一般事故的处理方法，认真填写有关运行记录。

3）压力容器要平稳操作，尽量避免操作中使压力容器频繁动作和相关参数大幅度波动。

4）压力容器严禁超压、超温运行。

5）严禁带压拆卸压紧螺栓。

6）对运行中的压力容器应勤巡回检查，发现有不正常的状态应采取措施进行调整或等处理。

7）能正确处理紧急情况。

二、压力容器的维护保养

压力容器的使用安全与其维护保养工作密切相关，维护保养的目的在于提高设备的完好率，使压力容器能保持在完好的状态下运行，提高使用效率，延长使用寿命。

1. 压力容器的设备的完好标准

压力容器设备是否处于完好状态，主要从以下两个方面进行衡量。

（1）容器运行正常，效能良好　其具体标志如下：

1）容器的各项操作性能指标符合设计要求，能满足生产的需要。

2）操作过程中运转正常，易于平稳地控制操作参数。

3）密封性能良好，无泄漏现象。

4）换热器无严重结垢。

（2）各种装备及附件完整，质量良好　一般包括以下几项内容：

1）零部件、安全装置、附属装置、仪器仪表完整，质量符合设计要求。

2）容器本体整洁，尤其是保温层完整，无严重锈蚀和机械损伤。

3）阀门及各类可拆连接部位无跑、冒、滴、漏现象。

4）基础牢固，支座无严重锈蚀，外管道情况正常。

5）压力容器所属安全装置、指示及控制装置齐全、灵敏、可靠，紧急放空设备齐全、畅通。

6）各类技术资料齐备、准确，有完整的技术档案。

7）容器在规定期限内进行定期检验，安全性能良好，并已办理使用登记证。

2. 压力容器运行期间的维护和保养

只有加强容器的日常维护保养工作，才能使容器在稳定的完好状态下运行。为此，应做好以下几方面：

（1）保持完好的防腐层　腐蚀是压力容器的一大危害，在防腐中应注意以下几点：

1）要经常检查防腐层有无自行脱落，检查衬里是否开裂或焊缝处是否有渗漏现象。发现防腐层损坏时，即使是局部的也应该经过修补妥善处理后才能继续使用。

2）装入固体物料或安装内部附件时应注意避免刮落或碰坏防腐层。

（2）防止压力容器的"跑、冒、滴、漏" "跑、冒、滴、漏"不仅浪费原料和能源，污染环境，恶化操作条件，还常常造成设备的腐蚀，严重时会引起设备的破坏事故，因此应保持设备完好，防止产生设备"跑、冒、滴、漏"现象。

（3）维护保养好安全装置 系统中的安全装置应始终保持灵敏准确、使用可靠状态。

（4）减少与消除压力容器的振动 振动对压力容器危害较大，应设法减少压力容器的振动。

三、压力容器停用期间的维护保养

对于长期停用或临时停用制冷的压力容器，也应加强维护保养工作。停用期间保养不善的压力容器甚至比正常使用压力容器损坏更快，许多压力容器事故恰恰是忽略在停止运行期间的维护而造成的。停用压力容器的维护保养措施主要有以下几条：

1）停止运行，尤其是长期停用的容器，要将其内部介质排除干净，特别对腐蚀性介质，要进行排放、置换和清洗、吹干。注意防止容器的"死角"中积存腐蚀介质。

2）保持压力容器内部干燥和洁净，清除内部的污垢和腐蚀产物，修补防腐层破损处。

3）要保持压力容器外表面的防腐和保温层等完整无损，发现保护层脱落要及时进行修补。

第六节 制冷压力容器的检验

为了确保制冷系统压力容器的正常安全运行，压力容器在使用期限内每隔一定的时间即采用适当有效的方法对它的承压部件和安全装置进行检查，或做必要的检验。

一、压力容器定期检验的目的

压力容器在使用过程中，由于长期承受压力和其他载荷，有的还要受到腐蚀性介质的腐蚀，或在高温、低冷的工艺条件下工作，周围环境又不太好，其承压部位难以避免地会产生各式各样的缺陷，有的是运行中产生的，有的是原材料或制造中的微型缺陷发展而成的，如果不能及早发现并采取一定的措施消除这些缺陷，任其发展扩大，必然在继续使用过程中发生断裂破坏，导致严重的重大安全事故。

压力容器实行定期检验是及早发现缺陷、消除隐患、保证压力容器安全运行的一项行之有效的措施。

通过定期检验，能达到以下三个方面的目的。

1）了解容器的安全状况，及时发现问题，及时修理和消除检验中发现的缺陷，或者采取适当措施进行特殊监护，从而防止压力容器事故的发生，保证压力容器在检验周期内连续地安全运行。

2）检查验证压力容器设计的机构形式是否合理，制造安装质量是否可靠，以及缺陷扩展情况等。

3）及时发现压力容器运行管理中的问题，以便改进管理和操作。

二、压力容器的检验周期

1. 年度检验

年度检验是为了确保压力容器在检验周期内的安全而实施的运行过程中的在线检验。每年至少进行一次年度检验。

2. 定期检验

对无法进行或者无法按期进行全面检验、耐压试验的压力容器，按照《压力容器安全技术监察规程》的有关规定进行定期检验。压力容器一般每使用 3 年进行一次全面检验。

第四章 制冷压力管道的安全管理

第一节 制冷压力管道安全使用的基本要求

一、压力管道分类

按中国石油化工集团公司 2004 年修订的 SHS 01005—2003《工业管道维护检修规程》，压力管道分级见表 4-1。

表 4-1 压力管道分级

类别名称	公称压力/MPa	类别名称	公称压力/MPa
真空管道	$p <$ 标准大气压	中压管道	$1.6 \leqslant p < 10$
低压管道	$0 \leqslant p < 1.6$	高压管道	$p \geqslant 10$

上述分类方法在一定范围内是比较合理和科学的，起到了规范管理的作用。

二、压力管道安全使用的基本要求

制冷系统压力管道的安全运行是由许多因素决定的。

1. 投入使用前压力管道的基本要求

新建、扩建、改建压力管道工程，在使用前必须符合以下要求：

1）压力管道的设计应按《压力容器压力管道设计单位资格许可与管理规则》要求，由取得相应设计类别、级别的《特种设备设计许可证》的单位进行设计。

2）压力管道的安装应按《压力管道安装单位资格认可实施细则》和《压力管道安装安全质量监督检验规则》要求，由取得相应安装类别、级别的施工单位进行安装。在压力管道施工前，建设单位或使用单位应提供以下资料，并向所在地质量技术监督部门特种设备安全监察机构办理安装告知手续：

① 《特种设备安装、改造、维修告知书》。

② 设计、安装资格证明，有关压力管道设计文件。

③ 施工组织设计或施工方案。

④ 现场质量管理机构及质量管理人员、特种设备作业人员一览表。

⑤ 施工机具、设备等资源一览表。

⑥ 接受告知的安全监察机构要求的其他资料或证明。

3）对压力管道安装过程实施全过程的监督检验，检验单位在完成监督检验工作后出具《压力管道安装安全质量监督检验报告》，以作为安装安全质量证明。

4）建设或使用单位应按本单位质量管理工作的要求参与安装过程检查和竣工验收

工作，对不符合国家法律法规、安全技术规范和标准要求的应拒绝验收，直到整改合格为止。应收集有关文件资料，建立压力管道技术档案，妥善保管。

5）使用注册登记。压力管道在投入使用前或者投入使用后 30 日内，向特种设备安全监督管理部门登记，取得《特种设备使用登记证》或者在注册登记汇总表加盖"准于登记注册"章后才可使用。

6）压力管道安全管理、操作人员按《特种设备作业人员监督管理办法》和《压力管道安全管理人员和操作人员考核大纲》规定进行培训考核，取得《特种设备作业人员证》才能进行压力管道的安全管理和操作工作。

7）压力管道在正式运行前，使用单位应制定安全管理制度、岗位责任制度、事故应急预案和安全操作规程或工艺规程，加强压力管道的安全使用管理。

2. 在用压力管道的基本要求

在用压力管道使用单位，应定期向监督部门办理注册登记或检验。在取得的《特种设备使用登记证》或在注册登记汇总表加盖"准于登记注册"章后，才可继续使用。

三、压力管道使用单位的职责

企业在生产经营活动中必须对企业特种设备安全质量负全面责任，企业法定代表人就是第一责任人。使用单位的主体责任主要包括以下几个方面：

1）严格执行有关法律、法规和安全技术规范的规定，保证特种设备的安全使用。

① 落实机构。压力管道使用单位应按规定设置安全管理机构，视具体情况设立专管或兼管的安全管理部门。

② 落实人员。企业应指定与压力管道相关技术人员负责压力管道的安全管理工作，并对企业法定代表人负责。

③ 落实制度。使用单位要建立健全压力管道使用安全管理制度、岗位安全责任制度和安全操作规程，并将安全责任落实到相关责任人。

④ 设备有使用证。企业应有压力管道注册登记使用证，并建立压力管道安全技术档案。

⑤ 作业人员要有操作证。对压力管道作业人员必须经培训，熟悉管理制度、掌握操作规程，确保持证上岗，按章作业。

⑥ 根据压力管道的检验周期，按时向检验检测部门申报定期检验。

2）压力管道经检验合格的可以继续使用。对存在严重事故隐患又无改造或维修价值的压力管道，应及时予以报废，并办理注销手续。

3）要制定对压力管道事故应急救援预案，并适时演练。

4）要建立事故报告制度，如果出现事故应立即报告相关部门，同时及时采取救援措施，并积极配合事故调查处理工作。

四、压力管道安全管理人员的职责

压力管道的安全管理人员要对企业法人或法人代表负责，并且要明确和履行下列职责：

1）贯彻执行国家有关压力管道的法规、标准、制度，对压力管道安全运行状况定期向企业管理者提出意见和建议。

2）建立、健全管道技术档案，办理压力管道的使用证，负责对压力管道使用管理制度的组织实施。

3）制定压力管道的规章制度。

4）参与压力管道安装、修理改造、验收等工作。

5）制定压力管道的检验、检修、改造和报废等工作计划，并负责实施。

6）组织对操作人员的教育和培训，检查操作人员执行安全操作规程和制度情况，及时发现和制止违章操作行为。

7）组织和参与事故应急救援预案的编制和演练，对压力管道事故或故障进行分析，总结经验教训，提出预防措施和建议。

8）负责对有关信息的登记和统计。

五、压力管道的安全管理制度

包括如下管理制度：

1）压力管道使用登记管理制度。

2）压力管道的技术档案管理制度。

3）操作人员的培训考核、持证上岗制度。

4）巡看查验及维护保养制度。

5）压力管道标志管理制度。

6）压力管道安全操作规程。

7）压力管道定期检验制度。

8）安全保护装置和安全附件管理制度。

9）特种设备事故报告制度。

第二节　制冷压力管道事故的自救和防护

事故现场人员、应急救援人员因自我防护或施救措施不当会引起额外伤亡扩大或再次发生次生事故或爆炸，造成更严重后果，因此使用单位（企业）要对制冷管道事故的自救和防护予以高度重视，配备足够的防护用品和救护器具，应根据事故发生形式和危害情况制定人员自救和防护制度与方法，加强安全培训和教育，提高职工的安全意识，使其掌握自救、互救和防护知识、技能。应通过应急演练，提高应急处置能力，杜绝在施救过程中由于措施不当导致事故扩大或发生次生事故。

一、易燃易爆介质泄漏或爆炸的自救和防护

1）压力管道操作人员应熟悉本岗位管道的工艺流程、管道介质流动控制方法，以及消防应急器材存放地点和使用方法。事故发生时应立即做出判断，确定先进行人员抢救及切断泄漏源，同时按事故应急救援预案要求向上级报告事故情况。

2）事故现场除抢救人员外，其他无关人员必须立即撤离现场到安全地带。人员撤离时应选择上风口，转移到通风较好的地方。

3）设置安全警戒线和警示标牌，并有专人进行警戒，严禁无关人员进入事故现场。

4）抢救人员要穿戴安全防护服和配备保护器具，严禁抢救、抢修人员携带火源在安全警戒线内进行抢险救灾等活动。

5）现场抢修时应有专人在旁进行监护，准备消防器材等，随时做好突发情况抢救工作，保证操作人员的安全。

6）对易燃易爆介质泄漏的重点是控制火，以防发生闪燃、爆炸、火灾等二次事故。

7）对泄漏事故首先应考虑切断介质来源，如泄漏较大或无法控制泄漏时必须考虑人员撤离现场，等待外部救援，切不可盲目进行无谓操作，一切以生命为重。

二、有毒有害介质泄漏或爆炸的自救和防护

1）有毒有害介质也同时具备易燃易爆性质时，也应按上述要求做好自救和防护准备工作。

2）有毒有害介质（如氨）车间、场所必须配备有防毒面具、防毒服、氧气或空气呼吸器，以及一定药品等。氨机房应设置漏氨检测仪自动报警。

三、火灾的自救和防护

1）火灾的自救和防护要做到防患于未然，企业要预先制定突发火灾情况人员的自救和防护规定和方法，配备必需的消防器材和用品，并有进行演练，人人要掌握灭火知识和灭火器材的使用。

2）氨管道输送的是易燃易爆有毒介质，因此发生火灾一般要先切断氨介质的来源。

3）发生火灾后在撤离时遇到浓烟要马上停下来，千万不要试图从烟火中冲出，应在浓烟中采取低姿势爬行。火灾中产生的浓烟由于热空气上升的作用大量的浓烟将漂浮在上层，因此在火灾中离地面 30cm 以下的地方还应该有空气。因此，在浓烟中应尽量采取低姿势爬行，头部尽量贴近地面。另外，采取湿毛巾捂住口鼻撤离也是一种方法。

4）火场烧伤的救治方法如下：

① 当衣服着火时，应采用各种方法尽快灭火，如水浸、水淋、就地卧倒翻滚等，千万不要直立奔跑或站立呼喊，以免助长燃烧，引起或加重呼吸道烧伤。灭火后伤员应立即将衣服脱去，如衣服和皮肤粘在一起，可在救护人员的帮助下把未粘的部分剪去，并对烧伤处进行包扎。

② 纯烧伤人员可饮服淡盐水等，但呼吸道氨灼伤、中毒者严禁单纯喝开水、矿泉水和自来水。

③ 对烧伤创面尽量不要弄破水泡，防止创面继续污染，避免加重感染和加深创面，对创面应立即用三角巾、大纱布块、清洁的衣服和被单等，给予简单而确实的包扎。

④ 迅速将伤员送往临近医院救治。

第五章 氨制冷设备的操作规程

第一节 125及170系列氨压缩机的操作规程

一、125及170系列氨单级压缩机的操作规程

1. 开机前的准备工作（指整个系统没开机）

1）开启冷凝器的冷却水系统，并检查是否正常。

2）查看车间开机记录，了解停机原因，如果因事故停机或机器的正常修理，则必须详细检查修复及试机情况。

3）检查压缩运转部位有无障碍物，将联轴器转动两三圈。若有卡住现象，则应查明原因并加以消除。

4）检查曲轴箱油面，正常油面应不得少于玻璃视孔的1/2(侧盖只有一个视孔的)。

5）检查曲轴箱压力，如果压力超过0.3MPa，则必须进行降压处理。

6）检查能量调节是否在"零位"或最小位置。

7）检查油三通阀是否在"运转"位置。

8）检查各压力表阀是否打开（一般没关）。

9）检查高低压阀门是否出于工作状态。

10）打开压缩机冷却水套进水阀。

11）转动滤油器手柄一两圈。

2. 开启程序及注意事项

1）打开排气阀，同时起动压缩机。

2）缓慢开启吸入阀，同时调整能量调节阀至所需位置。如果出现回气过湿或液击现象，则必须迅速关小吸入阀，调整能量调节阀至最小位置，必要时应停机处理。

3）观察压缩机的电动机电流情况，如读数剧烈升高不正常，应停机找出具体原因。

4）做好开机记录。

目前发现仍有个别冷冻厂的制冷车间没设每日记录本，这是很不好的现象。做好制冷车间每日系统运行登记记录，对车间的检修和安全工作很重要。现在各地车间的记录本格式也各不相同，在本书附录F中列有两个厂家的记录表格，供有关企业参考。

二、125及170系列氨双级压缩机的操作规程

1. 开机前的准备工作（指整个系统没开机）

1）对单机双级压缩机开机前的准备工作与单级压缩机的各项开机准备工作相同。

2）检查中间冷却器上各有关阀门是否按工作时的要求开启或关闭。

3）检查中冷器的液面应保持在控制高度或不得超过 50%。

4）检查中间冷却器的压力不得超过 0.6MPa。如果超过 0.6MPa，则应当进行降压。

2. 开机程序及注意事项

1）起动压缩机，同时迅速打开高、低压气缸的排气阀。

2）缓慢地打开高压缸的吸入阀，如发现有液体冲击时应迅速关闭。检查中间冷却器液面情况，等正常后再缓慢打开。

3）当中间冷却器压力降至 0.1MPa 时，将能量调节阀调到正常需要的位置，同时根据电动机的正常电流负荷，缓慢地打开低压缸的吸入阀，如果发现压缩机有液体冲击声时，应迅速关闭吸入阀，检查低压缩循环储液器或氨液分离器的液面，等调整后再慢慢地打开低压缸的吸入阀。注意电动机不要超过额定正常电流。

4）当高压缸排气温度达到 60℃时，可向中间冷却器供液。

5）注意液压泵压力应比曲轴箱压力高 0.2～0.3MPa。

6）根据系统负荷情况开启氨泵及调整有关供液阀。

7）做好开机记录。

3. 停机（指整个系统停机）

1）停机前 15～20min 停止氨泵供液，关闭有关供液阀，适当降低回气压力。

2）关闭中间冷却器供液阀及其他有关阀门。

3）关闭压缩机低压缸吸入阀，并将能量调节调至“零位”，使曲轴箱压力保持 0.1MPa（表压）左右。

4）当中间冷却压力降低至 0.1MPa 左右，关闭高压缸吸入阀。

5）切断电源，同时关闭高压缸与低压缸的排气阀。

6）停机 10～15min 后，关闭供水阀，停止蒸发式冷凝器工作。

7）做好停机记录。

4. 开停机注意的事项

1）机器和设备要定期检修和保养，以保障机器设备经常处于良好状态，避免机器带病运转。

2）对安全设备定期检查和校验，防止失灵，消除不安全因素。

3）经常对员工进行必要的安全生产教育。

第二节　螺杆式制冷压缩机的操作规程

一、第一次开机及停机

开机前，联轴器必须重新找正。第一次开机必须首先检查压缩机各部位及电器元件的工作情况。检查的项目如下：

1）合上电源开关，将选择开关选为手动位置。

2）按报警按钮，警铃响；按消音钮，报警消除。

3）按电加热按钮，指示灯亮，确认电加热工作后按加热停止按钮，加热指示灯灭。

4）按水泵起动钮，水泵起动，指示灯亮；按水泵停止按钮，水泵停止，指示灯灭。

5）按液压泵起动按钮，液压泵指示灯亮，液压泵运转并且旋向正确，将油压差调在0.4～0.6MPa。扳动回通阀或按动按钮，检查滑阀及能量指示装置是否工作正常，最后能级指示"0"位。

6）检查各自动安全保护继电器或程序的设定值、温度、压力等参数。排气压力≤1.57 MPa；喷油温度≤65℃；油压差≥0.1 MPa。

吸气压力保护根据时间工况而定。

二、项目检查后第一次开机的操作规程

1）选择开关为手动开机。

2）打开压缩机排气截止阀。

3）将压缩机卸载至"0"位，即10%负荷位置。

4）起动冷却水泵及载冷剂水泵，向冷凝器、油冷却器及蒸发器供水。

5）起动液压泵。

6）液压泵起动30s后，油压与排气压力差达到0.4～0.6MPa，按压缩机起动按钮，压缩机起动，同时阀A也自动打开。电动机正常运转后A阀自动关闭。

7）观察吸气压力表，逐步开启吸气截止阀并手动增载，注意吸压力不要过低。压缩机进入正常调节油压调节阀，使油压差为0.15～0.3MPa。

8）检查各部位压力、温度，尤其是运动部件的温度是否正常。如果有不正常情况，则应该停机检查。

9）初次运转时间不宜过长，30min后可以停机。停机顺序为卸载、停主机、关吸气截止阀、停水泵，完成第一次开停机过程。

三、平时正常开机操作规程

1. 开机前的检查

1）查看操作记录，了解上次停机的原因和时间。如果是正常停机，并且停机时间不超过一个月，则可以按正常操作规程开机；如果停机超过一个月或维修后开机，则需由机房主管或班组长主持开机。

2）检查系统情况，低压循环桶和中间冷却器液位是否在30%～50%。如果液位过高，则应先开启氨泵向系统供液或通过排液阀向排液桶排液，将液体降至50%以下。

3）检查压缩机油位是否在上油镜1/2以下和下油镜1/2以上，检查能级指示是否在"0"位，检查压缩机各阀的状况。

2. 开机操作

以上检查正常后，才可开始开机。

（1）手动开机 与第一次开机过程相同。

（2）自动开机 步骤如下：

1）打开压缩机排气截止阀，起动冷却水泵及载冷剂水泵。

2）按压缩机起动按钮，这时液压泵自动投入运转，滑阀自动退回"0"位。油压差建立起来之后，延时15s左右，主电动机自动起动，同时旁通电磁阀A自动打开。电

动机正常运转后，A 阀自动关闭。

3）在主电动机开始起动时，应同时缓慢打开吸气截止阀，否则过高的真空将增大机器的振动和噪声。

4）将自动增载至 100% 进入正常工作状态，并根据压力设备设定值或载冷剂温度设定值自动调整载荷位置。

四、平时正常停机操作规程

（1）手动停机　与第一次开机的停机过程相同。

（2）自动停机　步骤如下：

1）按压缩机停止按钮，滑阀自动退回"0"位，主电动机自动停止，同时旁通电磁阀 B 自动打开，液压泵延时自动停止，停机后 B 阀自动关闭。

2）闭吸气截止阀。如果长期停机，排气截止阀也应关闭。

3）关闭水泵电源及压缩机电源开关。

五、运转中应注意的事项

1）压缩机运转中应注意观察排气压力、吸排气温度、油温和温压，并做好记录，要求仪表是准确的。

2）运转过程中由于某项安全保护动作自动停机，一定要查明故障原因方可重新开机，绝不允许通过设定值或屏蔽故障的方法再次开机。

3）突然停电造成主机停机时，由于旁通电磁阀 B 不能开启，压缩机能出现倒转现象，这时应迅速关闭截止阀，减缓倒转。

4）压缩机如果在气温较低的季节长期停机，应将水系统中的水全部放净，以避免冻坏设备。

5）如果在气温低的季节开机，先开启液压泵，按电动机旋转方向盘动联轴器，使油在压缩机内循环，充分润滑。这个过程一定要在手动开机方式下进行。

6）如果机组长期停机，应每隔 10 天左右开启一次液压泵，保证压缩机内各部位有润滑油，每次液压泵开动 1h，每 2～3 个月开动一次压缩机，每次 1h，保证运动部件不会粘在一起。

7）每次开机前，最好拔动压缩机几圈，检查压缩机有无卡阻情况，并使润滑油均匀分布各部位。

第三节　低压循环贮液器的操作规程

低压循环贮液器的操作规程如下：

1）在使用低压循环贮液桶时，应开启进气阀、出气阀、出液阀、指示器阀、压力表阀、安全阀；关闭放油阀、排液阀、加压阀；由液位控制器控制供液阀的开关。

2）在使用低压循环桶时，严格控制液体，最高液位不得超过 60%，最低液位不得低于 20%。

3）低压循环桶在使用中须及时放油，以保证氨泵的正常上液和提高蒸发器的传热效果。

4）开启低压循环桶回汽阀时，必须缓慢开启。若气声过大，必须断断续续开启阀门。若需加压排液，则先关闭贮液桶进、出气阀和进、出液阀。缓慢打开加压阀，缓慢加压。低压循环贮液器的压力一般不得超过 0.6MPa。

第四节　中间冷却器的操作规程

中间冷却器用于双级或多级压缩机制冷系统中。中间冷却器能将压缩机低压级排出的过热蒸气冷却为中间压力下的饱和蒸气。同时可对高压氨液进行过冷，从而提高制冷系统的制冷量。中间冷却器如图 5-1 所示。

中间冷却器的操作规程如下：

1）检查各阀门等是否正常。

2）检查中间冷却器内的压力，如果压力超过 0.6MPa，则应先进行排液减压工作。

3）当压缩机排往中间冷却器温度上升至 60℃时，根据液面开启供液阀（自控也要开启供液阀），向中间冷却器供液。

4）中间冷却器液面应保持在 50% 左右。

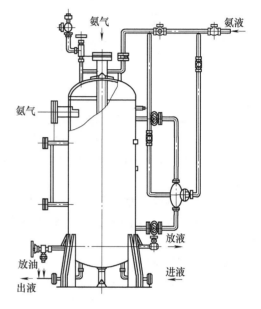

图 5-1　中间冷却器

5）中间冷却器的压力应保持在 0.35~0.45MPa，一般不超过 0.6MPa 。

6）中间冷却器应根据情况经常放油。

7）当中间冷却器停止使用时，供液阀应关闭，其他各阀门一般不作任何调整。

第五节　贮液器的操作规程

贮液器又称高压贮液桶。在制冷系统中是用以调节和稳定氨液循环量，并贮放氨液。贮液器如图 5-2 所示。

氨液贮液器的操作规程如下：

1）贮液器在使用前，应检查玻璃指示器及防护装置（或板式液位指示器）是否完好，检查压力表的灵敏度和准确性是否符合使用要求。

2）检查压力表和安全阀的控制阀及与冷凝器相连边的均压阀是否开启，放空气阀和放油阀是否关闭。

3）开启进液阀和出液阀，如果是若干个贮液器相连，应将液体均压阀开启，液体和气体均压阀一般都是常开的。

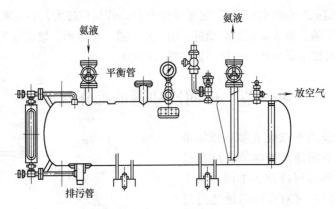

图 5-2　贮液器

4）如果需要调整液面指示器控制阀时，应先开启指示器上部的控制阀，再开启下部的控制阀。关闭时程序相反。正常工作时，两只控制阀是开启的。

5）贮液器工作时的液面应保持在 30%～80%，操作时液面应避免有忽高忽低的现象。

6）贮液器内的压力应近似冷凝器的压力。

7）若贮液器长期不使用，则应将进出液阀门关闭。其余各阀若无特殊情况，一般不进行任何调整。

高压贮液器的存液量一般不超过 80%，但也不低于 30%。这是因为液体的压缩性很小，在容器阀门关闭或安全阀失灵情况下，液体受热温度升高即会因此体积增大而压力增高。所以 20% 充气部分实为膨胀缓冲余地，以避免发生爆裂事故，同时也作为系统制冷剂循环状况的观察空间，以此空间或液位的变化来判断和调节操作过程。此外，由于贮液器供液管是伸入桶内接近底部的位置的，规定存液量不少于 30% 是为了不使供液管路露出液，避免高压气体进入低压系统，从而保障系统正常供液。

贮液器的 80%～90% 一般为容器直径高度的 75%～80%（卧式），如果冻结生产负荷较大或系统负荷波动较大，则宜选用稍大的贮液器。容器的存液量则以液面计高度的百分比为依据。

经验提示：福建省泉州市晋江某冷冻厂有两个 $3m^3$ 的贮液器，一次发现其中一个贮液器的一只阀门与桶体连接管一处焊缝氨气泄漏，还好当时液面不高，能停掉一个贮液器使用，很顺利地进行了维修处理，没怎么影响正常工作。如果只有一个贮液器，液面又较高，出现以上情况系统还得停止工作就不大好处理了。因此，《冷库设计规范》对采用氨制冷系统的大、中型冷库，要求高压储液器的配备不能少于两台，有一定规模的冷库，如有场地一般应设置两个以上贮液器为好。广东省汕头市某冷冻厂（单层冷库），只有设计一个 $10m^3$ 的贮液器，因直径大，安装后高度较高，操作比较不方便，该厂机房场地较大，如果设计改为两个 $5m^3$ 的贮液器，对维修或平常操作可能会较好。也有个别冷冻厂有场地，但只采用一个 $15m^3$ 的贮液器，操作显然更不方便。

根据有关规定，为了安全起见，对机房内或机房外的储氨器应在其罐体上方设置水喷淋保护系统，当发生氨泄漏或火灾时，打开喷头可稀释事故漏氨，以利于及时抢修或防火。

第六节　排液桶的操作规程

排液桶（也称排液器）在制冷系统中用于暂时贮存氨液或蒸发排管冲霜时排出的低压液体和油，因此又称为低压排液桶。排液桶与贮液器结构基本一样，有的冷冻厂就直接购买贮液器作为排液桶使用，只是在安装时接管不同。排液桶如图5-3所示。

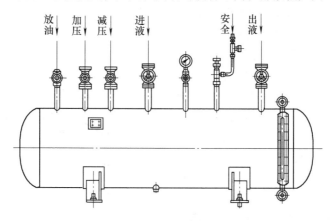

图5-3　排液桶

排液桶的操作规程如下：

1）排液桶在使用前应检查各阀门是否处于正常状态。

2）打开排液桶上的减压阀，将压力降到与系统回气压力相等。

3）打开排液桶的进液阀，在冲霜排液过程中要注意排液桶内液面不得超过80%，进液完毕（指正常冲霜排液）应关闭进液阀，等排液桶内的氨液静置20～30min后进行放油。

4）放油后暂停高压贮液器的供液，先把排液桶的氨液送到系统蒸发器中。如果排液桶内压力较低，氨液不易排出时，可向排液桶内加压排液，但压力一般不要超过0.6MPa（加压后一般把热氨阀关闭）。

5）液体排完后，关闭从排液桶至总调节站的有关供液阀，打开从高压液桶至总调节站的供液阀，恢复系统正常工作。

6）缓慢打开排液桶上的降压阀，待排液桶内的压力降至系统回气压力后关闭，恢复正常状况。

经验提示：目前有些冷冻厂的制冷系统一般设计有排液桶，也有部分冷冻厂没设置排液桶。如果系统没有设置排液桶，而是冲霜时直接排往低压循环贮液器，则冲霜操作时应谨慎操作，以免因冲霜压力较高而造成压缩机倒霜。现在有些厂家的操作人员技术素质不是很高，有的冷冻厂长期没冲霜，要冲霜一次时间较长（排管霜层较厚）。据了解有的操作人员图快，冲霜压力较高或低压循环桶液面高而造成压力达到0.8～1.0MPa，如果冲霜操作不是很熟练，常常因冲霜造成压缩机倒霜，所以如果没设排液桶，除了对其他库的正常降温工作影响较大外，冲霜操作时也得十分小心。因此，制冷系统最好设置排液桶。

第七节　油分离器的操作规程

油分离器是利用油、氨的密度不同，把压缩机经压缩后排出的氨油混合气体经过直径较大的容器，减低其流速和改变其流动方向，使油从其中沉降后分离。洗涤式油分离器如图5-4所示。这种油分离器用于氨制冷装置。在油分离的下部保持一定高度的氨液液面，压缩机的排气从顶部管子直接进入氨液中，经氨液洗涤使氨气中的油滴分离后由上部侧面的管子引出进入冷凝器中。润滑油的分离除了依靠减速、改变流向及氨液的洗涤作用外，还经氨液冷却，有助于油蒸气的凝结及细小油滴的凝聚和分离。洗涤式油分离器其进液口比冷凝器的出液口低250mm左右，以保持油分离器的液位。油分离器的进液管应从冷凝器出液管的底部接出。在氨制冷系统中，为了避免制冷压缩机排气中的冷冻油进入系统，都设置有各种形式的油分离器，应熟悉它们的操作方法。

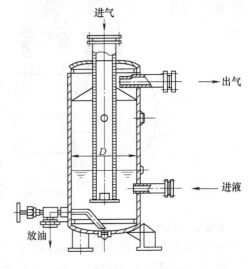

图5-4　洗涤式油分离器

一、洗涤式油分离器的操作规程

1）放油最好在运行停止时进行。

2）为了减少氨的损失，保证操作安全，必须通过集油器进行放油。

3）放油前先打开油、氨分离器的进、出气阀和洗涤阀，放油阀应关闭。

4）放油前先关闭洗涤阀，约等10min，再开启放油阀。油放净后进行相反操作，恢复正常使用。

5）设有清污孔的，每年至少进行一次清污工作。

6）进行清污时应关闭进出气阀和洗涤阀，开启放油阀减低容器内的压力，将容器内残余的氨液抽净，直至容器的外壳霜层全部溶化，使容器处于真空状态。应注意安全，在清污时必须戴好防毒面具和橡皮手套。

7）清污后做好复原工作，对容器必须进行试漏检查工作，符合要求才能投入正常使用。

二、离心式油分离器

在氨制冷系统中也有采用离心式油分离器的。图5-5所示为离心式油分离器，压缩机的热氨气体沿切线方向进入分离器，经导叶片呈螺旋形流动，在离心力的作用下使氨制冷剂蒸气中的油滴被分离出来沿壳体的内壁留下，而氨蒸气则经过过滤网的过滤后由中间管子导出。分离后的油积存在分离器的下部，再经浮球阀返回到压缩机的油系统，或定期通过集油器排放。

三、其他油分离器

除了上述两种外，氨制冷系统还有填料式油分离器和滤网式等油分离器等，如图5-6～图5-8所示。各式分离器的分油效果与油分离器的结构、热氨蒸气的温度、油含量等因素有关。其操作规程也差不多。

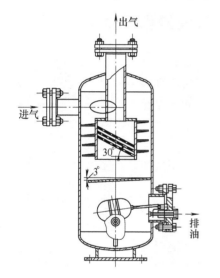

图 5-5　离心式油分离器

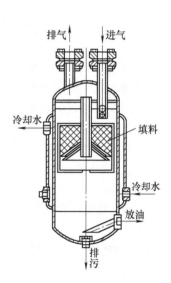

图 5-6　填料式油分离器

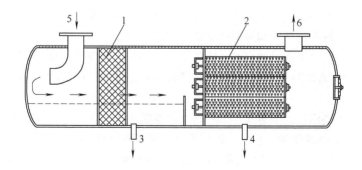

图 5-7　卧式滤网油分离器

1—金属丝网垫　2—聚合体滤芯　3—油至润系统
4—油至吸气　5—进口　6—排出口

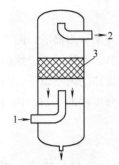

图 5-8　立式滤网油分离器
1—进口　2—排出口　3—金属丝网垫

第八节　集油器的放油操作规程

集油器的作用是用来收集制冷系统油分离器或其他设备内的润滑油，并在低压状况下将油放出。用集油器排放系统中分离的润滑油，可以减少氨的损失，并且能确保操作人员的安全。集油器如图 5-9 所示。

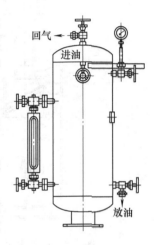

图 5-9　集油器

集油器的操作规程如下：

1）集油器放油前应将容器内的存油放空，并关闭放油阀和进油阀。

2）开启抽气阀，当容器内压力降至接近回气压力时关闭抽气阀。

3）开启进油阀，在压差作用下把有关设备中的润滑油通过管道及进油阀导入集油器。集油器的进油量不宜超过集油器容积的 70%，当压力升高时可关闭进油阀重复放油。若进油阀后面的管道上出现发潮或结霜时，可视为已放油到位。

4）关闭集油器的进油阀和有关设备的放油阀。

5）进入集油器中的润滑油混有一定的氨液或氨气，一定要稍等片刻，让容器内的氨液吸热蒸发后，再慢慢打开集油器的抽气阀，等集油器内的压力降至近似回气压力后关闭抽气阀。

6）将集油器的润滑油静置 10~20min，观察集油器压力。如果压力回升，可向集油器外壁浇水，以加速氨液的蒸发，再慢慢开启抽气阀，直至压力不再升高为止。

7）抽气结束后稍微开启放油阀，容器内的油会由于压差和自重的作用而排出集油器。

8）放油完毕，各阀恢复原状。

9）做好放油数量的记录。

为了保证安全操作，放油时操作人员应戴好橡胶手套，且在放油期间不得离开现场，以免发生安全事故。

第九节　空气分离器的操作规程

空气分离器又称为不凝性气体分离器。空气分离器的作用是将制冷系统中不凝性气体和氨分离开，并将不凝性气体排出系统外，从而使制冷系统维持正常的冷凝压力，降低能耗成本，提高制冷效率。空气分离器的形式一般有立式及卧式两种。

1. 卧式空气分离器

卧式空气分离器由四重套管组成，因此习惯又叫四重管式空气分离器。其结构如图 5-10 所示。

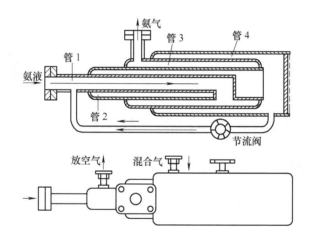

图 5-10　卧式空气分离器

卧式空气分离器的操作规程如下：

1）开启冷凝器或贮氨器的放空气阀。

2）开启回气阀，微开节流阀，使氨液节流后进入空气分离器内吸热蒸发成为气体，由回气管流回。

3）开启混合气体阀，微开放空气阀。此时，空气分离器内的混合气体被冷却降温，大部分氨气被冷凝成液体留在下部，空气被降温但不冷凝仍处于设备上部。

4）稍微开启放空气阀，空气即被放出制冷系统。

5）在排放空气时，节流阀开启度可视回气管道上的结霜情况而定。一般结霜长度以 0.5 ~ 1.5m 为宜。

6）放空气器外壳不应全部结霜，结霜量达到容器的 50% 时，即应关闭节流阀，开启液体回流阀和开启节流阀，将管内冷凝的氨液排出去。交替供液，直至放空气工作结束。

7）在放空气时，要注意观察装水容器内水的变化情况。如果水内出现气泡上升，说明放出的是空气；如果水渐渐呈乳白色，气泡变小，并发生轻微的爆裂声，水温上升，并有较重氨味，说明放出的是氨气，可以停止放气。

8）停止排放空气时，先关闭混合气体进气阀，稍等一会儿将放空气阀和节流阀关闭，然后开启液体回流阀，等回气管上霜层融化后将液体回流阀关闭。

9）将冷凝器与高压贮液器上的放空气阀关闭。

卧式放空气器安装时，应注意进氨液的一端要稍高一些，高度差一般在 30 ~ 50mm，以便被分离下来的氨液流进旁通管。

2. 立式空气分离器

立式空气分离器（见图 5-11）与卧式空气分离器原理一样。

立式空气分离器的操作应注意以下几点：

1）节流阀开启不宜过大。因为空气分离器冷却面积不大，若供液过多容易引起压缩机湿冲程。一般节流阀的开启度应控制在回气管结霜长度不超过 1.5m。

2）放空气阀应开小些，以降低容器内气体的运动速度，使混合气体来得及被冷却和冷凝，以减少带出的氨气量。

3）混合气体进气阀应开大些，以充分发挥空气分离器的作用。

4）放空气结束后，为防止空气分离器的压力升高，回气阀应常开。

除了以上用手动操作的空气分离器外，还有一种将系统中的空气和不凝性气体自动排至系统之外的自动空气分离器。此种设备由于常出故障等，所以实际使用的厂家不是很多。

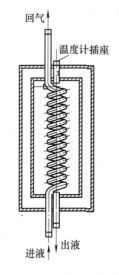

图 5-11　立式空气分离器

第十节　氨泵的操作规程

氨泵一般有立式和卧式两种，如图 5-12 和图 5-13 所示，其操作规程大体一致。

1. 开泵前的检查事项

1）检查停泵原因。

2）检查氨泵周围是否有障碍物。

2. 开启氨泵操作

1）开启氨泵的抽气阀、进液阀和出液阀。

2）接通电源，起动氨泵，等电流表和压力表指针稳定后关闭抽气阀，氨泵投入正常运行。

3. 停泵操作

1）关闭循环贮液器的供液阀和氨泵的进液阀。

2）切断电源。

3）关闭进液阀、出液阀，开启氨泵抽气阀，等压力降低后关闭抽气阀。

4. 氨泵的操作应注意事项

1）氨泵的出液压力一般不得超过 0.6MPa，压力表指针稳定。单级泵的电流应在 6A 左右，双级泵的电流应在 13A 左右。

2）氨泵运转时应发出较沉重、有负荷的声音，没有杂音出现。

3）为保证氨泵的正常上液，低压循环保持规定液位。

4）压差继电器在工作状态下如果氨泵不上液体，可间隔 1min 再开启一两次。

5）应做好开、停氨泵记录。

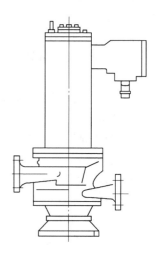

图 5-12　立式氨泵

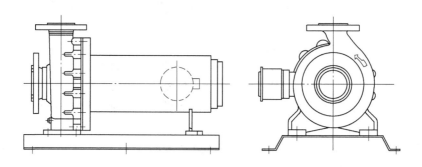

图 5-13　卧式氨泵

第十一节　氨系统热氨冲霜的操作规程

冷库制冷系统的蒸发器表面温度比库内的空气温度和冷藏货物表面温度低，由于有温度差，导致有水蒸气分压力差，由此推动库内空气及冷藏货物表面的水分不断向蒸发器表面迁移，并在蒸发器表面逐渐凝结成霜层。蒸发器结霜后会导致热阻增加，使传热系数下降，所以应根据霜层厚度或库房货物情况采取措施清除霜层。一般热氨冲霜选择在货物大量出库或转库以后，库内无货时进行。如果较长时间没有进行过冲霜，而库房内又有长期存放的货物，则可在货物上加盖帆布等进行冲霜及扫霜。

冷库蒸发排管融霜的方法很多，但冷库一般还是采用热氨冲霜。因为热氨冲霜不但可以清除蒸发器表面的霜层，还可以借此冲刷蒸发排管内的积油与污物，从而提高系统的制冷效率。

热氨冲霜的操作规程如下：

1）热氨系统冲霜前，应先关闭该冲霜库房的供液阀，并通知库房管理人员做好扫霜准备。

2）检查排液桶或低压缩机贮液桶的液面和压力，必要时进行排液减压，使其处于待工作状态。

3）检查排液桶上各阀，确认它们处于工作状态，开启冲霜与排液总管上的有关阀门，使其畅通。

4）等冷库蒸发器排管（或冷风机）内氨液抽空（观察一定时间内回气压力没有回升）后关闭待冲霜库房的回气阀。

5）缓慢打开热氨冲霜阀门进行冲霜，注意等一会儿再开启排液阀，以把管内的少量氨和油排到排液桶内。当阀体上的霜层有些融化时，可以关小排液阀。注意系统内的压力不得超过0.8MPa。冲霜压力一般控制在0.3~0.6 MPa。

6）冲霜时，操作人员不得离开现场，应随时检查冲霜情况，必要时加以人工扫霜。根据库房管外霜层融化脱落情况，停止冲霜工作，并通知库房管理人员做好清扫工作。

7）停止冲霜时，应先关闭热氨冲霜阀门，稍等一会儿（等该库回气压力接近整个系统回气压力时）再关闭排液阀，然后缓慢开启该库房回气阀门。禁止将回气阀迅速打开。回气阀开足后，再开启该库房的进液阀，恢复该库房的正常降温工作。

一般冷库大多设置冲霜排液桶。如果系统没有设置排液桶，而是直接排往低压循环贮液器，则冲霜操作时应谨慎操作，以免因冲霜压力较高而造成压缩机倒霜。

冷库在冲霜时各地发生的事故很多，造成了很大的经济损失，因此要冲霜时应先做好准备工作，认真操作，避免发生事故。

第十二节　冷风机水冲霜的操作规程

冷风机水冲霜操作规程如下：

1）关闭液体调节站上需冲霜库房的供液阀，保持对冷风机蒸发器的抽气状态。

2）等蒸发器中的液氨大部分蒸发（15~30min）后关小气体调节站上需冲霜库房的回气阀。

3）停止冷风机的风机。

4）检查并起动冲霜水泵，开启冲霜水阀门，向冷风机蒸发器淋水，注意蒸发器的淋水情况，避免局部水量不足而结冰。

5）注意检查冲霜排水情况，防止下水道堵塞，冲霜水溢出水盘。

6）冷风机水冲霜过程中，不得关闭气体调节站的回气阀，以防蒸发排管内压力过高。回气阀开启的大小应该以维持蒸发器内的压力为准。冲霜压力一般控制在

0.3 ~ 0.4 MPa。较难冲霜的，冲霜压力一般是控制在 0.5 ~ 0.6MPa。

7）冲霜完毕，关闭冲霜水系统。

8）等冷风机蒸发器上的水滴净后稍微开大吸气阀门，降低回气压力，根据库房负荷情况适当开启有关供液阀门，恢复冷风机正常制冷状态。

第十三节　冷风机热氨与水结合除霜的操作规程

冷风机热氨与水结合除霜操作规程如下：

1）检查低压循环桶的液面和压力，必要时进行降压、排液处理，使低压循环处于准备工作状态。提前关闭或关小供液阀门，使其液面不超过40%，以容纳融霜排液。

2）关闭液体调节站上需冲霜库房的供液阀，保持对蒸发器的抽气状态。

3）等蒸发器中液氨大部分蒸发（15 ~ 30min）后关闭冷风机的风机，关闭气体调节站上需冲霜库房的回气阀（注意，对于蒸发温度低于 − 40℃的氨泵供液的制冷系统，融霜前的抽气过程尤为重要，不抽气蒸发器集管或回气管道易发生"液爆"现象）。

4）开启液体调节站需冲霜库房的排液阀、总排液阀，稍微开启低压循环贮液桶的冲霜进液阀（节流阀）。注意，排液桶的液面不得超过80%，在热氨融霜过程中，低压桶进液阀要间歇开关，不能常开，也不能开启过大，尤其到冲霜排液行将结束时更不能开启过大。

5）开启气体调节站的热氨总阀和需冲霜库房的热氨阀，注意冲霜时热氨压力不应超过 0.6MPa。

6）热氨融霜5min以后，检查并起动冲霜水泵，开启冲霜水阀门，向冷风机蒸发器淋水，注意蒸发器淋水情况，防止冲霜水溢出水盘。

7）蒸发器的霜全部除去后，关闭冲霜水系统。

8）等冷风机蒸发器上的水滴净后关闭气体调节站上需冲霜库房的热氨阀和总热氨阀，关闭液体调节站上需冲霜库房的排液阀、总排液阀和低压循环储液桶的冲霜进液阀（节流阀）。

9）缓慢开启气体调节站的回气阀，当蒸发器的回气压力降低到系统蒸发压力时适当开启液体调节站的有关供液阀，恢复冷风机的工作状态。

除霜操作注意事项归纳如下：

1）无论采用何种融霜操作方式，严禁一边冲霜一边制冷。否则，蒸发器集管或回气管道易发生"液爆"现象。

2）冲霜过程中要保证冲霜水的压力，避免局部水量因不足而结冰，造成冰堵。

3）注意检查冲霜排水情况，防止下水道堵塞，使冲霜水溢出水盘，淋坏库房货物。

4）每次冲霜完后一定要关好相关阀门，低温库一定要放掉冲霜水管内的积水。

5）冲霜时一定要控制好低压桶的压力不超过 0.6 MPa，防止压力降低使氨液大量回流造成管道振动和液爆。

6）高温库采用停机融霜的方法：停止压缩机运转，打开冲霜水冲霜即可。

7）高、低温库冲霜时要控制好各库的连接时间，尽量缩短冲霜时间。

8）操作人员要合理安排各库的冲霜顺序。对库温要求较高的库要留到最后再冲霜，以免该库长时间处于高温状态，造成货物不可预见的损坏，如冰激凌库房等。

第十四节　制冷系统加氨的操作规程

1. 操作人员

加氨工作应由熟练工进行。

2. 加氨前的准备工作

1）准备好加氨工具及防护用品。

2）操作人员必须戴上橡胶手套。

3）检查低压循环贮液器的液面和压力，必要时应进行降压和排液处理，要使低压循环贮液器处于准备工作状态。

4）加氨操作人员必须和机器运转人员密切配合，使贮氨器液面保持在 60% 以下。

5）加氨站接上加氨管和压力表，加氨槽车与加氨管连接牢固。

3. 加氨操作

1）关闭总调节站上的总供液阀。

2）关闭总调节站上的无关阀，打开有关的阀门及三个加氨阀。

3）打开加氨站上的加氨阀，开启加氨槽车上的出液阀，进行加氨。操作人员必须背对槽车的出液口，以防氨液喷出伤人。

4）当加氨管上压力表的压力降到与系统的蒸发压力相等时，加氨槽车上及接连管上结霜，且开始融化，发出振动罐声时表明氨已加完。关闭槽车上出液阀，同时关闭加氨管组上的总阀及氨站加氨阀。

5）对系统加氨完毕后，关闭加氨管上各阀门和加氨站上的加氨阀、总调节站上的加氨阀。

6）开启总供液阀，恢复正常运转。

7）加氨完毕后，打开室外加氨阀，将加氨管与大气相通排空后再关闭室外加氨阀，将备用管管口包好留存。

8）将加氨站各阀门铅封、管口包好，以防雨水及杂质进入管道。

第十五节　平板冻结器的操作规程

平板冻结器是一种接触式冻结装置，它专门用于冻结各种肉类和食品。冻结器的工作原理是将食品放入平板之间的空隙平面内，通过平板内部氨液的蒸发吸热，使食品降温冻结。平板冻结器一般由铝合金材料制成。该装置与普通冻结间的无缝钢管相比，具有传热系数大、占地面积小、食品冻结干耗低、产品质量好、能耗仅为送风冻结装置的

70%、可以在常温车间进行生产和维修简便等优点。它的缺点是不适于冻结形状不规则、厚度较大和不能挤压的食品，只能冻结一种厚度的产品，并且产品容易变形，不便于机械化和自动化操作。

平板冻结器有卧式和立式两种类型。平板冻结器采用氨泵 -33℃制冷系统效果比较好，也有用于 -15℃制冷系统的，其操作方法一样。用于 -15℃系统立式平板冻结器的操作规程如下：

1）平板冻结器使用前应先检查液压驱动机构、固定架与活动框架等主要部位有无障碍，平板与托架是否紧密接触，同时检查氨系统有关阀门启闭是否正常，检查液压泵转动是否灵活。

2）起动液压泵，当液压泵运转声音正常后，开启电磁换向阀的"松开"按钮，使平板沿水平方向拉开所需距离（两块板间最大间隙为 112.5mm），准备装货。

3）冻结品装入量应低于水平板上沿 30mm。然后再起动电磁换向阀的"压紧"按钮，用压紧液压缸的传动装置将平板压紧。

4）缓慢打开氨系统的回气阀，防止压缩机的液压冲击，然后开启供液阀，开始正常降温。经 2～4h 温度达到 -15℃时，冻结工作完毕。关闭供液阀，开启排液阀进行排液。

5）关闭回气阀和排液阀，打开热氨冲霜阀向平板内供热氨，等压力升至 0.6～0.8MPa 时打开排液阀，使热氨在平板内流通，排液工作可以反复进行，直至冲霜结束。热氨冲霜 2～3min（或根据实践经验确定冲霜时间）后开启托盘的进水阀，使托板融霜。

6）关闭冲霜和排液阀，微开回气阀，起动液压泵，开启电磁换向阀的"松开"按钮将平板拉开。然后开启升降液压缸的电磁换向阀的"上升"按钮，提升平板使其与冻结物脱离，并关闭进水阀。

7）开启推料液压缸的电磁换向阀按钮，将推料板冻结物推出，然后将推料液压缸复位。

8）按动升降液压缸电磁换向阀的"下降"按钮，使活动框架下降，平板与托板又恢复了紧密的接触。

第十六节 冷库电梯的操作管理规程

我国多层冷库都采用电梯垂直输送货物。电梯在投入使用前必须经当地特种设备检验部门验收，领取电梯使用证并在有效期内使用。多层冷库电梯是根据库房容量的规模来选用载重量及台数的。目前，大、中型冷库一般选用 3t/台或 5t/台。选用电梯除了选择规定内容积适合的轿厢尺寸外，还应注意选用电梯的运行速度，冷库绝大多数选用 0.5m/s 的电梯。某厂后期 2 万 t 冷库选用运行速度为 0.25m/s 的 5t/台电梯，但据操作工人讲，其同样时间的运输量还不如 0.5m/s 的 3t/台电梯。1m/s 的电梯目前冷库还没有采用。冷库电梯的操作管理规程如下：

1）电梯操作人员和维修人员应相对固定。

2）电梯使用前应检查主要部件及其润滑、电控是否良好可靠，发现有故障应停止使用，修复后才可再使用。

3）电梯装载货物质量不得超过额定装载质量，腐蚀物品、腐烂物品和易燃易爆危险物品不得进入电梯。

4）货物进入轿厢应合理堆放，不得过高，应避免撞击电梯门、轿厢内壁以及其他设备，造成轿厢变形及设备损坏。非紧急情况不准触动应急警铃。

5）电梯门关好后才可升、降运行。

6）若电梯突然发生故障而停止于楼层之间，轿厢内人员不应慌张，操作人员可按厢内紧急报警按钮报警，等待救援，严禁强行扒、撬轿厢门，应立即通知维修人员进行检修。

7）在电梯运行中如果发现有异响声音、气味或电控等有异常，都应停止电梯使用，并及时进行检修。

8）电梯运行时如果遇到剧烈晃动、照明熄灭、到站不开门或不关门，切勿自行处理，应立即通知维修人员检查维修。

9）发生火灾和地震时，请勿使用电梯，否则会有停梯困人的危险。

10）冷库月台清洁卫生时洗刷地板、墙壁用的水或日常生活用水严禁流入电梯，防止渗入电梯内的电器设备，否则容易造成人员触电或损坏电梯部件，进而导致事故的发生。

11）非安装维修人员不得擅自拆卸、更换、增设电梯设备上的任何零部件。

12）电梯不用或下班时，轿厢应清扫干净，锁好电梯门。

电梯是冷库的重要运输工具，现在好多厂家都采用叉车运输货物，稍不注意就容易与电梯发生碰撞，因此电梯平常应有专职人员定期保养维修，重视安全使用工作，杜绝事故的发生。

第六章 制冷系统的操作与调整

第一节 制冷装置的主要运行参数

制冷装置的运行参数决定制冷装置的经济性和安全性。制冷装置的主要参数包括蒸发温度和蒸发压力、冷凝温度和冷凝压力、压缩机吸气温度和吸入压力、压缩机的排气温度和排气压力、中间冷却器的温度和压力等。这些参数是制冷装置进行操作与调整的重要依据。而这些参数中，最基本的是蒸发温度和蒸发压力、冷凝温度和冷凝压力。

一、蒸发温度 t_0 和蒸发压力 p_0

制冷系统的蒸发温度 t_0 是蒸发器内制冷剂在一定压力下汽化时的饱和温度。它是根据被冷却物体或冷媒的要求来确定的。对于空调系统，其制冷装置的蒸发温度一般比冷媒水的出水温度低 $4 \sim 5$℃。对于直接蒸发式冷库来讲，它的蒸发温度应比冷库温度低 $5 \sim 10$℃。

制冷系统的蒸发温度和它的蒸发压力是一一对应的，因此我们要了解蒸发温度的变化情况，通过观察蒸发压力的变化就可知道。在不考虑回气管的阻力损失（回气管阻力损失较小，一般不大于 0.01MPa）的情况下，可从压缩机吸气压力的变化情况，来判断系统蒸发温度的变化情况。

二、冷凝温度 t_k 和冷凝压力 p_k

冷凝温度 t_k 是气体制冷剂在一定的压力下于冷凝器中被冷凝为液体时的温度。它的高低取决于冷却水的温度，同时也与凝器的面积和传热面的清洁程度有关。

冷凝温度和冷凝压力也是一一对应的。冷凝温度较低，冷凝压力也低。冷凝压力就是压缩机的排气压力（在考虑到阻力损失的情况下，排气压力比冷凝压力稍高一些，一般阻力损失在 $10\% p_k$ 以下），所以冷凝温度的高低，决定了排气压力的高低。按照规定，氟利昂 22 和氨制冷装置的冷凝温度不得超过 40℃，最好不要超过 38℃，否则应考虑增加冷凝器的排热量。

三、压缩机的吸气温度和吸气压力

压缩机的吸气温度是指吸入阀处的制冷剂温度。从理论上讲，压缩机吸入没过热的干饱和气体时效率最高，但是为了保证压缩机的安全运行，防止液击冲缸现象，压缩机的吸气温度要比蒸发温度高一些，即吸的为过热气体。过热温度随回气管的长短、隔热情况等情况而定，一般比蒸发温度高 $5 \sim 10$℃。

压缩机的吸气温度和吸气压力也是一一对应的。通过吸气压力也可了解压缩机的吸气温度。

四、压缩机的排气温度和排气压力

压缩机的排气温度和排气压力是指排气阀口处的制冷剂温度和压力。排气温度和排气压力与压缩比、吸气温度和吸气压力有关。为了保证压缩机的安全运行，氟利昂 22 和氨系统的排气温度不能超过 150℃，排气压力不要超过 1.5MPa（表压）。

五、中间冷却器的温度和压力

在双级压缩制冷系统中，低压压缩机排出的过热气体，在中间冷却中冷却，其相应的冷却温度和压力称为中间冷却器的温度和压力。

中间冷却器的温度和压力与高、低压缩机的容积比、冷凝温度和压力、蒸发温度和压力等有关。如果其中一个参数改变，则中间冷却器的温度和压力也会跟着变动。

以上各种运行参数并不是固定不变的，它们随着制冷系统的调整、外界条件的变化（如气温、库内热负荷等）而变化。因此，操作人员在进行制冷系统操作调整时，必须根据实际情况灵活调整各种运行参数，使制冷系统在最合理、最经济的数值范围内进行安全运行。

第二节　制冷操作人员的安全操作要点

制冷操作人员的安全操作要点如下：

1）对制冷装置的机器和设备一般应制定有安全操作规程，制冷操作人员必须对其严格遵守，确保安全生产。

2）制冷操作人员必须熟悉本厂（单位）的整套制冷工艺系统图，应熟悉各主要设备的名称及规格型号。

3）机房制冷操作人员应做到"四要""四勤""四及时"。

①"四要"：要确保安全运行，要保证库房温度，要尽量降低冷凝压力，要充分发挥设备制冷效率。

②"四勤"：勤看仪表，勤查机器温度，勤听机器运转声音，勤了解库房进出货情况。

③"四及时"：及时放油，及时冲霜，及时放空气，及时清洗冷凝器水垢。

4）机器及设备管道上的各种阀门在开启时应缓慢开启。

5）压缩机运行中，冷凝器不得断水（停止运行）。

6）高压贮液器的液面既不得超过 80%，也不能少于 30%。

7）进行制冷系统加氨或放油等操作时，制冷操作人员应戴好橡胶手套和防毒面具，防止手和脸灼伤。

8）对于与大气相通的备用阀门（调节站等）、加氨阀或速冻间设置的排污（排油）阀，平时应拆下手轮，避免误开。

9）为了避免误操作，调节站的各控制阀应标明位置和用途，各阀门的手轮应挂上启闭牌。

10）对压缩机的运转情况、检修情况应及时、正确做好记录。

11）执行好交接班制度。

第三节　压缩机的排气压力和冷凝压力、吸气压力和蒸发压力

排气压力是指压缩机排气阀口处的排气压力，一般不要超过 1.5MPa，可以通过压缩机排气压力表测出。冷凝压力是冷凝器中制冷剂由饱和气体冷凝成为饱和液体时的压力，可以通过冷凝器压力表测出。为了克服排气时的管道阻力损失，排气压力总是高于冷凝压力，其压力差一般控制在 0.02 MPa 以内。

吸气压力是指压缩机吸气口处的压力，可以通过压缩机吸气压力表测出。蒸发压力是蒸发器中制冷剂沸腾时的压力。为了克服吸气时的阻力损失，蒸发压力总是高于吸气压力。一般蒸发压力较吸气压力高 0.01 ~ 0.02 MPa。压缩机在运行时，蒸发压力越低，则吸气压力越低。

压缩机在实际运行时是可以不考虑微小的阻力损失的，压缩机的吸气压力可看作蒸发压力，排气压力可看作冷凝压力。氨及氟利昂 -22 的最高排气压力一般不要超过 1.5 MPa。

第四节　制冷装置的调整要点

一、压缩机的调整

在制冷装置中，制冷压缩机的容量和数量是根据生产规模的最大热负荷，并考虑各制冷参数的情况下进行配置的。在实际生产中，不可能与设计条件完全一致，因此必须根据生产实际情况，进行选用和调整，合理投入运行的压缩机容量和数量，以期用最低的消耗和最适宜的条件来完成需要的制冷降温任务。

选用和调整压缩机，应按照以下要点进行：

1）根据冷间热负荷的多少及蒸发器制冷能力的大小来选用压缩机，使投入运行压缩机的制冷能力与热负荷相适应。

2）当要求的蒸发温度较高而实际的冷凝温度较低时，可采用单级压缩制冷；反之，蒸发温度较低而冷凝温度较高时，需要采用双级压缩制冷。一般以压缩比等于 8 作为分界，当压缩比 <8 时，采用单级压缩；当压缩比 ≥8 时，可以采用双级压缩。

3）使每一台机器在运转中尽可能只担负一种蒸发温度的热负荷，这样能够得到较好的制冷效果。

4）双级压缩机或双级压缩机组，可根据中间温度、冷凝温度、蒸发温度的情况合理调整高低压压缩机的容积比。

二、制冷系统的调整

制冷系统的调整主要是当冷间热负荷发生变化时，对制冷剂的供液量及投入蒸发器的面积做适当的调整，与压缩机一起来控制适当的蒸发温度。另外，根据压缩机的排气量及冷却水情况对冷凝器运行情况做适当调整，以控制适当的冷凝温度。

随着食品冷加工过程的进行，货物本身的温度会有所降低，散发出的热量会逐渐减少，制冷剂沸腾的状态相对减弱。此时，为了不使压缩机吸入过多湿蒸气，应使蒸发温度随热负荷的减少而减少供液量，制冷剂的减少蒸发量也随着减少，应避免供液量过多而造成倒霜。因此，在货物进库时，应在冷间空气与蒸发温度差保持在 10℃ 左右的情况下，逐渐增加供液量。当冷间温度下降到适当数值后，再逐步减少供液量。制冷剂的供液量应根据蒸发器、冷间空气温度和蒸发温度差，以及压缩机的吸气温度和吸气压力等情况来进行适当的调整。

在整个制冷系统中，除了通过调整供液量外，还可以通过调整投入运行的库房蒸发器面积来控制蒸发温度和吸气温度。

当然，在冷冻生产中也应该根据制冷机械和设备的能力来适当控制热负荷，以保障制冷系统的正常运行。

第五节　氨压缩机正常运转的标志

在制冷系统运行操作中，确保压缩机的正常运转是做好冷库安全生产的基本保证。压缩机的正常运转有赖于操作人员对压缩机的正确操作。压缩机的正常运转主要有以下标志：

1）排气温度。单级压缩机的排气温度一般为 80~135℃，最高不得超过 145℃。双级压缩机的高低压排气温度取决于蒸发温度、冷凝温度和中间温度，一般双级氨压缩机的低压缸排气温度为 60~90℃，高压缸排气温度为 70~120℃。

2）排气压力。单级压缩机的排气压力与冷凝压力有关，一般为 0.8~1.4MPa，不得超过 1.5MPa（表压）。双级压缩机的低压缸排气压力，一般为 0.25~0.4MPa。

3）吸气温度。单级压缩机或双级压缩机低压缸的吸气温度应比蒸发温度高 5~10℃；中间冷却器的温度一般为 -5~5℃。

4）机器温度。单级压缩机或双级压缩机低压缸的吸气阀部位应结干霜；安全阀管路不应发热；轴承和密封器不应发热；压缩机各运转部件的温度不应超过机房空气温度 25~30℃。

5）压缩机运转声音。除气缸部分的进、排气阀有清晰的上、下起落声音外，其他部位不应有敲击声。

6）润滑油。液压泵的供油压力应比曲轴箱压力高 0.2~0.3MPa；油温不能低于 5℃，也不应高于 70℃。

7）压缩机冷却水温度及电动机的电流应稳定。

第六节　压缩机的润滑油在系统中的影响

一、润滑油同制冷剂接触时的特性

1. 黏度

黏度是流体黏滞性，也就是内摩擦的量度。黏度大的流体，它的流动性就差。润滑油的黏度会随着温度的升高而变小，因此压缩机要求选用黏度随温度变化小的润滑油。

2. 闪点

润滑油的闪点必须高出压缩机排气温度 25 ~ 35℃，以防止引起润滑油的燃烧和结焦。通常氨用的润滑油，其闪点在 160℃ 以上。

3. 浊点

浊点是指润滑油中开析出石蜡（润滑油变混浊）时的温度。润滑油的浊点必须低于制冷机的最低蒸发温度，以防止润滑油随制冷剂流动时析出石蜡堵塞膨胀阀，或者积存在蒸发器的传热表面上，降低传热效果。

4. 凝固点

在制冷压缩机中，润滑油的凝固点应该越低越好，如果润滑油中溶有制冷剂后，其凝固点会降低一些。

5. 含水量和机械杂质

润滑油中含有水分时，会加剧化学反应和引起对金属、绝缘材料的腐蚀作用，因此要求滑润油中的水分越少越好，一般规定含水量指标小于 40mg/kg。滑润油中的机械杂质会加速零部件的磨损，也可能造成油路堵塞，所以杂质也是越少越好，一般规定杂质含量不得超过 0.01%（质量分数）。

二、润滑油的作用

在制冷系统中，润滑油有如下作用：

1）润滑油向压缩机互相摩擦的零件表面供油，使摩擦面完全被油膜隔开，从而降低压缩机的摩擦功、摩擦热和零件的磨损，提高压缩机的机械效率，使机器运转可靠和零件耐用。

2）带走机械摩擦热量，使摩擦零件的温度保持在允许的范围内。

3）润滑油充满在密封机构（活塞环和气缸镜面、密封器的摩擦面等）的间隙中，避免气体制冷剂泄漏。

4）利用流动的润滑油不断地冲洗金属摩擦表面，带走磨屑杂质，提高零件的清洁度，减轻机械磨损。

5）利用润滑油的油压作为控制顶开吸气阀片的液压动力。

三、润滑的方式

在冷库系统的高速多缸制冷压缩机中，机械润滑一般采用飞溅式润滑和压力式润滑两种方式。

1）飞溅式润滑是借助曲轴连杆机构的运动把曲轴箱中的润滑油甩向需要润滑的表面，或是让飞溅起来的润滑油按照设计选定的路线流过需要润滑的表面，这种润滑不设液压泵。

2）压力润滑是利用液压泵产生油压，通过输油管路送到需要润滑的各个摩擦表面，这种润滑有油压稳定、油量充足、润滑安全可靠的特点。

四、系统中油的影响

润滑油在压缩机中起很大的作用，但由于压缩机的排气温度较高，部分润滑油会蒸发成为油蒸气，另一方面由于压缩机气流运动速度较高（一般为 12～30m/s），有可能携带一定大小的油微粒随氨气进入系统中。在制冷剂中混合的润滑油，虽然经过在压缩机和冷凝器之间的油分离器后，大部分润滑油被分离出来，沉积在油分离器的底部，但仍有少部分油随制冷剂进入冷凝器和管路系统内，附着在各部位的管壁上或沉积在设备的底部，并将造成以下一些不良后果：

1）润滑油积存在设备和管道内，使其工作容积减少。

2）制冷系统里由于润滑油的黏度较高，遇到污物和机械杂质容易混合成胶状的物质，当其积聚在截面积小的管路或阀门时很容易造成堵塞，导致制冷系统工作不正常。

3）润滑油的热导率远比金属小，当油附着在管道热交换器时，将会使传热恶化，引起冷凝温度和冷凝压力升高，系统蒸发压力下降，并使压缩机排气温度升高。这些都会导致制冷装置运行时条件变坏，制冷效率降低，系统耗电增加。根据有关资料分析，若在冷凝器管壁面上附有 0.1mm 厚的油膜，则压缩机制冷量将会降低 16%；若在蒸发排管壁面上存有 0.1mm 的油层，将使系统中氨的蒸发温度下降 2.5℃，并且耗电增加11%～12%。为了避免和减少润滑油进入系统，除了设置性能良好的油分离器外，在系统运行中还必须做到有计划从设备中定期放油，如果发现压缩机加油量增多，而放油量少于加入的油量，应检查原因，增加放油次数，防止过多的油进入系统，保证设备的正常运行。国产冷冻机油的性能见表 6-1。

表 6-1　国产冷冻机油的性能

黏度等级	40℃时的运动黏度/($10^{-6}mm^2/s$)	开口闪点/℃	凝固点/℃
HD-N15	13.5～16.5	≥150	~40
HD-N22	19.8～24.2	≥150	~40
HD-N32	28.8～35.2	≥160	~40
HD-N46	41.4～50.6	≥160	~40
HD-N68	61.2～74.8	≥170	~35

五、冷冻机油变质的原因及危害

冷冻机油变质的主要原因及危害有以下几方面：

1）混入水分。由于制冷系统中渗入空气，空气中的水分与冷冻机油接触后便混合进去了。另外，也有可能是由于氨中含水量较高，使水分混入冷冻机油。冷冻机油中混进水分后，会使黏度降低，引起对金属的腐蚀。在氟利昂系统中，还会引起管道或阀门的冰塞现象。

2）氧化。冷冻机油在使用过程中，当压缩机的排气温度较高时，就有可能发生氧化变质，特别是氧化稳定性差的冷冻机油更易变质。经过一段时间，冷冻机油中会形成残渣，使轴承等处的润滑变坏。有机填料、机械杂质等混入冷冻机油中也会加速它的老化或氧化变坏。

3）冷冻机油混用。几种不同型号的冷冻机油混用时，会造成冷冻机油的黏度降低，甚至破坏油膜的形成，使被润滑零部件受到损害。如果两种冷冻油中含有不同性质的抗氧化添加剂，它们混在一起时就有可能产生化学变化，生成沉淀物，使压缩机的润滑受到影响，故在使用时要特别注意。

六、设备放油期限

一般设备放油的期限如下：

1）油分离器的放油一般每周一次。

2）冷却器的放油，在压缩机与中间冷却器之间不设油分离器的每周一次，中间有设油分离的一般每月一次。

3）对冷凝器、贮液器、低压缩循环桶、氨液分离器和排液桶一般每月放油一次。

4）盐水蒸发器一般半个月放油一次。

制冷系统的积油量的多少既与油分离器分油效果、系统运行工况和压缩机的耗油有关，还与新、旧冷库制冷系统有关，因此上述放油期限仅作为参考，各厂可根据自己的实际放油情况灵活掌握。

第七节　空气对制冷系统的影响

一、空气的来源

制冷系统中空气的来源如下：

1）制冷系统安装后，在试投产前，对制冷系统抽真空试验时，真空度不足，残留了部分空气。

2）压缩机、设备或管道维修后，未排尽空气。

3）制冷系统运行中抽真空时空气渗入系统。

4）加氨、放油时操作不慎吸入空气。

5）压缩机排气温度过高时，润滑油或氨分解生成的不凝性气体。

6）制冷系统经常在负压工况下运行，空气从阀门的阀芯渗入系统内。

二、系统中空气的影响

根据道尔顿定律，当某一容器中有多种气体存在时，其总压力等于各气体分压力之和。在制冷系统中当冷凝器中的空气越多，则其系统内部压力就越高，因此必然会使制冷系统的冷凝压力增加。当空气在冷凝器内表面形成一定的气体层时，就会增加一定的热阻。同时，当空气占去一定空间时，必然会减少了冷凝器有效的冷凝面积。在外界条件不变的情况下，制冷系统冷凝压力的升高会使压缩机的实际排气量减少，即降低了压缩机的实际制冷能力，并且耗电量增加。因此，当制冷系统中有空气时，操作人员应及时对制冷系统进行放空气操作，以提高系统运行的经济性。

第八节　蒸发温度与冷凝温度的调整

一、蒸发温度

制冷剂在蒸发器中的沸腾温度称为蒸发温度。它与相应的蒸发压力是对应的。蒸发温度升高，蒸发压力也升高。蒸发温度是制冷系统运行中重要的参数之一。制冷系统中的蒸发温度不是一成不变的，而是随着各种工况因素的改变而改变。例如，冷藏库的蒸发温度一般为 −28℃，即所谓的 −28℃ 系统，因蒸发温度与冷藏间库温的温差一般为 8 ~ 10℃，所以冷藏间库温为 −20 ~ −18℃。蒸发温度与库房温度有关，一般按表 6-2 选用。

表 6-2　蒸发温度与库房温度对照表

库房名称	库温/℃	蒸发温度/℃
流态化冻结	−35	−45
冻结间	−26 ~ −24	−33
冷藏间	−20 ~ −18	−28
高温冷藏间	0 ~ 3	−15
贮冰间（二用库）	−10（−18）	−15（−28）
制冰池	−10	−15

　　有的小型冷库，为了简化操作管理，也有把冻结间和低温冷藏间合并为 −33℃ 一个蒸发系统的。各冷冻厂应根据食品冷加工的实际需要，控制不同的蒸发温度。操作人员在具体操作中不能任意降低蒸发温度，如图 6-1 所示。

　　当冷凝压力不变时，如果蒸发温度过低，则此时制冷循环的压缩比增大，使压缩机的输气系数下降，单位容积制冷量减少，从图 6-1 可以看出，$t_0 > t_0' > t_0''$，$q_0 > q_0' > q_0''$，压缩功增加。从图 6-1 中还可以看出 $W < W' < W''$。另外由于压缩比增大，制冷压

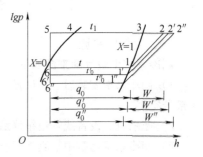

图 6-1　冷凝温度不变时，蒸发温度对制冷量、压缩功的影响

缩机的排气温度升高，压缩机的工作条件恶化。会使制冷装置的运行经济性下降，据有关资料报道，当冷凝温度 $t = 30℃$，氨压缩机分别在 −5℃、−15℃、−30℃ 的蒸发温度下运行时，压缩机吸入为干饱和蒸气，其单位容积制冷量、排气温度和单位制冷量压缩功的变化情况见表 6-3。

表 6-3　氨制冷装置在不同蒸发温度下性能变化（$t_k = 30℃$）

蒸发温度/℃	−5	−15	−30
单位制冷量 q 比值（%）	100	98.9	96.9
单位容积制冷量 q 比值（%）	100	67	34.9
单位制冷量的耗功量比值（%）	100	139.3	210.6
排气温度/℃	80	98	137

　　由表 6-3 可见，当蒸发温度由 −5℃ 降至 −30℃ 时，同样制冷量情况下耗功增大了 1 倍以上。因此，蒸发温度的降低对制冷装置的能耗影响很大。所以，操作人员在实际操

作中应根据生产工艺需要，尽量避免不必要的过低蒸发温度。

二、冷凝温度

制冷剂气体在冷凝器内，在一定的压力和温度下，凝结成为液体时的温度称为冷凝温度。冷凝温度是制冷系统的主要运行参数之一。在蒸发温度不变的情况下，冷凝温度升高时，冷凝压力也升高，会使压缩比增大，制冷压缩机的进气效率降低，制冷剂的循环量减少，从而使压缩机的制冷量减少和压缩功增加。据资料介绍，在氨制冷系统中，如果冷凝温度升高 5℃，压缩机的制冷量将减少 7%，耗电量将增加 10%。这种状况运行是不经济的。从图 6-2 可以看出，$q_0 > q_0' > q_0''$，$W < W' < W''$，并且因冷凝压力升高，润滑油消耗增多，机器的运转条件恶化，直接影响到制冷装置的制冷效果、安全可靠性和耗能水平。因此在平常系统操作调整中，应尽量降低冷凝温度和冷凝压力，如图 6-2 所示。

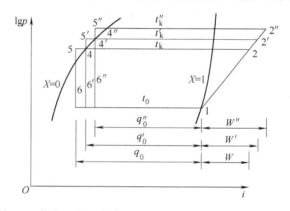

图 6-2　蒸发温度不变时，冷凝温度对制冷量压缩功的影响

第九节　制冷压缩机的试机和系统试压

一、活塞式压缩机的拆洗

压缩机在试机前应仔细拆洗，要测量机器原始的装配数据，并做好记录，整理存档。对不符合要求的零件应予修理或更换，不符合标准的间隙应进行调整，并记录存档，作为日后维修工作的依据。

1. **拆卸的步骤**

1）将机器外表擦洗干净，先卸下水管和油管，再卸下吸气过滤器。

2）拆开气缸盖，取出缓冲弹簧及排气阀组（安全盖）。

3）放出曲轴箱内的润滑油，拆下侧盖。

4）拆卸连杆下盖，取出连杆螺栓和大头下轴瓦。

5）取出吸气阀片。

6）用一副吊装螺栓旋入气缸套顶端的螺孔中，取出气缸套。

7）取出活塞连杆组，放在专门的搁架上。

8）拆卸联轴器。

9）卸下液压泵盖，取出液压泵。

2．拆卸的注意事项

1）要按顺序进行拆卸。

2）在每个部件上做好记号，防止方向、位置装错。

3）拆下的零件应分别放置，保管好，不要碰撞，小零件应放在上面，防止遗失或漏装。拆卸下的零部件应用布盖好。

4）油管、油路等清洗后要用压缩空气吹几次，检查是否干净畅通。清洗后，管端要用布封住，防止进入尘土、污物。

5）拆卸时不可用力过猛，敲击时要用软材料垫好。

6）首次清洗，相当于机器中修程度，密封器部分，可不必拆卸。

7）经拆卸后的开口销，一律更换新的。

3．主要间隙的测量

以 8AS17 型氨压缩机为例，如图 6-3 所示。

1）压缩机安装水平。用 0.02mm 框架水平仪测量。

2）联轴器。同心度和摇摆度用千分表测量。

3）联轴器之间的间隙。用塞尺测量。

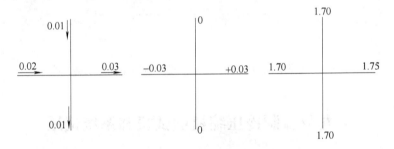

图 6-3　8AS17 型氨压缩机主要间隙的测量

4）气缸余隙（要求 1～1.6mm）。用套管代替弹簧，将安全盖卡紧，在活塞顶部放置四根 2.5mm 熔丝（软铅丝），拨动联轴器一圈后取出，用外径千分尺测量，结果见表 6-4。

表 6-4　气缸余隙　　　　　　　　　　　　　　（单位：mm）

测量时状况	最　大　值	最　小　值	平　　均
原始	1.495	0.86	1.139
清洗后装配完毕	1.625	0.935	1.245

5）活塞与气缸间隙（要求上部 0.37～0.49mm，下部 0.28～0.36mm）。用塞尺测量气缸与活塞的间隙，气缸测上死点、下死点和中间三点，活塞测上、下、左、右四点，结果见表 6-5。

表 6-5 活塞与气缸间隙 （单位：mm）

上 死 点		中 间		下 死 点		平均
最大	最小	最大	最小	最大	最小	
0.39	—	0.39	—	0.39	0.05	0.20

6）活塞直径。用外界千分尺或者外径卡尺测量活塞上、中、下三个部位尺寸，再用内径千分表测出具体数值。每一部位又分横向（与活塞销同向）和纵向（垂直于横向）两个尺寸，结果见表6-6。

表 6-6 活塞直径 （单位：mm）

测量方向	上 部		中 部		下 部	
	最大	最小	最大	最小	最大	最小
横向	169.475	169.330	169.475	169.300	169.475	169.305
纵向	169.475	169.285	169.475	166.330	169.475	169.330

7）气缸直径（要求下部 ϕ170mm + 0.04mm）。用内径千分表测量气缸上、中、下三个部位，每个部位也分横向、纵向两个尺寸，结果见表6-7。

表 6-7 气缸直径 （单位：mm）

测量方向	上 部		中 部		下 部	
	最大	最小	最大	最小	最大	最小
横向	169.910	169.885	169.905	169.880	169.900	169.880
纵向	169.910	169.890	169.900	169.865	169.900	169.870

8）活塞环与环槽的间隙（要求 0.05～0.09mm）。气环与油环放于环槽中，用塞尺测前、后、左、右四点，结果见表6-8。

表 6-8 活塞环与环槽间隙 （单位：mm）

测量状况	最 大	最 小	平 均
气环在环槽内	0.080	0.050	0.057
油环在环槽内	0.090	0.050	0.060

9）活塞环在气缸内的锁口间隙（要求 0.7～1.1mm）。将活塞放入气缸内用塞尺测量锁口间隙，气缸分成上、中、下三部分，结果见表6-9。

表 6-9 活塞环的锁口间隙 （单位：mm）

测量状况	最 大	最 小	平 均
气环锁口间隙	0.840	0.700	0.775
油环锁口间隙	0.880	0.600	0.716

10）吸气阀片开启高度（要求 2.5mm）。用吸气阀座高度减去阀片厚度，每隔 120°

测一点。最大为 2.60mm，最小为 2.00mm，平均为 2.38mm。

11）排气阀片开启高度（要求 1.5mm）。用塞尺测三点，每隔 120°测一点。最大为 1.680mm，最小为 1.480mm，平均为 1.555mm。

12）连杆大头轴向间隙（要求 0.8 ~ 1.12mm）。最大为 0.795mm，最小为 0.610mm。拆洗安装后，最大为 0.830mm，最小为 0.600mm。

13）连杆小头轴向间隙。用塞尺测量。最大为 4.625mm，最小为 3.545mm，平均为 4.177mm。

14）连杆大头径向间隙（要求 0.08 ~ 0.15mm）。分别吊出曲柄销两边的两个活塞，依次用塞尺测量未拆下的连杆大头的径向间隙，测完后把中间的两个活塞吊出，再把先吊出的两个活塞按原样装好，用塞尺测量其间隙。

15）液压泵端主轴承径向间隙（要求 0.12 ~ 0.162mm）。用塞尺测量。

4. 氨压缩机的试运转

（1）空载（无负荷）试运转

1）空载试运转的目的如下：

① 通过运转使相互运动的零件得到磨合。

② 检查液压泵上油是否正常。

③ 检查油分配阀和卸载装置是否灵活准确。

④ 检查各输油管路是否严密和畅通。

⑤ 检查运转中有无局部发热和剧烈发热，声音是否正常。

2）空载试运转前的准备工作如下：

① 空载试运转时，不安装气缸盖。对 12.5 系列的机器只用一个自制的夹具（用扁铁制作）压住气缸套，以避免在空载试运转时缸套窜出来。夹具在压缸套时，应注意不要碰坏缸套密封线，也不要影响顶杆的升降。夹具下面的压块应当用软金属（如铝板或纯铜板）制作。

② 开机起动前，机器外部要擦干净，气缸和曲轴箱内不应有污物。

③ 曲轴箱内加油，一般加到侧盖孔底部，装上侧盖继续加油到玻璃视孔 1/2 处。8AS - 12.5 型压缩机加油 50kg，6AW - 12.5 型压缩机加油 42kg，4AV - 12.5 型压缩机加油 36kg，2AZ - 012.5 型压缩机加油 22kg。密封器和齿轮液压泵也要加油，可打开密封器上温度计套筒和梳片滤油器上的油塞向两处加油。

④ 检查压缩机各零部件连接部位有否松动，联轴器四周是否平直，间隙是否合适。

⑤ 对气缸顶部浇上适量冷冻油，使其形成油膜。端口用布盖好，防止进入尘土杂质。

⑥ 用钢管或钢棒插入联轴器顶部的孔内，拨动曲轴，检查转动有无障碍，如果转动灵活，即可准备合闸起动机器。

3）空载试运转时需注意的事项如下：

① 合闸时，操作人员要注意安全，防止缸套或活塞销螺母飞出伤人。

② 合闸后，如果声音或油压不正常，应立即停机，查明原因，排除故障，重新

起动。

③ 做好运转记录。

4）试运转的程序如下：

① 开机时，应点开起动，观察运转情况。以后可间歇运行，如 0.5min、1min、2min、5min、15min、30min 等。空载起动后，调整油压，检查液压泵上油情况及油管接头的密封情况，听其声音是否正常。一般首次试机 3~5min 后需停机检查活塞的温度及气缸壁的表面情况，检查是否有拉线（气缸壁或活塞外表面出现轻微线条状拉痕称为拉线）或拉毛现象。如果拉线或拉毛严重，应将活塞吊出进行检查修理。同时还要检查大头轴瓦的温度情况，以便了解供油及摩擦情况。

② 检查后，装上侧盖，重新加油继续试机，在运转中应观察滤油器温度和密封器的温度，两者的温度差以不超过 10℃ 为宜（两缸机器温差为 4~6℃，四缸机器温差为 8~10℃）。温差太大说明滤油器或密封器有问题。检查各个卸载装置是否灵活，缸套顶杆是否符合卸载要求，接头处有无漏油。

③ 检查润滑油，如果不变色说明是好油。如果油很黑说明有污物，应放出脏油，清洗油箱，再换新油。

④ 一般空载试运转 10h，机器磨合过程可认为结束。

（2）空气负荷试运转 空气负荷试运转是为了检查制冷压缩机有载荷下的运转情况、维修装配质量以及密封性是否良好而进行的。

1）试运转前的准备工作如下：

① 拆除气缸压盖的夹具。

② 检查气缸、活塞，擦去污物，装上吸气阀片、排气阀座、安全弹簧和垫片，上好气缸压盖。

③ 准备好进、排气口。进气应经过吸气过滤器，将吸气过滤器法兰螺母拧开。充分利用法兰上的六个螺栓，三个螺栓倒装，三个拧紧，留出法兰缝隙，外面用布绑紧，防止吸入污物导致气缸拉毛。排气口可调整放空气阀或用管子接到室外，管子头锤扁，以增加气流的阻力，使压力保持为 0.25MPa。在管子上加设温度计套管（套管可转在与空气阀螺母接口 1000mm 左右处），并打开水套冷却水阀。

2）空气负荷试运转的要求如下：

① 排气压力为 0.25MPa，吸气量要大些，避免负压导致液压泵不上油。

② 调整卸载装置，要求气缸能正确地负载与卸载。

③ 运转时间不少于 4h。

④ 运转后要检查缸套、活塞，如果没有问题就不要拆下来，但需要更换润滑油。

3）空气负荷试运转过程中应注意的事项如下：

① 如果发现液压泵不上油，要检查油管连接处是否漏气，特别要注意三通阀与液压泵的连接管道。

② 如果出现气缸盖水套一头温度较高，一头温度较低，这是由于水短路引起的，应将气缸盖的冷却水进、出水管换接。

③ 检查安全阀有无漏气现象。如果安全阀连通低压部分处温度不高，说明没有漏气。

④ 排气温度一般不应超过 140℃，如果温度过高，可将部分气缸卸载，等排气温度下降后逐步打开。

⑤ 曲轴箱油温一般比室温高 20～30℃，密封器内油温不超过 70℃。

⑥ 将以上各项顺序做好运行记录，归档备查。

（3）重载试运转　重载试运转一般是在设备和管道试压、试漏以及隔热工程完成并向制冷系统加氨后进行的，应对压缩机逐台进行重载试运转。每台最后一次连续运转时间不得少于 24h，每台累计运转时间不得少于 48h。必须经过重载试运转后，才能验收。重载试运转的操作要求与正常操作调整基本相同。

二、制冷系统安装质量的检查

1. 氨制冷系统

（1）系统排污　设备和系统管道在安装前虽然已进行了除锈和排污工作，但是在安装过程中仍然不可避免地也会有焊渣、砂子、铁屑等污物残留在系统设备内，因此设备安装后还必须对系统进行多次的排污工作。排污时可采空气压入系统中，等到一定压力后将每台设备最低处的阀门或系统最低点处的排污阀迅速打开，使系统中的污物杂质随着压缩空气的气流排出。新安装的系统必须这样反复进行数次（一般不少于三次），直到最后排污口排出的气体无污物痕迹时为止。

系统排污干净与否对投产后机器的安全运行和设备使用效率的发挥会产生很大的影响，所以对系统的排污工作必须认真对待。

库房的蒸发排管在每安装完一组后都应先做排污工作。各组排管排污后，每层库房（每间）可将每单组排管相互连接，并分层、分路进行排污，以得到比较理想的排污效果。

系统排污压力为 0.7～0.8MPa，排污完毕后一般要求将所有阀门（安全阀除外）的阀芯拆卸清洗。

（2）系统试压和检漏　根据系统具体情况，试压和检漏工作可以分段、分层、分系统进行。

1）系统试压。根据 SBJ 12—2011《氨制冷系统安装工程施工及验收规范》的规定，制冷系统的高压部分（从压缩机的排气阀到供液膨胀阀前）的试验压力为 2.3MPa。低压部分（从供液膨胀阀起至压缩机吸气阀）的试验压力为 1.7MPa。整个系统的试压以开始 6h 内气体压力下降不大于 0.03MPa，以后 18h 内压力不再下降为合格。

中间冷却器的试验压力是 1.2MPa，氨泵、低压浮球阀及低压浮球式液面指示器等，在试压时可以暂时隔开。液面指示器必须用耐 1.8MPa 的高压玻璃管。系统开始试压时必须将玻璃管两端角阀关闭，等压力稳定后再缓慢逐步打开。

系统试压、检漏和排污工作应用空气压缩机进行。如果没有空气压缩机而必须用氨压缩机代替时，应固定一台专用机，并按下列步骤进行：

① 在空气吸入口处安设过滤装置。压缩机运转时应间歇进行，并逐步升压，其加

压时的排气温度不要超过 140℃，否则会降低润滑油黏度，造成压缩机运动部件的损坏。

② 试压时可分系统进行，先试低压系统，试压、排污完毕后再接通整个系统。当系统压力平衡时，即关闭膨胀阀。然后把低压系统的空气排往高压系统，并逐渐把压力升至 1.8MPa。在制冷系统的试压检漏中，严禁用氧气或其他可燃性气体进行试压或检漏。

2）系统检漏。当系统压力升到要求压力后，即可停止压缩机运转，并在各法兰、螺纹接头及焊缝等处抹上肥皂水，如果有冒泡说明该处有渗漏，应做出记号以便修补。如果法兰接口渗漏，可以均匀地紧固螺栓，如果继续泄漏，应等放出空气后检查法兰接触面是否完好，如果接触不平，可更换垫圈。如果是焊接时法兰不正，应当调正。如果是螺纹不紧，应予于紧固或重新攻螺纹。

制冷系统检漏是一项细致又重要的工作，草率从事会给以后的抽真空、氨试漏以及投产带来很多不便，因此应必须重视这项工作。否则一旦系统投产后再出现氨泄漏，查漏及把氨抽净都很不容易，还会导致货物受污染。补焊管道泄漏处应放掉气体接通大气后才能进行，不允许带压补焊，补焊完成后再升压检漏。

3）系统真空。系统试压合格后，为了试验整个系统的严密性，以及排除系统内的空气，也为以后加氨准备条件，应当将系统抽成真空。真空度通常要求制冷装置其剩余压力不高于 1333Pa（10mmHg）。当系统内真空度达到要求后，制冷装置压力应保持在 12h 内不再回升为合格。

抽真空可用专用真空泵或用氨压缩机分多次进行。一般只要试压检漏工作做得比较彻底，抽真空也就比较容易完成，不会反复较多次进行。

4）系统充氨试漏。制冷系统抽真空工作完毕后，可以用少量氨试漏。试漏一般都采取分段、分库等进行。一般氨试漏压力为 0.2 ~ 0.5MPa（表压），如果压力太低则较难查出漏点处，如果压力太高则会浪费氨液。检漏大多采用酚酞试纸和肥皂水。当系统充氨检漏认为合格后，即可在管道表面上涂刷防锈漆，并进行设备管道隔热材料施工以及外包扎工作了。

如果采用氨压缩机试压、试漏，当全部工作完毕后，应对压缩机进行拆洗检查，并更换润滑油。

2. 氟利昂制冷系统

氟利昂制冷系统安装完毕后，同样应进行试压、排污和真空试验。

（1）压力试验　氟利昂制冷系统的压力试验要求采用工业上的干燥氮气。因氮气内没有水分，也没有腐蚀作用，比较清洁。

根据要求，氟利昂系统的高压部分试验压力为 2.0MPa，低压部分试验压力为 1.4MPa。

1）压力试验的步骤如下：

① 关闭制冷压缩机的吸排气阀。

② 将接通大气的阀门关闭，系统中的阀门全部开启。

③ 高、低压部分应装设压力表。

④ 通过充填阀向系统充灌氮气，等压力升至 0.05MPa 时停止，用肥皂水查漏。

⑤ 如果没有渗漏，可继续升压，当升到 0.1MPa 时，再用肥皂水查漏。

⑥ 确认没泄漏后，即将蒸发器前的膨胀阀（或电磁阀前的截止阀）关闭，中间冷却器和热交换器的供液阀也要关闭。

⑦ 向制冷系统高压部分继续充氮，直到压力达到 1.6MPa 为止，继续用肥皂水检漏。

⑧ 系统加压后 24h，一般压降不超过 0.03MPa 即为合格。

2）卤素灯检漏。为了确保严密性，如果发现系统有微量的泄漏，可将系统中的氮气放掉，当系统处于 0MPa 时向系统充入 F - 22。等压力达到 0.05MPa 后再充入氮气，直到系统中每立方米容积大约有 2kg 的 F - 22（体积分数大约为 3% 时），可用卤素灯检查。

（2）真空试验　系统试压、排污（和氨系统排污方法一样）合格后，可进行系统真空试验。真空试验的目的是进一步对系统进行气密性检查，以及排除空气和其他不凝性气体，并使系统中的水分蒸发排尽。一般将系统的真空度抽到 $(7.998 \sim 9.331) \times 10^4$ Pa（600~700mmHg），放置 24h，真空表回升不超过 665Pa（5mmHg）为合格。

第十节　制冷系统加氨和新库房降温

一、对新系统加氨液

系统加氨液（俗称加氨、灌氨）必须在管道设备试压、检漏、抽真空、充氨试漏合格，隔热工程全部完工后才能进行。

初次向制冷系统中加氨液，可以直接向抽成真空的高、低压系统加入氨液，不需起动压缩机，等压力上升到 0.2MPa 左右，为加快加氨速度可以把高、低压切断分开，开动水泵向冷凝器及压缩机水套供水。然后起动压缩机，继续向低压系统加氨液，此时低压部分的库房开始降温。但由于新建库房围护结构及冷间内空气温度较高，传热温差大，氨液沸腾比较激烈，蒸发系统难以存液，因此在此时充氨液应根据设备运行情况分次逐步进行，并注意严格控制膨胀阀开启度，不能操之过急，等加入计算量 50% 左右的氨量时应暂停一段时间，等库温降到 0° 以下时再根据具体系统运行情况继续加入其余部分，以免高压贮液器及循环贮液器存液过多，回气过潮影响氨压缩机的安全运行。

1. 采用氨瓶加氨液

采用氨瓶加氨应注意以下事项：

1）操作人员必须准备橡胶手套。现场要准备防毒面具、防护眼镜以及急救药品。严禁在现场吸烟或明火作业。

2）氨液前后应对氨瓶进行称重记录，累计加氨量。

3）将氨瓶放在瓶架上（倾斜度为 30° ~ 40°），头部向下，用耐压橡胶管将瓶上阀门与加氨站阀门连接好，注意氨瓶出口应向上。

4）拆下氨瓶出口连接器，空瓶过磅补重后，再换上新瓶继续加氨。

5）加氨液后，应进行放空气操作。

2. 采用槽车加氨

采用槽车加氨时，应使槽车尽量靠近加氨站，以减少制冷剂的流动阻力。槽车与系统连接的加氨管应是无缝钢管及耐压橡胶管（可耐受2MPa），以防爆裂发生危险。

氨槽车最好配置有流量计，当向制冷系统内充氨量达到计算量的50%~60%时，可暂停向系统加氨，进行高、低压系统试运转，通过观察高压贮液器的液面情况，如果发现不足再继续加氨。

加氨时氨槽罐的出液阀和系统的加氨阀应有专人负责看管，以便在发生危险时迅速关闭阀门。

冷库的系统加氨液和降温工作是同时进行的，加氨液速度以实际情况灵活确定。新库由于系统压力较高，加氨液时一般用单级压缩机进行。旧库加氨采用单、双级压缩机均可。新库第一次加氨液时控制在50%~60%，当库温稳定在设计温度后，再根据设备运转和存氨量情况，陆续补充所需的氨液。

3. 旧库制冷系统加氨液

冷库制冷系统在长时间运行过程中，由于设备的不严密、各阀门等处的泄漏，以及放油、放空气或者机器设备的维修、发生事故等原因，一定时间后会造成制冷系统氨液的损失和不足。氨损失达到一定量时就需补充氨液。

制冷系统需要加氨液，可根据以下一些现象判断：

1）贮液器的液面经常降至30%，低压循环桶和氨液分离器的液位经调整仍达不到正常高度，蒸发器压力和冷凝压力低于正常情况，压缩机吸入过热蒸气，同时排气温度升高。

2）库房蒸发排管结霜不良或有部分不结霜，经过冲霜放油后仍结霜不好。

3）库房或盐水温度下降缓慢或达不到要求温度，整个制冷系统降温困难。

出现以上现象时，表明制冷系统中氨液不足，需要及时补充氨液。

二、新、扩建冷藏库的降温

在新冷库中，整个制冷系统的降温是与加制冷剂同步进行的。为了保证使库房土建结构工程的水分全部向外排泄，尽量避免冷库降到负的温度时结构遭到破坏，系统开始降温时必须缓慢地逐步降温。

冷库投产降温及维修升温，必须注意缓慢逐渐地进行，使建筑结构适应温度的变化，游离水分能全部得以排泄。冷库生产过程温度波动幅度也不能超过允许范围。

1. 投产降温要求

冷库各楼层及各房间应同时全部投产降温，使主体结构及各部分建筑结构的温度应力及干缩率保持均衡，避免建筑开裂。

冷库投产前，应进行空库降温运转。空库运转一次需要时间应控制在30天左右。降温幅度随室温不同而变化，一般室温在+4℃以上时，每天降温不超过3℃；室温在-4~+4℃时，每天降温不超过2℃；室温在-4℃以下时，每天降温不得超过3℃。具体措施如下：

1）+5℃以上每天降 2 ~ 2.5℃。

2）0 ~ +5℃ 每天降 1℃。当库房温度降至 +4℃ 时，应暂停降温，即库温保持 +4℃ 持续 5 ~ 7 天，以利于库内结构中的游离水分能尽量被冷却设备抽析出来，减少冷库的隐患。

3）-4 ~ 0℃ 每天降 0.5 ~ 1℃。

4）-18 ~ -4℃ 每天降 1 ~ 1.5℃。

5）-23 ~ -18℃ 每天降 2℃。

6）库温达到设计温度后，应停机封库保温 24h 以上，观察及记录库房自然升温情况及保温效果。

2. 维修升温要求

冷库在大修前，必须停产升温。升温前应尽量将墙面、柱面、地面、平顶及设备上的冰霜除净，以免解冻后积水。解冻过程中有倒塌危险的土建构造，应先拆除。

升温宜缓慢地进行，温度要升至 10℃ 以上。升温办法如下：

1）引入室外的热空气，逐步提高室内温度，以每日升高 2 ~ 3℃ 为限。如升温比较慢，也可利用风机送入外界热空气，以达到升温速度的要求。

2）如果室外气温不高，以致温库难以上升，库房并有泛潮现象时，可利用热源加热。一般可用热蒸气管或炉子，但要注意做好通风排湿工作。

3）在升温过程中，各楼层及各房间的温度要大致保存均衡，并应随时观察结构的变化情况，做好记录。

局部停产维修应周密地考虑，采取有效措施，防止建筑结构产生不同的温度应力而出现开裂或其他冻融性的损坏。

3. 生产过程中温度的波动幅度

生产过程中如果库房升温波动幅度超过设计要求，则除了会影响冷藏食品质量外，还会导致建筑结构的损坏。即使是空库，也必须保持一定的温度。各主要库房设计温度及保持温度见表 6-10。

表 6-10　各主要库房设计温度及保持温度

库房名称	设计温度/℃	空库保持温度/℃
冷 却 间	0	< +10
冻 结 间	-23	< -8
冷却物冷藏间	0	不高于露点温度
冻结物冷藏间	-20 ~ -18	< -8
低 温 川 堂	-10	< -5
升 温 间	0 ~ +20	< +20
冰　　库	-8 ~ -6	< -5

第十一节 活塞式制冷压缩机制冷量的调节

当制冷压缩机运转时需要对制冷量进行调节，小型的制冷压缩机可以用温度控制器直接控制压缩机的停开，由多台压缩机组成的冷水机组之类的制冷机，则可通过多级温度控制器将压缩机逐台起动或逐台停机以调节制冷量。中、大型的压缩机由于电动机容量较大，频繁起动、停机为电网所不允许，只能在不停机的条件下对其制冷量（实际上是压缩机的输气量）进行调节。

目前活塞式制冷压缩机上多采用的是顶开吸气阀片的方法进行调节。压缩机起动后，油压逐步建立，能量控制阀（油分配阀）把压力供给卸载液压缸，使油活塞克服弹簧力与拉杆一起向前推动，从而转动在气缸套外围的转动环，使坐落在转动环斜槽顶部的吸气阀片顶杆落至斜槽底部。吸气阀片于是落在吸气阀座上，气缸即转入正常吸、排气工作状态。

相反，当切断了油的通路或降低液压缸内的油压时，油活塞依靠弹簧的作用力回复到原来的位置，相应的吸气阀片即被顶杆重新顶起，这时气缸卸载，改变了压缩机的吸气量，从而达到调节压缩机制冷量的目的。在这种卸载机构中，通常采用一个卸载液压缸通过油活塞和拉杆机构控制两个气缸的工作。一般每个气缸有一块吸气阀片和六个吸气阀片顶杆，相应地在转动环上有六个斜槽。为配合气缸阀片的动作，每个顶杆上装有复位弹簧。

当压缩机起动时，由于机器刚开始运转，液压泵还没有建立压力，全部气缸的吸气阀片均被顶开，气缸中无压缩作用，即空载起动，因而压缩机可以较轻便地被起动。

在有些压缩机采用自动能量控制，此时是采用低压控制器（或温度控制器）控制电磁阀以替代手动油分配阀的。

第十二节 压缩机发生湿行程（倒霜）的危害和原因

一、压缩机发生湿行程的危害

压缩机发生湿行程，又称为倒霜、液击，其危害性较大。压缩机往往是由于操作人员对制冷系统调整不当，或者是操作人员擅离岗位，机房没人看管才常常发生湿行程，而使活塞、阀片、缸套等产生撞击破坏等事故的。同时，湿行程也会使润滑油失效，造成压缩机严重损坏、氨气泄漏等事故，严重影响生产，经济上也会受到重大损失。因此，应尽量避免压缩机发生湿行程。

压缩机发生湿行程是因为液体制冷剂进入气缸所致。当液体进入气缸数量较少时，由于液体制冷剂吸热蒸发，只使气缸外部结霜。当液体进入气缸数量较多时，就会产生湿行程。这时压缩机排气管或曲轴箱也会逐渐出现结霜，曲轴箱内的润滑油呈泡沫状态。由于液体是不可压缩的，当活塞向上运行时，因排气通道面积小，液体来不及从排气通道内排出，气缸内便产生很高的压力，把安全盖顶起。当活塞向下运行时，气缸内压力降低，安全盖随之降落，这时便会发生敲击气缸而发出声响，即通常所谓的"敲缸"。因此，压缩机一旦发生湿行程就可能引起以下危害：

1）吸入液体的敲击和温度发生的巨大变化，极易使阀片被敲碎或变形，有时甚至冲破气缸盖垫片，引起制冷剂外泄。

2）由于温度发生急剧变化会引起压缩机气缸套的收缩变形，会导致压缩机气缸套拉毛，活塞在气缸中被"咬死"，甚至会造成压缩机连杆变形、断裂、敲坏的严重安全事故。

3）发生湿行程时，大量液体进入气缸和曲轴箱，导致冷冻油黏度剧增或呈泡沫状，油压陡降使连杆大头轴瓦、小头轴衬或主轴断油烧毁，甚至发生压缩机爆裂的严重事故。

4）会使曲轴箱的冷却水管冻裂，曲轴箱进水、润滑油上浮，同样会引起断油和烧毁轴承的事故。

二、引起压缩机湿行程的原因

1）操作人员较长时间脱离岗位，当制冷工况发生变化时没有及时进行操作调整，造成压缩机发生湿行程。

2）操作人员对节流装置操作不当或阀门失灵，造成系统供液量过大，使系统供液量与库房热负荷相失衡。

3）库房蒸发器排管结霜过厚使传热热阻增大，制冷剂吸热汽化量相对减少，会产生类似"供大于求"的后果。从另一方面讲，这种情况会使库房蒸发压力下降，压缩比增大，压缩机制冷量随之下降，也会产生类似"供大于求"的后果。另外，如果系统中积油过多，热阻增大也会有类似情况。

4）低压循环贮液器或氨液分离器液面过高或液量过多，如操作不慎也很容易引起压缩机湿行程。

5）库房热负荷有较大变化时压缩机调配不当，造成大马拉小车，容易把未蒸发的制冷剂液体吸入压缩机，造成压缩机湿行程。

6）开机时阀门操作不当，吸气阀开启过快，或系统融霜后回气阀开启过快，回气管有部分液体时，也会引起压缩机湿行程。

总之，引起压缩机湿行程的因素有很多，应根据具体情况仔细分析，找出原因并采取措施加以排除。

第十三节　压缩机发生湿行程（倒霜）时的调整操作

一、单级压缩机湿行程的调整操作

1）当压缩机发生湿行程时，应立即关闭膨胀阀，关小压缩机的吸气阀。如果吸气温度继续下降，回气阀应再关小一些。同时，利用卸载装置只留下一组气缸工作，使进入气缸的液体汽化。

2）当排气温度有上升趋势，并且上升到 70～90℃，或者吸气温度也在上升时，可将吸气阀逐渐开打，再增加一组气缸。但要注意防止氨液再次进入气缸，直至气缸全部上载，吸气压力正常，再全开回气阀，恢复机器的正常工作，恢复系统的正常供液。

3）操作人员在处理湿行程（倒霜）时，要注意调整压缩机的油压。因为关闭压缩机的吸气阀后，曲轴箱压力会降低，油温下降黏度增大会影响液压泵的输油量。如果油压下降到接近 0.00MPa（没油压差）时，应当停止压缩机运行，以免发生压缩机机件损坏事故。

4）压缩机湿行程严重而造成停机时，操作人员应加大压缩机油冷却器或气缸冷却水套的供水量，更不能因为压缩机停止运行而停止冷却水，以防止压缩机油冷却管或气缸水套冻裂而造成事故。

5）为了尽快恢复压缩机的运转，不影响生产，可拨动联轴器将机体内的余氨通过压缩机排空阀放出。

二、双级压缩机湿行程的调整操作

低压缸出现湿行程往往是由于蒸发系统或低压设备操作不当，其征兆和处理方法与单级相同。高压缸出现湿行程则往往是因为中间冷却器液面过高所致，其征兆也与单级相同。其处理方法如下：

1）首先关小压缩机的吸气阀，卸载到最少缸数运转。

2）关闭中间冷却器的供液阀，同时关小高压缸的吸气阀。

3）等高压缸恢复正常后，再开大低压缸的吸气阀，恢复正常运转，并再向中间冷却器供液。

4）如果高压缸出现湿行程严重，应停止机组运转。

5）对中间冷却器进行排液处理。

6）冷却水处理与单级处理相同。

三、对湿行程的预防

压缩机发生湿行程一般事先都有迹象，如吸气腔侧表面油漆光泽突然消失并产生结露甚至结霜；压缩机吸、排气温度急剧下降，机体发凉；运转的声音沉重，阀片跳动声音不清晰等。操作人员如果发现这些现象应采取相应措施，及时认真地对系统制冷工况进行调整处理。压缩机刚发生湿行程时，如果操作人员在现场都能及时处理调整排除。因此，平时操作人员不脱离岗位才是对湿行程最好的预防。

四、新操作人员应注意的问题

冷库新操作人员应注意以下事项：

1）要熟悉本单位制冷系统的特点，因各冷冻厂冷库设置的制冷工艺不同，其具体的操作调整方式也有所不同。

2）应熟悉冷库各种制冷设备设施的情况，如有的厂家设有平板冻结器或流态冻结器系统等，有的冷冻厂就没有这些设备。

3）应熟悉本单位冷加工的生产规模和供冷特点。

4）新工人应熟悉冷藏间的贮藏种类和贮藏能力（规模），以及库房进出货情况，以便及时对各个系统调节降温。

第十四节　压缩机排温过高的危害和原因

压缩机排气温度一般应低于润滑油闪点 15~30℃，不得过高。压缩机的排气温度过高会使油温升高，油的黏度下降而不易形成油膜，增加运动部件的磨损和发热；容易使润滑油炭化、结焦，导致气缸拉毛或阀片不能正常工作；导致活塞、缸体过热使输气系数下降，影响压缩机的输气效率，运行不经济。

压缩机排气温度过高的一般原因如下：

1) 压缩机冷却水量不足或水温较高，会使冷凝压力过高，压缩机的排气温度也随之升高。

2) 制冷剂充注量超量，使冷凝器积液，冷却面积减少，冷凝压力升高，压缩机的排温也随之升高。

3) 排气阀片或安全假盖密封不严密，高低压窜气使排温升高。

4) 吸气压力过低使压缩比增大，排气温度升高。

5) 吸气过热度大，使排气温度升高。

6) 压缩机的余隙容积如果较大或起动辅助阀有泄漏，相当于吸气过热度大，会使压缩机的排气温度升高。

有的冷冻厂的卧式冷凝器使用较长时间，有的氨管因腐蚀泄漏就堵起来没用，已堵了好多支管道还没有更换冷凝器，致使冷却面积减少，冷凝压力升高，压缩机的排气温度跟着升高。

总之，如果压缩机的排气温度过高，就应该认真查找原因，排除排温过高现象，降低运营成本。

第十五节　压缩机吸气压力过低或过高的原因和影响

一、压缩机吸气压力过低

可能原因如下：

1) 制冷系统供液管、膨胀阀或过滤器有脏物阻堵或开启度过小，浮球阀失灵，系统氨液循环量少，中间冷却器供液高度差不足或管径太小等，都会造成压缩机吸气压力过低。

2) 制冷系统制冷剂充注量或供液量不足、节流阀调节不当也会造成压缩机吸气压力低。

3) 蒸发器管路过长或者投入较多台压缩机并联吸入总管设计不当，也会导致压缩机吸气压力低。

4) 易溶解油的氟利昂系统含油量过多使吸气压力大降。

5) 库房蒸发器结霜较厚或内壁积油使热阻增大，吸气压力大降。

二、压缩机吸气压力过高

可能原因如下：

1）排气阀或安全假盖不密封，有渗漏，使吸气压力上升。

2）对系统膨胀阀（节流）调节不当或感温包未贴紧、吸气管或节流阀开启过大，浮球阀失灵，或氨泵系统循环量过大，使供液量过多，压缩机吸入压力过高。

3）压缩机输气效率降低，输气量下降，余隙容积大，密封环磨损过大，使吸气压力升高。

4）库房热负荷突然增大，则压缩机制冷量不够，使吸气压力过高。

压缩机吸气压力过低或过高不仅达不到生产加工工艺的降温要求，也会影响压缩机的制冷能力，使制冷系统偏离正常工况、功耗增加，还影响冻结或冷藏货物的品质。所以，操作人员应该尽力避免产生压缩机吸气压力有较大的波动。

第十六节　压缩机吸气温度的确定

压缩机吸气温度是指压缩机吸入口处的制冷剂的温度。为了确保压缩机的安全运行，防止系统液击冲缸现象的发生，要求压缩机的吸气温度比库房蒸发温度高一些，也就是适当控制压缩机吸入的制冷剂蒸气是过热气体。通常把吸气温度和蒸发温度之差，称为吸气过热度。

制冷系统吸气过热分为有害过热和有益过热。有害过热指在蒸发器之后吸取环境热量而产生的过热。有害过热使制冷系数下降，冷凝热负荷增加，所以是不利的，应尽量减少。氨制冷系统应尽量减少有害过热，以降低能耗。有益的过热是指在蒸发器内产生的过热。对于采用回热循环制冷系数增加的制冷剂，有益过热能使制冷系数增加，因而可以采用较大的吸气过热度。对于采用回热循环制冷系数变化不明显的制冷剂，一定的过热度有利于保证系统正常运行。但吸气过热度太大，会使排气温度和压力升高。因此，吸气过热度大小应根据蒸发温度、吸气管道的过热情况、制冷剂种类及制冷剂供液方式来确定。

氨制冷系统允许有一定的过热以防止压缩机出现液击事故，但过热不宜过大，否则会影响制冷循环的经济性。吸气温度一般控制在5℃以下，以免压缩机排气温度过高。允许的吸气过热度见表6-11。

表6-11　氨压缩机允许吸气温度

蒸发温度/℃	0	−5	−10	−15	−20	−25	−28	−30	−33	−40
吸气温度/℃	1	−4	−7	−10	−13	−16	−18	−19	−21	−25
过热度/℃	1	1	3	5	7	9	10	11	12	15

第十七节 压缩机排气压力过低或过高的原因

一、压缩机排气压力过低

主要原因如下：

1）冷凝器进水阀或水量调节阀设定过大，供水量过多。

2）受气候、地域或采水方式影响，水温或空气温度过低影响水冷式或风冷式冷凝器的冷凝温度，导致排气压力过低。

3）压缩机吸入湿蒸气。

4）排气阀泄漏。

二、压缩机排气压力过高

主要原因如下：

1）制冷系统混入空气或有不凝性气体。

2）进入冷凝器的冷却水温较高或冷却塔选配不合适。

3）冷却水量不足，阀门开启过小或进水压力过低。

4）冷凝器长期没清洗，冷却水管污染结垢，管壁内积油或冷凝器内冷却水分布不均匀。

5）冷却塔风量不足或电动机损坏不转。

6）安装原因使排气管局部受阻，或操作时阀门未全开启。

7）冷凝器配置传热面积偏小，负荷不匹配，使排气压力升高。

总之，如果压缩机运行中排气压力忽高忽低，会造成压缩机比增大，制冷量减少，功耗增加，而且压缩机排气压力升高会影响润滑油和压缩机零部件的使用寿命。如果排气压力过低，也会影响制冷系统的正常工作，同样也是必须设法避免的。

第十八节 中间压力变化的原因

一、冷凝压力 p_k 的变化

当蒸发压力 p_0 不变时，随着排气压力 p_k 的升高，中间压力也增高。这是由于高压级的压缩比增大，输气系数 $\lambda_{高}$ 减小，使高压级吸气量减少，这时中间冷却器内制冷剂气体量逐渐增多，会使中间压力升高。反之，p_k 降低，中间压力也下降。

二、蒸发压力 p_0 的变化

当系统冷凝压力 p_k 不变时，随着蒸发器 p_0 的增高，则中间压力跟着升高。这是由于低压级的压缩比减小，输气系数 $\lambda_{低}$ 增加，使低压级输入中间冷却器的气体量逐渐增加，引起中间压力升高；反之，蒸发器 p_0 降低，则中间压力跟着下降。

三、高、低压级容积比的变化

当蒸发压力 p_0、冷凝压力 p_k 不变时，改变高、低压级的容积配比值，这时中间压力发生相应的变化，如增加低压级压缩机的运转台数或减少高压级压缩机的运转台数等都会使容积配比值减小，则中间压力相应升高；反之，则中间压力降低。

四、中间冷却器的供液、隔热和积油等情况

在制冷系统运行中，如果中间冷却器供液量不足，设备隔热效果不良，设备内积油过多，蛇形盘管内高压液态制冷剂的突然供液量较多等原因都会引起中间冷却器压力的升高。

在双级压缩制冷循环中，一般低压级压缩机不设油分离器，故中间冷却器兼做油分离器。如果积油过多，会导致中间冷却器压力升高。因此，操作人员在制冷系统操作运行过程中，应注意及时放油。放油时，先将油排入集油器，然后再放出。如果中间冷却器经常处于工作状态，冷冻油不易分离，可在中间冷却器底部增设一个油包，使油在其中沉淀，当积油较多（或定期）时，再通过集油器把积油放出。

在制冷系统操作过程中，低压级湿行程和压缩机吸气过热度的增大，以及阀片的破损等原因也会引起中间冷却器压力的变化。中间冷却器的压力为多级压缩中各级之间的平衡压力，与中间冷却器温度是相对应的。通过中间冷却器压力的变化，保持各级之间流量的平衡，即所谓"自衡"。操作人员操作时要注意中间压力和温度的变化。对氨制冷系统，一般高、低压级容积比为 $1:2$ 时，中间压力在 $0.25MPa$ 左右，容积比为 $1:3$ 时，中间压力在 $0.35MPa$ 左右，最高一般不要超过 $0.5MPa$。当然，最为理想的是调整为最佳的中间压力。

第七章　冷库的管理

第一节　冷库建筑的形式和优缺点

冷库的建筑形式很多，都各有优缺点，应根据具体地区特点、企业生产性质、规模等综合情况来选择。

一、多层冷库与单层冷库的优缺点

1. 多层冷库的优缺点

（1）优点　多层冷库有如下优点：

1）冷库有的建到5~7层，个别有建到8层的。因此，多层冷库占地面积小，可节约用地。

2）外围护结构的表面积小，这样围护结构传热量、机器设备费用、耗电量和食品干耗等相应减小。

3）节约隔热材料。

4）单位面积造价低，投资费用少。

（2）缺点　多层冷库也有如下缺点：

1）冷库垂直运输量大，货物进出和操作管理不便。

2）楼层高度受楼板荷载能力的限制，冷间容积利用率低。

3）基础施工复杂，造价较高。

4）施工期限较长。

2. 单层冷库的优缺点

（1）优点　单层冷库优点如下：

1）货物进出方便，有利于货物迅速进库和出库。

2）易于实现装卸运输的机械化和自动化。

3）地坪承载能力大，可以用较大的层高，提高单位面积载货量。

4）能采用大跨度的建筑结构，减少库内柱子所占面积，扩大建筑面积利用系数。

5）建筑和结构比较简单，有利于采用标准化预制装配式构件，缩短施工期限。

6）节省电梯、楼梯等辅助设施。

（2）缺点　单层冷库缺点如下：

1）占地面积大。

2）外围护结构表面积大，使用隔热材料较多，耗冷量以及食品干耗量等都比较大。

3）对于低温库房，地坪防冻工程量也较大。

二、装配性冷库与土建冷库的对比

1. 装配冷库的优点

1）由于各种建筑构件及隔热板材均可事先在工厂中预制，与土建冷库相比，有利于缩短建造工期。

2）隔热板材金属面层本身是一种不透气的材料，安装处理好库板拼缝连接点，则装配冷库的整体密封隔气性能较好。

3）由于库板不受冻融循环的影响，库房的降温和升温速度就不像土建冷库那样受到限制，可以使库房随意启用或停止工作。如果隔热条件与制冷设备允许，还可以任意设定库房温度，这是土建冷库难以做到的。若作为冷冻间的围护结构则更具独特优点。

4）采用金属外壳中灌注现场发泡聚氨酯塑料，外用抽芯铆钉与隔热板金属表面固定，并以密封胶防潮，所以在处理各种管道洞口防潮隔热方面比土建冷库方便得多。

5）同样外围建筑面积的库房，与土建冷库相比，装配冷库内净面积相对要大些，其库容量相对增加。

2. 装配冷库的缺点

1）隔热板材的热惰性小，衰减延迟时间均比土建冷库小，表现在停机后库房升温较快。

2）装配冷库的热惰性小，衰减延迟时间短，渗入热量较多，压缩机起动频繁，耗电量大。

3）由于隔热板采用金属面板，并以聚苯乙烯、聚氨酯泡沫塑料等新材料作为隔热芯材，一般来说，装配冷库造价较高。

3. 土建冷库的优点

1）土建冷库在满足技术性能的条件下，建筑隔热材料大多可就地取材，有利于降低造价。

2）土建冷库对于各种隔热材料的选用适应性较强，无论是松散的还是块状的，有机的还是无机的，均能因地制宜和充分利用。

3）一般来说，土建冷库围护结构热惰性较大，故其库温相对稳定，停机升温缓慢，单位电耗较小。

4. 土建冷库的缺点

1）土建冷库的结构框架大多采用钢筋混凝土浇制或砖石砌筑，隔气层用防水材料，保温需现场发泡，工序多，工期相对较长。

2）防潮隔气层的好坏影响到冷库质量和冷库的正常使用。

3）主冷库墙体处理不好出现水平或垂直裂缝是土建冷库普遍存在的问题。由于外界气温升高时对屋面与外墙的影响，以及冷库投产降温导致结构的收缩变形等不利因素，必须给予充分的估计并采取适当的技术措施，避免裂缝的出现而影响冷库效果。

第二节　库房的卫生管理

食品冷藏链是建立在食品冷冻工艺学的基础上，以制冷技术为手段，使易腐、生鲜食品在生产、贮藏、运输、销售直至消费前的各个环节中始终处于规定的低温环境下，以保证食品质量，减少食品损耗的一项系统工程。对易腐食品进行冷加工，并不能改善和提高食品的质量，仅仅是通过低温处理来进行抑制微生物的活动和酶的催化作用，达到食品能较长时间保藏的目的。因此，在食品冷加工过程中，冷库的卫生管理是一项重要的工作。要求严格执行国家颁发的卫生条例，尽可能减少微生物污染食品的机会，以保证食品质量，延长保藏期限。冷库的卫生管理应做好以下工作。

一、环境卫生和消毒

食品进入冷库时，都需要与外界接触，因而冷库周围的环境卫生是十分重要的。如果环境卫生不良，将会增加微生物污染食品的机会。冷库周围的场地和走道应经常清扫，定期消毒。冷库四周不应有污水和垃圾。垃圾箱和厕所应离库房有一定距离，并保持清洁。

二、库房和工具设备的卫生与消毒

冷库的库房是进行食品冷加工和长期存放食品的地方，库房的卫生管理工作是整个冷库卫生管理的中心环节。

在冷库的库房内，霉菌比细菌繁殖得更快些，并极易侵害食品。因此，在冷库库房的内墙水泥墙壁和顶棚上应尽量粉刷抗霉剂，并尽可能进行不定期的消毒工作。

库房运货用的手推车以及其他载货设备也能成为微生物污染食品的媒介，因为这些设备表面常常残留着食品等有机物质，如果不注意卫生工作，就很容易为微生物的生长繁殖创造条件。在堆放食品的垫木、托板或地板上，每平方厘米有 10 万个甚至 100 万个微生物时，即说明已经大量污染。因此，冷库的运输工具和设备必须随时随地保持清洁卫生。库内冷藏的食品，不论是否有包装，都要堆放在垫木上。垫木应刨光，并经常保持清洁。垫木、小推车及其他设备，要定期在库外冲洗、消毒、晒干。清洗时可先用热水冲洗，并用质量分数 2% 的碱水（50℃）除油污，然后用含有效氯 0.3% ~ 0.4%（质量分数）的漂白粉溶液消毒。产品加工用的一切设备，如铁盘、挂钩、塑料桶及工作台等，在使用前后都应用清水冲洗干净，必要时还应用热碱水消毒。冷库内使用的挂钩要考虑镀锌处理，以免生锈污染食品。

冷库内的走道和楼梯要经常清扫，特别在出入库时，对地坪上的碎肉等残留物要及时清扫，以免踩实后不易清理。

三、消毒方法

1. 消毒剂消毒

空库房内常用消毒剂及其使用方法如下：

（1）漂白粉　漂白粉可以配制成含有效氯 0.3% ~ 0.4%（质量分数）的水溶液（1L 水中加入含 16% ~ 20% 有效氯的漂白粉 20g），在库内喷洒即可，也可以与石灰混合粉刷墙面。配制时，先将漂白粉与少量水混合制成浓浆，然后加水至所需的浓度。

在低温库房进行消毒时，为了加强消毒效果，可用热水配制成水溶液（温度为30～40℃）。用漂白粉与碳酸钠混合液进行消毒，效果较好。配制方法：在30L热水中溶解3.5kg碳酸钠溶液，在70L水中溶解2.5kg含25%有效氯的漂白粉，将漂白粉溶液澄清后，再倒入碳酸钠溶液。使用时，加两倍水稀释。用石灰粉刷时，应加入未经稀释的消毒剂。

（2）次氯酸钠　可用2%～4%（质量分数）的次氯酸钠溶液，加入2%（质量分数）碳酸钠，在低温库内喷洒，然后将门关闭。

（3）乳酸　在冷库库房空库时，每立方米库房空间需用3～5mL粗制乳酸，每体积份乳酸再加1～2体积份清水，放在瓷盘内，置于酒精灯上加热，再关门几小时进行消毒。

（4）福尔马林　对库内温度在20℃以上的库房，可以用3%～5%（质量分数）的甲醛消毒［即7.5%～12.5%（质量分数）的福尔马林溶液］，库内每立方米空间喷射0.05～0.06kg消毒液。在低温库房内喷射甲醛消毒液效果比较差。每立方米库房空间也可以采用15～25g福尔马林，加入沸水稀释，与10%～20%（质量分数）的高锰酸钾同置于铝锅中，任其自然发热和蒸发，闭门1～2天后，经过通风，消毒工作即完成。因福尔马林气味很大，肉吸收后即不能食用。为了吸收剩余的福尔马林，可在通风时用脸盆等容器盛氨水放在库内。福尔马林对人有很大的刺激作用，使用时要注意安全。

从食品安全的角度出发，目前不再推荐使用福尔马林消毒溶液，最好采用臭氧消毒。

2. 紫外线消毒

一般用于冰棍车间模子等设备和工作服的消毒。不仅操作简单，费用低，而且效果良好。每立方米空间装置功率为1W的紫外线光灯，每天平均照射3h，即可对空气起到消毒作用。

四、冷库工作人员的个人卫生

冷库工作人员经常接触多种食品，因此对冷库工作人员的个人卫生应有严格的要求，要制定必要的规章制度。

在库房里作业的人员要勤理发，勤洗澡，勤洗工作服，工作前后要洗手，经常保持良好的个人卫生习惯。同时，企业单位每年还必须组织员工检查身体，对患传染病的作业人员必须立即进行治疗并调换工作，未痊愈不能进入库房与食品接触。

此外，库房的工作人员尽量不要将工作衣服穿到食堂、厕所，以及冷库外的其他场所。

第三节　食品加工和进库的卫生要求

一、食品冷加工过程中的卫生管理

每批冷藏食品在进入库冷加工之前，都必须进行严格的质量检查，包括随货同行的出厂卫生证件等，不符合食品卫生的和有腐败变质、有异味迹象的食品，不能进行冷加工生产，也不能进入冷库贮藏。

食品要进入冷库，应按照食品的不同种类、温度要求尽量分别存放。如果不同种类的食品混合存放，应考虑以不互相串味为原则。具有强烈气味的食品，如鱼、葱、蒜、冰激凌等应存放在专门的冷藏间。

对进入冷库的食品，应经常进行质量检查，发现有超期存放或有质变迹象的物品，应及时采取措施，分别加以处理，以免污染其他物品。同时，应及时向领导反映并向贮存货物的客户书面通知货物及时出库，以免食品变质扩大，造成更大的损失和经济纠纷。

在正常情况下冷库内的食品全部出库后，如果是高温库（正温库）库房应通风换气，利用风机排除库内的混浊空气，换入经过滤的新鲜空气，同时对冷风机进行冲霜。如果是低温库则应及时对蒸发器进行冲霜、扫霜，对库房进行清扫，并保持规定的温度，以利于下次随时能进货。

二、除异味

库房中如果发生异味一般是由于贮藏了具有强烈气味或腐烂变质的食品挥发所致。这种异味能影响其他食品的风味，即所谓的"串味"，会降低食品质量和食用的口感。因此，如果发现库内有较强异味，应及时找出原因并采取措施消除异味。

臭氧具有清除异味的功能。臭氧是三个原子的氧，用臭氧发生器在高电压下产生，其性质极不稳定，在常态下即还原为两个原子的氧气，并放出初生态氧。初生态氧性质极为活泼，化合作用很强，具有强氧化剂的作用。因此，利用臭氧不仅可以清除空库房异味，而且浓度达到一定程度时，还具有很好的消毒作用。

利用臭氧除异味和消毒，不仅适用于空库，对于装满食品的库房也很适宜。臭氧处理的效能取决于它的浓度，浓度越高，氧化反应的速度也就越快。由于臭氧是一种强氧化剂，长时间呼吸浓度很高的臭氧对人体有害。因此，臭氧处理时，操作人员最好不留在库内，等处理后过 2h 再进入。利用臭氧处理空库时，浓度可达 $40mg/m^3$。对有食品的库，浓度则依食品和种类而定：鱼类或干酪为 $1 \sim 2mg/m^3$，蛋品为 $3mg/m^3$。如果库内存有含脂肪较多的食品，则不应采用臭氧处理，以免脂肪氧化变质。此外，用甲醛水溶液（即福尔马林溶液）或 5% ~ 10%（质量分数）的醋酸与 5% ~ 20%（质量分数）的漂白粉水溶液，也具有良好的除异味和消毒作用。这种办法目前在生产中广泛采用。

另外，新库房投产前，因库内气体流通不畅，在管道安装时有一定的电气焊气味、管道油漆的气味，有现场发泡聚氨酯保温层的化工气味及管道反复氨试漏的氨气味等混合气味，因此有些厂是在空库房里根据库房面积大小放置一些酒精灯，用食用醋酸（或食用乳酸）放入器皿里用酒精灯加热挥发，也可达到去除异味和消毒的效果。如果旧空库有鱼腥味（原来放鱼类产品），要改为其他专用库，也可用上述方法去除异味。

三、灭鼠

老鼠对冷库食品保藏的危害性极大，它在冷库内不但会糟蹋食品，还会给顾客造成损失（有时冷冻厂需赔偿顾客的经济损失）并造成不良影响，而且鼠害会散布传染性病菌，危害人体健康，同时还会破坏冷库的隔热结构，损坏建筑物。因此，消灭老鼠对保护冷库结构、保证食品质量和减少经济损失有着重要意义。

老鼠进入库房的途径一般是冷藏门洞。也有的老鼠是随包装纸箱的食品一起进入库房的。一般在高温库（即水果库）较常发现。如果库房发现老鼠，应及时进行灭鼠。灭鼠的方法很多，如机械捕捉、胶粘捕捉、药饵毒鼠、用二氧化碳气体灭鼠等。不管采用什么方法灭鼠，都要及时清除死鼠，保证库房卫生。

第四节　冷库的库房管理

库房管理工作是冷库改善经营管理及安全生产的一个重要环节。必须建立和健全岗位责任制，既要管好商品，又要做好库房的卫生、安全工作和设备的管理工作。每一个库房，每一垛商品，每一扇冷藏门，每一件设备工具，都要有专人负责。

一、正确使用冷库，保证安全生产

冷藏库是采用隔热材料建筑的低温密封贮存库，其结构比较复杂，造价高，具有怕潮、怕水、怕热气、怕跑冷的特性。最忌有冰、霜、水。冷库土建以及保温等结构一旦损坏严重，就必须停产进行修理，从而严重影响生产。此外，在使用管理库房中，还应该熟悉库房内货位的间距要求和库内主要食品的密度。

1. 防止水、汽渗入隔热层

库内的墙、地坪、顶棚和门框上应无冰、霜、水，要做到随有随清除。没有下水道的库房和走廊，不能进行多水性的作业，不要用水清洗地坪和墙壁。库内排管和冷风机要定期冲霜、扫霜，及时清除地坪和排管上的冰、霜、水。不能把没有冻结的热货直接大量放入低温库房，防止带进热气，损坏冷库。严格管理冷库门，出入库要及时关好，对冷库门还要精心维护，做到开启灵活，关闭严密，不跑冷。有些早期冷库，采用的是旧式冷库门，由于经常使用且使用时间长，出现冷库门变形、损坏、跑冷是常见的事，从节能降耗的角度出发，应改造采用新型电动冷库门。

2. 防止因冻融循环把冷库建筑结构冻酥

库房应根据设计规定的用途使用，高、低温库房不能混淆。冷库建筑物内部结构在0℃以下的低温环境中冻结，然后再置于常温（升温）环境中解冻，如此反复过程就称为冻融循环。冻融循环对建筑结构如果有损坏，会使材料强度降低，多次冻融循环更加严重，会产生库内墙壁粉刷层脱落，混凝土和砖块冻酥，变得松脆，甚至一层层脱落。若因冷库短期间停产不储存货物，低温库库温也要保持在 -8℃以下。高温库控制在露点温度以下，以免库内滴水受潮，影响建筑。原设计有冷却工序的冻结间，如果改为直接冻结间时，要设有足够的制冷设备，还要控制进货的数量和掌握合理的库温，不使库房内有滴水。冷库冻酥现象如图7-1和图7-2所示。因此，应正确使用库房，不要随便改变冷库使用性质，确保安全生产。

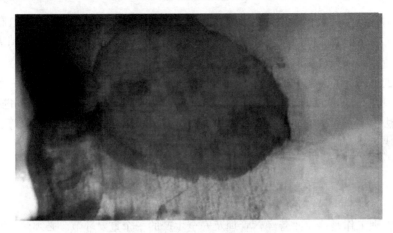

图 7-1　库内墙壁冻酥之一

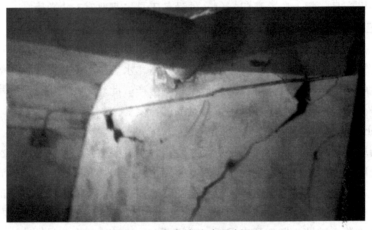

图 7-2　库内墙壁冻酥之二

3. 防止地坪（楼板）冻鼓和损坏

冷库地坪有的没做隔热层（高温库），有的冷库虽然铺设了厚度与库温相适应的隔热层，但它并不能完全隔绝热量的传递，它只能降低热量传递的速度。如果库温控制不好，当0℃等温线越过隔热层侵入地基后，便会引起土壤中的水分逐步冻结，最后形成冻土层。此时它的体积相应地膨胀，这种体积膨胀足以引起土壤颗粒间的相对位移，就形成地坪冻鼓。严重时会使冷库不均匀地抬起，使整个结构层遭到破坏。库房地坪冻鼓如图 7-3 所示。

冷库的地坪（楼板）在设计上都有规定，能承受一定的负荷，并铺有防潮和隔热层。如果地坪表面保护层破坏，水分流入，会使防潮隔热层失效。如果货物运输或堆垛超载，以及管理不善都会使楼板开裂。因此，不能将商品直接散铺在库房地坪上冻结。卸肉垛时不能采用倒垛的方法。脱钩和脱盘时，不能在地坪上摔击，以免砸坏地坪或破坏隔热层。另外，库内商品堆垛重量和运输工具的装载量，不能超过地坪的单位面积设计负荷。每一个库房都要核定单位面积最大负荷和库房总装载量（地坪如果大修改建，应按照新设计的负荷计算），并在库门上做出标志，以便管库人员监督检查。库内吊轨每米长度的载重量，包括商品、滑轮和挂钩的总质量应符合设计要求，不要超载，以保证安全。

图7-3　库房地坪冻鼓

相比较其他建筑的地面，冷库地面所面临的另一个问题是防止地坪冻鼓。地坪冻鼓是指冷库地坪下的土层受冻膨胀。冷库地坪虽然铺设了一定厚的隔热层，但并不能完全隔绝热量的传递。冷库投产降温后，库房与地坪下土层之间产生较大的温差长时间积累，冰点等温线就会深入到地坪下的土层并导致结冰。水在结冰过程中体积膨胀，如果地质条件等因素不能吸收这部分膨胀，地坪就会出现冻鼓。冻鼓轻则可以造成保温失效，能耗增加，降温效果变差，重则会影响库房的安全。因此，冷库在设计时都有考虑并采取措施防止冷库地坪冻鼓。一般采用以下几种防冻鼓的产生。

（1）架空地坪防冻鼓　这种方式是将冷库地坪架空，在架空板上做防潮隔热层，使从地坪散发出来的冷量能通过架空层的空气散发掉，不再引起地面下的土地冻鼓。这种方式在国内大型冷库中使用较为广泛，但是由于冷库内地面荷载较大，因此架空层楼板的投资较高。

（2）地垄墙半架空防地坪冻鼓　这种方式是采用砖墙或混凝土地垄墙将冷库地坪架空，在地垄墙间进行通风。这种方法大多用于中、小型冷库。

（3）强制通风防冻鼓　强制通风这种方式是在冷库地坪中预埋设通风管进行自然（适用于冬季室外温度不低于0℃的区域）通风和机械通风，冷库通过地坪传出的冷量由通风管中流动的空气散发。

通风管一般采用内径为150～300mm的预制水泥管，通风口应高于冷库外地坪，以免地面水进入通风管。管口应设铁丝网，以防鼠类在管内做窝，堵塞通风管。

（4）地面加热防地坪冻鼓　这种方式是在冷库地坪下埋设管道，利用循环泵将由压缩机废热加热的乙二醇打入地下管路内，使其循环流动，以吸收地坪传出的冷量，从而起到防冻鼓的作用。这种方式的缺点是一旦管路泄漏，很难采取补救措施。这种方式在我国较少采用。

设计有地下通风的冷库，要严格执行有关地下通风的设计说明，并定期检查地下通风道内有无结霜堵塞和积水，并检查回风温度是否符合要求，尽量避免由于操作不当而造成地坪冻鼓。地下通风道周围严禁堆放物品，更不能搞新的建筑。

4. 库房内货位的间距要求

为了使商品货物堆垛安全牢固，便于必要时的货物盘点、检查，以及货物进出库方便，对商品货位的堆垛与墙、顶、排管和通道的距离都有一定要求，见表 7-1。

表 7-1　库内货垛与建筑物墙、顶、排管和通道等的距离

序号	项　目	距离/m	序号	项　目	距离/m
1	货垛距冻结物冷藏间平顶	0.3	3	光滑墙管与墙面表面	0.15
	货垛距冷却物冷藏间平顶	0.35		光滑顶管与平顶或梁底表面	0.3
	货垛距顶管下侧	0.3	4	库房宽度在10m以内的，在一侧留走道	手推车1.2，机械搬运1.8
	货垛距顶管横侧	0.2			
	货垛距无墙管的墙	0.1		库房宽度在10～20m，在库房中央留走道	
	货垛距墙管外侧	0.2			
	货垛距风道喷风口中心（下侧）	0.3		库房宽度超过20m，一般每10m留一走道	
	货垛距冷风机周围	1.5			
2	货垛之间根据品种、批次等	0.1～0.2			

对库房内要留有合理宽度的走道，以方便冷藏货物车辆的运输操作，以有利于安全生产。库房内货物运输操作要注意防止运输工具和商品碰撞冷藏门、电梯门、柱子、墙壁、排管和制冷系统的其他管道等，对容易受到碰撞的部位应加设保护装置。

5. 禁止无关人员随便进入冷库

库房禁止无关人员和外单位人员随便进入，以确保库房安全管理、食品卫生及节能。人员进入冷库也会产生一定的热量，具体数值见表 7-2。

表 7-2　人单位时间内产生的热量

序号	库房温度/℃	每人所产生热量/（kcal/h）	序号	库房温度/℃	每人所产生热量/（kcal/h）
1	+10	185	5	-12	305
2	+4	215	6	-18	330
3	0	240	7	-23	355
4	-7	265			

注：1cal = 4.1868J。

二、加强管理工作，确保商品质量

在计划经济时代，冷藏管理主要是按产权所属系统和储存商品的种类划分，主要分为肉类冷藏库（即商业冷藏库）、水产冷藏库、果品冷藏库、蔬菜冷藏库及冷饮冷藏库等。改革开放以后，各系统冷藏库逐步面向市场，向新社会公用冷藏库转变。目前大多数冷藏库基本上仍然发挥低温储藏的功能，也逐步向低温物流配送中心方向发展。

发展食品冷藏链不仅对提高食品质量和食品结构的优化有关键作用，而且对充分利用食品资源，减少腐败变质至关重要。因此，提高和改进食品冷加工工艺，保证库房合理温度，确保商品质量，提高库房利用率，是冷藏企业的主要任务。食品在冷藏期间如果保管不善，容易发生腐烂、干枯（干耗）、脂肪氧化、脱色、变色、变味等现象。为此，冷藏企业要求有合理的冷加工工艺和合理的贮藏温度、湿度等。具体要求是商品在冷加工时要严格遵守工艺要求，在贮藏时要根据商品特性严格控制库房内的温度和湿度。

在正常生产情况下，低温库房的温度一昼夜升降幅度一般不超过 1℃，高温库房的温度一昼夜升降幅度一般不超过 0.5℃。冷藏货物在出库过程中，低温库房的温度升高一般不超过 4℃，高温库房的温度升高一般不超过 3℃。商品在冻结时，库温应保持设计时的最低温度。为了保证冷藏间温度稳定，商品的冻结温度必须降低到不高于低温库房温度 3℃，然后再转库较为合理。例如，当低温冷藏间库房温度为 -18℃时，则商品的冻结温度应在 -15℃以下。

商品在贮藏时，一般要按客户的品种、等级和用途等分批、分垛位贮藏，并按垛位编号，填制卡片悬挂于货位的明显地方。要有健全的商品保管账目，正确记载库存货物的顾客名单（分配性冷库）、品种、数量、等级、质量、包装以及进、出、存的动态变化，还要定期核对账目，出库一批清理一批，做到账货、账卡等相符。要正确掌握商品储存安全期限，尽量执行先进先出的制度。定期或不定期地进行商品质量检查，如果发现商品有霉烂、变质等现象，则应立即报告处理。

食品在冷却、冻结、冷藏过程中，因食品中的水分蒸发或冰晶升华，造成食品的重量的减少，俗称为食品"干耗"。食品发生干耗时不仅重量损失，据有关资料介绍，每进入冷库 1kcal 的热量，将使冷藏商品干耗 0.15～0.2g。食品表面会出现干燥现象，食品的品质也会下降。例如，当水果、蔬菜的干耗达到 5% 时，就会失去新鲜饱满的外观而出现明显的凋萎现象。鸡蛋在冷贮藏中会因水分蒸发而造成气室增大。冻鱼在贮藏中会因冰晶升华表层会出现干燥，并在空气中氧的作用下脂肪氧化酸败，表面黄褐变，不仅外观变差，食味、风味、营养价值都会下降。因此，降低食品干耗有着重要的经济意义。通常减少干耗从两方面着手：第一，要从设计上改进，即降低冷藏温度，缩短商品冷却或冻结时间，合理增加蒸发排管面积，改进冷却设备的形式，合理布置蒸发排管的位置，提高隔热层的效能，减少蒸发温度与库温之间的温差等办法；第二，从操作管理着手降低食品干耗，保持合理的库房温度和湿度。冷藏工人多年来认真总结的降低商品干耗的经验，主要有以下几点：

1) 合理操作，缩短冷加工时间。为了降低商品在冷却和冻结过程中的干耗，首先要发挥制冷设备的最大效果，尽可能缩短冷加工时间。冷却间或冻结间必须尽量降温至设计的最低温度时才能进货，即进货前应先对冷间降温，当进货完毕后再开风机，等商品达到要求的低温时停止风机，进行转库工作。使用冷却间和冻结间时，如果进货量少，应尽量减少冷间，避免使用冷间加工少量的商品。否则，冷加工和风机工作时间要相应缩短。体积较大或较肥的肉等应吊挂在离排管较近或风速较大的地方，以提高冷加工效率。

2）尽可能保持冷藏间达到设计规定的最低温度。库内温度和湿度要保持均匀，不能有较大波动。食品入库尽量做到一次进完。

3）有关责任人员应加强对隔热层和防潮层的维护管理。对松散材料要定期检查，发现问题应组织更换

4）减少外界热量进入库内。库房内不能有大量工人挑选商品。要随手关灯，及时关严冷库门等。

5）冷藏间内堆放冻品要求尽量同一货主尽量同一品种货物要堆垛紧密，尽量货堆大一些，使库房内常处于满载状态。当商品不多时，可将同类商品或可以混藏的商品放在一起。但包装的和无包装的商品一般不要存放在同一冷藏间内，或分类堆放。

6）尽量避免利用小容量的上层、隔热不好的或热流较大的冷藏间做冻结商品的长期冷藏。

7）家禽、鱼类和副产品等商品在冷藏时，尽量要求表面镀冰衣。如果需要长期冷藏，则可在垛位表面喷水进行养护，但要防止水滴在地坪、墙和冷却设备上。冻肉在码垛后，可用防水布或塑料布覆盖，在走廊或靠近冷藏门处的商品尤其应覆盖好。一般要求喷水成 3mm 厚的冰衣（可分次喷水镀冰衣）。在热流大的时候，冰衣易融化，注意经常保持冰衣一定的厚度。

8）对于采用冷风机的冷藏间，库内气流分布要合理，并要处于低风速（不超过 $0.2 \sim 0.4$ m/s）冷藏。

9）冷库食品要求尽量有塑料薄膜和纸箱包装或镀冰衣。

三、合理码垛，提高库房利用率

平时生产应加强对库房的管理，对商品进行合理码垛，正确安排能使库房增加装载量，即提高单位容积的装载量和充分利用有效容积。前者是以冷库楼板等允许的安全负荷和食品质量保管要求为前提，后者是可以通过正确的调度安排获得。

1. 安全荷载能力

安全荷载能力指冷库楼板承载质量的能力，是以单位面积荷载量来计算的。目前新建的冷库，荷载量一般为 $2000 \mathrm{kg/m^2}$。单位面积荷载量乘库房的有效面积，就是库房的最大装载量。

商品在库房内码垛时，其质量首先不能超过商品的最大装载量。另外，由于单位面积荷载量是按均匀分布计算的，商品在楼板上堆放时也不能过于集中，以免超过单位面积荷载量，损坏建筑结构。

2. 提高单位容积装载量

具体措施就是合理提高库房商品堆码的密度，使单位容积的库容能装载更多的商品。堆码的密度是按不同商品的特性确定的。对冷冻商品，如肉、鱼等都要求堆得紧密。这样既能提高库容利用率，又能减少冷藏期间的质量变化。对冷却商品，如鲜蛋、水果、蔬菜等，因其本身还有呼吸作用并产生热量，就应根据需要进行通风换气，堆放时要求留有间隙，保持库温均匀。

改变堆码方式，或提高堆码技术可提高冻肉堆码密度。如冻猪肉的堆码一般采用四片井字式与一字形垛相结合的方法，即在货堆的两端以井字垛头为支承，中间用一字"柴爿"形填装。四片井字垛头，平均每立方米库容可贮存冻猪肉 375～394kg，三片井字垛头，每立方米库容只能贮存 331～338kg，可见四片井字垛比三片井字垛能提高装载量约 13%。冻肉堆码密度可从肉堆的体积和质量求得。

$$肉堆码密度 = 肉堆的总质量/肉堆的体积$$

3. 充分利用有效容积

由于商品质量、批次、数量、级别等不同，虽在货源充足的情况下，也会有部分容积利用不足。因此，在使用中应采取勤整并、巧安排、多联系等办法，减少零星货堆，缩小货堆的间隙，适当扩大货堆容量，提高库房有效容积利用率。另外，新堆放的冻肉存放 5～10 天后会有一定下沉，应注意货物是否有倾斜，必要时应重新整理。对库房内货物堆码应稳固整齐，不应影响库房内的气流组织和货物的进出。库房内应尽量合理分区并设置相关标志。

四、食品的保存期

一些易腐食品加工（或低温加工）后，以及果蔬整理包装后放进冷藏间（0℃或 -20℃左右），可获得一定时间的保鲜期（保质期），库房管理人员应注意库房中一般常用食品的保存期。水果、蔬菜、鱼肉等的贮存条件和贮藏期见表 7-3～表 7-5。

表 7-3　水果的贮藏条件和贮藏期

序号	食品名称	含水量（%）	贮藏温度/℃	贮藏间相对湿度（%）	贮藏期
1	鳄梨	65.4	7/13	85～90	4 周
2	杏	85.4	-0.5/0	85～90	1～2 周
3	草莓	89.9	-0.5/0	85～90	7～10 月
4	无花果	78.0	-2/0	85～90	5～7 月
5	油橄榄	75.2	7/10	85～95	4～6 周
6	橘子、香橙	87.2	0/1	85～90	8～12 周
7	柿子	78.2	-1	85～90	2 月
8	醋栗	88.9	-0.5/0	80～85	3～4 周
9	红莓	87.4	2/4	85～90	1～4 月
10	葡萄柚	88.8	10/15	85～90	4～8 周

（续）

序号	食品名称	含水量（%）	贮藏温度/℃	贮藏间相对湿度（%）	贮藏期
11	椰子	46.9	0/2	80 ~ 90	1 ~ 2 月
12	樱桃	83.0	− 0.5/0	85 ~ 90	10 ~ 14 日
13	石榴	—	1/2	85 ~ 90	2 ~ 4 月
14	西瓜	92.1	2/4	85 ~ 90	2 ~ 3 周
15	洋梨（巴梨）	82.7	− 1/ − 0.5	90 ~ 95	2 ~ 3 周
16	洋梨	—	− 1/ − 0.5	90 ~ 95	6 ~ 7 月
17	红橘	87.3	− 0.5/3	90 ~ 95	3 ~ 4 周
18	黑莓（悬钩子）	—	− 0.5/0	85 ~ 90	7 ~ 10 日
19	果仁	3 ~ 6	0/10	65 ~ 75	8 ~ 12 月
20	菠萝（绿果）	—	10/16	85 ~ 90	3 ~ 4 周
21	菠萝（黄果）	85.3	4/7	85 ~ 90	2 ~ 4 周
22	香蕉	74.8	—	85 ~ 90	—
23	番木瓜	90.8	7	85 ~ 90	2 ~ 3 周
24	葡萄（美国种）	81.9	− 0.5/0	85 ~ 90	3 ~ 8 周
25	葡萄（欧洲种）	81.6	− 1/ − 0.5	85 ~ 90	3 ~ 6 月
26	黑莓	84.8	− 0.5/0	85 ~ 90	7 日
27	李子	85.7	− 0.5/0	80 ~ 85	3 ~ 4 周
28	紫黑浆果	82.3	− 0.5/0	85 ~ 90	3 ~ 6 周
29	榲桲	85.3	− 0.5/0	85 ~ 90	2 ~ 3 周
30	杧果	81.4	10	85 ~ 90	2 ~ 3 周
31	桃	86.9	− 0.5/0	85 ~ 90	2 ~ 4 周
32	白兰瓜（美国甜瓜）	92.0	0/4	85 ~ 90	5 ~ 15 日
33	白兰瓜（哈密瓜）	92.6	7/10	85 ~ 90	2 ~ 4 周
34	酸橙	86.0	9/10	85 ~ 90	6 ~ 8 周
35	木莓（黑）	80.6	− 0.5/0	85 ~ 90	7 日
36	木莓（红）	84.1	− 0.5/0	85 ~ 90	7 日
37	苹果（红玉）	—	− 1/0.5	85 ~ 90	2 ~ 3 月
38	苹果（美味）	84.1	− 1/0.5	85 ~ 90	4 ~ 5 月
39	柠檬	89.3	10/13	85 ~ 90	—
40	罗甘黑莓	82.9	− 0.5/0	85 ~ 90	5 ~ 7 日
41	干果	—	0	50 ~ 60	9 ~ 12 月

表 7-4　蔬菜的贮藏条件和贮藏期

序号	食品名称	含水量（%）	贮藏温度/℃	贮藏间相对湿度（%）	贮藏期
1	朝鲜蓟	83.7	-0.5/0	90～95	1～2 周
2	芦笋	93.0	0	90～95	3～4 周
3	菜豆（扁豆）	88.9	7	85～90	8～10 日
4	菊苣	93.3	0	90～95	2～3 周
5	秋葵	89.8	10	85～95	7～10 日
6	南瓜	90.5	10/13	70～75	2～6 月
7	芜菁（根）	90.9	0	90～95	4～5 月
8	菜花	91.7	0	90～95	2～3 周
9	洋姜	79.5	-0.5/0	90～95	2～5 月
10	圆白菜（晚生）	92.4	0	90～95	3～4 月
11	黄瓜	96.1	7/10	90～95	10～4 日
12	青豆	74.3	0	85～90	1～2 周
13	羽毛甘蓝	86.6	0	90～95	2～3 周
14	球茎甘蓝	90.1	0	90～95	2～4 周
15	红薯	68.5	13/16	90～95	4～6 月
16	婆罗门参	79.1	0	90～95	2～4 月
17	马铃薯（早生）	—	10/13	85～90	—
18	马铃薯（晚生）	77.8	3/10	85～90	—
19	甜玉米	73.9	-0.5/0	85～90	4～8 日
20	芹菜	93.7	-0.5/0	90～95	2～4 月
21	洋葱	87.5	—	70～75	6～8 月
22	辣椒（甜）	92.4	7/10	85～90	8～10 日
23	辣椒（红、干）	12.0	0/4	65～75	6～9 月
24	西红柿（绿果）	94.7	13/21	85～90	2～5 周
25	西红柿（红果）	94.1	0	85～90	7 日
26	茄子	92.7	7/10	85～90	10 日
27	萝卜	88.2	0	90～95	4～5 月
28	大蒜	74.2	0	70～75	6～8 月
29	防风草	78.6	0	90～95	2～6 月
30	花茎甘蓝	89.9	0	90～95	7～10 日
31	菠菜	92.7	0	90～95	10～14 日
32	爆米花（生）	13.5	0/4	85	

（续）

序号	食品名称	含水量（%）	贮藏温度/℃	贮藏间相对湿度（%）	贮藏期
33	爆米花	91.1	0/2	85～90	3～5 日
34	鲜蘑菇	84.9	0	90～95	3～4 周
35	红花豆	66.5	0/4	85～90	10～15 日
36	小萝卜	93.6	0	90～95	2～4 周
37	韭菜	88.2	0	90～95	1～3 月
38	大黄	94.9	0	90～95	2～3 周
39	莴苣	94.8	0	90～95	3～4 周

表 7-5　鱼肉的贮藏条件和贮藏期

序号	食品名称	含水量（%）	贮藏温度/℃	贮藏间相对湿度（%）	贮藏期
1	咸肉	39	-23/-10	90～95	4～6 月
2	鲜蛋	70	-1.0/-0.5	80～85	8 月
3	冰蛋	73	-18	—	12 月
4	鲜鱼	73	-0.5/+4	90～95	7～14 月
5	干鱼	45	-9/0	75～80	3 月
6	冻鱼	—	-20/-12	90～95	8～10 月
7	熏制鱼	—	4/10	50～60	6～8 月
8	火腿	47～54	0/+1	85～90	7～12 月
9	冻火腿	—	-24/-18	90～95	6～8 月
10	人造奶油	17～18	+0.5	80	6 月
11	牡蛎	80	0	90	2 月
12	猪油	46	-18	90	12 月
13	羊肉	60～70	0	80	10 日
14	冻羊肉	—	-12/-18	80～85	3～8 月
15	猪肉	35～42	0/0.2	85～90	3～10 日
16	冻猪肉	—	-24、-18	85～95	2～8 月
17	鲜家禽	74	0	80	7 日
18	冻家禽	60	-30/-10	80	3～12 月
19	兔肉	60	0/+1	80～90	5～10 日
20	冻兔肉	60	-24/-12	80～90	6 月
21	腊肠	—	-4/+5	85～90	7～21 日
22	牛肉	63	0/1	90	5～10 日

（续）

序号	食品名称	含水量（%）	贮藏温度/℃	贮藏间相对湿度（%）	贮藏期
23	对虾	79	−7	80	1 月
24	谷类	—	−10/−2	70	3～12 月
25	牛奶	87	0/+2	80～95	7 日
26	黄油	14～15	−10/−1	75～80	6 月
27	奶油	59	0/+2	80	7 月
28	糖	0.5	+7/+10	<60	12～36 月
29	冰激凌	67	−30/−20	85	14～84 日
30	果酱	36	+1	75	6 月
31	啤酒	—	0/+5	—	6 月
32	奶粉	—	0/+1.5	75～80	1～6 月
33	蜂蜜	—	1	75	6 月
34	血浆	—	3.3	75	2 月
35	冰蛋	—	−18	—	12 月
36	菜油	—	+1/+12	—	6～12 月

第五节　冷库建筑的正确使用和维护

　　冷冻厂的冷却间、冷藏间及冻结间等冷库建筑，实际上是制冷装置的制冷对象。正确使用和维护好这些冷库建筑，就能减少制冷装置的热负荷，降低制冷能耗。另外，冷库是低温、高湿、密封性建筑，结构复杂，造价高，其使用和维护管理的水平直接关系到企业的效益及冷库的使用寿命。现在新建的冷藏库已逐步向冷链物流中心要求发展建造，冷藏库逐渐大型化、设置封闭式月台（站台）、升降式装卸平台、低温理货区、形式多样的货架和托板、货笼的配置已成为新冷库投资者的共识，有条件的旧冷库也以现代冷链物流中心为目标在逐步进行改造。因此，冷库的使用和维护管理必须严格按科学办事，认真执行有关的规章制度和操作规程，建立健全岗位责任制，用好、管好冷库，以取得最佳的经济效益。

一、冷库常用建筑材料的特殊要求

　　冷库常用的建筑材料除了隔热防潮材料外，用量比较大的有砖、石、水泥、混凝土、砂浆、钢筋及木材等。冷库使用中的建筑材料，大多都是处于低温潮湿的环境下，因此对所用的建筑材料有抗冻性和耐水性的特殊要求。砖、石若用于冷库外墙时要求标号不低于 MU7.5，抗冻级不低于 25 级；若用于低温库内衬墙或内隔墙时，则要求标号不低于 MU10，抗冻级不低于 35 级。普通硅酸盐水泥的抗冻性能较好，因此冷库中低温库房及冻结间的结构构件应优先选用普通硅酸盐水泥。矿渣水泥抗冻性能也较好，故也可使用于冷库结构，但绝不能使用抗冻性能不好的火山灰水泥于冷间结构。混凝土结构构件的水泥标号均要高于 325 号，且每立方米混凝土的水泥用量亦有明确规定，如 C20 和 C30 混凝土水泥用量分别规定为不得少于 $275kg/m^3$ 和 $300kg/m^3$，这是最低的要求。冷库设计规范规定：一般冷间混凝土标号不低于 C20，水灰比不得大于 0.6，冻结间的混凝土标号不得低于 C30，水灰比不得大于 0.55。水灰比小则施工困难，成型性差，不易密实，孔隙多，充水也多。水灰比越大，混凝土中孔隙越多。试验结果表明，水灰比为 0.55～0.6 的混凝土抗冻性能最佳。混凝土的抗冻号应达到 D50 级。冷库用的水泥砂浆标号不得低于 M5。冷库主体的钢筋混凝土结构受力钢筋应用 I、Ⅱ 级热扎钢筋。库内用的木材要求选用干燥并且在受潮后不易变形和开裂的杉木或一级红松。

二、严格控制库内温度

按要求严格控制库内温度，对保证食品质量，延长冷库使用寿命，提高经济效益具有十分重要的意义。冻结物冷藏间的库内温度应按设计要求保持稳定，平时其波动幅度应控制在 1℃ 以内。当冷库开门进货量较大时，如温度回升 2℃ 或 3℃ 时，应立即关门停止进货。

三、严防水、汽渗入隔热层

水、汽渗入隔热层、建筑构件和地坪，不仅使冷库的隔热性能明显降低，而且还会损坏冷库建筑。

1）库房穿堂和墙、地坪、顶棚、门框要求无冰、霜、水，应做到随有随扫，及时清除处理。在库房内不准进行多水作业。不得把高、低温库改作其他用途。

2）库内的排管和冷风机要及时用热氨（冷风机增加水冲霜）冲霜和扫霜。冲霜要注意安全，速度要快。必要时要人工辅助扫霜，冷风机承水盘内不得积水、结冰，以免冲霜水外流溢到地面。

3）没有经过冻结的热货，不准直接进入低温库，以防止带入热汽损坏建筑，并影响库内原有食品的贮藏质量。

4）库房管理人员应严格管理冷库门。开门时间尽量要短，开门次数要尽量少，并且要及时关门，如果发现门损坏要及时修理。凡与外界及穿堂相通的门，均应设置空气幕及软塑料门帘。

四、防止冻融循环对冷库建筑的损坏

冷库建筑物在 0℃ 以下的低温下冻结，又在 0℃ 以上的温度下解冻，对此称为冻融循环。反复的冻融循环对土建冷库有较大的损坏作用。

1）冷库的各种库房应按照设计规定使用。高、低温库不许混淆使用。原设计的两用库按一种用途使用后，如果改变为另一种用途时，应注意进行相应的调整和管理。

2）各种土建冷库出现空库现象时，也要保持一定的低温。冻结间和低温库应保持在 -8～-5℃，高温库应保持在露点温度以下，以免库内出现滴水现象，防止冻融循环造成对冷库建筑的损坏。

3）原设计有冷却工序的冻结间，如果改为直接冻结时，冻结间要有足够的制冷设备。同时要掌握进货数量，控制库温。库内不得出现滴水现象。

五、保护地坪和楼板，防止冻鼓损坏

1）不得把物品直接铺在地坪上冻结；拆内垛时不得采用倒垛的方法；脱钩和脱盘时不准在地坪上摔砸，以免损坏地坪和隔热层。

2）物品堆垛与吊轨悬挂的总质量不得超过规定。

3）如果地坪没有做防冻措施的高温库，其温度不得低于0℃，以免时间长出现地坪冻鼓。

4）冷库地坪下用于加热的自然通风通道应保持畅通，不得积水、堵塞。北方地区应冬闭春开。如果用机械通风，则应有专人经常测量地坪下的温度，定时开启通风机，如果设有地下油管加热装置，则要掌握进出油温度，并定时开动液压泵。

六、不得随意拆除安全装置和防护设施

冷库投产使用后的安全装置和防护设施不得擅自拆除，以免影响生产安全。

七、合理使用库容，提高库房利用率

应注重研究改进物品堆垛方法，科学合理安排货位，在具有合理间隔保证降温效果的前提下，要提高堆放密度，增加堆放高度，提高容积利用率。这样可以降低单位产品电耗，达到节能的目的。

第六节　冷库维修前的检查及维修措施

冷藏库企业应经常对冷库建筑进行检查，如冷库建筑物主体沉降的情况，冷库地坪防冻设施运行情况，冷库隔垫层表面有无开裂、沉降、鼠洞、结霜、滴水跑冷等现象，如果发现有问题应尽快采取维修措施。

一、冷库建筑物在维修前应检查的内容

1）要检查冷库建筑主体沉降的情况，以及冷库地坪防冻设施运行的工作情况；检查冷库隔热层表面状况，检查有无开裂、沉降、鼠洞、结霜、滴水跑冷等现象。

2）检查冷库冻结间、快速预冷间结构主体的建筑材料冻融循环破坏状况；检查冷间电线、电缆穿越冷库隔热层处有无异常状况。

3）逐一检查冷库防雷接地设施的性能状况，并做好检查记录。发现有不安全因素应及时向企业负责人报告。

二、冷库维修前检查应注意的事项

对早期冷库建筑损坏的维修检查，一般都是冷库还在继续生产条件下进行的。其维修检查应注意的事项如下：

1）冷库建筑损坏情况，工作人员一般可以从承重结构和维护结构表面的损坏状态，以及从生产使用中出现的不正常现象来判断，较常见的不正常状态和现象如下：

① 外墙面局部或全部泛潮，外墙开裂，隔热层酥落，内隔墙结厚霜或冰，墙体冻鼓或酥落。

② 低温库上面的高温库地面结冰霜或积水，墙角、柱脚结冰霜，低温库下面的高温库平顶结霜或滴水。

③ 降温达不到设计要求，在停止降温以后库温很快上升。

④ 库内地坪冻裂、冻鼓，承重结构，如梁、板、柱有裂缝或酥松。

⑤ 库内各处出现较多的冷桥、凝水或结霜，层面防水层老化损坏，冷库门损坏，地下室积水，以及基础不均匀下沉。

2) 在隔热层损坏较严重处，应设法挖取试块，观察或测定含水率，检查材料的隔热性能。

3) 钢筋混凝土外露结构的损坏，在冰封状态下检查较困难，可采用局部加热方法融化其表面冰冻层后，鉴别其质量。

4) 当发现冷库承重结构有较明显的损坏时，应对较严重的损坏区段采取临时性措施，防止结构在冷库升温解冻后造成事故。如果发现冷库地基或地坪冻鼓，应测定其冻土层深度。发现墙、板、梁、柱等部位有裂缝时可采用石膏等填料做好标记，观察其发展情况。

5) 为便于复查，可以在升温后根据需要，拆卸部分外部结构层，进行分析检查。

三、冷库维修的具体措施

1. 结构工程的加固处理

1) 对冷库结构工程维修，应根据结构的损坏程度，采取不同的措施。当损坏情况比较严重，危及安全时，必须停止生产，进行全部或局部的加固处理。如果损坏情况一时尚不致产生危险，则一般采用钢材或木材的构件将损坏部位维修加固，并定期进行观察。

2) 承重结构加固后，自重增大，强度也有改变，库容量应根据实际承载能力重新确定。

3) 冷库板、梁、柱承重结构的补强加固工作，应在冷库升温到 10℃ 以上条件下进行。对于少数的构件或小面积的损坏，可以在尽量不影响生产、不升温的情况下采用型钢修补加固。

当裂缝很小，并已不继续发展的，可将裂缝清刷干净，用热沥青、漆类或树脂类填塞封闭。

4) 在旧混凝土上浇注新混凝土时，应先将旧混凝土层表面上的灰渣、杂物等尽量清扫干净，然后采用压力水冲洗。在浇注新混凝土前，旧混凝土面层应保持润湿，并先刷一层水泥砂浆。

2. 墙体裂缝的处理

当冷库墙体裂缝的宽度不至于引起隔气层破坏，并已不再继续发展时，可将裂缝用嵌缝膏、沥青、麻布或环氧树脂、砂浆等嵌满缝隙，不做其他加固处理，但应定期观察有无变化。

3. "冷桥" 处理

为了避免形成 "冷桥"，应保证隔热层的整体连续性，不能中断。如果有梁或板伸入墙内，当墙为内承重墙，且位于温差大于 5℃ 的两库之间时，应在该梁或板的边缘做 100mm 厚、1.2m 宽的保温隔热带。如果墙体是外承重墙，则应做不小于 1.5m 宽的保温隔热带，以防止"冷桥"。

砖或钢筋混凝土的外衬墙或内隔墙，应在地坪钢筋混凝土面层上砌筑，不得穿入地坪隔热层内。

4. 管道穿墙、楼板的结构处理

制冷工艺管道需要穿墙时，应根据具体标高尺寸预留孔洞，并做好该预留洞处的防水层和隔热层。

如果一些不做隔热处理的管道，在穿过两侧有5℃以上温差的墙壁、楼板时，都必须在洞的两侧各包不少于1.2m长的隔热层，以免该处形成"冷桥"，造成滴水和结霜等现象。

照明及动力电线不宜用暗线，并应尽可能不穿越易燃的隔热层。若必须穿越时，应预埋穿越套管，套管应做防止"冷桥"和防潮隔气处理。

5. 冷库地基或地坪冻鼓的修复及融沉的防止

冷库地基和地坪冻鼓，可使地坪开裂、墙壁歪斜，楼板、梁、柱帽出现裂缝，隔热防潮层拉断，冷库门关闭不严，严重时可能会使整个冷库结构损坏，所以如果发现冷库基础和地坪有冻鼓现象，必须立即采取修复措施。常用的修复措施如下：

1）如果冻结层较浅，可以将库房温度适当升高，一般库温提高到 – 4℃左右并保持一定时间，冻土即由下部往上逐渐自然解冻。

2）如果冻结层较深，则可以向地坪下面的冻土施加人工热源。可用的热源有蒸汽、温盐水或热风、加热器等。

当地坪经过处理基本恢复了原状，修补好地面裂缝后，冷库即可继续投入生产。

第七节　冷库地坪、墙体和楼板出现裂缝的原因及处理

一、出现裂缝的原因

冷库建筑最常见的裂缝是温度裂缝和收缩裂缝。由于冷库的建筑材料一般都具有热胀冷缩的物理性质，低温冷库地坪和楼板在冷库降温过程中必然会产生冷缩变形，如果这种变形受到约束，在混凝土内便会产生温度应力。当这种温度应力超过混凝土强度的极限应力时，即出现温度裂缝。低温冷库地坪或楼板整筑层出现的裂缝大多属于这种温度裂缝。当冷库投产降温后，无梁楼板产生收缩变形，固结钢筋混凝土连梁引起外墙面弯曲变形。当变形造成的应力超过外墙体抗裂强度，外墙体就会产生层间水平裂缝或外墙体四角裂缝。冷库屋檐下水平裂缝多发生在整体浇注的钢筋混凝土屋面板。这是由于当气温上升时，屋面板与外墙变形不同步，加上屋面板与顶层钢筋混凝土圈梁间无滑移构造措施，造成冷库屋檐下墙体水平裂缝的产生。其次，由于材料质量和施工不当而引起的收缩裂缝也不少见。如在施工过程中混凝土配合比不当、水灰比过大，选用稳定性不合格的水泥，砂石级配差、砂太细或含泥量过高均会引起混凝土的收缩裂缝。同样，如果对混凝土养护不好，早期收缩过大或混凝土凝固后表面失水过快，而引起表面不规则发丝裂缝。这种情况常见于冷库未降温前楼地面混凝土整浇层已经由此而出现的收缩

裂缝。这种裂缝的出现对冷库结构的安全使用虽无甚影响，但对楼地面或墙体的保温层是不利的，会导致冷库隔气层被拉断造成透气跑冷，保温层受潮结冰而严重影响冷藏库隔热效果，增加能耗。除了上述温度裂缝和收缩裂缝之外，还有可能由于建筑构造不合理引起地坪或地基冻胀，不均匀沉陷引起地坪或地基变形，施工中对施工工艺不当会致使混凝土未达到设计强度，或者钢筋移动偏位以及使用过程中楼地面结构超载等种种情况，会引起冷库库体结构裂缝。因此，需要在设计、施工以及降温投产使用过程中采取必要的措施予以防止，一旦出现裂缝现象时应及时分析原因加以处理，确保冷库保温性能及安全使用不受影响。

二、裂缝的处理

冷库墙体裂缝处理前，首先应查明产生裂缝的原因及裂缝开裂的程度，以便采用相应措施合理处理。如果裂缝是由于温度应力产生的，裂缝宽度不致引起防潮隔气层破坏，并经过一定时期后不再继续发展，则可将裂缝用钢凿顺缝打出沟深比原缝加深 3 ~ 4mm，加宽 10 ~ 15mm 的缝隙，然后用建筑油膏、沥青麻丝、环氧树脂砂浆或水泥砂浆嵌满缝隙即可。以后定期观察，以便及时加以修理填补缝隙。如若裂逢继续发展，有破坏防潮层的危险，则可在库内裂缝处增贴软木盖，库外裂缝处也做适当修补，防止裂缝继续发展。当裂缝发展有危及安全时，应当局部停产大修，必要时拆墙重砌。如果裂缝是由于基础不均匀沉陷，砌体强度或稳定性不够而产生，则要根据其危险程度，从根本上采取修补、加固或停产大修等专门处理措施，以保证冷库的正常使用，确保生产安全。

当冷库地坪或楼板裂缝很小，又不继续发展时，可将裂缝地面上的油污、冰霜和杂物清除干净，然后将裂缝凿成麻坑，比原裂缝宽 20 ~ 50mm，认真清除其中的碎块、碎屑和粉尘，用喷灯加热再刷上冷底子油，然后填塞热沥青或沥青麻丝，表面加贴玻璃丝布。也可用环氧树脂水泥砂浆、水泥砂浆加防冻剂修补地面裂缝，且要注意保温养护。当地坪或楼板裂缝宽度较大，会引起隔热层损坏时，则应在停产升温后凿开比原浆裂损坏面积稍大的范围，将碎块细屑清除后按原设计更换隔热层、修复防潮层及钢筋混凝土面层。换补隔热层时，必须按上口大、下口小，呈阶梯式进行，以使结构各层相互错缝搭接，确保工程质量。

第八节　聚氨酯现场发泡时应注意的事项

目前冷库普遍使用的聚氨酯泡沫塑料是含有多羟基功能团的聚醚和含有多异氰酸酯并加入催化剂、阻火剂、发泡剂，经化学反应而现场制得的闭孔结构聚氨酯泡沫塑料（简称 PV）。

一、配料

先将催化剂、胺醚、阻火剂、发泡剂按规定比例均匀混合为 A 组，将 PAPI（多苯基多次甲基异氰酸酯）作为 B 组。由于材料的活性大，对气候条件非常敏感，因此 A、B 材料的配比随当地气候条件不同而异。配比的确定必须通过小配方试验来校对，避免比例失调引起泡沫体塑性升高、强度下降、收缩变形或者发脆、发泡量少、开裂及烧心等缺陷的产生。

二、施工环境温度

A、B 两组药液进行适当混合后即可灌注或喷涂。施工时必须精确地保持原料的混合比例，尤其重要的是要注意作业现场的大气温度和室内温度，因为施工环境温度对喷涂发泡时气泡的密度有很大的影响。为了获得良好的发泡，最适宜的现场环境温度为20～30℃。如果在5℃以下施工，还要对原料液容器采取加温措施，使原料温度保持在25℃。墙面（即被喷涂面）最适宜温度应为30～40℃。墙面温度太低可能不起泡。若墙面温度比较温热，则能取得喷涂发泡效果。

三、注意发泡压力

发泡压力出现于发泡末期，其数值与灌注厚度、模具形状、发泡高度和允许膨胀率有关。在发泡压力比较低时，其值约为 $0.2N/cm^2$，在密闭模具中，发泡压力可达到 $1～2N/cm^2$。因此，对模板和夹具等要采取加固措施，防止内部应力导致泡沫塑料的开裂。

四、注意工件表面的清洁

聚氨酯泡沫塑料对大多数材料均有良好的黏着能力。但如果工件表面附有聚乙烯、聚丙烯、聚四氟乙烯、油脂、灰尘、铁锈或水等，则不能和工件黏合，必须擦净后再进行喷涂或灌注，以增强泡沫与贴面的黏结力。

五、注意施工质量

施工中喷枪和被喷涂工作面应尽量保持垂直角度，喷枪口与喷涂工作面的距离控制在500mm 左右，喷涂时应使泡沫体表面尽量平整，无明显收缩，无脱壳现象。其外观色泽略呈微黄色，其泡孔均匀细密呈闭孔结构，其表面状态应达到不疏松、不脆、不发软。

六、注意防火

施工现场要有良好的通风条件，以免泡沫塑料原料内分子气体挥发集聚而发生事故。必须在焊接、切割工作完毕后施工，施工现场应无明火。同样，喷涂或灌注泡沫结束后，被喷灌泡沫的库房两天内不允许有电焊、切割等明火作业。喷涂施工时禁止使用电弧灯和500W 以上的灯泡作为施工照明。一次喷涂厚度不应超过50mm，以免泡沫过厚时热量不能散出而引起事故。绝对不允许在泡沫塑料上直接明火作业。严禁施工人员在现场吸烟，要避免焊接火花和电线短路引起的火花。聚氨酯泡沫塑料本身的着火点为400℃左右，虽比木材高（260～280℃），但火焰蔓延速度快发，热量大，所以仍应引起足够的重视。

七、注意防毒

因聚氨酯原材料内含有氯、苯、氰化物，并会产生光气（一氧化碳气体与氯气在光照下生成的毒气）等刺激性毒气，施工人员在操作中要避免原液接触皮肤。因此，施工现场应安装排风机，加强通风防止中毒。操作人员尽量要戴防毒面具，穿防护衣，戴防护手套，喷涂时间不要太久，适时到库外休息，必须注意安全，做好预防性工作。

聚氨酯泡沫塑料用于冷库库房是一种良好的隔热材料，施工时除了必须注意上述事项外，现场发泡前还必须做好基层的处理：

1）必须在基层上按常规做好隔气防潮层，不能因聚氨酯泡沫为闭孔材料而不做隔气防潮层。

2）必须事前检查隔气防潮层的施工质量是否达到现场喷涂聚氨酯泡沫隔热层的要求。

3）聚氨酯泡沫材料作为冷库库房墙面，喷涂前必须预埋尼龙隔热螺栓或镀锌铁丝，以备隔热层库内墙面层材料固定之用。

4）聚氨酯泡沫材料要作为冷库库房内顶棚板面保温层时，喷涂前可按实际情况用冲击射钉在钢筋混凝土板底固定一层条状金属网片，以增强泡沫体与混凝土表面的黏结牢度。

5）聚氨酯泡沫材料作为冷库库房地坪保温层时，因为是承压层，所以无论是现场喷涂还是成形板材，必须检验泡沫体的密度、热导率及抗压强度是否达到设计要求。

第九节　冷库消防安全及事故预防措施

目前冷库工程的规模由小型逐渐向中、大型发展，同时为了节约用地，冷库建筑由单、低层向多、高层发展，然而冷库建筑属特殊专业工程，有特有的结构和性能，如果发生火灾，扑救难度大，容易造成严重的经济损失，因此应重视冷库消防安全工作并制定必要的预防制度。

一、冷库火灾的特点

冷库建筑是以其严格的隔热性、密封性、防潮隔气性、抗冻性及坚固性来保证建筑物的质量的。这些特点及使用功能决定了其发生火灾时具有大跨度钢结构、多层仓储、化学危险品、人员集中场所，甚至地下建筑物等多种火灾特点。冷库发生火灾，阴燃、明火和爆炸等多种燃烧形式可能并存，并且互相影响。

1. 火势蔓延速度快，易形成立体火灾

出于冷链产业飞速发展的需要，我国冷库正在向大型和集群型转变，综合功能逐步增多。冷库的大空间、大跨度造成了储存物资增多和保温材料用量加大，为火势迅速蔓延提供了基础。尽管冷库里储存的物资大多为难燃和不燃物质，但是物资的包装往往是可燃或易燃材料，加上低温条件下冷库起火引燃时间长，起火成灾后很难控制。多层冷库的地板、楼面、屋顶、墙体都大量使用保温材料。发生火灾时火势蔓延速度快，极易形成立体燃烧。

2. 燃烧隐蔽，情况复杂，扑救难度大

冷库初期燃烧时，阴燃火焰在夹墙内隐蔽向上部或平行方向发展，外部不易发现。火势加大后，各种电器系统、制冷剂和制冷机械在火灾的情况下会产生许多复杂的变化，通常伴随氨泄漏、爆炸等情况。火势发展猛烈后，在大跨度、大空间或多层的作业面实施灭火难度较大，往往是打得住火焰，但打不住火点。

3. 烟雾大，温度高，能见度低，灭火困难

冷库进出口少，燃烧热量难以散发，库内温度急剧上升，从而导致排烟缓慢，持水

枪灭火人很难接近。多层冷库的楼梯设置在穿堂处，在形成立体燃烧后，持水枪灭火人在浓烟和火焰的情况下难以沿楼梯进攻。冷库为了保温，在出入口往往设置两道门（即内门斗），水枪射流不能准确打到火点。加上库此时能见度低，货物或货架位置不明，进攻人员往往会长时间在一个地点射水都收效不大。进行中要克服绊（脚下不明物）、砸（上方掉落物）、困（无法退出）等困难，稍有不慎便会带来伤亡。

4. 毒性气体多，有爆炸危险

正常情况下冷库起火空气不足，燃烧不充分，一氧化碳含量高。一氧化碳对人的急性致死浓度仅为 0.5%（体积分数），而它又无色无味，如果防护不到位，抢救人员容易发生急性中毒。用聚苯乙烯泡沫塑料等化工发泡剂作保温层的冷库，着火后易释放大量有刺激性毒气，造成人员中毒。此类保温物质燃烧还有一个特性，燃烧物大多为有毒的黑色烟尖颗粒，很容易漂浮附着在抢救人员的面罩上，使本已不高的能见度更加降低。冷库内氨气管道破裂出现氨泄漏，散发出大量氨气，除了对人员有毒害外，遇明火可发生爆炸。此外，在未排空管道时氨气和氧气形成爆炸混合气体，遇作业明火也会发生爆炸。

冷库引起火灾往往容易发生在冷库建设或维修时，如国内发生的多起火灾事故及韩国的利川火灾大事故等。

5. 火灾范围大

多层冷库各层的功能不一，工艺流程较复杂，好多装配式冷库保温材料极易燃烧，无论冷库哪个点上发生火灾，都势必影响冷库这个人为的与外界条件不同的独立大系统。火灾抢救时要考虑外部大面积的防止蔓延，还要兼顾有毒气体、爆炸、坍塌和能见度低等多种情况。

6. 易造成坍塌

目前大型钢结构组合式冷库越来越受到人们的喜爱。在全负荷下，钢结构失去平衡稳定性的临界温度为 500℃，而一般火场温度都在 800~1000℃，当火势发展到一定规模时，钢结构会因长时间处于高温下失去承载能力，因此很容易发生坍塌。

二、冷库的火灾隐患

1. 冷库设计不规范

目前的冷库建设中，大量使用液氨作为制冷剂（欧、美等国目前也有 80%~90% 采用氨作为制冷剂）。氨为易燃易爆有毒介质，如果冷库在设计上不按建筑耐火等级和安全疏散的规范要求进行，就从源头埋下了隐患。加上冷库使用的易燃材料多，使之存在着许多不安全的因素。

2. 设备老化，安全管理差

部分企业主安全意识淡薄，只图眼前利益，疏于安全防患，安全制度只停留在书面和形式。一些设备及建筑结构老化、损毁，整改措施却不到位。领导和员工没有尽到安全工作的责任，不能及时发现问题，解决问题，导致隐患从少到多，从小到大，一旦发生火灾，后果不堪设想。

3. 配备消防器材不足

目前一些冷库的消防器材配备不足，特别是一些小型冷藏企业，他们在冷库建设及具体作业时对防火安全工作不够重视，造成冷库消防设施不配套，常常导致一些初起火灾得不到及时有效的控制。

三、冷库的消防措施

冷库的安全防火设计是冷库设计中的一个重要组成部分，应贯彻"以防为主，以消为辅"的消防工作方针。

1) 根据冷库建筑物在生产使用中火灾危险的程度，采取相应耐火等级的建筑结构，设置必要的防火分隔物，为在火灾发生的情况下，迅速安全地疏散人员及物资创造有利条件。

2) 配备适量的室内和室外消火栓及其他灭火器材，以及防雷、防静电、自动报警灯等安全保护装置。

3) 加大监督力度，落实安全责任制，严格执行相关规范和标准、政策，加强日常监管，从源头上堵住冷库发全火灾的隐患，把预防措施落实到实处，防患于未然。

四、火灾危险性的划分

火灾的危险性是从介质的可燃、易爆角度进行分类的，包括气体、液体和液化气体。可燃气体与空气混合在一定体积比范围内才具备燃烧或爆炸的条件称为爆炸极限，其最大值与最小值称为爆炸上限和爆炸下限。常见可燃气体及爆炸范围见表7-6。

表7-6　常见可燃气体及爆炸范围（摘自 GB 50160—2008）

可燃气体	助燃气体	爆炸范围（体积分数,%）	
		下限	上限
氢	空气	4.0	74.5
氢	氧	4.0	94.0
一氧化碳	空气	12.5	74.0
一氧化碳	氧	15.5	93.9
氨	空气	15.0	27.0
氨	氧	14.0	79.0
乙炔	空气	2.5	80.0
乙炔	氧	2.3	93.0
液化石油气（混合物）	空气	1.5	15.0

可燃气体的火灾危险性分类如下：

1) 甲类指可燃气体与空气混合物的爆炸下限 <10%（体积分数）时，遇火发生闪燃或爆炸的气体。

2) 乙类指可燃气体与空气混合物的爆炸下限 ≥10%（体积分数）时，遇火发生闪燃或爆炸的气体。

第八章　制冷系统的安全技术与管理

氨是一种性能良好的制冷剂，其适应温度范围广，流动阻力小，热力效率高，易溶于水。氨泄漏易于被发现且易于获取，价格便宜，对大气环境无破坏，因此在国内外得到了广泛的应用。目前，我国大、中型冷库90%以上都采用氨作为制冷剂。

氨是有毒的，当空气中氨的浓度达到15.5%～27%（体积分数）时，遇明火具有爆炸性。2013年6—8月，不足3个月里发生两起氨泄漏的重大人身伤亡事故，给我国冷藏行业的安全生产敲响了警钟，引发了人们对氨制冷系统的安全使用等问题的关注与思考。冷库氨制冷系统的安全事关人民群众的生命财产和社会的公共安全，关系到社会的安全稳定，应给予重视。

我们对氨要有正确的认识，不要因出了一些事故就将氨妖魔化，应牢固树立正确认识和使用氨的理念，应兴利除弊，做好冷库的安全技术工作，将氨制冷系统控制在安全的范围内，进一步促进制冷行业的发展，造福于人民。

第一节　制冷装置的安全保护

由于有些冷库的制冷剂具有一定的毒性，并且易燃、易爆。所以为了确保生产工人的人身安全和制冷设备的运行安全，在制冷装置中都设计有一些安全保护装置。

一、大、中型活塞式制冷压缩机的安全保护装置

1）排气压力过高保护。

2）吸气压力过低保护。

3）排气温度过高保护。

4）吸气温度过低保护。

5）曲轴箱油温过低保护。

6）油压差过低保护。

7）压缩机电动机过电流保护。

8）压缩机冷却水套断水保护。

9）吸、排气间的安全旁通阀。

10）防止制冷剂液击的安全盖。

二、制冷系统中的其他自动保护装置

1）低压循环贮液桶液位过高保护。

2）制冷剂泵不上液保护。

3）冷凝器断水保护。

4）中间冷却器液位过高保护。

5）中间冷却器压力过高保护。

三、安全阀

在制冷系统中，一般采用弹簧式安全阀，其作用是当制冷系统中的压力超过安全值时安全阀自动打开，把高压制冷剂直接排放到大气或低压侧，以保护人员及设备的安全。在压缩机的吸排气侧、冷凝器中间冷却器等处均设有安全阀。安全阀前均设有截止阀以便于安全阀的检修和校验。安全阀的开启压力应符合有关规定。

四、其他辅助安全设施

1）液位金属指示器。

2）板式液位计。

3）高压玻璃管油面、液面计等。

五、螺杆压缩机制冷系统的安全保护

为了使螺杆式制冷压缩机能够可靠运行，一般安装有下列的一部分或全部安全保护装置：

1）排气压力过高保护。

2）排气温度过高保护。

3）吸气压力过低保护。

4）油压和排气压力间的油压差过小保护。

5）油温过高保护。

6）滤油器压差过大保护。

7）电动机过载保护。

8）压缩机电动机的绕组温升保护。

9）电动机保护（防止电动机停机后立即重新起动）。

10）蒸发器出水温度过低保护（指冷水机组）。

11）蒸发器断水保护（指冷水机组）。

12）冷凝器冷却水断水保护。

13）压力容器上的安全阀等。

第二节　机房突然停电时的应急操作

冷库机房突然全部停电，会使原来运行的压缩机全部突然停止运行，如果压缩机的热氨排气管没有设单向阀，则操作人员对压缩机紧急处理的出发点是防止高压制冷剂向低压区倒灌，使蒸发器存液失控。一旦又突然来电，机器将运行在无序状态，容易造成更大的危险。因此，一旦机房因意外停电，常规停机的顺序是先关闭压缩机吸气阀，后关闭压缩机排气阀。而对于意外停电，停机顺序则应先关闭压缩机排气阀以防制冷剂倒灌，然后再关闭压缩机吸气阀。如果设有单向阀，并且平时工作是正常的，则可按正常停机处理。配组式双级制冷压缩机应先关闭中间冷却器供液阀，再关闭低压级阀门，然后关闭高压级阀门。此时，操作人员勿忘在全面检查制冷系统所有阀门状态位置并按正

常停机要求处理后，将压缩机卸载装置手动能量调节阀的手柄拨回至零位或最小缸位，以便下次重新正常起动。系统中设有直接供液系统的，同时还应及时关闭供液阀，以避免高低压制冷剂串通，造成操作事故。

为了提防可能在夜间发生意外停电事故，给紧急处理操作带来额外困难，也为了便于操作人员能及时对制冷系统设备进行操作处理，根据《冷库安全规程》要求，每个机房内高、低压配电室都应装设必要的应急照明。应急照明灯应选用防爆型，并且照明时间不应少于 30min。

第三节 氨制冷系统发生泄漏事故的原因及应采取的措施

氨制冷系统容易发生泄漏的部位，大多是易于磨损的运动部件处，如经常开关的阀门因填料磨损而泄漏，开启式压缩机的轴封因密封环磨损或损坏而泄漏，缸盖曲轴箱盖或接管法兰等结合部因耐油石棉橡胶垫片使用日久老化破损或连接螺栓因受振松动而泄漏，有些焊缝焊接不好且生锈严重发生泄漏等。经常性做好机器设备的维护保养，及时更换易损零部件、调换垫片、填料等可以消除这类泄漏。

造成氨泄漏的原因，少数是由于设计制造安装或所用材质不当引起的非常规泄漏事故。多数是由于操作维修不当，在工作上失职所致，如严重湿冲和使耐油石棉橡胶垫片击穿、水管冻裂制冷剂泄漏、液面指示器或管道碰坏、加氨管破裂、机器事故破损等造成大量氨泄漏，危及人身安全，造成财产损失。为减少以上事故的发生，一方面应该通过岗前培训或岗位培训、职业技能教育、严格执行各项操作规程、管理制度和加强安全教育，要提高操作人员的技术素质，发扬爱岗敬业的精神；另一方面要配备各项必要的安全设施，加强对设备的定期检修和保养，以尽量防止和减少这类事故的发生。

制冷系统发生氨泄漏安全事故，一般带有突发性，此时操作人员切忌惊慌失措，应根据发生事故的部位采取相应措施，及时而迅速地给予排除。例如，机房压缩机在运转中突然发生氨泄漏，首先应切断电源停止压缩机运转，然后关闭有关阀门，将发生事故的设备或管道与系统隔开，打开机房门窗并开启事故用通风机进行排风。事故抢救时，一般都要佩戴防毒面具，如果氨泄漏很严重，空气中氨的浓度较高，戴防毒面具也不安全时，应穿专用防毒衣裤，佩带氧气呼吸器或空气呼吸器进行抢救处理。对氨浓度较高的空气喷射水雾，也有一定的消氨作用。如果是库房内蒸发排管发生氨气泄漏，应先立即关闭该库房的供液阀，安排压缩机集中对该库房蒸发排管抽氨降压。为了查明和处置库内准确泄漏部位，必须迅速穿戴好防护用具，携带抢修工具或管卡之类的夹具，找准泄漏部位设法临时堵漏。如果库内氨气较浓，可用 10% ~ 15%（体积分数）乳酸溶液喷雾中和，事后对受污染的商品及时送卫生防疫部门化验确定处理，再采取相应措施解决。

如果发现是中、低压设备（如中间冷却器、低压循环贮液桶、排液桶、氨液分离器等）泄漏，也应先阻断氨的来源，包括和其他设备连接的管道。中间冷却器泄漏，则必须紧急停止压缩机，迅速关闭供液阀和进气阀。同时借助各种途径使该设备排液和抽气降压，直至抽到表压 0.0MPa，再关闭有关阀门，以待解决处理。

如果高压管道或设备发生氨气泄漏，则应迅速切断和其他设备的联系，并借助平衡管和抽气管等进行降压。如果是容器，则可先将氨液送至低压循环贮液桶、排液桶或者库房蒸发排管内。油分设备发生氨气泄漏则可借助集油器抽气降压。

无论是低压、中压或高压管道、设备发生氨气泄漏，操作人员必须将泄漏处的氨气抽空，将油放尽后在阀门敞开管道或设备与大气相通的情况下，由检修人员进行补焊等处理。

总之，由于氨气泄漏发生的程度大小、对象和条件不同，处理的方法也各不相同。但处理的原则是一样的，即找准泄漏部位，决定压缩机的开停状态，截流堵源，降压排空后修补处理。

第四节　氨机房的安全设施

氨制冷系统的关键问题是安全问题。氨机房是冷冻企业安全工作的重要部门，企业各级领导都应十分重视机房的安全工作。机房还应备好以下安全措施：

1）氨压缩机房（包括辅助设备间）应设有两个以上的通道门。门窗一般为外开型，以保证安全。

2）在氨制冷机房门外侧便于操作的位置应设置切断制冷系统电源的紧急控制装置，在发生紧急情况时作为紧急停电使用。

3）氨机房应设事故排风装置，排风机应选用防爆型电动机，事故排风量应按 $183m^3/（m^2 \cdot h）$ 进行配置，并且最小总排风量不应小于 34000 m^3/h。

4）氨机房内严禁用明火取暖。

5）为防火灾，一般应设有两个以上并联紧急泄氨器（真正发生火灾时，一个泄氨器可能来不及将氨液排出）。在危急时可以将氨液排入专用污水池并将其处理后排放。

6）氨机房外应设有消火栓，一则可救火，二则当机房有大量漏氨时，可充作水枪喷洒水幕以保护抢救人员进入室内关闭阀门等。

7）氨机房应设有氨气浓度检测报警装置。

8）对高压贮液器，应设置防火喷淋装置并做围堰处理。

9）氨机房内的制冷系统所用的压力表、温度计以及安全阀应定期进行检验，必要时应更新。

10）机房平时应备有各种防毒防护用具，尽量配备氧气或空气呼吸器，以利于及时抢修抢救工作。此外还应储备一些救护药品。

11）在冷藏库区显著位置还应设置风向标，一般应设在厂区和附近范围（500m）内人们容易看到的高处。

12）涉氨冷藏企业应根据《生产安全事故应急预案管理办法》的要求，编制切实可行的氨泄漏事故的处理应急预案，并定期组织演练，做好抢救器材的日常维护保养工作。

第五节　系统的安装与安全

　　冷库制冷系统的制冷剂大多是氨。氨制冷剂是有一定毒性，并且有燃烧和爆炸特性。在冷库投产使用过程中，由于种种原因，常发生一些安全事故，甚至造成重大人员伤亡事故。事故不但严重影响生产，有的库内发生漏氨事故，还会致使库内食品污染，造成重大经济损失，对社会产生不良影响。此外，如果安装不良或安装不符合制冷工艺设计要求，投产后还会造成降温困难、使用效果不好、耗能高，既不经济，又给安全生产留下安全隐患。因此，不论在新建厂时，还是部分扩建、局部维修时都应重视制冷设备安装工作，把好安装工程质量关。

一、选好设计单位及安装队伍

　　由于多种原因，现在在一些地方有的中、小型冷库不是由有资质的正规设计单位设计的，因此其设计通常比较不规范，常常存在一些问题等。从长远考量，还是应请有资质的设计单位设计，该钱多花点是值得的。目前社会上冷库安装队伍不少，但有资质的不多。随着政府监督部门监督力度的加强和规范，对企业要求不断提高，建设单位应从质量、安全、节能等综合考虑，选择有资质的设计单位和安装单位来搞工艺设计和安装工程。如果由社会上的一些无资质的"杂牌"队伍来搞安装，会对今后的设备运行可能带来安全隐患，出了事故造成的经济损失更大。这样的事例已不少，如吉林省长春市的宝源丰特别重大事故的工程设计、施工和监理等均为挂靠借用资质的单位违法建设，才酿成了重大伤亡事故。有资质的施工单位，可保证按设计规范要求实施安装，可按规范严格调试，只有这样设备投资后老板才可放心，操作工人才会安心，提高经济效益才有信心。

二、活塞式制冷压缩机（组）的安装

1. 安装要求

　　1）设备安装工作开始前应有以下资料：压缩机的产品出厂合格证书及使用说明书，制冷工艺施工图样等。施工操作者应熟悉制冷工艺施工图样。

　　2）安装前应该核对设备的型号、规格、配套情况及设备基础，无误后再进行安装施工。

　　3）应对设备的土建基础进行检查，外观不得有裂纹、蜂窝、空洞、露筋等缺陷，外形尺寸、标高位置等技术参数都要符合设计要求。

　　4）检查无误后将压缩机慢慢就位，并调整水平。机组的纵向和横向安装水平偏差均不应大于1/1000。

　　5）水平调整后，用水泥沙浇注地脚螺栓孔中，等水泥干后再拧紧地脚螺母。

　　6）对有公共底座的压缩机和电动机，应校正其中心线。

　　7）如果压缩机设备出厂时间较长，或者是旧设备，在设备安装后都必须进行全面清洗检查。

　　8）对压缩机安装除了要遵守制造厂家提供的技术要求外，还应遵守 GB 50274—

2010《制冷设备、空气分离设备安装工程施工及验收规范》和 GB 50275—2010《风机、压缩机、泵安装工程施工及验收规范》，并严格进行安装。

2. 设备试运行的安全要求

（1）试运行前对压缩机（组）的检查

1）检查目的。按照明确规定的试运行前应具备的条件，进行必要的检查，为试运行做好准备，防止发生质量和人身事故。

2）安全要求如下：

① 气缸盖、吸排气阀及曲轴箱盖板等应拆卸下来检查，其内部的清洁及固定情况应良好；气缸内壁面应加少量冷冻机油，再装上气缸盖等；盘动压缩机数圈，各运动部件应转动灵活，无过紧及卡阻现象。

② 加入曲轴箱的冷冻机油的规格以及油面高度应符合设备技术文件的规定。

③ 冷却水系统供水应畅通。

④ 安全阀应经校验、整定，其动作应灵敏可靠。

⑤ 压力仪表应经校验，应灵敏显示系统真实压力。

⑥ 压力、温度、压差等参数应符合设备技术文件的规定。

⑦ 电动机应经检查，其转向应正确。

（2）压缩机（组）空负荷试运行

1）试验目的。检查制冷压缩机进行空负荷运行时，各运行状况及各部位情况是否正常。同时使各运动部件产生"磨合"作用，为带负荷试运行打下良好的基础。

2）安全要求如下：

① 应先拆去气缸盖和吸排气阀，并固定气缸套。

② 起动压缩机并应运行 10min，停机后检查各部位的润滑和温升应无异常，然后再继续运行 1h。

③ 观察设备运行应平稳、无异常声响和剧烈振动。

④ 主轴承外侧面与轴封外侧面的温度应正常。

⑤ 液压泵供油应正常。

⑥ 油封处不应有油的滴漏现象。

⑦ 停机后检查气缸壁面应无异常的磨损。

（3）压缩机的空气负荷试运行

1）试验目的。检查制冷压缩机有负荷下的运行情况、装配质量，以及密封性是否良好。

2）安全要求如下：

① 吸、排气阀组安装固定后，应调整活塞的死点间隙，并应符合设备技术文件的规定。

② 压缩机的吸气口应加装空气滤清纱布。

③ 起动压缩机，当吸气压力为大气压力时其排气压力：有水冷却的应为 0.3MPa，无水冷却的应为 0.2MPa。应连续运行 12h 以上。

④ 油压调节阀的操作应灵活，调节的油压宜比吸气压力高 0.15～0.32MPa。

⑤ 能量调节装置的操作应灵活、正常。

⑥ 压缩机各部位的允许温升应符合表 8-1 的规定。

表 8-1　压缩机各部位的允许温升　　　　　　　（单位：℃）

检查部位	有水冷却	无水冷却
主轴承外侧面	≤40	≤60
轴封外侧面		
润滑油	≤40	≤50

⑦ 气缸套的冷却水进口水温不应大于 35℃，出口水温不应大于 45℃。

⑧ 压缩机设备运行应平稳，无异常声响和振动，吸、排气阀的阀片跳转和运行声响应正常。

⑨ 设备各连接部位无漏气、漏油及漏水现象。

⑩ 压缩机经空气负荷试运行后，应拆掉空气过滤纱布和清洗油过滤口，并更换润滑油。

（4）压缩机（组）的抽真空试验

1）试验目的。清除压缩机里的残存气体、水分和试验压缩机在真空状态下的严密性。

2）安全要求如下：

① 应关闭吸、排气截止阀，并开启放气通孔，开动压缩机进行抽真空。

② 曲轴箱压力应迅速抽至 0.015 MPa。

③ 油压不应低于 0.1 MPa。

（5）压缩机的排气温度　压缩机的排气温度应符合表 8-2 的规定：

表 8-2　压缩机的最高排气温度

制冷剂	最高排气温度/℃
R717	150
R22	145
R502	145

三、螺杆式制冷压缩机组的安装

1. 安装时的安全要求

1）螺杆式制冷压缩机属于回转式压缩机，动力平衡性能好，振动小，所以对基础的要求较活塞式制冷压缩机低，参照活塞式制冷压缩机的基础制作和安装要求即可以满足要求。

2）螺杆式制冷压缩机都是用联轴器直接传动的，所以机组安装后，也需要重新校正其联轴器的中心。

3）压缩机组的纵向和横向安装水平偏差不应大于 1/1000。

2. 试运行的安全要求

1）设备试运行前应符合下列要求：

①脱开联轴器，单独检查电动机的转向应符合压缩机要求，并校正联轴与制冷机的中心线。

②应向油分离器、贮油器或冷却器中加注冷冻机油，油的规格及油面高度应符合设备规定。

③盘动压缩机应无阻滞、卡阻等现象。

④液压泵的转向应正确，油压应调至 0.15～0.3MPa，调节器通阀至增、减负荷位置，滑阀的移动应正确、灵敏，并应将滑阀调至最小负荷位置。

⑤设备各个保护继电器、安全装置的整定值应符合技术规定，其动作应灵敏、可靠。

2）压缩机的负荷试运行步骤如下：

①接通机组冷却水。

②按设备技术规定起动压缩机。

③调节油压为 0.15～0.3MPa。

④冷却水温度≤32℃，压缩机排气温度≤105℃，冷却后的油温在 30～65℃。

⑤吸气压力≥0.05MPa，排气压力≤1.6 MPa。

⑥设备运行中应无异常和振动，油温正常。

⑦轴封处的渗油量≤3mL/h。

四、辅助设备的安装

1）检查各有关辅助设备、阀门、仪表是否有出厂合格证。

2）辅助设备在安装前必须清除铁锈、灰尘等污物，容器内应以 0.25MPa 左右的压缩空气进行单体排污，一般次数不应少于 3 次，直至将污物排尽为止。设备单体一般也可以利用制冷系统空气试压后排放气时进行排污，直至认为干净时为止。

3）安装时应选用合格并符合设计要求的阀门和仪表。各种阀门安装时应注意制冷剂的流向。

4）制冷系统辅助设备的安装除了要符合设计图样的要求外，还应遵守 SBJ 12—2011《氨制冷系统安装工程施工及验收规范》的相关规定。

5）应采用氨专用压力表，所有仪表应安装在照明良好、便于观察、不妨碍操作检修的地方。

6）压力表距离观察地面 2000mm 安装时，压力表直径不宜小于 100mm；压力表距离地面 2000～3000mm 安装时，压力直径不宜小于 160mm。

7）氨制冷系统采用的阀门均需选用氨专用产品。其公称压力不得小于 2.5MPa，并不得有铜质和镀锌、镀锡的零配件。有合格证并在其保用期内安装的新阀门，可只清洗密封面。对于旧阀门，必须逐个拆卸，清除油污杂质，清洗后将阀门启闭 4～5 次，然后注入煤油，经 2h 无渗透才能安装使用。

8）安装阀门时，禁止将阀轮朝下，不要置于不易操作之部位。应注意使冷媒在阀中心自下而上经过。电磁阀时应确保水平安装。

9）安装在室外的仪表应设置防护罩，有些室外不常用的阀门，如安全阀等，也可考虑防护措施，以防日晒雨淋。

五、制冷管道安装

1）制冷系统所有管材一律采用无缝钢管，其质量应符合现行国家标准 GB/T 8163—2008《流体输送用无缝钢管》的要求。根据管内最低工作温度选择无缝钢管的钢牌号。当库房设计温度在 −48℃以上的管道，可选用钢牌号为 10 或 20 的无缝钢管。库房设计温度低于 −48℃的管道，安装时应选用 Q345（16Mn）的无缝钢管。

2）制冷管道安装前，必须将管道内外的污物和铁锈清除干净。

3）管道的加工、焊接和安装应遵守 GB 50235—2010《工业金属管道工程施工及验收规范》、SBJ 12—2011《氨制冷系统安装工程施工及验收规范》以及 GB 50274—2010《制冷设备、空气分离设备安装工程施工及验收规范》的相关规定。

4）在制冷系统的总管上连接支管时，接管弯头安装时应朝向总管介质流动的方向。

5）所有包保温层的管道与支吊架之间、低温容器与基础之间必须设置垫木，垫木均应预先经过防腐处理。

6）需要保冷的容器设备的阀门、压力表及管件在安装时都应注意不要埋入容器保温层内，以利于今后的操作及维修。

7）制冷系统低压管道直线段超过 100m，高压管道直线段超过 50m 时应采用补偿装置，如设置伸缩弯等。

8）与机组、氨泵等辅助设备连接部分的管道应安装牢固，设备运行时不应有振动现象。

9）连接氨压缩机的管道不应与建筑物结构刚性连接

10）连接氨压缩机和设备的管道应有足够补偿变形的弯头。

11）对热弯加工的弯管（弯头），其最小弯曲半径应不小于 3.5 倍管道外径。采用冷弯加工的弯管（弯头），其最小弯曲半径应不小于 4 倍管道外径。

12）当受到安装空间的限制，现场不适合大弯曲半径弯管安装时，应采用弯曲半径为公称直径 1.5 倍的压制弯管，它应符合 GB/T 12459—2005《钢制对焊无缝管件》的要求。

13）制冷设备安装时，应根据实际情况，适当做好预留工作。如有发展余地的，应计划好二期或三期后期工程，在设备的预留位置上，或在供液回气调节站上做好一定的预留。在今后的扩大生产时，就可从容应对。有一些厂家只考虑眼前，没想到今后，等企业发展了，要适当扩大生产规模时才找不到扩容的空间，只有乱挤乱接，勉强扩大工艺系统。这给平时设备操作人员带来不便，也会造成不安全因素。

14）制冷管道安装时，应注意管道安装的层次、美观、不凌乱，注意各种管道之间的间距，以及各种管道与墙壁的距离。安装人员要熟悉图样中的制冷工艺流程，知道每根管道的用途，还要考虑今后保温、操作和维修的方便。制冷管道安装应符合施工图样的要求，氨制冷系统一般采用下进上出式连接蒸发器，为了有利于回油，氨系统水平吸气管道应坡向循环桶或气液分离器。氟系统水平吸气管道应坡向压缩机。氨系统应按表 8-3 所给出的管道坡向和坡度进行安装。

表 8-3　管道坡向和坡度

管 道 名 称	坡 向	坡度（%）
与安装在室外冷凝器机组连接的排气管	坡向冷凝器	0.3 ~ 0.5
压缩机排气管至油分离器的水平管段	坡向油分离器	0.3 ~ 0.5
压缩机吸气管的水平管段	坡向低压循环贮液器或氨分离器	0.1 ~ 0.3
液体分配站至蒸发器的供液管水平管段	坡向冷凝器	0.1 ~ 0.3
蒸发器至气体分配站的回气水平管段	坡向冷凝器	0.1 ~ 0.3
冷凝器至贮液器的出液管其水平管段	坡向冷凝器	0.1 ~ 0.5

15）现在有些冷藏企业的低压循环桶和制冰池等制冷设备不大好放油，这是因为管内有杂质，加上管内温度低等原因导致的。因此，对低压循环桶的油包及制冰池的放油在设计上要增加热氨加压处理。如果设计时没有设置，在安装时应增设热氨加压管道，以利于顺利放油。

16）压力管道安装完毕后应对焊缝进行射线检测，对于热氨融霜管道和低压侧压力管道的对接接头应经 100% 射线检测合格，角焊缝应 100% 磁粉或渗透检测合格；高压侧压力管道不少于 20% 射线检测，角焊缝应 100% 磁粉或渗透检测合格。射线检测应当按照 JB/T 4730.2—2005 的规定执行，射线技术等级不低于 AB 级，合格级别不低于Ⅲ级；磁粉或渗透检测应当按照 JB/T 4730.4—2005 的规定执行，合格级别为Ⅰ级。制冷工艺管道系统除了进行焊缝探伤检测外还应进行试压、试漏等工序。

17）安全阀安装前应检查铅封情况和出厂合格证，铅封不得随意拆启，投产后厂方每年应做好定期由有关部门校对检测工作。

18）制冷管道穿过建筑物的墙体（除防火墙外）、楼板、屋面时应加套管，套管与管道间的空隙应密封，但制冷压缩机的排气管与套管间的间隙不应密封。低压侧管道套管的直径应大于管道隔热层的外径，且不得影响管道的热位移。套管应超出墙面、楼板、屋面 50mm。管道穿过屋面时应设防雨罩。

19）制冷系统管道的布置，对其供液管应避免形成气袋，回气管应避免形成液囊。

20）对于跨越厂区道路的管道，在其跨越段上不得装设阀门、金属波纹管补偿器和法兰、螺纹接头等管道组成件，其路面以上距管道的净空高度不应小于 4.5m。

六、氨制冷系统气密性试验

1）对制冷系统气密性进行试验时，安装人员应严格按照 SBJ 12—2011《氨制冷系统安装工程施工及验收规范》进行严格气密性试验。规范中的高压侧应用 2.3MPa（表压）进行气密性试验。中低压部分应用 1.7MPa 进行气密性试验。

2）制冷系统充氨试漏压力是控制在 0.2MPa，应查至整个系统。但在实际操作中，0.2MPa 有时较难查到泄漏处，因此有时把系统充氨试漏压力提到 0.4~0.5MPa。

3）抽真空试验，当制冷系统内剩余压力小于 5.333kPa（40mmHg）时，保持 24h，系统内压力无变化、无泄漏为合格。

4）系统试压试漏时，严禁使用氧气或可燃性气体进行试压试漏。

5）制冷系统管道和设备经排污、严密性试验合格后，均应涂防锈漆两道和色漆两道（有保温层的外表面涂色漆两道）。

七、加强冷库防火措施

关于冷库防火和火灾情况，我国有关部门曾为此做过多次调查。在对上海、广东、陕西等六省市于 1968—1980 年发生火灾的 17 座冷库调查发现，16 座在施工中失火，1 座因设计不当，投产后接线盒在可燃稻壳隔热层中电线短路引起火灾。在 1989 年对辽宁、浙江、北京等六省市各系统各行业的 277 座冷库情况调查中，共发生火灾 21 起。其中，属于施工中发生的有 19 起，包括因电杆、电线、电热丝、灯泡等引发的火灾计 14 起，因包隔热材料施工不慎引发的火灾有 4 起。因此，冷库防火重点应放在施工期间，严格执行有关规章制度，积极取得公安、消防等部门的支持配合。在他们的帮助指导下，设置消防栓和防火带。在冷库设计和施工中优先选用不燃或阻燃材料。对外墙与阁楼楼面均采用松散可燃隔热材料时，其相交处必须设防火带。外墙内每层楼面处宜采用阻燃隔热材料作水平防火带。冷库机房及其他重要部位都应设置各种消防器材，灭火器如果到期应及时更换。

第六节 如何抢救氨中毒者

在发生系统氨泄漏事故时，如遇到人员中毒，应立即将中毒者转移至空气新鲜且空气流通好的地方，用 2%（质量分数）硼酸水溶液漱口，也可饮用食用柠檬水或 3%（质量分数）的食用乳酸溶液，饮用食用醋也可以。切勿饮用白开水或矿泉水，如果因刺激引起严重咳嗽时，可用湿毛巾或食醋弄湿后捂口鼻，可缓解咳嗽和中毒程度。如果中毒十分严重，致使呼吸微弱甚至休克时，应立即进行人工呼吸抢救，有条件的应施以纯氧呼吸，并立即送医院抢救。

如果一般轻微氨液溅到衣服或皮肤上，应脱去溅湿的衣服，用自来水沐浴或 2%（质量分数）的硼酸水溶液冲洗皮肤，再涂上消毒凡士林或植物油脂。溅入眼睛也可以用自来水洗眼器或 2%（质量分数）硼酸水溶液洗眼后再就医。

机房一般要求配备各种防毒面具和防毒衣裤，还应购置氧气呼吸器或空气呼吸器，并配备一定的药物，如 0.5%（质量分数）柠檬酸或柠檬汁、食用醋酸或食用老醋等，放在专用的橱柜备用。

第七节　氧气呼吸器防毒面具的工作原理和使用方法

氧气呼吸器的工作原理是借助于人体肺动力在呼吸过程中先后带动吸气阀和呼气阀，使呼出气体经呼气软管、呼气阀进入清净罐，让罐内氢氧化钙吸附呼出气体的二氧化碳成分后与经高压罐减压器的氧气混合成含氧空气，在人肺吸气时顶开吸气阀，经吸气软管而被吸入肺部。呼气阀和吸气阀均为单向开启的一种阀门。因此整个呼吸过程气流为单向流动。有效工作时间取决于贮氧量和氢氧化钙吸收剂能力，氧气呼吸器一般规定工作时间为 2h。

一、氧气呼吸器的使用方法

1）将氧气呼吸器挂于腰间配戴好后，首先打开氧气瓶开关，然后观察压力表，示值应为 250～300kPa。

2）按手动补给钮，排除气囊内原积存的不干净气体。

3）戴好面具，调整好位置，做几次深呼吸，确认气密性和内部机件均能正常工作后才可进入污染区域工作。

4）要经常检验压力表的压力值，便核对氧气呼吸器的工作时间。

5）每次使用后检查（或定期检查）各部件是否正常，应注意充氧和更换吸收剂，必要时可按汽笛与其他人员联系。

二、氧气呼吸器的消毒与保管

1. 消毒

使用前后都必须消毒。消毒的主要部分是气囊。消毒时可用 2%～5%（质量分数）的石灰水或酒精冲洗。

2. 保管

1）避免日光直接照射，以免橡胶老化或高压氧气部分降低安全度。

2）保持清洁，防止灰尘，切忌与各种油类接触。

3）保管室温一般不要超过 30℃，温度过高会影响橡胶质量。也不能过于潮湿，以免皮垫和清净管变质。

4）应经常检查氧气瓶内的存氧情况和吸收剂的性能，要及时充氧和更换吸收剂，使氧气呼吸器处于准备状态。

一般涉氨企业应配备 2 个以上氧气呼吸器，在进入漏氨现场做一般维修或事故抢救时，不管是戴一般防毒面具还是戴氧气呼吸器，都要求两人以上同行，以便互相照应。

第八节　空气呼吸器防毒面具的工作原理和使用方法

目前冷库除了配备氧气呼吸器外，还配有一些空气呼吸器。空气呼吸器在佩戴时左胸前设有余压报警器，在规定的气瓶压力下，可向佩戴者发出声响号，便于使用人员及时撤离现场。由于余压报警器在佩戴者胸前，即使现场有多台空气呼吸发出报警音响，也能非常方便地区分是谁佩戴的空气呼吸器警报器报警，增加了产品使用的安全性。正压式空气呼吸器结构图如图 8-1 所示。

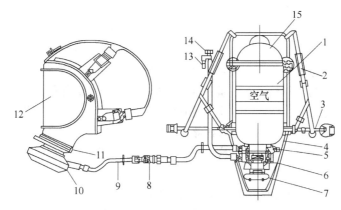

图 8-1　正压式空气呼吸器结构图

1—气瓶　2—肩带　3—腰带　4—背托　5—中压安全阀　6—减压器　7—气瓶开关
8—快速插头　9—中压导气管　10—正压式空气供给阀　11—正压式呼气阀
12—正压式全面罩　13—气瓶余压报警器　14—气瓶压力表　15—气瓶胶套

空气呼吸具有体积小、质量轻、操作简单、安全可靠、维护方便的特点，是从事抢险救灾、灭火工作的理想产品。

一、工作原理

空气呼吸器是利用压缩空气供人呼吸的正压自给开放式呼吸器。工作人员从肺部呼出的气体通过全面罩 12 上的呼气阀 11 排入大气中。当工作人员吸气时，有适量的新鲜空气由气瓶 1 经气瓶开关 7、减压器 6、中压导气管 9、供给阀 10、全面罩 12 将气体吸入人体肺部，完成了整个呼吸循环过程。在这一个呼吸循环过程中，由于全面罩 12 内的呼气阀及供给阀 10 的进气阀都是单方向开启的，气流方向始终沿着一个方向前进，构成整个的呼吸循环过程。

二、使用前的检查

1）目检各部零件有无破损等。

2）检查各连接部位是否连接紧密，若有活动应将其旋紧。

3）打开气瓶开关，应听到警报器发出短暂的音响，气瓶开关完全打开后，检查气瓶中空气的贮存压力，一般应在 28～30MPa（如果供给阀开启，按动供给阀红色按钮，使其关闭）。

4）关闭气瓶开关，观察压力表的读数，在 1min 时间内压力下降不大于 2 MPa，表明供气系统气密完好。

5）如果对供气系统确认气密后，按动供给阀上的红色手动按钮使供给阀开启，然后观察压力表示值变化，当压力降至 5～6MPa 时，警报器汽笛应发出声响。

三、佩戴使用方法

1）将空气呼吸器背在人体后，根据身材调节肩带、腰带，以合身牢靠、舒适为宜。

2）将全面罩与供给阀相连（平时也可以连接）。

3）使用时首先打开气瓶开关，使供给阀处于关闭状态，检查气瓶的压力，然后将快速插头插入快速插座上。

4）佩戴好全面罩（可不用系带），进行 2~3 次的呼吸，感觉应舒畅。屏气时，供给阀应停止供气。一切正常后，将全面罩系带收紧，使全面罩与面部有贴合良好的气密性，系带不必收得过紧，面部应感到舒适，无明显的压迫感及头痛。此时深吸一口气，供给阀开关自动开启，供给人体适量的气体。检查全面罩与面部是否贴合良好及气密的方法是：关闭气瓶开关，深呼吸数次，将呼吸器内气体吸完，此时面罩应向人体面部移动，面罩内保持负压，人体感觉呼吸困难，证明面罩和呼气阀气密性良好，但时间不宜过长，深吸几次气就可以了。此后应及时打开气瓶开关，开关开启应在两圈以上，就可以进入作业区进行工作了。

5）佩戴者在使用空气呼吸器的过程中应随时观察压力表的指示数值。当压力下降到 5~6MPa 时，应撤离现场，这时警报器也发出警报声响告诫佩戴者撤离现场。

6）空气呼吸器使用后在安全区将全面罩系带卡子松开，从面部摘下全面罩，同时按一下手动红按钮，使供给阀处于关闭状态。此时从身体卸下空气呼吸器，并关闭气瓶开关，拔出快速插头。

注意：当拔快速插头时，注意不要带气压拔开。如果发现气瓶中仍有气压可再次按下手动红按钮，将空气呼吸器内残留的气体释放出来，然后再拔开快速插头。

7）配置他救接头的空气呼吸器，在气瓶中的空气足够使用的情况下，可以为被救护者戴上他救接头上的全面罩进行救护。

四、常见故障及其排除方法

空气呼吸器常见故障及排除方法见表 8-4。

表 8-4 空气呼吸器常见故障及排除方法

故 障	产生原因	排除方法
面罩泄漏	脸和面罩之间隔气	重新戴上面罩调节带子
	面罩和供给阀连接处漏气	清洗或更换供给阀上的 $\phi30mm \times 3.1mm$ 的 O 形密封圈，并且加硅脂润滑
吸气时没有空气或阻力过大	气瓶开关未全打开	完全打开气瓶开关
	供给阀故障	用一支已知功能正常的供给阀互换，如果故障仍排除不了，就是减压器的故障了
	减压器故障	用一支已知功能正常的减压器互换，如果故障仍排除不了，就是供给阀的故障了

第九章　空调及其管理

第一节　中央空调

一、概况

随着改革开放的进一步深入，人们生活水平的提高，我国国民经济迅速发展。工业、农业、商业、旅游业及科技等各行业需要空调装置的也日益增多，因而空调工业获得了快速发展。

空气调节机（器）是以制冷方式为主来处理空气的机器。由于空气处理的要求不同，空气调节机的类型也不同。例如，冷风机或冷热风机是用来降低室内空气温度或使室内加温的；去湿机是用来吸收室内空气水蒸气，以降低空气的相对湿度的；恒温恒湿机既可加热或冷却室内空气，又可以加湿或去湿，并能自动调节温湿度等。目前，普遍使用的空气调节机从大类来讲可分为三种类型：冷（热）风机、去湿机和恒温恒湿机。

二、制冷与空调的关系

制冷是用人工的方法制造出一个低温环境的过程。该过程是从被冷却的物体中吸取热量，并将其冷却到低于周围环境温度，整个制冷系统需要特殊的制冷剂和专门的设备。

空调是空气调节的简称，它是通过一定的设备和过程对空气的温度、湿度、洁净度、流动速度进行调节的。

空气调节是制冷应用的一个方面，空气调节过程中对空气的降温处理是通过制冷实现的。但是，除了制冷外，有的空调还要对空气进行加热、加湿、净化等处理。

三、空调系统的分类

冷（热）风机我们平常习惯叫冷热风机，这是一种空气调节机，俗称空调机。冷风机是一种舒适性空调，它应用广泛，品种繁多，根据使用要求，可以组成许多不同形式的系统类别。

1. 按空气处理设备的设置情况分类

1）集中式系统。集中式系统的所有空气处理设备（如加热器、冷却器、加湿器、空气过滤器、风机等）都设在一个集中的空调机房内，用风管把处理后的空气送入空调房间。

2）半集中式系统。除了集中式空调机房外，还有分散在空调房间内的冷热交换装置，直接处理空调室内的空气，如风机盘管空调器等。

3）全分散式系统。全分散式系统是把冷、热源和空气处理、输送设备（风机）集中设置在一个箱体内，形成一个功能完整的空调装置，直接安放在空调房间内。

2. **按负担室内负荷所用的介质种类分类**

1）全空气系统。全空气系统是指空调房间内的全部负荷由经过处理的空气来负担的空调系统。集中式空调系统即属于这一类。由于空气的比热容小，密度小，需要用较多的空气量才能达到消除室内余热余湿的要求，即要求有较大断面的风道或较高的管内风速。

2）空气－水系统。空气－水系统是指同时使用空气和水来负担室内负荷的空调系统。集中供应新风和风机盘管负担室内负荷的半集中式空调系统就属于这一类。这种系统用于大型建筑和高层建筑，可以节省风道占用的空间，降低建筑物的造价。

3）直接蒸发系统。直接蒸发系统是将制冷系统的蒸发器直接安放在室内来吸收余热余湿的空调系统。分散式系统，如柜式空调机组、窗式空调器、分体式空调器即属于这一类。适用于整个建筑物中需要空调的房间较分散或空调面积较小的情况。

4）全水系统。全水系统是指房间的热湿负荷全靠水作为冷热介质来负担的空调系统。由于水的比热容比空气大得多，密度也比空气大得多。但是仅靠水来消除余热余湿，并不能解决房间的通风换气问题，因而通常不单独使用。

3. **按集中处理的空气来源分类**

1）封闭式系统。封闭式系统所处理的空气全部来自空调房间，在房间和空气处理设备之间形成了一个封闭环路。这种系统一般用于室内无人长期停留的仓库，系统冷热量消耗最少，但室内卫生条件差。

2）直流式系统。直流式系统所处理的全部空气来自室外，室外空气经处理后送入室内，然后再全部排出室外。这种系统适用于不允许采用回风的场合，如放射性实验室或散发大量有害气体的车间等。

以上两种系统，封闭式不能满足卫生要求，直流式系统经济上不合理，所以两者只能在特定情况下使用。对于绝大多数场合，往往需要既能满足卫生要求又经济合理的混合式系统。这种系统采用部分回风与部分室外新风混合经处理后送入室内，在夏季和冬季使用的回风量越多，使用的新风量越少，就越经济。

4. **空气调节器的其他分类**

1）中央空调。中央空调是采用大型或中型制冷机组集中安装在一个机房里的系统（就是集中式系统）。将冷却的空气或水分别送往各个需要空调的房间，与室内热空气进行热交换，而达到降低室内温度的目的。这种形式一般用于整个大楼的空调，如大旅馆、电影院、办公大楼、大商场或大车间等。这种形式的优点是经济性高、便于维护和管理、噪声低，还可以供暖气。缺点是安装比较麻烦，机房要占据一定场所，并且机组的可靠性要求高，需要操作人员看管。此外，如果有故障就要影响整座大楼的空调使用。

2）分段式空调。分段式空调就是将各层（各楼或各车间）分别安置的空调。它是将水或空气在机房冷却或加热处理后，分别输送至高层的每一层单独设立的分配装置，再输送至各个空调房间进行热交换。

3）单独式空调。单独式空调属于小型空调，它可以分为整体式和分体式两种。由于分体式噪声低，安装及维修方便等优点，因此目前深受广大用户欢迎。

5. 影响空调负荷的因素

空调房间冷（热）负荷是确定空调系统送风量的空调设备容量的基本依据。在室内外热源、湿源的作用下，某一时刻进入一个保持一定温度、湿度的房间内的总热量和总湿量，称为该时刻的得热量和得湿量。冬天当得热量为负值时称为耗热量。在某一时刻为保持房间温度恒定不变，必须由空调系统从房间带走的热量称为房间冷负荷；相反，为补偿房间失热而需向房间供应的热量称为热负荷。为维持室内湿度恒定所需向房间提供或从房间除去的湿度称为湿负荷。

得热量通常包括以下几方面：由室内外温差引起的围护结构传热量；由于太阳辐射进入室内的热量；室内人员、照明设备、办公用电设备及其工艺生产用设备散入室内的热量。

第二节　中央空调系统的管理

一、管理制度

中央空调系统由于设备集中，在管理上应有严格的制度。

1. 操作人员要求

空调设备操作人员应具有一定的文化学历，经过一定的专业培训，掌握一定的制冷知识，应爱岗敬业，对工作认真负责。这对设备运行经济性及人身和设备安全有重要意义。

2. 注意生产设备安全

空调操作维修人员对本系统的空调设施及设备状况应十分熟悉。平时应按技术要求定期维修保养，使设备随时处于完好状态。所有阀门开启应灵活无泄漏，仪表工作正常。

3. 注意防火安全

中央空调操作值班一般要求有两人以上。对一些阀门的开与关最好要挂牌，对机房设施要熟悉，应配有灭火器。如果制冷剂是用氨的，还应配有防毒面具，机房门窗应通畅。

4. 做好车间工作记录

操作人员要对设备运行和维修做好记录，对设备资料要归档保管好。

5. 定期校验测量仪表

空调系统的各种检测仪表应定期校验，保证各种运行参数准确，控制可靠，阀门及电器设施应正常无异声。

6. 空调机冷却塔的维护和管理

水冷式空调机的冷凝器采用水冷式冷却，该系统配置有冷却水塔。冷却塔可以使冷却水温降低后循环使用。冷却水塔可采用开启式循环和闭式循环。在日常使用中，对冷却塔的管理和维护应注意以下事项：

1）配水系统如果有不均匀处，应及时进行调整。

2）集水槽要定期清洗，百叶窗上的杂物应清除。

3）管道、喷嘴应定期清洗。

4）联轴器内的轴承润滑油应定期更换。

5）减速器内的油位应保持在油位以上，新的冷却塔运行一个月后应换油一次。

6）为改善水质，可以采用阻垢剂。

7）如要较长时期停机，应对电动机进行检查和保养。

二、空调系统的调试

新建空调系统安装完毕，或在多年运行发生故障和扩建整改后的中央空调系统，都需要对系统进行调试。调试工作是对空调系统进行各项性能测试、调整、试运行，使调试后的空调系统的综合效果达到设计要求或改造后的要求。这种对各项性能的测试，对设备的调整和系统的试运行的全过程就是空调的调试。

1. 调试工作的分类

中央空调系统的调试工作一般可分为以下三类：

1）新建空调系统的调试。该类型的调试主要是解决空调系统在设计、施工安装、设备装配上的问题。

2）老空调系统的调试。该类型的调试主要是解决使用、维修上的问题。

3）空调系统整改后的调试。这种类型的调试主要是对履行设计、施工安装及新设备运行质量上的调试。

2. 调试工作的内容和程序

中央空调系统的调试一般内容和程序如下：

1）调试前的准备工作。调度前调试人员应熟悉本次调试空调系统的图样资料，认真分析问题，找出设计及施工安装上质量是否有不合格的地方，并根据发现的问题，制订出具体调试计划，到现场检查各种设备是否完好。

2）配电设备的检查与测试。应认真检查空调系统的配电设施，如配电柜、电动机、开关等，还要测量电压、电流等有关技术数据。

3）设备运行调试。对制冷设备、风机、水泵及电动阀门等进行试运行检查。

4）系统风量的测定和调试。应具体详细测试各风口的风量、风速，并将其调整到最佳值。

5）空调系统综合调试。应测量空调系统各运行参数情况，自动控制系统是否可靠，设备能否连续稳定运行，测定空调的综合效果等。

3. 空调系统运行主要参数的测定

1）蒸发温度与蒸发压力。制冷剂在空调系统的蒸发器中，在一定的压力下沸腾的温度称为蒸发温度，与该温度对应的压力称为蒸发压力。蒸发温度可通过吸气压力推算得到。制冷剂的蒸发温度则是由工艺要求来确定的。

2）冷凝温度与冷凝压力。制冷剂气体在冷凝器内，在一定的压力和温度下凝结成液体，其温度称为冷凝温度，压力称为冷凝压力。冷凝压力可通过冷凝器上的压力表测得。而冷凝温度则通过冷凝压力推算得到。

3）制冷机的吸气温度和吸气压力。制冷机吸入制冷剂的气体温度称为吸气温度，该温度可从制冷机的吸气侧上的温度计测得。制冷机吸入制冷剂的压力称为吸气压力，该压力可从吸气压力表中测得。一般制冷机的吸气温度较蒸发温度高5～10℃。

4）制冷机的排气温度和排气压力。制冷剂经压缩机排出时的温度称为排气温度，此时的压力称为排气压力，它们可分别从排出侧的温度计和压力表中测得。

制冷机的排气温度和吸气温度正相关，即吸气温度越高，排气温度也越高，同样排气压力和吸气压力也正相关。

5）冷冻水出水及进水温度和压力。指冷水机组制取的冷冻水出口时和返回进口时的温度和压力。该温度和压力可从相关仪表中测得。

6）冷却水进出口温度及压力。指冷却水进、出冷凝器时的温度和压力，该温度和压力也可相关从仪表中测得。

三、中央空调系统的主要故障

中央空调系统主要有四类故障：机械故障、空气处理过程故障、空气分布部分故障和电器部分故障。

1. 机械故障

机械故障大体可以分为三类：润滑故障、机械设备故障和密封故障。

1）润滑故障。润滑故障主要是压缩机、风机、水泵等设备润滑部分润滑油脏造成油路堵塞，没有形成油膜层或局部断油、系统润滑油不足的故障。故障的形式有抱轴、拉毛、磨损、轴承破碎、振动及机械异声等。

解决办法是及时检查润滑油油位，及时清洗机件，更换润滑油或润滑脂。检查有关间隙，更换不合格零部件。

2）机械设备故障。机械设备故障主要是通风机、水泵叶轮动与静平衡不好，装配间隙太大或太小，导致公差不符合要求。制冷机机械部件自然磨损或因操作不当的事故造成的机械设备故障。

解决办法是调整有关间隙，更换有关部件。

3）密封故障。密封故障主要有制冷剂泄漏、水泵轴向密封不严，空气进入运转水泵泵体或冷冻水从密封处流出来等，从而影响设备运行及空调效果。

解决办法是调整有关密封间隙，更换失效填料，拧紧密封螺钉或阀盖等。

2. 空气处理过程故障

由于各空气处理设备的热量、冷量、流量面积不够或阻力过大，产生影响温、湿度的故障。主要故障如下：

1）喷水室冷量不够，造成房间空气降温效果不好。

2）加热器失控，造成空气加热波动太大，影响房间温度。

3）过滤器阻力太大或面积减少，影响系统送风量。

解决办法是针对各自具体情况，进行检修解决。

3. 空气分布方面的故障

系统空气分布方面的故障主要是由于风道调节阀或送风口调节百叶调节不当等，造成房间内温度不能达到要求。应调整有关调节阀和风叶。

4. 电器部分的故障

电器部分的故障有以下几种：

1）电动机及配电箱的故障，如断路、短路或电动机绝缘击穿等。

2）敏感元件信号失真，误差过大，调节器失灵等。

3）电器执行机构不动作。

解决办法是检查配电箱及电动机，重新调试自动控制系统，校验自控元件。

5. 设备检修

中央空调系统的设备检修可分为大修、中修和小修。两班制运行的设备一般四年大修一次，两年中修一次，半年小修一次。三班制运行的设备可相对缩短。

6. 一般故障及排除方法

活塞式冷水机组的一般故障及排除方法见表9-1。

表 9-1　活塞式冷水机组的一般故障及排除方法

故障现象	可能起因		排除方法
压缩机不运转	电源断路		断流器复位
	控制电路断流器断路		检查控制电路的接地，是否短路，给断流器复位
	电源断流器跳闸		检查控制器，找出原因，给断流器复位
	冷凝器循环泵不运转	电源断开	重新起动
		泵咬紧	松开泵
		接线不正确	重新接线
		泵电动机烧坏	修复或调换
	终端连接松开		检查接头
	控制器接线不当		检查接线并重新接线
	线电压过低		检查电压，确定压降位置并作纠正
	压缩机电敏开关断路		找出原因，重新复位
	压缩机电动机故障		检查电动机绕组是否开路或短路，必要时可调换电动机
	压缩机卡住		检查原因并修复或调换压缩机
开关接通，压缩机关机	低压控制器动作不正常		升高压差设定值，检查毛细管是否折皱，调换控制器
	阀位置不当		换阀板
	吸气阀开启不足		全开阀门
	制冷剂量不足		添加制冷剂

（续）

故障现象	可能起因	排除方法
开关接通，压缩机关机	压缩机吸气滤网堵塞	洗净滤网
高压控制开关接通，压缩机关机	高压控制开关动作不正常	检查毛细管是否折皱，根据需要调定控制开关
	压缩机排气阀开启不足	全开阀门，如损坏应更换
	系统中有不凝性气体	系统进行排空气
	冷凝器结垢过厚	清除干净
	接收器排放不当，制冷剂回到蒸发冷凝器	按需要新增排管，提供适当的排放措施
	冷凝水泵或风扇不工作	起动泵，修理或调换
机组长时间工作或连续工作	制冷剂量不足	添加制冷剂
	控制器夹紧接触点熔断	换控制器
	系统中有不凝性气体	系统进行排空气
	膨胀阀或滤网堵塞	清洗或更换
	绝热层失效	更换或修补
	冷却热负荷过大	关好门、窗
	压缩机效率不足	检查各阀，必要时作调换
系统有噪声	管道振动	正确支承或加固管道，检查管接头是否松开
	膨胀阀有丝声	添加制冷剂，检查液体管道滤网是否堵塞
	压缩机有噪声	检查阀板是否有噪声 轴承磨损时，更换压缩机 检查压缩机的螺栓是否松动
压缩机耗油多	系统漏油	补漏
	压缩机检漏阀堵塞或粘住	修补或更换
	油淤积在管路里	检查管路是否有积油
	关机时曲轴箱加热器未通电	检查接线和辅助接触器或调换加热器
吸气管路结霜或出汗	膨胀阀校正不当	调节膨胀阀
液体管路发热	由于泄漏而缺少制冷剂	修补并添加制冷剂
	膨胀阀校正不当	调节膨胀阀
液体管路结霜	接收器截止阀部分闭合或受堵	打开阀，去除堵塞物
	干燥过滤器受堵	去除堵塞物或调换干燥过滤器

（续）

故障现象	可能起因	排除方法
压缩机不卸载	线圈烧坏	换线圈
	针阀粘住	清洗
	旁通端（低侧）堵塞	清洗
	旁通活塞弹簧疲软	更换
压缩机不上载	针阀粘住	清洗
	电磁阀接错线	纠正接线
	旁通端口滤网堵塞（高侧）	清洗

第三节　空调机组设备的维护和保养

中央空调系统机组的主要设备包括空气过滤器、换热器、喷水室、蒸汽加湿器等。机组的维护主要包括机组的检修和清扫。维护需在停机时进行。

1. 空气过滤器的维护保养

在中央空调系统中，舒适性空调在机组内一般设有初效过滤器，净化空调则还需设置中效过滤器，而高效过滤器一般安装在送风口处。过滤器的维护和保养直接关系到系统性能是否满足要求。因为随着空调机组运行时间的增加，过滤器的积尘量逐渐增多，机组的阻力损失也逐渐增加，导致系统送风量降低，室内空调参数偏离设计值，同时由于过滤器积满了灰尘，容易滋生各种病毒和细菌，大大降低了室内空气的质量。

对多个用户的调查显示，对舒适性空调系统往往忽视过滤器的维护和保养，只有极少数的用户进行定期清洗或更换，多数用户多年都没有清洗或更换过，以至于过滤器的表面脏污不堪，系统送风量大大降低。

对净化空调系统，应定期检测过滤器前后的压力和室内空气的含尘量。当过滤器前后的压力差大于过滤器初阻力的 2 倍时，则应对过滤器进行清洗或更换。对一般的舒适性空调，在停机期间关闭有关阀门，进入机组内拆卸过滤器。将过滤器在机组外清洗干净，晾干后再安装，如果发现有损坏应及时修复或更换。最好每半年对过滤器清洗一次。空气过滤器的清扫采取电气清扫机，也可采用水或带有清洗剂的热水清洗。

2. 机组换热器的维护保养

中央空调系统的换热器与风机盘管换热器相同，多数为冷热两用。为减少换热器的结垢，热水进水温度一般不超过 65℃。在夏季时，换热器为湿工况运行，产生的凝结水落入凝结水盘内，通过凝结水管排入下水道中。当凝结水管被落入的灰尘堵塞时，凝结水很难排出去，导致凝结水盘存水，容易滋生各种细菌和微生物污染空气。因此，在机组停机期间，应对凝结水盘和凝结水排出管进行彻底清洗。对换热器肋片表面的脏污每年应清洗一次。清洗方法以喷射清洗为主，配合刷洗。

3. 喷水室的清洗

喷水室大多用于对湿度有严格要求的空调系统，如纺织车间等。由于在喷淋的过程中，空气中的灰尘与水滴结合落入喷水池中，使水池中的杂物越来越多，因此应定期对水池中的杂物进行打捞清除。在机组停机期间，应将喷水池的水放掉，对水池进行彻底清洗，清除水池底部的沉积物。同时，将喷嘴拆下，采用手工清洗方法，去除喷嘴中的杂物和水垢。水池中的过滤器也应进行清洗。

4. 加湿器的清洗

对电极式和电热式加湿器，在停机期间应对电极表面、电热元件表面及容器内壁的水垢进行清洗。一般采用酸洗液进行浸泡的清洗方法。

5. 风机叶轮的清洗保养

尘埃附着在空调机的风机叶轮上后，会减少送风量。若附着的尘埃厚度为 0.2mm，送风量将降低 20%，故必须配置除尘效率高的空气过滤器。此外，还应定期地用蒸汽洗净风机蜗壳和叶轮等。

6. 送风机的 V 带和带轮的检验

对于带传动的送风机，必须定期检验 V 带的张力和带轮轴心的偏移。新空调机 V 带的张力是合适的，但持续运行后，带或伸长或滑移，降低了传动效率。发生滑移时，可通过导轨螺栓调节张力。此外，当风机带轮或电动机带轮的轴心偏移时，会产生异常声音，甚至可能会使 V 带断裂，所以必须检查带轮的轴心位置，使带的张力合适。

7. 风道和风口的维护

中央空调系统在长时间运行后，管道风口等处容易积聚灰尘。这些灰尘会随着气流重新进入空调房间，使空气质量严重下降。风口在运行中也会积聚灰尘和油垢，特别是回风口。风道和风口的清扫周期应根据中央空调系统的环境而定，一般每年应检查清扫一次。

第十章 冷库事故实例分析

冷库是由制冷剂在制冷系统中通过相态的变化来达到制冷目的的。虽然制冷剂是在密闭的各种设备和管材中循环，但有些制冷剂具有一定毒性，并且易燃、易爆，或可能引起人的窒息，在有些环境下工作具有一定的危险性，这就要求确保系统的安全运行。为了确保冷库制冷系统的安全生产，保障操作人员的安全和健康，避免不必要的经济损失，不仅要对冷库工程有正确的设计，对设备材料有好的正确的选择，有规范地制作安装，认真地试压检漏，而且要求制冷操作人员必须具备有一定的制冷技术知识，对制冷设备要全面了解和正确使用，对制冷系统的操作调整要熟练并且要认真负责。只有制冷操作人员应严格遵守各种操作规程和规章制度，并且在企业领导和操作人员的重视下，才能对各种安全事故防患于未然。

据了解，目前冷库安全事故在各地常有发生，产生事故的原因很多，有管理上的原因，有设计、安装的原因，也有设备材料质量的原因，但主要还是操作人员的操作原因。下面介绍搜集到的一些冷库发生安全事故的实例，希望能引起制冷行业设计人员，以及冷库行业管理人员和制冷操作人员的重视，希望读者能从这些事故事例中吸取经验教训，尽量避免各种安全事故的发生，减少不必要的人员伤亡和经济损失。

第一节 制度不遵守，工作不认真导致的事故

实例 1

多年前福建省泉州市某县冷冻厂，半夜 12 点交接班的时间到了，当班机房操作工人有的先下班了，剩下一人打电话给厂里宿舍的下一班组工人，通知赶快过来接班。接电话的下一班工人讲，"好的，知道了，我们马上就过去。"上一班的工人打完电话，以为下一班组人员马上会过来接班，就下班回去睡觉了。下一班接电话的人员迷迷糊糊又睡着了，结果该厂机房压缩机继续开着，但没人值班。到凌晨 4 点多钟，下一班工人睡醒起来姗姗来迟，正好碰上一台 6AW-12.5 压缩机严重倒霜事故发生，敲击声很大，经及时停止压缩机运行。事后经拆卸检查压缩机有 4 缸的活塞环、气缸套、阀片都敲碎了。还好氨气没发生泄漏。

这是一起交接班制度引起的严重事故。接班人员再迟一步，就有可能出现压缩机报废的重大事故。虽然没有酿成更严重的后果，但经济上仍受到了较大损失，并严重影响了生产。

实例 2

福建省泉州市某冷冻厂，某天晚上 8 点多机房的一台 6AW - 12.5 压缩机发生严重倒霜的炸缸安全事故。引起的原因是该当班制冷操作人员都到附近食堂看电视，机房里没人值班，等发现机房压缩机有异响声音时，操作人员跑过去发现已严重倒霜，赶紧把压缩机停止运行。事后拆机检查，发现压缩机缸套、活塞已严重敲碎。该事故造成了较大的经济损失，严重影响了生产。还好发现得早，若再迟一步发现，将会发生机体损坏、氨气泄漏，后果更加严重。

这是一起操作人员没遵守岗位制度引起的安全事故，这种脱离岗位的教训要引起重视。

实例 3

福建省三明市某冷冻厂，一次一台 4AV - 12.5 压缩机运行时发生倒霜，因操作人员脱离岗位不在现场，没能及时进行对制冷系统操作调整（脱岗时间可见不短），结果产生压缩机严重倒霜，造成压缩机连杆与活塞拉断，活塞和缸套、活门片破碎，两缸气缸盖炸开飞向机房顶棚，氨气严重泄漏。因操作人员不在压缩机机房，所以没发生人员伤亡事故，但该事故严重影响了生产，经济上也受到了很大损失，也给企业造成了很不好的影响。

好多冷冻厂压缩机发生倒霜事故，都往往因氨机操作人员长时间离开机房，当制冷工况发生变化时没有能及时对制冷系统进行操作调整而造成倒霜事故。各地因倒霜产生的事故在平常事故中占的比例较高，操作人员只要不离开岗位，能认真操作调整，压缩机倒霜现象完全可以避免。但各地发生的压缩机倒霜事故仍然较多，因此应引起管理人员和操作人员的足够重视，避免倒霜事故的发生。

实例 4

河南省某地一家冷冻厂，一天晚上一名值夜班的氨机操作人员，不顾机器正在运行打起了瞌睡。忽然被一联轴器不正常的响声惊醒，发现油压表没有油压，他赶紧停机，但为时已晚。由于缺少润滑油，烧瓦抱轴，使一台 4AV - 12.5 压缩机曲轴报废，造成了很大的经济损失。该事故实例给我们以下几点启示：

1）制冷操作人员每班才一个人，显然不符合安全生产要求。根据各厂不同情况，一般要求每班组应 2 人以上。因当班操作人员有时要吃饭，上厕所，到月台了解进、出货情况，到库内检查库温及排管结霜情况等。该厂为了节省人员费用，只派 1 人上岗，结果造成更大损失，真是得不偿失。

2）从该起事故中可看出，该厂的管理制度形同虚设，值班人员竟然在压缩机运转时睡觉，导致了事故的发生。

3）由于制度松懈，致使设备检修不到位。该事故虽然没有说明没油压是没润滑油引起的还是油路堵塞等原因引起的，但从中可看出平时对设备正常检修工作做得很不够，希望有关人员应从中吸取经验教训。

实例 5

江苏省某 2500t 冷冻厂高温库采用 KLL - 350 型冷风机左、右式各 4 台。原设计冷风机采用热氨及水融霜方法。由于供水系统压力不稳，融霜水量不足，蒸发器融霜往往不干净。后来操作人员全部直接采用热氨融霜，融霜一次时间长达 30～45min，融霜压力操作时又未按融霜制度执行，有时融霜压力高达 1.2MPa。该厂由于投产多年，保温层损坏，又长期没进行维修，造成管道变形，冷风机严重移位 13cm，支撑点扭曲变形 20°，管道吊点也被牵动变形。由于保温脱壳和开裂，当热氨融霜时，造成库内温度有较大波动和回升，使库内水果的干耗增大，库房耗能也增加，该厂不得不要停产整修，既影响了生产，又要增加维修费用。不过能停产维修还不错，如果等事故发生后才维修，损失将会更大。

实例 6

福建省晋江市某冷冻厂四周紧挨着居民区。某天晚上机房操作人员都到办公室去看电视了，机房里没人看管。不久附近一居民路过机房，听到机器声音与以往不同，就及时到工厂向办公室人员反映，操作人员得知情况后急忙赶回机房，此时发现一台 S8－12.5 压缩机已经严重倒霜，赶紧停机处理。事后拆机检查，发现压缩机活塞、气缸及吸、排气阀片等已严重敲碎，曲轴、连杆都已变形，还好氨制冷剂没发生泄漏。这起事故不但严重影响了生产，经济上也造成了很大损失。

这也是一起没遵守岗位制度脱离岗位引起的安全事故。操作人员长时间离开岗位导致因倒霜造成设备重大事故的事例很多，应深刻吸取经验教训。

实例 7

福建省石狮市某冷冻厂，一次一位新工人在拆卸一台 8AS－12.5 压缩机上旁边的一个气缸盖时，错误地把气缸盖上的螺母螺栓全都卸掉，恰巧他没看见气缸盖已松动，就用螺钉旋具去撬，结果气缸盖被安全弹簧弹飞出来打在他身上，使他受伤当场倒地昏迷，被紧急送往医院治疗。可见，该起事故是缺乏检修常识所致。

维修人员在拆卸压缩机的气缸盖时，应先将水管连接管拆下，然后把气缸盖螺母松开，松螺母时两窄边各有一根长螺栓的螺母要最后松开，对角的螺母要平衡进行拧松，使气缸盖随弹簧力升起。如果发现气缸盖弹不起来时，应注意螺母不要松得过多，用螺钉旋具轻轻地从端面撬开，这样就可以防止气缸盖突然被弹出，发生损坏和事故。对新工人来讲，不要以为拆卸气缸盖没什么，检修不专心、不认真同样会出事故。

实例 8

2010 年 12 月底的一天上午，福建省南安市某食品公司冷库机房维修人员对一台 S8－12.5 压缩机进行检修。检修过程中将一把钳子随手放在压缩机的联轴器上面。检修组装完毕就进行试机，刚一起动，由于压缩机的联轴器高速运转，把钳子甩到机房屋顶的水泥板上面砸了一个较大痕迹，要是砸到人员身上则后果不堪设想。

维修人员在对压缩机进行维修组装后应注意将工具等收整清楚，并擦洗干净，检查周边及阀门的开、关情况，联轴器应转动几下再起动压缩机。操作人员应严格按照开机操作程序进行，不能马虎粗心大意，尽量避免不必要的事故发生。

实例 9

据国家质检总局资料，某食品加工厂单冻机停止速冻加工后，即刻采用水冲霜方式对单冻机进行冲霜。为加快冲霜速度，操作人员违规关闭单冻机两侧氨制冷系统阀门，致使两阀门间单冻机及相应制冷管道内压力升高，造成管道补焊部位开裂，单冻机及相应管段液氨泄漏。由于发现及时，没有发生人员伤亡事故。

单冻机的冲霜应按融霜操作规程进行操作，更要由有特种设备操作证的人员操作，学徒工不得单独操作冲霜。

实例 10

2013 年 11 月 28 日下午 5 时许，山东省威海市浮山某食品公司冷库发生氨泄漏重大事故，造成 7 人死亡，6 人受伤住院。事故是由于工人对加工车间单冻机进行热氨冲霜，因不熟练操作，使单冻机回气集管端部封口在"液锤"作用下脱落造成大量氨气泄漏所致。不论对蒸发排管还是对制冷设备，热氨冲霜前一定要尽量把氨抽空，再缓慢进行热氨冲霜，并且冲霜压力不要超过操作规范的要求。

这又是一起因对热氨冲霜不熟练，误操作引起的血的教训。各企业氨制冷操作人员对冲霜操作应慎之又慎，切不可粗心大意。

实例 11

2003 年 6 月 9 日，江苏省东台市某厂发生了一起氟利昂钢瓶爆炸事故，造成现场 2 人死亡。

经查，该事故是该厂为一个 3t 小库添加 R22 制冷剂所致。从现场情况看，该操作工人将压缩机（JIS - 2F6.3）排气阀的取压接口与钢瓶相连，并将排气阀门完全关闭，压缩机吸气阀完全打开，起动压缩机运行后，不是将瓶内氟利昂加到制冷系统内，而是将系统内氟利昂加到钢瓶内（爆炸事故发生后，压缩机仍在运行，并向外排气，说明系统内有制冷剂）。该钢瓶为 5L 不得重复使用的钢瓶（强度试压为 3.0MPa），压缩机的高压保护接口被取下，由于压缩机排出的高温高压气体，导致钢瓶内压力升高，超过钢瓶内的承受压力，产生钢瓶爆炸。

这是一起因操作工的操作失误造成的人员死亡事故，这血的代价确实太沉重了，大家一定要引以为戒。

第二节　没按压缩机操作规程操作引起的事故

实例 1

福建省泉州市某冷冻厂，某日当班操作人员开启一台从捷克进口的单级 40 万大卡（kcal，1kcal =4.1868kJ）压缩机，压缩机刚起动就发出"呼"的一声，操作人员赶紧停机。事后经检查发现原来开机前没打开压缩机的排气阀。还好压缩机上的安全阀可靠起作用，否则后果严重。这是一起操作人员没按照操作规程操作引发的不该发生的操作事故。

因没按操作规程而引发误操作的事故发生不少。为了减少操作人员的操作失误，有些厂在压缩机上的阀轮上挂有小红牌或小黄牌，牌上写有开或关。这样做比较直观，读者不妨借鉴一下，编者认为可行。

实例 2

福建省晋江市某水产开发公司的冷库，有一次压缩机刚开机时，由于操作者没认真按操作规程进行，开机前没有打开压缩机的排气阀就起动压缩机，上载后排气压力升高，机上安全阀没跳开，造成气体顶开气缸盖，冲破气缸盖垫片，从一个薄弱缺口喷出。喷出缺口方向正好对着一个在操作平台调节站前的氨机操作人员（约有 4m 远），致使该操作人员躲避不及随即氨气中毒倒地。等压缩机停机后，其他当班操作人员马上将该受伤人员背离现场，做简单处理后及时送往医院救治，后来该伤员又转送到泉州市医院治疗，不久人员虽然平安出院，但仅医疗费等就花去了数万元。

这也是一起工作责任心不强，没按操作规程开机所引起的安全事故。据事后了解，该开机的操作人员是以为压缩机的排气阀其他操作人员已打开（阀门上没挂红、黄指示牌），因此发生了这起不该发生的误操作重大责任事故。

实例 3

福建省泉州市某公司，对新冷库空库试降温已好几天了，一天上午开机不久发现压缩机排气温度与排气压力比正常高很多，操作人员一时反复查不出什么原因，车间负责人赶紧叫冷库安装工程人员过来（设备安装人员刚好还在安装制冰设备），经现场再次检查发现压缩机运转确实正常，没发现异常现象，后来安装负责人员询问操作人员机房屋顶冷凝器运行情况时，操作人员才发现蒸发式冷凝器还没开启运行。

通过将蒸发式冷凝器投入运行使用，排气温度和排气压力就逐步恢复了正常。这是一次违反开机规程的事例。操作人员对开启压缩机的操作规程应严格执行，马虎不得。该实例还好及时发现事故苗头，及时处理才没造成安全事故。

实例 4

福建省泉州市某罐头厂的冷库，有一天一台压缩机在运行时，因回气压力高，要增开一台压缩机。一位女操作人员把一台 S8 - 12.5 压缩机开起来，以为这样就没事了。正好编者在旁边看到压缩机冷却水漏斗没水流动，才提醒她压缩机没开冷却水。这时，她才恍然大悟，赶紧打开冷却水阀。压缩机操作规程很重要，开启压缩机应按步骤进行，粗心大意容易出事故。此事要不是及时提醒，也可能会发生安全事故。

实例 5

福建省泉州市某冷冻厂，有一次一台 8AS - 12.5 压缩机开机时没开冷却水出水阀，不久机头冷却水塑料软管因水温高软化脱落，水喷出来才被发现（该机没接水漏斗）。还好发现及时，否则可能发生安全事故。

可见，机房操作人员不能离开岗位的重要性。操作人员要做到"四要""四勤"及"四及时"才能尽量避免事故的发生。

实例 6

2006 年盛夏的某日，浙江省某地某冷冻厂因电力设备扩容需停电安装。当时车间的三台 8ASJ17 型制冷压缩机正在执行降温任务，操作人员随即将制冷压缩机停止了运行，也停止了冷却水。停机时压缩机低压级排气温度为 112℃，高压级排气温度为 132℃，2h 后恢复供电，随即开启压缩机。在开启过程中，其中一台制冷压缩机发生了敲缸事故，拆开机器检查发现高压级一只活塞已经咬死在气缸内，造成气缸破裂。经事故原因分析认定，这是一起操作人员未按停机规程操作，疏忽大意造成的设备损坏安全事故。

当停电时压缩机冷却水塔也停止了工作，该厂有备用电源，应开启应急冷却水冷却气缸和曲轴箱冷冻油，压缩机气缸冷冻油没有得到很好地冷却，气缸内壁润滑油效果下降，使活塞在高温下胀死在气缸里。根据压缩机停机操作规程，制冷压缩机停机后5~10min后才能停止冷却水的工作。如果碰到突然停电，特别是夏天，排气压力和排气温度较高时，在短时间内如果要重新开启压缩机时，一般应比正常开机时压缩机冷却水多开一会儿，空载起动压缩机到正常后再负荷投入降温工作，有备用机的也可采用备用机工作。如果有备用电源，及时开启冷却水系统完全可以避免此类事故的发生。

实例7

2011年5月23日晚23时许，福建省石狮市某水产冷冻厂一台8AS–12.5压缩机突然发生爆炸的重大安全事故。一名压缩机操作人员（当时只有一人值班）当场被炸断三根手指，由于该人员吸入了大量的氨气，产生了严重氨中毒及流血过多，经抢救无效死亡，给该厂造成很大的经济损失，对社会也产生了很大的不良影响。

经过对该事故的调查了解，原来该厂的冷库系早期建造的几百吨库容量的小冷库，设施及厂房比较陈旧，原厂计划停产，后来某企业去承包了该冷库。由于承包期不长，承包者投入设备维修资金少，加上经营管理不善，长期来就存在较多的安全隐患。根据事故现场观察，该机的气缸盖上冷却水套的两个铸造孔（早期产品）已破损通大气。该机可能长期没有对气缸盖水套进行冷却了。据了解，事故的主要原因可能是开机时压缩机没有打开排气阀门，当能量调节装置上载后，压缩机排出压力迅速升高，按照机器设计当高压气体压力超过1.85MPa时，气体可以通过压缩机的安全阀跳开进入低压腔，但是由于该机器使用了几十年（早期产品），安全阀从未检验过，结果安全阀门失灵不起跳，加上由于该机冷却水套长期没有使用，运行时机体温度较高，高压气体就从较薄弱的机体排气腔处炸开，如图10-1所示，造成瞬间大量氨气从爆炸开口处排出。

图 10-1　炸开的压缩机

事故发生后，操作人员虽然被炸断了三根手指后跑出机房，但因该压缩机仍然继续在运行，系统的氨气仍然在大量的泄漏，使整间机房氨气弥漫，此时操作人员仍然跑进机房内的配电间（配电间设在机房内只有一个门，出来时还必须经过机房，存在设计不合理）想拉掉电源闸杆，但由于机房内及配电间氨气浓度不断加大，加上可能眼睛睁不开（看不清楚）电源闸杆没拉下，人却倒在配电柜旁边。等到其他人员赶来时，也无法进入配电间拉闸。只好跑到 100m 开外的总闸位置拉掉该线路的电源总闸，并拿来一个防毒面具，才从配电间拉出该操作人员，但因停留在含氨量较大的场所时间较长，结果该操作人员已严重中毒，经医院抢救无效死亡。

该事故给我们留下以下警示：

1）该厂没有营业执照，但仍然照常经营了好几年。

2）该厂设备长期没有经技术质量监督局特检机构安全检验。

3）该操作人员没有特种工上岗证。

4）该厂长期管理较差，设备、管道没有正常维护保养。

5）机房没有张贴规章制度、操作规程及事故处理应急预案。

6）车间没有设备运行记录本。

7）冷库承包者对安全工作不重视，安全配套设施不全。该厂机房只有一个防毒面具，事故后现场检查发现已不能使用。

8）该厂压缩机操作人员只有夫妻 2 人，该工人白天开摩托车载客，晚上又要开机，也许是因疲劳造成误操作，才发生了此事故。

9）配电间门通机房内没有第二个出入门，设计布局存在不当。

这起事故应让我们更深刻地认识到发展和建设、生产与经营都要以人为本，切实重视安全生产工作。

实例 8

2010 年 8 月的某日，福建省泉州市某区某冷冻厂发生了一起严重倒霜事故。事故原因是机房前一班操作人员在停止系统降温时，压缩机是停止运转了，有关阀门也关闭了。但唯独制冰池（60t/日）氨液分离器的直接膨胀供液阀忘记了关闭，造成制冰池蒸发器及氨液分离器内有大量氨液，下一班操作人员没详细检查，一开机时就造成了严重液击。还好及时采取了措施，没造成机械事故，但严重影响了正常生产，结果该操作人员被辞退。

此类事故在福建省晋江市某冷冻厂也曾经发生过，停机后忘记关闭氨液分离器直接膨胀供液阀，使氨液分离器因压力升高（据说有 1.0MPa 以上），造成压力容器爆炸裂开的严重氨气泄漏，导致一人中毒受伤。因此，操作人员上班时应提高工作责任心，避免一些人为的操作事故的发生。

第三节　操作失误引起的事故

实例 1

福建省泉州市晋江某冷冻厂，某日操作人员对一间冷藏间进行冲霜操作，由于急于冲霜，加大了热氨冲霜压力，据了解当时冲霜压力有 1.0MPa 以上，冲霜进行不久，忽然一个氨液分离器发生爆炸裂开，当时造成一个氨液分离器爆裂，裂口喷出的氨气正好对着一支石柱，造成柱子断裂，附近的三个操作人员氨气中毒受伤住院。受伤人员最后虽然是平安出院了，但事故严重影响了工厂正常生产，给社会和客户带来了不良的影响，给厂家造成了很大的经济损失。这起事故，除了与设备陈旧有关以外，直接原因是操作人员阀门开启速度过快，导致热氨冲霜压力过高。

对制冷系统进行冲霜时应缓慢进行加压，冲霜压力一般控制在0.6MPa以下，不得超过0.8MPa，以确保安全。冲霜压力过高也会使库温波动。如果蒸发排管长时间没冲霜，排管结霜较厚，应以人工辅助扫霜，而不能随意加大热氨冲霜压力。

实例2

福建省晋江市某海边建在居民区旁边的一家冷冻厂，在盛夏的某个上午工人用瓶装氨液（规格为40kg/瓶）向新建成的制冷系统加氨液，到中午时只剩一瓶氨液还没加进制冷系统，而这氨瓶则竖放在露天场地晒太阳，操作员人员都回家去吃饭了。由于钢瓶在阳光下暴晒，瓶内氨气受热体积膨胀，不久这个氨瓶突然发生爆炸，裂口可能是向地，氨气喷出产生后坐力使氨瓶飞起落到了海里。这真是不幸中的大幸，该厂四周有三面都是居民区，一面是海边。要是换一个方向落到紧邻居民的房子里，氨气泄漏出来，房子里如果有人，又跑不出来，后果就不堪设想了。

这是一起对氨制冷剂常识缺乏了解，产生加氨操作严重失误造成的安全事故。

实例3

安徽省六安市某冷库某天在补充氨液过程中，当加到第二瓶氨液时，发生氨瓶爆炸，造成1人死亡、1人重伤的重大安全事故。通过调查，这次加氨液共用了4只氨瓶，当天停电，等到第二天下午1点才再加氨。加氨第一天温度是25℃，第二天中加氨时为32℃，并且有一只氨瓶超量灌装，爆炸的就是这一只氨瓶。

（1）事故分析　查氨的热力性能表得知，当外界温度为25℃时，氨瓶中的液体比体积为1.634dm³/kg，温度每升高1℃，压力增加1.68MPa。而在加氨时，外界温度为32℃，两天的温度差32℃－25℃＝7℃。瓶内压力将增大7×1.68MPa＝11.76MPa。按劳动保障部《气瓶安全监察规程》氨瓶的工作压力是2.9MPa，其安全系数是工作压力的3.5倍，即2.9×3.5MPa＝10.15MPa，而钢瓶的破坏为10.2MPa，所以氨瓶在超灌氨液的情况下，当温度升高时很容易发生爆炸。

经多位专家现场观察、测量、分析和研究后一致认为，从氨瓶爆破后的形状来看，是先塑性变形后爆破，不是低压力破坏，母层的断口材料韧性良好，爆炸与材质和制造厂家无关，因此专家断定氨瓶的爆炸是由于氨瓶充氨量过多而引起的。

（2）氨瓶内压力变化规律　当氨瓶内未装满氨液时，瓶内是呈气态、液态两相状况。当气、液二相达到平衡时，气态氨和液态氨的压力相等。只要在氨的临界温度134.4℃以下，且瓶内有气液两相存在，压力肯定相等。当瓶内大多充满氨液时，瓶内基本上是液相，而氨液的压缩性比气态氨小的很多，当温度升高后导致瓶内压力大幅升高。

（3）氨瓶的使用和注意事项　包括如下几个方面：

1）严禁过量充装，按规定氨瓶氨液容积不得超过 80%。氨液是有腐蚀性有毒的物质，加氨液操作时必须注意安全，操作人员必须严格执行加氨操作规程，避免事故的发生。

2）夏季有氨液的氨瓶不要放在阳光下暴晒，应放在阴凉处，与明火的距离一般不得少于 10m，并且要采取可靠的防护措施，仓库内温度不得超过 35℃。

3）凡运输氨液瓶的汽车都应有遮阳棚。氨瓶应装有防振橡胶圈，并且要固定好，防止振动和意外碰撞、跌落等，使瓶内制冷剂压力急剧增高，超过钢瓶强度极限而发生爆炸。因此，氨瓶必须轻装轻卸，而且禁止押运和搬运人员在车上和加氨现场吸烟。

实例 4

2008 年 5 月 2 日，湖南省某县某冷冻厂一次一台液氨槽车进行卸氨作业，操作人员将卸氨橡胶软管连接后，打开液氨槽车的卸氨阀和系统氨液进入连接阀进行卸氨。刚开始卸氨很正常，不久为了加快卸氨速度，操作人员将槽车的卸氨阀开至最大，几秒钟后一声巨响，卸氨橡胶软管发生破裂，大量液氨严重泄漏，顿时卸氨现场气烟雾弥漫，造成现场及周围人员因躲避不及有 4 人死亡，17 人中毒受伤的重大伤亡安全事故。这起事故既严重影响了该冷冻厂正常生产，给社会造成很不好的影响，还给该厂造成 100 多万元的直接经济损失。

操作人员只求速度，不懂安全操作程序的操作失误是此次事故的根本原因，这种血的教训应引以为戒。在每次对制冷系统加氨液时，操作人员都要认真对待，慎之又慎，避免事故的发生。卸氨如果由驾驶员操作，则驾驶员必须经过必要的培训才能实际单独操作。

实例 5

江苏省某大型肉联厂某日按操作规程用氨瓶对冷库制冷系统加氨，刚过 1min 加氨橡胶管突然破裂，使大量氨液泄漏。操作人员即使戴防毒面具也无法关闭氨瓶上的阀门，只好用消防水管对准氨瓶出液口喷淋，使之溶解于水，掩护操作人员关闭氨瓶出液口阀门及加氨站的阀门。事故虽然没有造成人员伤亡，但结果损失了几百千克液氨并造成厂区周围大量树木的枯亡。

系统在加氨或抽取氨液时，一定要采用耐压复合橡胶软管和相应的接头，才能杜绝加氨软管破裂、脱扣漏氨等事故。

实例 6

辽宁省某地某冷冻厂，一次机房某操作人员发现一个氨贮液器的液面计有氨泄漏情况，便对其进行检修。在拆卸液面计玻璃管上端的压紧螺母的过程中由于内力和外力的共同作用导致玻璃管爆裂。由于检修前没将液面计的上下阀门关闭，造成氨气大量泄漏，该工人躲避不及，导致中毒，经抢救无效死亡。

这是一起违规错误检修引起的重大安全事故。这种不关阀门就维修的行为是十分错误的，应吸取深刻教训，在平时设备维修时应引起重视，杜绝类似事故的发生。

实例 7

某冷冻厂某天一台 8ASJ17 双级压缩机在运行，高压缸排气温度为 125℃，中压较同时运行的另一台双级压缩机低 50kPa，操作工人认为中间冷却器浮球阀"不灵敏"所致，于是将直接膨胀供液阀打开。隔 1h 左右，高压缸倒霜敲缸，当时吸气温度为 −14℃，排气温度为 32℃，低压级排气温度为 98℃，中间冷却器金属指示器结厚霜。操作工人调节卸载装置，关小低压吸气阀，仍然有霜，便停了机。将中间冷却器液体排至低压循环贮液器，直至中间冷却器液面在 1/2 高度以下。经盘机过重，打开压缩机放空阀减压，再盘机，认为不重。开机后，立即听到 5 号、6 号缸发出敲击声，操作工人紧急停机。此时低压级排气压力为 0.3MPa，高压级排气压力为 0.2MPa。经拆检后发现，5 号缸排气阀片缺损一块（已无踪影），阀片上有结炭。活塞顶部油迹呈黄褐色，活塞销座以下的活塞体被打碎。活塞上部卡在缸套的上部。事后据查登记表，发现事故前一天该机已比邻近一台双级机的中压低 50kPa，操作工人调节阀门既未与班长联系，也未做到勤听、勤看、勤摸及勤走动，因此也没发现低压缸的异常现象。5 号低压缸排气阀片的断缺使中压气体反复压缩，温度升高，活塞胀缸、拉毛，造成该缸排气温度升高，润滑油结焦。当高压缸因操作不当，中间冷却器液体过多引起高压缸敲缸。5 号低压缸骤然受冷收缩卡住活塞。接着按常规处理高压缸倒霜，经过两次排液后，操作人员认为正常后重新开机，结果不久出现使连杆硬拉断，并打碎了活塞的事故。

从该事故事例中告诉我们，操作人员应提高对系统的操作调整水平，应不断总结、交流和提高操作经验，尽量避免因操作不当引起倒霜而产生安全事故。

实例 8

山东省某蛋品厂冷库，一次对某高温库进行抽真空操作中，操作人员本来应打开该库的抽气阀，结果发生了误操作，操作人员却打开了急冻库高压液体总管的抽氨阀，使高压液体窜入压缩机气缸，产生了严重液击（倒霜），引起压缩机气缸爆炸，造成 1 人死亡，2 人重伤。

这是一起操作人员失误操作引起的重大事故，血的教训应引以为戒。操作人员平时对制冷系统应十分熟悉，各个阀门应加以标记，要爱岗敬业，加强工作责任心，避免此类事故重演。

实例 9

2010 年 5 月的某日，福建省惠安县某公司冷库一台 S8 − 12.5 压缩机发生了倒霜，因操作人员擅离岗位不在机房，到发现时已较严重，操作人员迅速关闭回气阀，停止了压缩机运行，但他错误地把压缩机的曲轴箱油冷却水管也关闭了，造成冷却水管内的水结冰冻裂水管事故。

这是一起原本不该发生的事故。可见该公司对新工人的专业培训做得很不够，一碰到较常见的倒霜现象就手忙脚乱，不能正确操作处理。操作人员应加强学习，业务上应相互交流，提高技术素质，杜绝事故的发生。

实例 10

四川省某地某冷冻厂，一次有一配组双极压缩机在工作。机房由一个新工人值班。由于操作中他向中间冷却器供液过多，结果造成高压级压缩机出现了倒霜敲缸。这时这位新工人发现问题后不会处理，惊慌不知所措，便离开机房跑回宿舍叫来正在睡觉的老师傅。当他们跑回机房将压缩机紧急停下来时，压缩机器气缸、活塞等已经严重损坏，敲成碎片，连安全弹簧都被拧成了"麻花"。不仅经济上受到了损失，而且生产也受到了影响。

很明显，这是一起操作不当，不懂得如何处理故障，不能独立操作的新工人所造成的事故。新工人上岗前应作必要的岗前技术培训，上岗后要跟班一定时间，视工作能力才能单独值班。根据工厂情况，一般机器值班都要两人以上为好，让不懂操作调整的新工人一人单独值班，这是管理松懈，安全意识薄弱，对工作不负责任的体现。相信通过这起事故，该企业能从中吸取教训，健全有关规章制度，增强管理，尽量避免安全事故的发生。

实例11

福建省泉州市某冷冻厂，2009年夏天某一天晚上10点多，机房中间冷却器的安全阀发生了严重的氨气泄漏，因及时发现，及时采取了相应应急措施，没有造成伤亡事故，只损失了部分氨液。经查，该事故是因为晚上6点多压缩机停机后，中间冷却器的液面手动供液阀没有关闭，造成中间冷却器与高压系统连通，因夏天压力较高，加上安全阀有一定问题（新阀门系统试压时阀门关闭，试压后再打开），结果中间冷却器压力升高，使氨从安全阀泄漏出去。

目前制冷系统常出现一些阀门忘记打开或关闭的安全事故，应引起操作人员的重视。除了对各种阀门该修的维修，该换的更换以外，操作时切勿粗心大意，以免造成不必要的事故发生。

实例12

江苏省南部某冷冻厂，某年夏季的某一天，机房操作人员为确保停机后系统在夜晚不发生泄漏，将低压循环贮液器液体管路前后两端阀门同时关闭。因被两端阀门封闭的液管内制冷剂受热膨胀，不久其管内压力远远超过阀门的最大许可压力，导致从氨阀门薄弱点爆裂造成严重氨泄漏事故。

该事故告诫我们，操作人员应加强对制冷系统和设备的深入了解和熟悉，应加强技术交流和本职业务学习，不断提高技术素质，才能避免各类事故的发生。

实例13

福建省某地一家冷冻厂，一次对某冻结间融霜完毕后恢复对该冻结间供液降温。30min后压缩机气缸部位结霜，声音低沉，倒霜严重。及时停机检查，发现当冻结间恢复供液时未起动冷风机风扇，致使氨液进入冻结间蒸发管组汽化量少而大量返回低压循环贮液器，压缩机吸入大量湿蒸气制冷剂引起湿行程（倒霜）。所幸机房有人值班，操作人员能及时发现处理，才避免了一起重大事故的发生。

实例14

2013年4月21日，四川省眉山市仁寿县某食品屠宰冷库某液氨设备管道，因热氨冲霜操作不当，导致制冷系统内发生液锤现象，造成管道封头被冲击脱落，发生大量氨气泄漏。因现场人员较多，事故造成4人死亡，22人中毒受伤，经济上受到了很大的损失，也给社会带来了很不好的影响。

全国各地由于冲霜操作不慎和设备安装存在问题而引起的事故不少，教训是深刻的。企业应加强对操作人员的培训，加强安全意识教育，杜绝此类事故的发生。

第四节　违规检修引起的事故

实例1

福建省泉州市某县市场内的一个冷库，1998年6月底，因制冰池发现漏氨，厂方让无资质的一些安装维修人员对制冰池螺旋式盐水蒸发器进行焊接维修，曾反复用氧气试压试漏。蒸发器没发现泄漏后把氧气放掉，但系统氧气没排除干净。制冰池紧邻机房，氧气瓶就放在机房门口边。该机房紧邻市场，采光及通风都较差，机房空气中可能弥漫着大量氧气。28日维修人员当用氨压缩机抽真空时，刚一开压缩机，排气阀就发生了爆炸，紧接着压缩机房的混合气体也发生爆炸燃烧（附近人员听到两次爆炸声）。在机房的4个安装检修人员当场死亡，现场死亡人员的头发烧焦，车间记录本上部的纸张也被烧焦。

这是一起违规用氧气试压造成的严重事故。本该用氮气或空气试压试漏，却采用易燃的氧气，才酿成如此重大不该发生的事故，不但设备被损坏经济损失巨大，并且给当地造成了很不好的社会影响。

实例2

福建省三明市沙县某冷冻厂，一次在新制冷系统投产前试压试漏中用氧气试压，同样产生压缩机发生爆炸，造成1死1伤的重大事故。该起事故使该厂生产和经济上都遭受了很大的损失。

实例3

福州市某公司的一个小冷库，在安装试压时也是用氧气试压，同样造成了设备爆炸事故，所幸没造成人员伤亡。

实例4

江苏省苏北某冷库，也是缺乏基本的安全常识违规操作，采用氧气试压试漏，引起压缩机发生爆炸。门窗全部被震碎，火焰从门窗窜出，造成操作工人及安装人员2死3伤的惨重事故。

实例5

1988年5月23日，浙江省舟山市某冷冻厂请来一位修理工对某系统检修，也是使用氧气代替氮气进行试压，由于试压后氧气没排除干净，导致开启压缩机时压缩机发生爆炸，造成1人死亡、多人受伤的重大安全事故。

实例6

2004年5月15日，辽宁省沈阳市某县某冷冻厂，在对系统氨气管道进行维修泄漏焊接过程中发生爆炸，造成1人死亡、3人受重伤的重大安全事故，经济上受到了严重损失。

该厂为新建的冷冻厂，在安装调试后发现氨气管道有氨气泄漏现象，为了找到泄漏点，在没有排空氨气的情况下，错误地充入氧气进行加压查漏。发现泄漏部位后，又在没有对该管道进行任何处理的情况下，直接对泄漏点进行了补焊。由于管道内含有大量氨气和氧气的混合气体，当遇到电焊火花便发生了爆炸。

事故调查发现，该厂负责人盲目指挥维修，安全意识淡薄，不懂基本的安全生产常识，加上这些维修焊接人员无证上岗，没经过必要的安全教育和培训。该厂的冷库是新建冷库，也可能是由无资质的安装队伍安装的，这些都是导致发生爆炸事故的客观原因。

实例7

对制冷系统用氧气试压试漏造成事故的还有很多。例如：上海市某冰箱厂在系统试压时因用氧气试压而发生爆炸事故；江苏省南部某医院空调系统冷冻机试压时，已及时发觉用氧气试压有错误，便放掉系统中的氧气，但实际上系统中氧气并没有放尽，开机时残余氧气遇上高温便引发了爆炸；2009年夏天，福建省莆田市某地一个小冷库，一次在检修时，维修人员也是错误的用氧气对制冷系统试压试漏，当时可能氧气泄漏很多，因冷库与办公等连为一体，空气中弥漫大量氧气，因制冷系统氧气没有排尽，一开机时便发生制冷设备爆炸，紧接着室内空气中的混合气体也瞬间发生爆炸，造成3人因严重烧伤死亡的重大安全事故。

以上事故事例都是违规操作引起的事故，应引起各冷冻行业及有关安装队伍领导的重视。加强对操作人员的安全知识教育，严格规章制度，才能杜绝这类恶性事故的发生。

实例8

据报道，2015年5月25日上午11时，福建省福州市马尾一家水产冷冻厂在拆除冷库阶段施工时，工人在切割钢材时产生火花，不慎引燃库房保温层。失火时库房冒出滚滚浓烟，有11部消防车、50多名消防官兵赶赴现场灭火，经过5h的奋战，火势基本得到控制。这次火灾除了600m² 以上的库房被烧毁外，还好没造成人员伤亡和其他设备损毁，但火灾封闭了江滨大道，造成长时间的交通不便，给社会造成了不良影响。

冷库到处是易燃物品，如管道内的剩油、保温材料和木板等，在冷库大面积拆除和局部改造时应做好防火措施，放置消防器材等，切不可麻痹大意而引起火灾。

第五节　安装、材料设备及操作引起的事故

实例1

江苏省某市某冷库冻结间冷风机一次采用热氨融霜，冲霜压力为 0.6 ~ 0.8MPa，仅过了 2 ~ 3min 便发现库内严重漏氨，经查是冷风机回气集管有裂缝造成泄漏。据分析认为是焊接质量不符合要求；另一方面是融霜时热氨阀开启过快，冷热温度造成管道的温度应力很大，加上融霜前后压差较大，推动管内液体引起"液锤效应"，致使管道薄弱部位破裂引起严重漏氨。虽然没造成人员伤亡事故，但产生受到很大影响，经济上也受到很大损失。

实例 2

陕西省某县冷库，一次某间冷库的蒸发排管集管封头爆炸，引起大量氨气泄漏，造成几万元的经济损失。经分析，操作方面的原因：一是压缩机停机前未将排管内的氨液抽回贮液器；二是将氨液供入排管，并且关闭了回气阀，停机后，由于蒸发排管内的大量液体继续蒸发，压力上升，引起横集管分离器一端封头裂开。

事后检查发现，集管封头制造上也不符合要求。封头钢板应为 8mm 厚，实际采用的是 4.5mm 厚的钢板，而且也没有用缩口焊接，焊缝高度和宽度也不符合标准。采用不符合的材料，进行不规范的焊接，加上操作人员错误的操作调整，安全事自然难免。

实例 3

福建省泉州市某区某制冰厂，该厂投产后不久，一次氨贮液器通往紧急泄氨器的阀门发生炸裂，整个系统氨液全部跑光。这次事故虽然没造成人员伤亡，但该厂因设备缺乏维修和管理不完善，被有关部门责令停产整顿，不但经济上受到了很大损失，也造成了社会上的不良影响。后来该阀门经市技术监督局检查，发现是从阀体上裂开的。阀壁太薄，属于不合格产品，经过交涉，阀门厂家赔了制冰厂的损失。

现在有些阀门厂家，为了降低成本，把阀体做得较薄，存在着一定的安全隐患。选购阀门应选用较好品牌的、有资信的厂家的产品。

实例 4

江苏省某县高温库有 6AW12.5 和 4AV12.5 压缩机各 1 台。一次用 4AV12.5 做系统检修后试漏排污，开机 10min 后排气压力表显示表压为 0.79MPa，并不再升高。5min 后操作工人发现压缩机声音沉闷，正准备紧急停机时机后侧两缸中间约有 3cm 长气缸盖垫片被压缩机气体冲破向斜上方喷出，墙面涂层被击掉 1.5m² 左右，此时注意到冷凝器压力显示为 1.62MPa。另一台 6AW12.5 也有一次压缩机在正常运行时突然中间两缸的缸盖垫片前侧约有 2cm 被冲破，造成漏氨事故，当时的排气压力仅为表压 1.03MPa。事后经检查缸盖耐油石棉橡胶垫质量不合格，并已老化变硬。

该厂的两次事故均为劣质垫片所致。但编者认为，冷凝压力达到 1.6MPa 也是够高的，应尽量降低冷凝压力。

实例 5

浙江省某市某县一座冷库，因厂方购置较差的无缝钢管用作库房蒸发排管，在安装试压时就发现管子有裂纹，但没有引起厂方足够重视而及时更换无缝钢管，而是将 20cm 长的裂纹草草焊之了事。结果在投产后，发生该焊缝再次破裂氨气泄漏事故，造成十几万元的经济损失。

较差蒸发管出现裂纹的补焊，不是一般的焊接，一般做法是将裂缝两端各钻一个大一点的小洞，再把裂缝焊接，不然可能还会出现两端继续裂缝。如有较长裂缝，最好是还是裁断换一段新管。

实例 6

辽宁省某冷冻厂在生产旺季冻结任务大，一次为了缩短周转时间，操作人员发现空气冷却器排管有霜层，于是便关闭了该冻结间的供液阀等阀门，用大量水对冷风机迅速冲霜，结果不到 5min 导致了该系统卧式氨液分离器的爆裂。分离器端盖封头从焊接处断开，封头飞出十多米远，造成 5 名工人受伤及十几吨牛肉被氨气污染。

事后分析认为，冻结结束时，因操作不规范，冷风机内还有大量氨液，经用大量水迅速冲霜，氨液大量蒸发，压力传到卧式氨液分离器，导致压力升高，因无处泄压，就在封头应力薄弱处爆裂。检查氨液分离器炸飞的一端和封头，发现封头与筒体的焊接没有按技术规定要求去做，没有采用开坡口焊接，而是采用平焊。，焊接强度不够，不能承受应有的破坏压力，才造成破裂。

实例 7

1988 年 7 月 17 日，福建省晋江市某冷冻厂刚投产十几天，一个直径 800mm、长度 3m 的高压贮液器（非标准产品）突然发生爆炸，贮液器的端盖飞出近 20m，罐内的氨液和氨气以高速喷出，直接喷向门口几十个正在人工捣碎冰准备给渔船加冰的人群，造成 5 人死亡（其中 1 人为港商投资人员）、34 人受伤的重大事故。

事后经检查发现，这只氨液贮液器是其业主凭经验口头授意无制造压力容器许可证的某农械厂非法制造的。该贮液器既没有设计图样，也没有任何制造工艺和检验检测手段。焊接贮液器的焊工没有焊工资质证。焊接结构采用搭接形式，采用平板封头和圆筒体焊接，而不是用圆弧封头。焊接时电流偏小，焊缝几乎全部都是未熔合，纵向焊缝存在严重的"未焊透"现象，制造质量十分低劣。在安装试压时就发现该贮液器有泄漏曾补焊过。厂里几乎所有的设备都是买旧的设备材料来拼接组装。该厂冷库安装单位既没有资质，所以也没有到有关单位登记报备手续，操作工人也未经专业培训，机房没有制订设备操作规程和制度，也没设操作登记本。事后调查，据操作人员讲，当时冷凝压力估计有 1.6MPa 多。这就是企业老板为了省钱，什么事都敢干所造成的血的教训。

现在市场上各地都有一些没有资质的安装队伍，企业需要安装或工艺维修最好不要贪便宜、省钱而请他们，还是请有专业资质的单位比较安全放心。

实例 8

河南省郑州市某工厂有两个 4.94m³ 的高压系统贮氨器，其中一个贮氨器当年 11 月使用，12 月初发现封头和筒体焊缝区开裂达 130mm，补焊后隔年 1 月初在补焊后的焊缝又再次开裂 15mm，补焊后再次投入使用，1 月 25 日该焊缝又一次开裂 30mm 长。发现后及时报废处理。

另一个同一制造厂生产的贮氨器 1 月 27 日安装投入使用，3 月 2 日发现封头下部焊缝附近有泄漏现象，未采取有效措施，贮氨器于 3 月 4 日发生爆炸，所幸没发生人员伤亡，但造成直接经济损失 20 多万元，全厂被迫停产。这是一起制造厂家制造工艺中存在严重缺陷引起的重大事故。设备产品低劣，给厂家带来安全隐患，对存在质量问题的设备，应及时向设备生产厂家反映，能维修的尽量维修，该换的应及时更换。

实例 9

福建省某冷冻厂冻结间的蒸发器是采用落地式冷风机，冻结间采用手推移动式货架车，一次冻结结束正在出库时发生漏氨事故，后来经查是货架车上的鱼盘经震动掉下来碰到冷风机的排污阀手轮上，造成漏氨事故，虽没造成人员伤亡事故，但事故使货物受污染，造成了经济损失和不良影响。这个阀门有的制造厂家早期制造的设备上有，有的是安装时另接的排污阀，有些冷库速冻间搁架式蒸发器也设有排污阀。如果在库内设有阀门，那么在投产后该阀门的手轮一定要卸掉，以免发生漏氨事故。

实例 10

1981 年 4 月 16 日晚上 9 点，广东省某肉联厂一台氨压缩机在运行 9h 后突然发出强烈的敲击声，操作人员立即跑过去按电控屏上的"总控"按钮，但机组没停下来，他又奔回压缩机旁，把机器卸载为零档，但仍不见压缩机停止运转。好在此时一位副班长跑来，按下总控制屏上的"停止"按钮，才把机器停下来。该机从发出敲击声到机器停下来，只有短短十几秒钟，当时没有发现倒霜现象。

次日维修人员对该机进行空转检查，发现第一组有敲击声（声音不大）随即停机。经拆卸检查，发现这台 8AS – 12.5 压缩机被严重击烂。2 号缸损坏最为严重，连杆螺栓断了两支，一只被拉断，一只被扭断。连杆断成七截，连杆大头瓦严重变形，合金已被打碎，安全假盖出现裂纹，气缸位于曲轴与吸入腔的间隔，靠近 2 号缸被打裂，呈"r"形裂纹，总长为 153mm。与 2 号、3 号、4 号缸连杆大头瓦也被烧损、变形、气缸裙部和活塞裙部被击烂。3 号连杆被击变形，1 号连杆有被撞痕迹。曲轴靠近轴封端的曲柄销拉花。经查事故有以下原因：

1) 机器带病运转没有及时维修。事故是从 2 号连杆大头一端的一支连杆螺栓被拉断而开始的。现场检查发现，所烧坏的四副连杆大头瓦面合金烧坏，拉毛处已积暗色污垢，瓦底钢背与瓦座有较长时间径向摩擦痕迹。这说明这四副大头瓦在本次事故前就已损坏，机器已带病运转了一段时间。

2) 由于连杆大头瓦损坏变形，机械运行不平衡，振动加剧，导致过细的连杆螺栓松动，螺杆被拉断（穿钢丝孔为 $\phi 2.5$mm，按规定应穿 $\phi 2.0$mm 的钢丝，可是该机只穿了 $\phi 1.12$mm 的钢丝，抗拉强度仅为规定的 1/3）。钢丝（断裂部位在两端合口拧紧处的薄弱环节）拉断后，螺钉继续松动，冲击力加大，最后导致一支连杆螺栓被拉断。接着另一边的一支螺栓又被扭断，于是 2 号连杆活塞组件失控，导致机件的撞击损坏。检查中发现 3 号连杆螺栓防松钢丝也已断裂，螺栓也已经松动。因连杆螺栓继续松动，遭受的冲击力加大，最后拉断连杆螺栓，导致机件相互撞击，是这起事故的直接原因。

3) 设备存有缺陷，操作人员对设备不熟悉，对异常情况的判断能力差。该机电控屏上共有"起动""停止""总控"三只按钮，"总控"按钮没有接线使用，又没有做明显标志，也没向操作人员交代。当机器发出强烈敲击声时，操作人员本想紧急停机，去按"总控"按钮，后见不起作用，再奔回机旁拨卸载手柄（此类事故，不起作用），显得手忙脚乱。幸好副班长跑来按下"停止"按钮，但时间已经延误，导致机件损坏严重。设备安装有缺陷，操作人员不熟悉设备情况，也是造成事故的重要原因。

4) 在压缩机因严重敲击而紧急停机后维修人员仍采用压缩机起动空转的检查方法，这是极其错误的，这样做加重了压缩机机件的损坏，增大了事故造成的经济损失，并且也是危害人身安全的。

通过以上事故实例，说明操作人员熟悉设备的重要性，以及对设备正常维修或定期维修的重要性，平时还应做好紧急情况应急预案的处理演练。

实例 11

福建省泉州市某区某冷冻厂，一次要更换安全阀，操作者先用管子钳关闭了安全阀前的截止阀。由于卸安全阀时会晃动，所以一人拿管子钳按在截止阀上，由于上下阀门扭动，截止阀年久锈蚀，管内压力大，使截止阀整个脱落，氨气瞬间喷出。还好操作人员跑得快，只受了点轻伤，其他人员及时关闭了有关阀门。由于是在居民区，消防部门也及时赶到，报纸也报道了，造成了不良的社会影响。事后检查，是因为该 DN20 截止阀是用螺纹连接的，而旋进部分只有 2 圈，再加上生锈，一遇到外力作用，就会掉下来导致事故的发生。安装不规范是本次事故的主要原因。

实例 12

2001 年 5 月 10 日，广西壮族自治区某冷冻厂机房制冷系统发生爆炸，有 4 台压缩机上的高压排气阀和 2 个油分离器的进出阀，一共有 12 个阀门被炸碎，系统排气总管的 2 个弯头被炸断。事故造成 1 人死亡、1 人受重伤、3 人轻伤，并且受到了直接财产损失。

经查后确认，事故的原因是该厂扩建一条水产品速冻生产线，购进一台氨压缩机组，为了抢时间，将管道连接到原有的制冷系统中去。安装后进行管道"试压"时，由于试压压力高，排气温度过高，原来管段内留下的润滑油可能达到"闪点"，燃烧造成了爆炸。

该事例给我们的教训是，在新旧系统安装连接时一定要慎重对待，千成马虎不得。

实例 13

2012 年 7 月 10 日下午 2 点 30 分，福建省漳州市某冷冻厂发生氨气泄漏事故，造成 1 死 2 伤。据了解，是一铝管冻结间冻结完毕，刚开门出货没几分钟，靠近门口的铝排管集管平面封头突然发生爆裂，造成大量氨气严重泄漏，冻结间门口一位女负责人中毒当场倒地，后来经抢救无效死亡，有两位工人严重中毒受伤送医院抢救。

铝管类似集管封头发生爆裂的在石狮市曾发生过 3 起事故。是否是"液锤"引发的事故还待探讨，但冷库铝管安装质量有待进一步加强及规范，集管封头应采用圆封头焊接，不应用平封头焊接，以免发生类似的事故。

实例 14

2009 年 5 月 5 是早上 8 点多，云南省昆明市某屠宰场冷库机房一处高压液氨管道发生严重泄漏，周围人员紧急疏散。幸亏消防部队及时赶到处理，把液氨贮液器出液总阀关闭，才没有酿成更大事故。

事后查清是一个液氨管道截止阀的法兰盘处焊接点发生破裂，造成氨气泄漏。该事故造成 1 操作人员中毒受重伤当场晕倒，还有 28 人中毒紧急送往医院治疗。其中包括有 7 名小孩（最大的 10 岁，最小的 5 岁）。这次事故虽然没造成人员死亡，但经济上受到了很大的损失，也在社会上造成了很不好的影响。该厂制冷系统在半年前安装，3 月投产，5 月初就发生了事故。

事故现场消防人员询问该厂负责人，问他制冷系统安装单位是否有安装资质，该厂负责人竟然回答"不太清楚"。很明显，这是一起制冷系统安装焊接和试压存在缺陷隐患导致的事故，可见制冷系统安装应找有资质的单位是多么重要。

实例15

某地某冷冻厂有一台正在运行的8ASJ-17压缩机，操作工人突然发现电动机有"嗡嗡"声，检查电动机并没发现发烫的现象，压缩机排出温度为125℃，认为正常。数分钟后听到一声响，像倒霜冲击声。操作工人即将卸载装置调至"0"，同时关小吸气阀，又有响声，立即停机。当时未注意排气压力、温度和电流表读数，也未见到倒霜迹象。经拆检发现排气阀片在气阀弹簧处断缺1cm，5号缸活塞与气缸套卡死。活塞顶部失去光泽、活塞销座下部已破碎，碎片掉在5号缸下曲轴箱侧盖边。检查润滑油是新换的。检查各气阀弹簧弹力差，有不均匀现象，致使该处阀片破碎断缺，引起高压气体反复压缩，温度过高而活塞卡住，电动机负荷过重而发出"嗡嗡"声，操作工人未见倒霜以为正常。等听到响声又误以为倒霜敲缸，采取卸载和关小吸气阀以处理倒霜的常规操作，直至断裂连杆敲碎活塞下部发出第二次响声才停机。这是一起操作人员因判断失误延误检修时机而导致故障扩大的安全事故。

实例16

前不久，广东省汕头市某冷冻厂发生一起氨气泄漏造成人员死亡的事故。事故是由一根系统回气管道泄漏造成的。其泄漏处如图10-2所示。

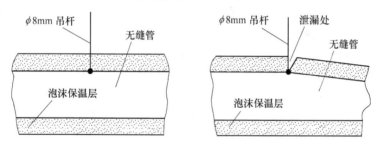

图10-2　泄漏比较图

该管道穿过一间工人宿舍，由于间距较大，在其中间设有一个吊点。安装中的吊杆是一根圆钢，它从房间顶棚引下来与回气管道焊接在吊点处。由于吊杆没做保温处理，回气管的塑料泡沫保温层没做好，当回气管在降温时连同吊杆结霜，不降温时结霜层又都融化，在吊点焊接处产生冻融循环现象而使其生锈严重。时隔几年就是该吊点处突然发生爆裂，氨气大量泄漏。事发当晚，有5位工人在该宿舍睡觉，由于事发突然5人全都严重中毒经抢救无效死亡，造成很坏的社会影响和很高的经济损失。

从该事故中不难发现，该冷库的安装队伍素质很差，是否有安装资质很值得怀疑，可能就是凑合挂靠的劣质安装队伍所为。可见，建设单位选好优质安装队伍多么重要，切不可片面追求"价廉"，给工程留下很多安全隐患，万一发生事故损失更惨重，这是血的教训。

实例17

2010年11月9日晚11点半，福建省宁德市蕉城区某冷冻厂发生严重氨泄漏事故，事故造成周边群众人员氨气中毒，470 多人紧急疏散，有 103 人到医院观察就诊，15 人住院治疗。

经查，该事故是从氨液贮液器的安全阀失效氨气大量泄漏引起的。据事后了解该厂存在如下现象：制冷系统为无资质安装队伍安装；投产后未经质监部门检验，也未取得压力容器使用证；一些产品设备没生产厂家标识；设备操作人员没有经过培训，属于无证上岗；机房车间未见制定的规章制度和操作规程，更没有制定事故的安全应急预案等。有关企业如果有这些现象，应趁早整改，以免发生安全事故。

实例 18

上海市某大学实验室配有 S4 – 12.5 双级压缩机一台，在投入运行调试过程中发现中间冷却器液面较难控制，无论用浮球阀自动供液还是采用手动控制节流阀供液都是如此，即使停止向冷却器供液，液面仍然会自动升高。经详细检查各阀门均为正常，最终大家认为是中间冷却器过冷盘管有内漏所致。停止使用中间冷却器过冷盘管，上述故障现象消失，中间冷却器液面就能正常控制，因此证实该产品存在制造缺陷。

这是设备出厂时没认真进行检测而引发的产品质量问题，还好能及时发现并进行了处理，否则操作稍微不慎，很容易引起高压级压缩机倒霜而产生事故。

实例 19

浙江省某市一座 2000t 冷库投产前，一台新的 4AV17 压缩机空载试机，试机前有人指出最好拆检一下有关间隙，但大多数人员认为 4AV17 的品质是过关的，只需拆检清洗曲轴箱即可。经清洁后断续将系统抽至绝对压力 0.019MPa。事后在清洗吸气过滤网，拆机检查时发现缸盖和缸体生锈严重，二档左面（靠液压泵端）气缸壁有轻微发黑痕迹，认为是系统内不洁所致，经清洗和曲轴箱换油后，系统开始充注制冷剂，当加到第 8 瓶时发现机器有异声，便停用加力杆盘动联轴器曲轴，认为松紧旋转正常，又继续开机发现上一挡有异声，上二挡后异声消失。操作人员认为是螺栓松动引起压缩机振动，上紧电动机和压缩机地脚螺母后继续开机加氨，不久又发现机器异声严重，于是紧急停机。拆卸缸盖检查，发现二档左面（靠液压泵端）气缸壁左右两边均严重拉毛，在停机前 10min 抄得数据：吸入压力为 0.05MPa、吸入温度为 +10℃、排出压力为 0.8MPa、排出温度为 130℃、油压为 0.35MPa、油温为 45℃。排除了操作事故的可能，也排除了压缩机曲轴箱不洁引起故障的可能。经拆检，缸套内壁损坏形状呈 T 字形，左右两边损坏情况基本相同。在活塞行程上死点位置以下 20mm 处开始拉毛，长度为 30mm，宽度 15mm，呈多条一字形，中间一字形上宽为 40mm、长为 140mm 均严重拉毛，和活塞环、刮油环均已粘连，情况与气缸壁拉毛尺寸基本相符，磨损也相当严重。测量活塞环和刮油环锁口间隙，除二档左面（靠液压泵端）刮油环为 0.5mm 外，其余活塞环和刮油环均为 0.70 ~ 1.08mm。符合 0.70 ~ 1.10mm 的标准间隙要求，而且缸套内壁一字形拉毛尺寸和活塞行程相符，均是 140mm。显然，锁口间隙过小且间隙又在同侧，摩擦过热造成活塞环热胀是导致活塞环将缸壁一字形拉毛的主要原因。

该事故不仅造成了直接经济损失，而且影响了工程进度，延误了投产。由此可见，制造厂应严格把好产品质量关，不让一台不合格的产品出厂，而用户也应不怕麻烦，在使用前要认真拆卸清洗检查一下为好。

实例 20

冷库由有压力容器和压力管道安装许可资质的单位来安装，设备及制冷系统安装质量才能有保证。北京某肉类联合加工厂的冷库是由没资质的安装队伍安装的，结果在整个制冷系统中都存在着严重的安全隐患。制冷系统安装完不认真试压、抽真空、试漏。等大量氨液加到系统中，投产不久就出现了穿堂大量氨气泄氨事故。只好将做好的管道保温层扒开进行检查，由于该厂的防护应急工具及措施不到位，找不到准确的泄漏点，只能向泄漏处周围大量喷水，造成库房、穿堂形成大量积水，上百吨冷却肉类食品受了污染。

发生这起事故的原因，主要是建设方主管人员错误认为让自己熟悉的无资质的亲朋好友来进行安装无关紧要，对冷库安装的特殊性认识不足，才导致工程质量出现问题进而大量漏氨的事故，经济上也受到了很大损失。

实例 21

广东省汕头市某地冷库前不久发生一起氨气泄漏事故。该事故是机房一个高压贮液器的安全阀突然发生泄漏引起的。该厂高压贮液器的安全阀泄压弯管排出口就安装在机房内贮液器的上方，而没有引到机房外的屋顶上空，贮液器旁边有一个梯子通往机房边的楼上一间宿舍，事故发生后，该房间的两位工人从楼上要通过楼梯才能逃往机房外（房间只有一个门出口），跑出来要有一定时间，结果导致他们中毒受伤送医院抢救。

从该事故中给我们几点启迪：

1）从机房内通往其他房间或宿舍等，为了安全起见，应设置两个门。

2）该厂的安全阀好多年都没检测，也是造成人员中毒受伤的原因之一。

3）安全阀泄压排出口一定要按"冷库设计规范"规定执行，即"应高于周围 50m 内最高建筑物（冷库除外）的屋脊 5m"，切不可随意安装，造成不必要的事故发生。

实例 22

2010 年 3 月 23 日，云南省昭通市水富县某公司冷库因安装质量问题，投产后发生管道从焊缝处断裂，大量氨气喷射出来，造成 17 人受伤住院，直接经济损失 100 多万元。

实例 23

1985 年 5 月，江苏省太仓市某食品厂由于领导玩忽职守，在一无正规设计单位，二无科学计算依据，三无工艺设计要求，四无安装资质，五未通过工程验收的情况下，盲目为冷藏库内粗制滥造了一排钢结构货架，并立即降温使货架堆放蔬菜投入使用。5 月 7 日下午，二号库西侧堆放 100 余吨蒜苗的 15 排货架，因承受不起重压而全部倒塌，致使正在作业的 11 名库房工人被压伤。事故发生后，县监察部门对事故进行了处理，并提出六条整改要求，强调"三不放过"，坚决杜绝这类事故再次发生。然而，厂方负责人还是不吸收经验教训，不仅不按要求进行整改，反而连夜假"整改"，很快又恢复了生产。在 5 月 10 日下午，货架倒塌事故又再一次发生了，这次造成现场 2 名工人被压死，3 名受重伤，7 名受轻伤的严重事故。厂方受到很大的经济损失。事故提醒我们，科学就是科学，来不得半点虚假，草率上工程定会酿成严重的后果。

上述所发生的事故事例只是发生事故的一小部分。可见冷库制冷系统的安装工程很重要，安装不规范会给投产后的生产带来很大的安全隐患。

第六节　抢救器材失效造成的事故

实例 1

辽宁省某饭店冷库由一位不熟练的工人负责操作制冷机。某日上午 10 时发现节流阀压盖漏氨，他戴上氧气呼吸器向泄氨点跑去，准备抢修，因为事先没有进行检查，戴上的氧气呼吸器实际上早已失效，所以该工人没跑几步便窒息晕倒，因为作业现场没其他人员，没能及时抢救导致该工人缺氧窒息死亡。等到有人发现已经是第二天早上了。另据资料介绍，新宾、掖县、承德的冷冻厂在抢修漏氨事故中，也发生过因配戴氧气呼吸器中氧气瓶没有氧气，而导致窒息死亡的事故。

以上这些教训值得人们深思。事故抢修用具平常应处于正常状态，随时能够使用。如果重视安全隐患，就不会出现这种事故。

实例 2

2009 年 7 月 30 日，福建省漳州市诏安县某冷冻厂发生严重氨气泄漏事故。因该厂紧邻村庄，致使众多群众紧急疏散。该厂技术人员发现事故后曾戴简易防毒面具欲进行抢修，但因氨气大量泄漏，人员无法靠近管道泄漏处，该厂又没有设置全身的防毒用具及氧气呼吸器，只好向县里消防部队求助。经消防官兵 1 个多小时的奋战，氨气泄漏事故终于被成功控制。事故原因是该厂制冷设备管道年久失修，腐蚀较严重，导致管道破裂。事故虽没有造成人员伤亡，但在当地造成了很不好的影响，经济上也遭受了很大的损失。

这个事故警示我们，目前有些早期民营冷冻厂已超过大修期，并且好多冷冻厂四周都是居民区。但有些负责人不够重视，又长期缺少有效抢救器材，因此存在着很大的安全隐患。

目前发现有些冷冻厂防毒用具配备不全，且保管较差，在机房里随便堆放。氧气呼吸器或空气呼吸器更是只有极少数厂家有购置，这是一个较大的安全薄弱环节。

另外，据了解，大多数冷冻厂的氨机房都没有配备一定的抢救药品，如食用乳酸、醋酸及食用老醋等。有部分企业制度不健全，甚至连机房值班记录本都没有。以上情况应引起涉氨各企业领导及广大氨制冷机操作人员的重视。

实例 3

1985 年，山东省济宁市某冷冻厂，一次机房调节站的一只阀门发生氨气泄漏事故。一位当班操作人员匆忙戴上过滤式防毒面具去抢修时，因没有打开在过滤罐下面的塞子，结果窒息倒在操作台上，因没有得到及时抢救而死亡。

目前一些厂对安全救护设备不够重视，平时不常用、不学习，设备没固定放在专用的柜子里，应急抢修时才匆忙上阵，致使发生伤亡事故。冷库发生漏氨事故，抢修人员一般都要求两人以上，碰到特殊情况可以相互照应，这是行业内操作或维修人员必须吸取深刻的教训。

第七节　缺油或油质下降引起的事故

实例1

江苏省某冷饮厂，在某生产旺季连续发生三起压缩机抱轴事故。经查该厂为了节约生产成本，将使用过的旧冷冻油用土法再生后反复使用。事故发生后发现曲轴箱底部沉淀杂质较多，冷冻油混浊发黑。

旧冷冻油回收使用必须经过严格处理后才能再次利用，且应按照一定比例与新冷冻油混合使用，不能全部都用旧冷冻油，以免影响设备的润滑和使用寿命。

实例2

江苏省某肉联厂有一台8AS17型压缩机运行中发出敲击声，片刻声音又没有了，运行一段时间后又发出敲击声，于是立即停机。经拆检发现，6号和8号缸排气阀片有缺口，两缸的活塞顶部"打花"，8号缸的活塞顶部嵌入破碎的阀片。6号缸的阀片碎片掉在活塞顶部，6个活塞顶部发黄，曲轴箱内油呈暗褐色。经分析认为，润滑油使用时间过长，油质变差，油量偏少，使润滑条件恶化，半干摩擦使温度升高，阀片破碎发出敲击声，阀片被嵌入活塞使声音消失，等6号缸阀片破碎掉入活塞顶部，敲击声又起。该压缩机经更换阀片活塞，更换润滑油后投入运行工作一切正常。

压缩机平时应定期正常检修，保证润滑油质量，确保设备安全运行。

实例3

福建省泉州市某国有企业，一次机房一台8AS－12.5型压缩机在没有发生倒霜现象的情况下，发现气缸有异响。操作人员及时停机，拆开检查发现，6个气缸及活塞已被敲击成碎片，后来操作人员换上新部件没进行其他处理又投入运转，不到10min又发现气缸有异响声。于是停机拆检，发现又有4个气缸及活塞被敲碎。隔天操作人员又要把新部件装上，厂长刚好看到，问起事故原因，工人回答不清楚。厂长当即让工人暂停安装，并马上打电话请某冷冻厂工程技术人员过来检查，经查发现曲轴已严重磨损、变形。根据当时最初情况，可能是冷凝压力有1.5MPa以上，排气温度高，压缩机失油或油脏堵塞油路，引起机件干摩擦发热，轴瓦抱轴，个别零部件损坏，造成气缸活塞卡死敲碎。第二次事故可能是因为没认真检查、清洗，油路可能仍有堵塞、曲轴变形等原因造成的。还好及时请技术人员维修、更换曲轴并进行了清洗，投入工作后运行良好。

如果不及时请相关技术人员检查维修，备件第三次装上去还会发生事故。该事故表明，操作工人应很好地熟悉压缩机的结构性能及操作规程，不能盲目开机。

第八节　氨阀损坏引起的事故

实例1

氨阀损坏是制冷系统运行中常见的一种故障，压缩机操作人员平时应能正确熟练操作，认真对待处理。

浙江省某冷冻厂曾发生过一起事故，其低压调节站的一只 Dg80 的截止阀及氨油分离器的一只 Dg100 的截止阀均因平时用自制加长手柄对阀门拧得过紧而在运行过程中阀盖爆裂外飞，引发漏氨事故。

浙江省另一冷冻厂一次操作人员开启阀门时发现氨阀阀芯脱落，陷入阀体内卡死，检修人员试图用螺钉旋具将阀芯挑出，不慎引起氨气泄漏，因检修人员没佩戴防毒面具，致使 1 人双目失明。

各地频发因氨阀损坏在维修时发生氨气泄漏的事故，因此维修人员不但平时对阀门操作要讲究，应学会正确的使用方法，而且在维修时应穿戴防毒用具，以利于人身安全。

实例 2

2008 年夏季的一日，在福建省南安市某食品冷藏公司的机房供液调节站，一只阀门因为开关时长期用加长手柄扳手拧得过紧而产生裂痕，因系统压力发生波动而发生阀体带阀盖爆裂飞出扎在中间冷却器上，造成氨气大量泄漏的事故。

该事故说明，除了阀门本身质量外，事故与操作人员平常将阀门拧得过紧有很大关系。对阀门的关闭用力应适当，操作人员一定得注意。

实例 3

浙江省宁波某冷冻厂，一次制冷系统调节站上有一只截止阀从阀杆处向外发生氨气泄漏。操作人员打算更换填料，首先按常规将阀杆退出并提升至最高位置进行反封，然后卸下阀杆螺母和手轮。但当旋松填料压盖时，发生大量氨气泄漏。事后发现阀芯连同阀杆座被弹出。经过分析认为，由于该阀门年久失修，填料压盖与阀杆座螺纹严重生锈，连接非常牢固。当修理人员逆时针旋松压盖时，没注意阀杆座（因阀杆座大部分在软木隔热层内）的情况，致使阀杆座与阀体联结处螺纹松动被旋出，使阀杆座和阀芯一起被弹出。

目前一些年久失修的老冷冻厂阀门，稍有疏忽就容易发生此类事故，直接危及人身安全。阀门使用和检修时应避免用力过猛，应慎之对待。

实例 4

2010 年 6 月 5 日，广西壮族自治区河池市某公司的某条液氨管道在进行维修过程中，液氨管道进口阀阀体突然破裂，氨气喷射而出，当时现场有 4 名工人，正在操作的 1 名工人瞬间吸入大量氨气，经抢救无效死亡，在旁边协助操作的 2 名工人也严重中毒受伤住院。

这是阀门质量隐患或阀门长期操作不慎引起的事故。各地因阀门出现的事故很多，操作人员应根据具体情况，发现有威胁到安全生产的阀门，应及时给予更换。

实例 5

福建省泉州市某冷冻厂，一次氨机操作人员对系统进行热氨冲霜时，在回气调节站打开热氨冲霜阀后，紧接着要打开该库房的热氨回气阀时，因该阀门使用年限已久，已经严重生锈造成阀门处严重氨气泄漏。该操作人员赶紧离开现场。事故造成机房充满氨气并向外扩散，引起附近居民恐慌纷纷逃离。当地派出所及镇政府紧急出动维持秩序，并及时叫来熟悉的有关技术人员前往进行抢修。经询问事故缘由，及时关闭热氨冲霜阀等才避免了事故的进一步扩大。

对于一些年限已久的冷冻厂，有些该更换的阀门就要及时更换，以消除安全隐患。

实例 6

江苏省某冷冻厂一次氨泵压力表失灵需要更换。该表阀锈蚀严重，操作人员首先关闭压力表阀自认为已关紧时即反时针旋松压力表。不料压力表刚一取下，压力表阀接头处就有氨液喷出。幸亏操作人员带有长袖橡胶手套和防毒面具并迅速撤离了现场，才未酿成人员伤亡事故。事后清除压力表阀接口处发现有残渣和铁锈等污物，致使操作人员误以为阀门已关紧。这一事故给人们的教训如下：

1）平时必须经常检查阀门的启闭是否可靠。

2）必须在拆卸前关闭所有与被拆系统相连的阀门，放净残氨后再拆下。

3）提高检修人员的技术水平，使他们熟悉拆检氨系统流程、管道走向，掌握处理应变突发事故的能力。

4）检修操作人员必须配备并能正确使用防毒面具、灭火器等各种安全防护用具。

实例 7

河南省某冷冻厂，一次操作人员在更换氨泵压力表时违章作业，在没有关闭氨泵排液阀门的情况下就开始拆卸压力表。由于用力不当将压力表管扭断，造成氨气严重泄漏事故。由于防毒面具损坏、失效，抢救人员惊慌失措，未能采取有效的抢救措施，事故造成 1 人死亡、1 人受伤的重大事故。这起事故给我们的教训如下：

1）机房防毒面具配备应齐全、有效，并处于完好状态。

2）机房要备有一定的食用乳酸、醋酸溶液或食用醋。

3）平时应对氨机操作人员进行必要的安全培训。

4）机房应制订对突发事故的应急预案，平时应有救护演习，以增强对事故的应变能力。

实例 8

2010 年 8 月 26 日，浙江省舟山某一大型冷库因在冲霜时压力过大，使机房内一个铸铁阀门发生脱落，发生氨气严重泄漏，而喷出的氨气冲破照明灯具，遇到火花瞬间发生了化学爆炸，造成了很大的经济损失。事故后经查原因，是该铸铁阀门存在先天性的裂纹，当遇到一定的压力就从该裂隙处炸开。

氨用阀门厂很多，选用时应选用质量较好的阀门。

第九节　综　合　事　故

实例 1

2009 年 9 月 24 日晚上 8 点多，福建省泉州市某区海边一家冷冻厂发生严重氨气泄漏事故。当场有两人氨气中毒紧急送医院抢救，当晚有一人经抢救无效死亡，另一人受重伤在医院里经过了近两个月的治疗才恢复健康。这起事故给该厂经济上带来了很大的损失，给社会也造成了很不好的影响。

　　该厂氨气严重泄漏的设备是水产加工车间的一台 0.5t/h 的柜式冻结器。据该厂人员介绍，当晚该柜式冻结器刚冻结完毕，工人们正在对冻结好的对虾脱盘包装处理。后来发现加工车间制冷设备有漏氨气味，厂家老板让机房氨机操作人员过来处理。该操作人员认为是冻结器设备回气管的连接法兰处泄漏。该法兰在该设备靠边的上部（距上部约 300mm 长），人员必须从临时的梯子上爬上去站在梯子上察看检修。该工人在没戴防毒面具的情况下拿着梅花扳手，可能是一手扶着回气管与设备的连接处，一手拿着扳手要对连接法兰再上紧螺钉的缘故，结果一用力，漏氨处大量氨气喷出来，该工人躲避不及，当场直接从梯子上掉下来。戴着防毒面具（整个工厂只有两个普通防毒面具，加工车间有放一个，另一个在机房内）扶着梯子的老板当时还没反应过来，也吸入大量氨气中毒倒地（该防毒面具早已失效不能使用了）。

　　该厂冻结器设备在车间里边靠墙位置，因隔壁是另一家工厂，因此平时窗户紧闭，造成喷出的氨气烟雾不易散去，能见度差，工人们见状都往车间外跑。倒地的两个人已没力气站起来往室外跑，只能慢慢往外爬。先跑出来的老板儿子没见老板出来，是他深吸一口气跑进去一手一个拉他们出来的。此时整个车间逐渐弥漫着氨气，并向外飘散，人员根本进不了车间。顿时厂里面乱成一团，受伤的维修操作人员自己跑到附近另一家冷冻厂里，脱掉衣服用自来水冲洗了身体，因吸入大量氨气，体内难受并喝了很多自来水，不久便晕倒在地。其他人赶紧用车将其送往医院，并打 119 报了火警。不久等到市区消防人员到达现场，因没经验，处理一段时间氨气仍然往外冒。后来厂方把原设备安装负责人从市区叫来，因全厂只有一个人开机，至此时压缩机没人看管仍然开着。原安装人员赶来后才停掉了压缩机，关闭了机房的有关阀门。后来他穿戴好消防队的防毒用具，在消防人员喷水雾掩护下，进到车间泄漏现场关紧有关供液管及回气管的阀门。过一段时间观察到喷出的氨气雾有所减弱，消防人员才撤回去。当地边防派出所也封闭了厂区有关通道。

　　该厂除有柜式冻结器外，还设有搁架式速冻间及冷藏间。厂房为三层建筑，一层为加工车间。早上人员走到车间门口仍然无法进入车间，里面氨气味仍然很浓。派出所的书面报告认为，这是一起"因氨阀门爆裂引起漏氨事故"。现场各方人员很多，但处理不得要领，到底阀门从什么地方爆裂不得而知，只有再进入事故现场进一步观察才能断定。要进入车间，就得戴防毒面具，厂方拿来仅有的两个旧防毒面具经检查已不能再使用，又到市区买来四副新的防毒面具，经进入现场发现氨阀门完好没有发生爆裂，泄漏处是在管道上（但因该段供液管和回气管整体包扎泡沫瓦管，看不清是供液管还是回气管），并还在冒着氨气雾。事故发生已过去十几个小时，还在不断冒出氨气，说明可能设备还有氨液，不然就是阀门没关紧，于是进一步关紧有关阀门，不久后再观察，冒出的氨气雾明显减弱。后来去掉那段保温瓦管后，观察具体泄漏点情况，结果得知是设备回气管靠近法兰处的焊接处断裂并错开，至此才真正弄清氨气的泄漏点。事故漏氨点如图 10-3 所示。

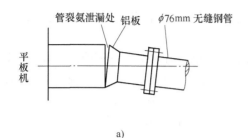
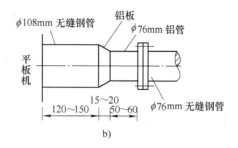

图 10-3　事故漏氨点
a）事故发生前　b）事故发生后

从该事故中，应当吸取以下几点教训：

1）氨机操作人员问题。该厂只有一位氨机操作人员，长期是老板或其儿子做"替补氨机操作人员"，出事的该操作人员没有氨机操作证，据说曾在其他厂开过氨机，是当年 8 月 6 日到的该厂，9 月 24 日就出事了。事发当晚该工人刚休假归来，出事前那段时间基本上是老板开的氨机。这次事故和开机不熟练，系统操作不规范有一定关系。因漏氨时柜式冻结器已冻结完毕，正在脱盘包装，当时回气压力应该较低，按照他们的经验，冻结几个小时后水产品就可以脱盘了，所以可能简单只关闭供液阀（也有可能没关供液阀）就马上（短时间内）打开柜式冻结器门开始脱盘，没按正常对系统关闭供液阀后，压缩机还得对系统设备抽一段时间，把设备内氨气尽量抽空。根据十几小时后还在喷冒氨气的情况，说明当时系统还有很多氨液，由于打开柜式冻结器的门，温度升高造成设备热负荷增大，回气压力突然升高，造成氨气从设备管道薄弱处漏氨。另外，对氨机操作的人员没戴防毒面具处理氨气泄漏的违规操作（机房有一副防毒面具，他没拿来使用，也许他知道那个防毒面具早已不能使用），使其中毒抢救无效死亡。

2）设备不正规的问题。该设备是厦门市某地没有制造资质的企业仿造的设备，设备虽说已使用两年多，但从设备管道泄漏处也可看出问题（见图 10-3）。如 $\phi108mm$ 回气铝管到 $\phi76mm$ 铝管的过渡处不应该焊成有应力集中的角度形状。而且 $\phi76mm$ 铝管长度只有 $60 \sim 70mm$，如果制造时把 $\phi108mm$ 管直接接法兰岂不更好？这是该设备制造的最大缺陷。

3）防毒器材的问题。从该事故中我们看到，老板在梯子下面，并且还戴有防毒面具，照道理事故发生时应该可以从容跑出来，但他也中毒倒地后没力气站起来，只能在地上慢慢往外爬，可见防毒面具早就失效。此外厂里也没有全身防毒服，更没有氧气呼吸器或空气呼吸器。因厂家长期安全意识薄弱，不重视安全生产，才造成如此严重事故。

另外，这次漏氨事故老板全身被氨气"烧伤"，由于他戴着防毒面具，整个脸部没被"烧伤"。这也启示我们，在处理一般氨泄漏维修时，一定要穿戴防毒用具，以确保人身安全。

4）安全救护常识的欠缺。目前大多数冷库没有配备抢救药品，不要说配备食用乳酸和醋酸了，就连超市上很容易买到的食用醋也不买几瓶备用，才造成人员在氨中毒后喝自来水的错误做法。有关部门应该在社会上多做些宣传，普及和提高事故抢救常识，尽量减少不必要的损失。

5）制度混乱。事故后检查发现该厂两个高压贮液器有 80% 多的氨液，正常情况下是不应该有这么多氨液的。该厂机房没设开停机记录本，没有上墙的有关规章制度和操作规程，也没有制订事故应急预案等。柜式冻结器是非标仿制产品，厂家长期不重视安全生产，据了解，这种现象在沿海一些小型冷冻厂中都有存在，确实应该引起各有关部门，特别是厂领导的重视。

6）节能的问题。现在有人对"节能"产生了误区，如有的冷冻厂把三班制改为两班制，或一班制，把每班 3 或 4 人改为 1 或 2 人，表面看人员工资是"节支"了，其实埋下了很大安全隐患，造成设备或人员事故已在意料之中，已谈不上"节能"了。其实，无形的浪费和损失更大，该厂事故发生后要赔死者几十万元，老板在医院一天要花几千元，而且因工厂设备没有使用证，制冷系统是没安装资质人员安装，也没报市技术监督局备案监管，工厂被停产封存，损失实在惨重。

实例 2

福建省泉州市某地某小型冷库就建在一所小学教学楼北面，相隔只有 4m 左右的间距（通道）。在夏季某天该冷冻厂发生较大氨气泄漏事故，造成正在上课的几百名教师和学生紧急疏散到学校操场上。冷库周围的居民也跟着撤离，围观群众很多。后来，镇政府和当地派出所及时赶到现场维持秩序，消防官兵接到报警后也及时赶来处理。事后事故报到某市，某市再报到泉州市政府有关部门，在当地造成了很不好的影响。

事后检查中发现，该冷冻厂年久失修，加上地处海边，设备腐蚀较严重。由于管理者安全意识薄弱，长期缺乏维护检修，在系统高压部分安全阀前的一处管道破裂，造成了大量氨气泄漏。

沿海一些小规模冷冻厂都是在改革开放之初所建，当时的设备和保温措施都不是很好，加上平时正常维护保养做得不够，有些设备生锈严重，冷凝压力偏高，长期在高耗能下运行，既不经济，也很不安全，因此应加强做好冷库节能和安全工作，制定必要的规章制度，狠抓落实，尽量避免事故的发生。

现在些地方的冷库被周围居民所包围，冷库一般都有几吨至十几吨的氨液，确实存在着很大的安全隐患。这类问题，应引起各级政府的重视。建议冷库较多较集中的地方，当地政府应尽量能划出一块冷库专业区域。对搬迁到新区的冷藏企业给予一定的资金扶持。只有这样，此类企业才有"用武之地"。企业得到了进一步发展的空间，周围民众也有了安全感。

实例 3

2008 年夏季的一天，福建省石狮市某冷冻厂扩建更换设备，把一台不用的 4AV - 12.5 压缩机从机房移至露天场地等待处理。几个月后将卖给另一厂家安装使用。因长期存放露天，压缩机机头回气阀前段的截止阀的连接法兰处螺栓严重生锈，准备把阀门拆下来。但因生锈不好卸下来，电焊工就对法兰处的螺栓进行了气割，准备把截止阀卸下来。当切割第二个螺栓时，法兰连接处的氨气突然喷射出来，电焊工躲避不及，虽然戴有眼镜，脸部仍然受伤。原来当时压缩机机头回气阀已关闭，与截止阀之间管道还有部分氨液，因露天长期存放，氨液吸热后压力升高，切割螺栓时电焊工没有打开阀门通大气，并且气割时里面温度和压力继续升高，当法兰松动后，氨气就从松口处喷出来。因该段管道氨的存量不多，才没造成较大的安全事故。

浙江省一些地方也发生过为检修系统氨液分离器、低压循环贮液器时，因为容器内氨、油排放抽空不彻底，在气割或电焊时引起爆炸的事故。希望有关领导和检修人员应从中吸取经验教训。在处理有氨的设备和管道时应谨慎处理。

实例4

1997年10月的某一天，河南省淅川县某肉联的两只液氨钢瓶运到某地去灌氨，回来时由于在午后烈日下曝晒多时，在返回途中又是凹凸不平的土石公路上颠簸碰撞，导致两只氨钢瓶先后发生爆炸，造成1人重伤、5人轻伤的事故。

事后经查，事故的原因一方面是烈日下曝晒，钢瓶内压力升高；另一方面是氨瓶充装过量等原因所致。因此，有使用氨瓶的厂家应十分注意安全，接触的操作人员应懂得安全使用，让此类事故不再重演。

实例5

1982年9月30日，湖北省武汉市某果品冷库建设施工工地，工程为了赶进度，在库房内地面铺贴软木保温层前，用汽油喷灯烘烤涂刷了用汽油配制的冷底子油的地面，这是该很仔细的工作（一般用汽油配制的冷底子油无须烘烤，因汽油很容易挥发，用排风扇吹就行。有的用柴油或煤油配制冷底子油是不对的，很难挥发），结果不慎发生着火。由于操作者是两名刚参加工作5个月的泥瓦工，着火后不知如何采取措施，并且现场根本没有备用任何灭火器材，起火后工人惊慌失措，纷纷用衣服扑打火苗，结果反而使火势越烧越旺，最终导致发生重大火灾。这次重大事故虽然没有造成人员伤亡，但一座当年投资700多万元，并即将建成投产的6000t冷库被烧得面目全非，损失巨大。

新泥瓦工人去做防尘隔热工程，上岗前应经过一定的专业培训及防火教育。现场没配备消防器材，说明领导对预防火灾及对安全生产意识的缺失，应引以为戒。

1983年12月26日，浙江省普陀县某冷冻厂新扩建附属冰库。在施工过程中同样使用汽油配制的冷底子油，而且在施工中采用铝线拉临时线路，以碘钨灯照明，导致操作时碘钨灯因接触不良，局部松动摇晃产生电火花，导致高浓度的汽油蒸气燃烧、爆炸，进而库房倒塌。这次事故造成了2人死亡、2人受重伤、1人受轻伤的重大伤亡事故。这是对安全工作不重视的又一个血的教训。

实例6

2006年，福建省泉州市某在建冷冻厂，由于该冷库保温工程和设备安装同时进行，某天安装队安装顶排管蒸发器时，电焊工的电焊渣掉到一处易燃物上，引起保温材料燃烧，致使冷库的保温等材料全部烧掉（据说该材料阻燃剂配比较少），造成了很大的经济损失，还好没有造成人员伤亡。

冷库安装时发生的火灾，在全国范围内发生得不少，从小库到万吨库都有。冷库安装时往往多工种穿插进行，人员杂，加上管理者经验不足导致事故的多发，应引起一些新建库或维修扩建库领导的重视，做好施工期间的安全防患工作。

实例7

2010年5月16日，吉林省延边朝鲜族自治州敦化市某食品公司冷库，因设备土建基础下沉严重，导致高压贮液器至冷凝器的φ57mm×3.5mm无缝钢管在某一焊接处断裂，造成大量氨液泄漏。事故虽未造成人员伤亡，但经济上受到了很大的损失。制冷系统的设备或支架基础如果出现下沉等异常，应及时采取措施处理，否则往往会拉裂管道。因此，应对一些设备基础经常巡视，确保安全生产。

实例8

福建省泉州市某冷冻厂，一次将制冰池的盐水放掉后进行大修。一名工人拿手提电动砂轮机对锈蚀部分进行除锈，由于电缆局部破损漏电，把该工人击昏倒在制冰池里。还好有其他工人看到，及时把电源闸刀拉掉，该工人只受了点轻伤。

设备维修时漏电造成的事故常见报道，应引起各厂家维修人员的高度重视。应注意，电缆线如果有破损一定要局部包扎好。另外，维修人员一定要穿橡胶工作鞋，不能赤脚或穿拖鞋工作，以杜绝安全事故的发生。

实例9

福建省晋江市某冷冻厂2008年7月的一天，两名工人给客户把100kg的冰块加工成碎冰，因碎冰机爪子分布不够理想，碎冰速度较慢，一位工人就用一脚给冰块加压。因站立不稳，工人摔到碎冰机入口槽，还好另一工人看到及时拉掉电源，但该工人的脚已严重受伤。经及时送医院医治，脚是治好了，但花掉5万多元的医药费。

编者在多个企业看到，在碎冰时工人用脚踩在冰块上加压，有的厂家在碎冰机上加设有支撑扶手较安全，有的厂就没有，相对不够安全。但编者认为，最好还是不要用脚去给冰块加压，选用好的碎冰机才是解决问题的根本办法。

实例10

2013年6月3日6时10分许，位于吉林省长春市宝源丰禽业有限公司主厂房发生特别重大火灾爆炸事故，共造成121人死亡、76人受伤住院、17234m²主厂房内生产设备被损毁，直接经济损失达1.82亿元，间接损失更是无法估计。

1. 基本情况

（1）企业概况　宝源丰禽业有限公司是2008年5月成立的民营企业，现有员工430人，年生产肉鸡36000t。

（2）主厂房建筑情况　主厂房冷库及速冻间大量采用聚苯乙烯夹心板及聚氨酯保温材料，这些实际材料不符合GB 50016—2014《建筑设计防火规范》，也不符合GB 50072—2010《冷库设计规范》的规定。

主厂房电器线路安装敷设不规范，电缆明敷，存在未使用桥架、槽盒、穿管布线的问题。

（3）特种设备及作业人员资质情况　宝源丰公司非法取得了《特种设备使用登记证》，在4名制冷工人员中，有1人所持资格证书属作假取得。

（4）相关单位情况　经查，宝源丰公司工程的设计、施工和监理单位均为挂靠借用资质违法办理工程建设手续。

2. 事故发生经过

当日宝源丰公司计划屠宰加工肉鸡 3.79 万只，当日在车间现场人数 395 人，其中第一、第二车间共 305 人，挂鸡台 20 人，冷库 70 人。

6 时 10 分左右，部分员工发现一车间女更衣室及附近区域上部有烟火，主厂房外面也有人发现主厂房南侧中间部位上层窗户最先冒出黑色浓烟，部分较早发现火情人员进行了扑救，但火势未得到有效控制。火势逐渐在吊顶内由南向北蔓延，同时向下蔓延到整个附属区，并由附属区向北面的主车间、速冻车间和冷库方向蔓延。燃烧产生的高温导致主厂房西北部的 1 号冷库和 1 号螺旋速冻机的供液和回气管道因管内产生高压在最薄弱处破裂，并使氨气泄漏发生物理爆炸，大量的氨气泄漏又介入了燃烧，火势进一步迅速蔓延至主厂房的其他区域。

3. 火灾救援及善后情况

消防部门在第一时间赶到现场，省、市党政主要领导，以及供水、供电等部门的人员参与了事故抢险救援和应急处理，先后调集消防官兵 800 多人、公安干警 300 多人、武警官兵 800 多人、医护人员 150 多人，出动消防车 113 辆、医疗救护车 54 辆，共同参与事故抢险救援和应急处置。在组织施救过程中，共组织开展了 10 次现场搜救，抢救被困人员 25 人，疏散现场及周边群众近 3000 人，火灾在当日 11 时被扑灭。

事后，国家卫生计生委派遣了 18 名国家级专家，52 名省市专家组成的医疗专家组，370 多名医护人员参加治疗。

4. 事故的原因

（1）火灾的直接原因　宝源丰公司主厂房一车间女更衣室西面和毗邻的二车间配电室的上部电器线路短路，引燃周围可燃物。当火势蔓延到氨设备和氨管道区域时，燃烧产生的高温导致氨管道管内产生高压，使某段薄弱处管道破裂并发生氨物理爆炸，大量的氨气泄漏，又介入了燃烧加快了速度。

造成火势迅速蔓延的主要原因如下：

1）氨气泄漏助长了火势，加快了燃烧速度。

2）主厂房内大量使用不合格的保温材料，加快了燃烧速度。

3）更衣间等附属间内的衣柜、衣物、办公用具等可燃物较多。

4）主厂房吊顶内的空间大部分连通，火灾发生后，造成火势由南向北迅速蔓延。

（2）造成重大人员伤亡的主要原因

1）火灾发生时，火势迅速蔓延，保温材料大面积燃烧产生高温有毒烟气，同时伴有泄漏的氨气等毒害物质。

2）主厂房内逃生通道复杂，并且南部主通道西侧安全出口和二车间西侧直通室外的安全出口被销闭，火灾时人员无法及时逃生。

3）主厂房内没有报警装置，部分人员对火灾发生后知晓较晚，加上最先发现火情的人员没有来得及通知二车间等区域的人员疏散，使一些人丧失了最佳的逃生时机。

4）宝源丰公司未对员工进行安全培训，未组织应急疏散演练，员工缺乏逃生自救互救知识和能力。

（3）事故的间接原因

1）法人代表缺少安全第一的认识，重生产，轻安全，如从未对员工安全知识培训和教育、从未组织开展应急演练、安全出口销闭等。

2）工程建设为了少花钱，更改设计，不按照原设计施工。

3）规章制度不健全，没抓执行和落实。从未组织全厂性的安全检查。

4）违规安装布设电器设备和线路，主厂房内电缆明敷，电线未穿安全防护管，埋下了重大事故隐患。

5）2010 年发生多起火灾事故后，公司没有认真吸取教训，未对存在的安全隐患进行整改排除。

6）公安消防部门履行消防监督管理不力。

5. 事故的性质

经调查认定，吉林省长春市宝源丰禽业有限公司"6. 3"特别重大火灾爆炸事故是一起生产安全责任事故。

6. 事故防范措施

要健全制度，强化责任，管理和监督，严格执法，真正把安全生产责任制和安全生产任务措施落实到实处尤其是基层、企业。各级人民政府及有关部门要加强对使用氨气制冷系统企业和用氨单位的监管，加强宣传教育和业务培训，要了解氨的特性，并针对其危害性指定相应的安全操作规程等措施，坚决遏止各类事故，尤其是特大生产安全事故的发生。

实例 11

2013 年 8 月 31 日，上海翁牌冷藏实业有限公司冷库发生严重氨泄漏事故，造成 15 人死亡，7 人重伤，18 人轻伤。

1. 事故经过

事发当天上午近 11 点，约有 24 人在单冻机生产线区域作业，当时氨压缩机操作工人进行热氨融霜作业，因系统操作不慎，导致单冻机回气集管北端管帽（封头）被冲击脱落，产生瞬间氨泄漏。

2. 现场勘查、鉴定及分析情况

管帽与回气集管对接接头焊接处均未见坡口，管帽开口端凹凸不平。断口均为新鲜断痕，整理断口颜色一致，无塑性变形。断口焊缝有明显气孔，从内向外有放射条纹。经断口扫描电镜分析，断口呈河流状解理断裂，符合脆性开裂的特征，未发现疲劳起裂和纤维断口起裂现象。分析表明断裂是瞬时发生的。

3. 情况分析

1）热氨融霜作业时应严格按照技术操作规程要求排除蒸发器内的液氨。当管道内留有一定量的液氨，热氨充入初期，系统内留有的液氨发生急剧汽化和相变引起液锤现象（有压管道中，液体流速发生急剧变化所引起的压强大幅度波动的现象），应力集中于回气集管末端，使管帽（封头）焊缝处的应力快速升高。

2）管帽与回气集管焊接接头存在严重焊接缺陷，导致严重的应力集中，在压力波动过大或者压力瞬间升高极易产生低应力脆断。

3）低碳钢在常温时具有较高的韧性和较强的抵抗断裂的能力，但在低温时则表现出极低的韧性，受冲击极易产生脆性开裂。事发管帽焊缝处的断裂呈现完全脆性开裂，说明断裂时管道处于低温状态。低温脆性再与焊接缺陷处的应力集中相叠加，更易产生脆性断裂。综上分析，由于热氨融霜违规操作和管帽连接焊缝存在严重焊接缺陷，导致焊接接头的低温低应力脆性断裂，致使回气集管管帽脱落，造成氨泄漏。

4. 事故发生的原因

（1）直接原因　操作人员对热氨融霜违规操作，致使存有严重焊接缺陷的单冻机回气集管管帽脱落，造成氨泄漏。

（2）间接原因

1）该公司违规设计、违规施工、违规生产。

2）该公司没有制定单冻机热氨融霜操作规程，热氨融霜违规操作。

3）氨调节站布局不合理，操作人员在热氨融霜控制阀门时，无法同时对融霜的关键计量设备进行监测。

4）安全生产责任制、安全生产规章制度及安全技术操作规程不健全。

5）未按有关法规和国家标准对重大危险源进行辨识。

6）未设置安全警示标识和配备必要的应急救援设备。

7）该公司管理人员及特种作业人员未取证上岗，未对员工进行有针对性的安全教育和培训。

8）擅自安排临时用工，未对临时招用的工人进行安全三级教育，未告知作业场所存在的危险因素。

实例 12

某地某食品批发市场，一次因某货车驾驶人操作不当，在制冷机房外不慎撞断氨气输送管道，发生氨气大量泄漏事故，造成了较大的经济损失，还好没有人员伤亡。

对于室外的制冷设备及管道，应有防止非操作人员或车辆进入危险作业区的措施，对跨通道的制冷管道应尽量提高高度，避免车辆撞击，并应有警示标志。对机房外的贮液器、集油器、油分离器、空气分离器及加氨站等均应设置安全标志及护栏，以免发生此类事故。

实例 13

2005 年 1 月，浙江省舟山某公司已接近完工的在建装配式冷库，由于在处理地坪防水层时因带火作业，不慎点燃了库房墙面装配库板引起大火。在施工现场又没配备有关消防器材，结果 2600m^2 的装配冷库在十几分钟就被烧毁而坍塌。

这是一起因施工作业不慎引起的火灾事故。冷库在施工时发生火灾，此类事故在全国长期来多有发生，各建设方和施工单位人员应加以重视，并做好防火措施。

实例 14

2008 年 1 月 7 日，韩国京畿道利川市某公司的一座在建冷库（地上两层，地下一层，总面积 3.583 万 m²）发生火灾。据消防当局调查，事故的发生点是在地下层的机械室。当时电焊工正在焊接冷气设备的管道。机械室周围凌乱地堆放了许多煤气罐、氨基甲酸酯等易燃物质。几天前在进行墙壁和顶棚隔热层作业时，为了使 10cm 厚的氨基酸酯发泡隔热层能够迅速凝固，施工人员使用了汽油，致使地下室充满了油蒸气。电焊火花与油蒸气相遇，发生了爆炸，并引起了地下室其他易燃物质的连续爆炸和燃烧，7140m² 的地下室里（相当于 4 个足球场大）骤然间充满有毒气体和熊熊烈火，人员来不及逃离，造成在现场的 57 人中有 40 人死亡、17 人受伤住院。

该事故的直接原因是在保温层现场发泡喷涂作业时，安全意识不强，该地下室场所空气不流畅，飘浮在空中的可燃粉尘达到一定的浓度，正遇到交叉作业的电焊火花而发生爆炸并引发火灾。

这起事故也有设计上的原因。我国有关设计规范规定，地下层防火分区最大的不得超过 1500m² 等。

此事故在韩国影响很大，同样也造成极大的经济损失。

附　　录

附录 A　R717 饱和液体及饱和蒸气的热力学性质

温度/℃	压力/kPa	比焓/（kJ/kg）		比熵/［kJ/（kg·K）］		比体积/（L/kg）	
		饱和液体	饱和蒸气	饱和液体	饱和蒸气	饱和液体	饱和蒸气
− 60	21.99	− 69.5330	1373.19	− 0.10909	6.6592	1.4010	4685.08
− 55	30.29	− 47.5062	1382.01	− 0.00717	6.5454	1.4126	3474.22
− 50	41.03	− 25.4342	1390.64	− 0.09264	6.4382	1.4245	2616.51
− 45	54.74	− 3.3020	1399.07	− 0.19049	6.3369	1.4367	1998.91
− 40	72.01	18.9024	1407.26	0.28651	6.2410	1.4493	1547.36
− 35	93.49	41.1883	1415.20	0.38082	6.1501	1.4623	1212.49
− 30	119.90	63.5629	1422.86	0.47351	6.0636	1.4757	960.867
− 28	132.02	72.5387	1425.84	0.51015	6.0302	1.4811	878.100
− 26	145.11	81.5300	1428.76	0.54655	5.9974	1.4867	803.761
− 24	159.22	90.5370	1431.64	0.58272	5.9652	1.4923	736.868
− 22	174.41	99.5600	1434.46	0.61865	5.9336	1.4980	676.570
− 20	190.74	108.599	1437.23	0.65436	5.9025	1.5037	622.122
− 18	208.26	117.656	1439.94	0.68984	5.8720	1.5096	572.875
− 16	277.04	126.726	1442.60	0.72511	5.8420	1.5155	528.257
− 14	274.14	135.820	1445.20	0.76016	5.8125	1.5215	487.769
− 12	268.63	144.929	1447.74	0.79501	5.7835	1.5276	450.971
− 10	291.57	154.056	1450.22	0.82965	5.7550	1.5338	417.477
− 9	303.60	158.628	1451.44	0.84690	5.7409	1.5369	401.860
− 8	316.02	163.204	1452.64	0.86410	5.7269	1.5400	386.944
− 7	328.84	167.785	1453.83	0.88125	5.7131	1.5432	372.692
− 6	342.07	172.371	1455.00	0.89835	5.6993	1.5464	359.071
− 5	355.71	176.962	1456.15	0.91541	5.6856	1.5496	346.046
− 4	369.77	181.559	1457.29	0.93242	5.6721	1.5528	333.589
− 3	384.26	186.161	1458.42	0.94938	5.6586	1.5561	321.670
− 2	399.20	190.768	1459.53	0.96630	5.6453	1.5594	310.263
− 1	414.58	195.381	1460.62	0.98317	5.6320	1.5627	299.340
0	430.43	200.000	1461.70	1.00000	5.6189	1.5660	288.880
1	446.74	204.625	1462.76	1.01679	5.6058	1.5694	278.858
2	463.53	209.256	1463.80	1.03354	5.5929	1.5727	269.253
3	480.81	213.892	1464.83	1.05024	5.5800	1.5762	260.046
4	498.59	218.535	1465.84	1.06691	5.5672	1.5796	251.216
5	516.87	223.185	1466.84	1.08353	5.5545	1.5831	242.745
6	535.67	227.841	1467.82	1.10012	5.5419	1.5866	234.618
7	555.00	232.503	1468.78	1.11667	5.5294	1.5901	226.817
8	574.87	237.172	1469.72	1.13317	5.5170	1.5936	219.326
9	595.28	241.848	1470.64	1.14964	5.5046	1.5972	212.132
10	616.25	246.531	1471.57	1.16607	5.4924	1.6008	205.221
11	637.78	251.221	1472.46	1.18246	5.4802	1.6045	198.580
12	659.89	255.918	1473.34	1.19882	5.4681	1.6081	192.196

（续）

温度/℃	压力/kPa	比焓/（kJ/kg）		比熵/［kJ/（kg·K）］		比体积/（L/kg）	
		饱和液体	饱和蒸气	饱和液体	饱和蒸气	饱和液体	饱和蒸气
13	682.59	260.622	1474.20	1.21515	5.4561	1.6118	186.058
14	705.88	265.334	1475.05	1.23144	5.4441	0.6156	180.154
15	729.29	270.053	1475.88	1.24769	5.4322	1.6193	174.475
16	754.31	274.779	1476.69	1.26391	5.4204	1.6231	169.009
17	779.46	279.513	1477.48	1.28010	5.4087	1.6269	163.748
18	805.25	284.255	1478.25	1.29626	5.3971	1.6308	158.683
19	831.69	289.085	1479.01	1.31238	5.3855	1.6347	153.804
20	858.79	293.762	1479.75	1.32847	5.3740	1.6386	149.106
21	886.57	298.527	1480.48	1.34452	5.3626	1.6426	144.578
22	915.03	303.300	1481.18	1.36055	5.3512	1.6466	140.214
23	944.18	308.084	1481.87	1.37654	5.3399	1.6507	136.006
24	974.03	312.870	1482.53	1.39250	5.3286	1.6547	131.950
25	1004.6	316.667	1483.18	1.40843	5.3175	1.6588	128.037
26	1035.9	322.471	1483.81	1.42433	5.3063	1.6630	124.261
27	1068.0	327.284	1484.42	1.44020	5.2953	1.6672	120.619
28	1100.7	332.104	1485.01	1.45604	5.2843	1.6714	117.103
29	1134.3	336.933	1485.59	1.47185	5.2733	1.6757	113.708
30	1168.6	341.769	1486.14	1.48762	5.2624	1.6800	110.430
31	1203.7	346.614	1486.67	1.50337	5.2516	1.6844	107.263
32	1239.6	351.466	1487.18	1.51908	5.2408	1.6888	104.205
33	1276.3	356.326	1487.66	1.53477	5.2300	1.6932	101.248
34	1313.9	361.195	1488.13	1.55042	5.2193	1.6977	98.3913
35	1352.2	366.072	1488.57	1.56605	5.2086	1.7023	95.6290
36	1391.5	370.957	1488.99	1.58165	5.1980	1.7069	92.9579
37	1431.5	375.851	1489.39	1.59722	5.1874	1.7115	90.3743
38	1472.4	380.754	1489.76	1.61276	5.1768	1.7162	87.8748
39	1514.3	385.666	1490.10	1.62828	5.1663	1.7209	85.4561
40	1557.0	390.587	1490.42	1.64377	5.1558	1.7257	83.1150
41	1600.6	395.519	1490.71	1.65924	5.1453	1.7305	80.8484
42	1645.1	400.462	1490.98	1.67470	5.1349	1.7354	78.6536
43	1690.6	405.416	1491.21	1.69013	5.1244	1.7404	76.5276
44	1737.0	410.382	1491.41	1.70554	5.1140	1.7454	74.4678
45	1784.3	415.362	1491.58	1.72095	5.1036	1.7504	72.4716
46	1832.6	420.358	1491.72	1.73635	5.0932	1.7555	70.5365
47	1881.9	425.369	1491.83	1.75174	5.0827	1.7607	68.6602
48	1932.2	430.399	1491.88	1.76714	5.0723	1.7659	66.8403
49	1983.5	435.450	1491.91	1.78255	5.0618	1.7712	65.0746
50	2035.9	440.523	1491.89	1.79798	5.0514	1.7766	63.3608
51	2089.2	445.623	1491.83	1.18343	5.0409	1.7820	61.6971
52	2143.6	450.751	1491.73	1.82891	5.0303	1.7875	60.0813
53	2199.1	455.913	1491.58	1.84445	5.0198	1.7931	58.5114
54	2255.6	461.112	1491.38	1.86004	5.0092	1.7987	56.9855
55	2313.2	466.353	1491.12	1.87571	4.9985	1.8044	55.5019

附录 B　R22 饱和液体及饱和蒸气的热力学性质

温度/℃	压力/kPa	比焓/（kJ/kg）		比熵/［kJ/（kg·K）］		比体积/（L/kg）	
		饱和液体	饱和蒸气	饱和液体	饱和蒸气	饱和液体	饱和蒸气
−60	37.48	134.763	379.114	0.73254	1.87886	0.68208	537.152
−55	49.47	139.830	381.529	0.75599	1.86389	0.68856	414.827
−50	64.39	144.959	383.921	0.77919	1.85000	0.69526	324.557
−45	82.71	150.153	386.282	0.80216	1.83708	0.70219	256.990
−40	104.95	155.414	388.609	0.82490	1.82504	0.70936	205.745
−35	131.68	160.742	390.896	0.84743	1.81380	0.71680	166.400
−30	163.48	166.140	393.138	0.86976	1.80329	0.72452	135.844
−28	177.76	168.318	394.021	0.87864	1.79927	0.72769	125.563
−26	192.99	170.507	394.896	0.88748	1.79535	0.73092	116.214
−24	209.22	172.708	395.762	0.89630	1.79152	0.73420	107.701
−22	226.48	174.919	396.619	0.90509	1.78779	0.73753	99.9362
−20	244.83	177.142	397.467	0.91386	1.78415	0.74091	92.8432
−18	264.29	179.376	398.305	0.92259	1.78059	0.74436	86.3546
−16	284.93	181.622	399.133	0.93129	1.77711	0.74786	80.4103
−14	306.78	183.878	399.951	0.93997	1.77374	0.75143	74.9572
−12	329.89	186.147	400.759	0.94862	1.77039	0.75506	69.9478
−10	354.30	188.426	401.555	0.95725	1.76713	0.75876	65.3399
−9	367.01	189.571	401.949	0.96155	1.76553	0.76063	63.1743
−8	380.06	190.718	402.341	0.96585	1.76394	0.76253	61.0958
−7	393.47	191.868	402.729	0.97014	1.76237	0.76444	59.0996
−6	407.23	193.021	403.114	0.97442	1.76082	0.76636	57.1820
−5	421.35	194.176	403.496	0.97870	1.75928	0.76831	55.3394
−4	435.84	195.335	403.876	0.98297	1.75775	0.77028	53.5682
−3	450.70	196.497	404.252	0.98724	1.75624	0.77226	51.8653
−2	465.94	197.662	404.626	0.99150	1.75475	0.77427	50.2274
−1	481.57	198.828	404.994	0.99575	1.75326	0.77629	48.6517
0	497.59	200.000	405.361	1.00000	1.75279	0.77834	47.1354
1	514.01	201.174	405.724	1.00424	1.75034	0.78041	45.6757
2	530.83	202.351	406.084	1.00848	1.74889	0.78249	44.2702
3	548.06	203.530	406.440	1.01271	1.74746	0.78460	42.9166
4	565.71	204.713	406.793	1.01694	1.74604	0.78673	41.6124
5	583.78	205.899	407.143	1.02116	1.74463	0.78889	40.3556
6	602.28	207.089	407.489	1.02537	1.74324	0.79107	39.1441
7	621.22	208.281	407.831	1.02958	1.74185	0.79327	37.9759
8	640.59	209.477	408.169	1.03379	1.74047	0.79549	36.8493
9	660.42	210.675	408.504	1.03799	1.73911	0.79775	35.7624
10	680.70	211.877	408.835	1.04218	1.73775	0.80002	34.7136
11	701.44	213.083	409.162	1.04637	1.73640	0.80232	33.7013
12	722.65	214.291	409.485	1.05056	1.73506	0.80465	32.7239
13	744.33	214.503	409.804	1.05474	1.73373	0.80701	31.7801
14	766.50	216.719	410.119	1.05892	1.73241	0.80939	30.8683
15	789.15	217.937	410.430	1.06309	1.73109	0.81180	29.9874
16	812.29	219.160	410.736	1.06726	1.72978	0.81424	29.1361
17	835.93	220.386	411.038	1.07142	1.72848	0.81671	28.3131
18	860.08	221.615	411.336	1.07559	1.72719	0.81922	27.5173

（续）

温度/℃	压力/kPa	比焓/（kJ/kg）		比熵/［kJ/（kg·K）］		比体积/（L/kg）	
		饱和液体	饱和蒸气	饱和液体	饱和蒸气	饱和液体	饱和蒸气
19	884.75	222.848	411.629	1.07974	1.72590	0.82175	26.7477
20	909.93	224.084	411.918	1.08390	1.72462	0.82431	26.0032
21	935.64	225.324	412.202	1.08805	1.72334	0.82691	25.2829
22	961.89	226.568	412.481	1.09220	1.72206	0.82954	24.5857
23	988.67	227.816	412.755	1.09634	1.72080	0.83221	23.9107
24	1016.0	229.068	413.025	1.10048	1.71953	0.83491	23.2572
25	1043.9	230.324	413.289	1.10462	1.71827	0.83765	22.6242
26	1072.3	231.583	413.548	1.10876	1.71701	0.84043	22.0111
27	1101.4	232.847	413.802	1.11290	1.71576	0.84324	21.4169
28	1130.9	234.115	414.050	1.11703	1.71450	0.84610	20.8411
29	1161.1	235.387	414.293	1.12116	1.71325	0.84899	20.2829
30	1191.9	236.664	414.530	1.12530	1.71200	0.85193	19.7417
31	1223.2	237.944	414.762	1.12943	1.71075	0.85491	19.2168
32	1255.2	239.230	414.987	1.13355	1.70950	0.85793	18.7076
33	1287.8	240.520	415.207	1.13768	1.70826	0.86101	18.2135
34	1321.0	241.814	415.420	1.14181	1.70701	0.86412	17.7341
35	1354.8	243.114	415.627	1.14594	1.70576	0.86729	17.2686
36	1389.2	244.418	415.828	1.15007	1.70450	0.87051	16.8468
37	1424.3	245.727	416.021	1.15420	1.70325	0.87378	16.3779
38	1460.1	247.041	416.208	1.15833	1.70199	0.87710	15.9517
39	1496.5	248.361	416.388	1.16246	1.70073	0.88048	15.5375
40	1533.5	249.686	416.561	1.16659	1.69946	0.88392	15.1351
41	1571.2	251.016	416.726	1.17073	1.69819	0.88741	14.7436
42	1609.6	252.352	416.883	1.17486	1.69692	0.89097	14.3636
43	1648.7	253.694	417.033	1.17900	1.69564	0.89459	13.9938
44	1688.5	255.042	417.174	1.18315	1.69435	0.89828	13.6341
45	1729.0	256.396	417.308	1.18730	1.69305	0.90203	13.2841
46	1770.2	257.756	417.432	1.19145	1.69174	0.90586	12.9436
47	1812.1	259.123	417.458	1.19560	1.69043	0.90976	12.6122
48	1854.8	260.497	417.655	1.19977	1.68911	0.91374	12.2895
49	1898.2	261.877	417.752	1.20393	1.68777	0.91779	11.9753
50	1942.3	263.264	417.838	1.20811	1.68643	0.92193	11.6693
52	2032.8	266.062	417.983	1.21648	1.68370	0.93047	11.0806
54	2126.5	268.891	418.083	1.22489	1.68091	0.93939	10.5214
56	2223.2	271.754	418.137	1.23333	1.67805	0.94872	9.98952
58	2323.2	274.654	418.141	1.24183	1.67511	0.95850	9.48319
60	2426.6	277.594	418.089	1.25038	1.67208	0.96878	9.00062
62	2533.3	280.577	417.978	1.25899	1.66895	0.97960	8.54016
64	2643.5	283.607	417.802	1.26768	1.66570	0.99104	8.10023
66	2757.3	286.690	417.553	1.27647	1.66231	1.00317	7.67934
68	2874.7	289.832	417.226	1.28535	1.65876	1.01608	7.27605
70	2995.9	293.038	416.809	1.29436	1.65504	1.02987	6.88899
75	3316.1	301.399	415.299	1.31758	1.64472	1.06916	5.98334
80	3662.3	310.424	412.898	1.34223	1.63239	1.11810	5.14862
85	4036.8	320.505	409.101	1.36936	1.61673	1.18328	4.35815
90	4442.5	332.616	102.653	1.40155	1.59440	1.28230	3.56440
95	4883.5	351.767	386.708	1.45222	1.54712	1.52064	2.55133

附录 C　　R502 饱和液体及饱和蒸气的热力学性质

温度/℃	压力/kPa	比焓/（kJ/kg）		比熵/［kJ/（kg·K）］		比体积/（L/kg）	
		饱和液体	饱和蒸气	饱和液体	饱和蒸气	饱和液体	饱和蒸气
-40	129.64	158.085	328.147	0.83570	1.56512	0.68307	127.687
-30	197.86	167.883	333.027	0.87665	1.55583	0.69890	85.7699
-25	241.00	172.959	335.415	0.89719	1.55187	0.70733	71.1552
-20	291.01	178.149	337.762	0.91775	1.54826	0.71615	59.4614
-15	348.55	183.452	340.063	0.93833	1.54500	0.72538	50.0230
-10	414.30	188.864	342.313	0.95891	1.54203	0.73509	42.3423
-8	443.04	191.058	343.197	0.96714	1.54092	0.73911	39.6747
-6	473.26	193.269	344.071	0.97536	1.53985	0.74323	37.2074
-4	504.98	195.497	344.936	0.98358	1.53881	0.74743	34.9228
-2	538.26	197.740	345.791	0.99179	1.53780	0.74172	32.8049
0	573.13	200.000	346.634	1.00000	1.53683	0.75612	30.8393
1	591.18	201.136	347.052	1.00410	1.53635	0.75836	29.9095
2	609.65	202.275	347.467	1.00820	1.53588	0.76062	29.0131
3	628.54	203.419	347.879	1.01229	1.53542	0.76291	28.1485
4	647.86	204.566	348.288	1.01639	1.53496	0.76523	27.3145
5	667.61	205.717	348.693	1.02048	1.53451	0.76758	26.5097
6	687.80	206.872	349.096	1.02457	1.53406	0.76996	25.7330
7	708.43	208.031	349.496	1.02866	1.53362	0.77237	24.9831
8	729.51	209.193	349.892	1.03274	1.53318	0.77481	24.2589
9	751.05	210.359	350.285	1.03682	1.53275	0.77728	23.5593
10	773.05	211.529	350.675	1.04090	1.53232	0.77978	22.8835
11	795.52	212.703	351.062	1.04497	1.53190	0.78232	22.2303
12	818.46	213.880	351.444	1.04905	1.53147	0.78489	21.5989
13	841.87	215.061	351.824	1.05311	1.53106	0.78750	20.9883
14	865.78	216.245	352.199	1.05718	1.53064	0.79014	20.3979
15	890.17	217.433	352.571	1.06124	1.53023	0.79282	19.8266
16	915.06	218.624	352.939	1.06530	1.52982	0.79555	19.2739
17	940.45	219.820	353.303	1.06936	1.52941	0.79831	18.7389
18	966.35	221.018	353.663	1.07341	1.52900	0.80111	18.2210
19	992.76	222.220	354.019	1.07746	1.52859	0.80395	17.7194
20	1019.7	223.426	354.370	1.08151	1.52819	0.80684	17.2336
21	1047.1	224.635	354.717	1.08555	1.52778	0.80978	16.7630
22	1075.1	225.858	355.060	1.08959	1.52737	0.81276	16.3069
23	1103.7	227.064	355.398	1.09362	1.52697	0.81579	15.8649
24	1132.7	228.284	355.732	1.09766	1.52656	0.81887	15.4363
25	1162.3	229.506	356.061	1.10168	1.52615	0.82200	15.0207
26.	1192.5	230.734	356.385	1.10571	1.52573	0.82518	14.6175
27	1223.2	231.964	356.703	1.10973	1.52532	0.82842	14.2263
28	1254.6	233.198	357.017	1.11375	1.52490	0.83171	13.8468
29	1286.4	234.436	357.325	1.11776	1.52448	0.83507	13.4783
30	1318.9	235.677	357.628	1.12177	1.52405	0.83848	13.1205

（续）

温度/℃	压力/kPa	比焓/（kJ/kg）		比熵/［kJ/（kg·K）］		比体积/（L/kg）	
		饱和液体	饱和蒸气	饱和液体	饱和蒸气	饱和液体	饱和蒸气
32	1385.6	238.170	358.216	1.12978	1.52318	0.84551	12.4356
34	1454.7	240.677	358.780	1.13778	1.52229	0.85282	11.7889
36	1526.2	243.200	359.318	1.14577	1.52137	0.86042	11.1778
38	1600.3	245.739	359.828	1.45375	1.52042	0.86834	10.5996
40	1677.0	248.295	360.309	1.16172	1.51943	0.87662	10.0521
45	1880.3	254.762	361.367	1.18164	1.51672	0.89908	8.80325
50	2101.3	261.361	362.180	1.20159	1.51358	0.92465	7.70220
55	2341.1	268.128	362.684	1.22168	1.50983	0.95430	6.72295
60	2601.4	275.130	362.780	1.24209	1.50518	0.98962	5.84240
70	3194.8	290.465	360.952	1.28562	1.49103	1.09069	4.28602
80	3900.4	316.822	350.672	1.34730	1.45448	1.34203	2.70616

附录 D　氯化钠水溶液的热物理性质

相对密度（15℃）	波美度（15℃）	溶液的含盐量（质量分数,%）	100 质量份水中所加盐的质量份	凝固点/℃	溶液的比热容/［kcal/（kg·℃）］			
					-20℃	-10℃	0℃	+10℃
1.00	0.1	0.1	0.1	0.0	—	—	1.001	0.999
1.01	1.6	1.5	1.5	-0.9	—	—	0.973	0.975
1.02	3.0	2.9	3.0	-1.8	—	—	0.956	0.959
1.03	4.3	4.3	4.5	-2.6	—	—	0.941	0.945
1.04	5.7	5.6	5.9	-3.5	—	—	0.927	0.931
1.05	7.0	7.0	7.5	-4.4	—	—	0.914	0.917
1.06	8.3	8.3	9.0	-5.4	—	—	0.901	0.904
1.07	9.6	9.6	10.6	-6.4	—	—	0.889	0.892
1.08	10.8	11.0	12.3	-7.5	—	—	0.878	0.881
1.09	12.0	12.3	14.0	-8.6	—	—	0.867	0.870
1.10	13.2	13.6	15.7	-9.8	—	0.855	0.857	0.860
1.11	14.4	14.8	17.5	-11.0	—	0.845	0.848	0.850
1.12	15.6	16.2	19.3	-12.2	—	0.836	0.839	0.841
1.13	16.7	17.5	21.2	-13.6	—	0.828	0.830	0.832
1.14	17.8	18.8	23.1	-15.1	—	0.819	0.822	0.824
1.15	18.9	20.0	25.0	-16.0	—	0.811	0.814	0.816
1.16	20.0	21.2	26.9	-18.2	—	0.803	0.805	0.808
1.17	21.1	22.4	29.0	-20.2	0.793	0.796	0.798	0.800
1.175	21.6	23.1	30.1	-21.2	0.790	0.792	0.794	0.796
1.18	22.1	23.7	31.1	-17.2	—	0.789	0.791	0.793
1.19	23.1	24.9	33.1	-9.5	—	—	0.784	0.786
1.20	24.2	26.1	35.3	-1.7	—	—	0.778	0.779
1.203	24.4	16.3	35.7	0.0	—	—	0.776	0.778

注：1kcal/（kg·℃）＝4186.8J/（kg·℃）。

附录 E　氯化钙水溶液的热物理性质

相对密度 （15℃）	波美度 （15℃）	溶液的含盐量 （质量分数,%）	100 质量份水中 所加盐的质量份	凝固点 /℃	溶液的比热容/［kcal/（kg·℃）］				
					−40℃	−30℃	−20℃	−10℃	0℃
1.00	0.1	0.1	0.1	0.0	—	—	—	—	1.003
1.01	1.6	1.3	1.3	−0.6	—	—	—	—	0.986
1.02	3.0	2.5	2.6	−1.2	—	—	—	—	0.938
1.03	4.3	3.6	3.7	−1.8	—	—	—	—	0.950
1.04	5.7	4.8	5.0	−2.4	—	—	—	—	0.932
1.05	7.0	5.9	6.3	−3.0	—	—	—	—	0.915
1.03	8.3	7.1	7.6	−3.7	—	—	—	—	0.899
1.07	9.6	8.3	9.0	−4.4	—	—	—	—	0.882
1.08	10.8	9.4	10.4	−5.2	—	—	—	—	0.866
1.09	12.0	10.5	11.7	−6.1	—	—	—	—	0.851
1.10	13.2	11.5	13.0	−7.1	—	—	—	—	0.836
1.11	14.4	12.6	14.4	−8.1	—	—	—	—	0.822
1.12	15.6	13.7	15.9	−9.1	—	—	—	—	0.808
1.13	16.7	14.7	17.3	−10.2	—	—	—	0.789	0.795
1.14	17.8	15.8	18.8	−11.4	—	—	—	0.776	0.782
1.15	18.9	16.8	20.2	−12.7	—	—	—	0.764	0.770
1.16	20.0	17.8	21.7	−14.2	—	—	—	0.753	0.759
1.17	21.1	18.9	23.3	−15.7	—	—	—	0.742	0.747
1.18	22.1	19.9	24.9	−17.4	—	—	—	0.731	0.737
1.19	23.1	20.9	26.5	−19.2	—	—	—	0.721	0.727
1.20	24.2	21.9	28.0	−21.2	—	—	0.705	0.711	0.717
1.21	25.1	22.8	29.6	−23.3	—	—	0.696	0.702	0.708
1.22	26.1	23.8	31.2	−25.7	—	—	0.688	0.694	0.700
1.23	27.1	24.7	32.9	−28.6	—	—	0.680	0.686	0.692
1.24	28.0	25.7	34.6	−31.2	—	0.667	0.673	0.679	0.685
1.25	29.0	26.6	36.2	−34.6	—	0.660	0.666	0.672	0.678
1.26	29.9	27.5	37.9	−38.6	0.663	0.653	0.659	0.665	0.671
1.27	30.8	28.4	39.7	−43.6	0.640	0.646	0.642	0.658	0.664
1.28	31.7	29.4	41.6	−50.1	0.634	0.640	0.646	0.652	0.658
1.29	32.5	30.3	43.5	−50.6	—	0.633	0.639	0.645	0.651
1.30	33.4	31.2	45.4	−41.6	—	0.629	0.633	0.639	0.645
1.31	34.2	32.1	47.3	−33.9	—	0.620	0.626	0.633	0.639
1.32	35.1	33.0	49.3	−27.1	—	—	0.620	0.627	0.633
1.33	35.9	33.9	51.3	−21.2	—	—	0.614	0.626	0.627
1.34	36.7	34.7	53.2	−15.5	—	—	—	0.615	0.621
1.35	37.5	35.6	55.3	−10.2	—	—	—	0.609	0.616
1.36	38.3	36.4	57.4	−5.1	—	—	—	—	0.615
1.37	39.1	37.3	59.5	0.0	—	—	—	—	0.604

注：1kcal/（kg·℃）=4186.8J/（kg·℃）。

附录 F　冷库节能运行技术规范（SB/T 11091—2014）

1　范围

本标准规定了冷库节能运行技术规范的基本要求、冷库建筑的节能要求、制冷系统运行中的节能操作调节、制冷设备运行中的节能调节和制冷系统与设备维护的节能操作等要求。

本标准适用于 500m³ 以上的冷库。

2　规范引用文件（略）

3　术语和定义（略）

4　基本要求

4.1　能源管理系统

4.1.1　冷库企业应建立相应的能源管理制度，组织机构、管理职责、制定相关的企业规章应符合 GB/T 15587—2008 的规定。

4.1.2　冷库企业配备的能源计量器具，建立的能源计量管理制度应符合 GB 17167—2006 的要求。

4.1.3　冷库企业对主要耗能设备和工序的实际用能、单位产品能源消耗进行分项计量、统计和核算应符合 GB/T 2589—2008、GB/T 12723—2013 的规定。

4.2　人员管理

4.2.1　冷库企业应按 GB 28009—2011、GB/T 30134—2013 的要求配备操作、管理人员，并确保操作、管理人员具备节能操作基础知识与安全、环保意识。

4.2.2　冷库企业应加强对管理和操作人员的培训考核，并建立考核资料档案。

4.3　操作管理规章制度

4.3.1　冷库企业应建立制冷系统和设备操作规程，并结合系统特点，制定节能运行规程。

4.3.2　制冷机房应有制冷系统的日常运行记录和能耗记录。

4.3.3　冷库企业应对制冷系统的运行状况、设备的完好程度、能耗状况、节能改进措施等进行季度、年度运行分析和评价，并形成书面文件。

4.3.4　冷库企业对于制冷系统节能改造、局部扩建、改建等工程项目，在实施前宜对实施结果予以量化约束，明确实施结果。

4.3.5　冷库企业宜建立能源管理、安全生产和节能激励奖惩制度。

4.4　技术资料管理

4.4.1　制冷系统的设计、施工、调试、验收、检测、设备维修、生产流程及各种设备资料等技术文件应当完整并保存。

4.4.2　机房运行管理及节能运行等记录应齐全，包括主要设备运行记录、运行值班记录、交接班记录、维护保养记录等。原始记录应准确、清楚，并符合相关管理制度的要求，且保存完好。运行记录应长期保存。

4.4.3　应妥善保管设备和系统事故分析及其处理记录、设备和系统部件的大修和更换情况记录、年度运行分析和总结等资料。资料记录应长期保存。

4.4.4　采用计算机集中控制的系统，可用定期打印汇总报表和数据数字化储存的方式记录、保存运行原始资料。

5　冷库建筑的节能要求

5.1　围护结构

5.1.1　冷库建筑的隔热结构和性能应符合国家标准 GB 50072—2010 的规定，冷库隔热结构面积热流量应采用小的推荐值（7～9W/m²）。

5.1.2　对于户外装配式冷库，屋面和外墙应采用减少太阳辐射热及防止雨淋的措施。

5.2　减少门洞及通风换气的冷量损耗

5.2.1　冷藏间（包括冻结物冷藏和冷却物冷藏）门应设置风幕和门帘等，冻结物冷藏间货物进出口宜设缓冲间，以减少湿热空气对流进入冷库。

5.2.2　冷藏门应做到及时关闭。货物进出频繁的冷藏门，应有自动装置。

5.2.3　冷藏门应保持密封完好。冷藏门的防冻结电加热丝，并根据不同的使用温度配置合适的功率。

5.2.4　需要通风换气的冷却物冷藏间，应根据不同情况，制定相应的合理换气时间和换气频率/周期。

5.2.5　冻结物冷藏库宜设置低温穿堂。

5.3　减少冷间内部的热负荷

5.3.1　冷间内应合理配置用电设备。内部空间的发热设备应采用合理的启停控制。

5.3.2　冷间照明应选用节能灯（如 LED 节能灯等），灯具应防尘防水。

5.3.3　冷间内部照明应采用合理的节能控制方式。照明线路应按区域进行分区控制，灯具宜采用自动控制方式（例如感应开关等）。

5.3.4　合理调配库内作业流程，提高作业效率，减少操作热负荷。

6　制冷系统运行中的节能操作调节

6.1　制冷系统节能运行的操作原则

6.1.1　根据生产工艺要求，以及制冷系统和设备的实际运行情况，制定各种制冷设备的最高效率运行参数，明确允许波动的范围，提高运行效率。

6.1.2　科学地组织生产，合理配置运行的制冷设备。

6.1.3　对制冷机应有计划或者定期进行维护检修，确保机器处于良好的技术状态。制冷装置中的相关附属设备，应进行定期维护工作，保证所有设备和设施随时能够正常运行使用。

6.1.4　有计划地对企业现有设备进行挖潜、改造和更新，及时采用新技术、新工艺，提高能源利用率。

6.1.5　制冷系统的运行宜采用自动控制。

6.2　减小制冷循环的温差

6.2.1　控制合理的蒸发温度

6.2.1.1　设定的蒸发温度应符合被冷却对象的工艺要求（不影响产品质量）和安全，并尽量提高蒸发温度（蒸发压力）。对于制冷负荷温度变化大的系统，宜分时段合理提高蒸发温度。

6.2.1.2　对于蒸发器采用冷风机的制冷系统，蒸发压力（蒸发温度）的控制值，应根据压缩机功率与蒸发器风机功率之和的最小值来确定。

6.2.2　降低冷凝温度（冷凝压力）

制冷系统运行应尽量降低冷凝温度（压力）。但冬季运行时，对氨系统冷凝压力不宜低于 0.8MPa，防止系统的运行出现不稳定。

6.3　制冷装置增加夜间运行时间的节能操作

6.3.1　操作中应设法增加夜间运行的时间，以降低冷凝温度，降低能耗和运营成本。

6.3.2　冷库可利用冷藏物品蓄冷，采取避峰就谷节能运行模式。但利用峰谷电价运行的冷库，其库温的波动应符合货物冷藏工艺的要求。

6.4　冷却过程和冻结过程中的节能

6.4.1　在冻结加工过程中，宜按制冷性能系数最大原则，人工或自动调配制冷压缩机的运行模式。

6.4.2　货物堆码应符合 GB/T 30134—2013 的要求。

6.4.3　冷库企业应加强节水管理，不应直接采用地下水一次冷却，不应将除霜水直接排放。

6.5　间接制冷（采用载冷剂）的制冷系统的节能调节

6.5.1　应注意调节载冷剂的流量，使之处于所需要的最低流量。宜采用变流量（变频调速）泵。

6.5.2　在满足制冷工艺要求下，应采用黏度小、密度低的载冷剂。

7　制冷设备运行中的节能调节

7.1　压缩机运行中节能调节

7.1.1　合理选配投入运行的压缩机。应根据被冷却对象的热负荷，合理选配投入运行的压缩机台数，使压缩机的制冷量与（库房）蒸发器的负荷相匹配。机房操作人员应熟悉每台压缩机的制冷能力及随工况变化的规律，并及时予以调节。

7.1.2　投入运行的压缩机台数应尽可能少。多台压缩机并联系统的运行应尽量以压缩机的台数为能量调节单元，使每台压缩机处于高能效比运行状态。应采用压缩机（机组）容量的大小搭配（或组合），针对负荷变化投入相应的容量组合。压缩机宜采用模块化自动能级运行方式。

7.1.3　多台压缩机并联的制冷系统宜将其中一台配置变速调节，在低负荷时用该压缩机变速调节来满足系统冷量的需要。

7.1.4　采用双级压缩制冷系统时，应控制调节中间压力，使其在最佳中间压力状态运行。

7.1.5　内容积比可调的螺杆式压缩机，应根据工作压力和制造厂推荐值及时调节内容积比。内容积比无法调节的螺杆式压缩机，应根据常年运行频率最高的实际工况，选配合适内容积比的滑阀。

7.1.6　压缩机的油压、油温应根据产品要求控制在合理范围，防止出现油压油温过高。

7.1.7　对于带经济器的螺杆式压缩机，应保证经济器始终工作，并合理调节其供液量，使系统运行在最佳状态。

7.2　冷凝系统运行中的节能调节

7.2.1　在制冷系统处于低负荷运行时，冷凝系统的水泵和风机应根据冷凝压力和环境温度变化，按照系统（包括压缩机、水泵和风机等）消耗的总电能最少的原则进行调节。

7.2.2　对于冷凝负荷变化较大的制冷系统，特别是配置一台蒸发式冷凝器的系统，蒸发式冷凝器宜采用变频调速风机。

7.3　蒸发器运行中的节能调节

根据冷间的负荷，冷间温度与蒸发温度的温差应控制在较小范围。

7.4　制冷系统中水泵和风机的节能调节

7.4.1　制冷系统处于部分负荷时，对水泵、风机应考虑采用节能调节措施，如台数控制、双速电动机、变速装置等，不应采用节流、旁通方式调节。

7.4.2　风机、水泵的特性应与管网总特性相匹配，保证其运行工况点在制造厂规定范围内。

7.5　冷凝器和油冷却器的热回收

冷凝器和压缩机的油冷却器排放的低品位热能宜回收利用。

7.6　系统中的容器设备和管道

7.6.1　系统中有液位控制要求的设备，如低压循环桶、中间冷却器等，应采用液位控制器进行自动供液。

7.6.2　各制冷剂容器，如满液式蒸发器、中间冷却器和过冷换热器，应及时调节其液面处于正常液位。

7.6.3　对吸气管路进行压力控制时，宜采用气动或者电动控制元件，减少吸气管路上的压力损失。

7.7　变压器和电动机的节能运行

7.7.1　变压器的经济运行应按照 GB/T 13462—2008 的规定执行。

7.7.2　企业应在负荷侧合理配置集中和/或就地无功补偿设备，保证功率因数不低于 0.90。

7.7.3　对于 50kW 及以上的电动机，应单独配置电压表、电流表、有功电能表等计量仪表。

7.7.4　三相异步电动机的经济运行应按照 GB/T 12497—2006 的规定执行。当电动机运行时输入电流比额定电流下降超过 35% 时，应采取措施提高电动机运行效率。

7.7.5　设备配置的电动机应优先选用高效节能电动机。

8　制冷系统与设备维护的节能操作

8.1　蒸发器的除霜

8.1.1　冻结物冷藏间的蒸发排管宜采用人工扫霜，每年应至少进行 2 次制冷剂热气融霜；冷风机应根据结霜情况，及时融霜。

8.1.2　冻结间搁架式排管每次冻结后应进行制冷剂热气融霜及人工除霜。

8.1.3　冻结间冷风机，应及时融霜，以提高后续冷冻加工效率。

8.1.4　冷藏间冻品宜采用良好的包装，以减缓蒸发器结霜速度。

8.1.5　蒸发器的除霜宜优先采用制冷剂热气除霜，以提升系统能效。

8.2　冷凝器的维护

8.2.1　对于水冷式冷凝器，应根据水质的情况，定期清除水垢。水垢厚度不宜超过 1.5mm。

8.2.2　对于蒸发式冷凝器，应定期检查喷嘴（喷孔）的畅通，保证水均匀喷洒。要求水质良好，定期排污放水和保持水盘清洁，必要时应定期进行水质处理。对于带传动的风机，应定期检验 V 带的张力和带轮轴心的偏移，保证风机和水泵的正常运行。

8.2.3　对于风冷式冷凝器，应根据使用情况，定期冲洗或者吹除传热表面的灰尘污垢，保持传热面的清洁。尽可能遮蔽冷凝器，防止阳光照射。注意保持冷凝器进风、排风口的畅通无阻。保证风机运行正常。

8.3　制冷系统不凝性气体的排除

制冷系统应设置空气分离器，及时排除系统中的不凝性气体。空气分离器宜采用自动型。

8.4　制冷系统中油的分离

氨制冷系统应定期对系统进行放油操作。冷冻油应回收，经再生处理合格后，方可再利用。

8.5　制冷系统中水的排除

氨制冷系统充注的液氨制冷剂，含水量不应超过 0.2%。氟利昂制冷系统必须设置干燥过滤器，排除系统中的水。

8.6　冷却水的水质控制

循环冷却水应采取除垢、防腐及水质稳定的处理措施。

8.7　制冷机组的维护

8.7.1　根据设备制造商的使用说明书的规定，对制冷压缩机组定期维护保养。

8.7.2　制冷机组的相关仪器，包括压力表、温度计、液压计等应定期校验。校验应由具有资质的质检部门进行。

8.7.3　制冷机组的保护装置，包括安全阀、高低压保护装置、低温防冻保护、电动机过电流保护、排气温度保护、油压差保护等应按使用说明的规定及质检要求进行定期检测维护和更换。

8.8　其他设备与设施的维护

8.8.1　主要设备、自动控制装置和计量仪表应定期检验、标定和维护。

8.8.2　设备、阀门和管道的表面应保持整洁，无锈蚀，无跑、冒、滴、漏现象。

8.8.3　制冷设备、水泵和风机等设备的基础应稳固，传动装置运转应正常，轴承润滑良好，无过热现象，轴封密封良好，无异常声音或振动现象。

8.8.4　应定期检查制冷设备和管道系统的制冷剂泄漏。有报警装置的应定期检测和维护，与通风系统连锁的应保证联动正常，保证系统安全、正常的工作。

8.8.5　应定期检查安全防护用具/物品（如防毒器具、抢救药品等应急物品），保证随时处于可用有效的状态。

8.9　管道和容器隔热层的维护

应经常检查制冷系统的隔热层，发现问题应及时维修更换。其检查项目如下：

1）在管道或系统部件进行维修工作时，所损坏的隔热层。

2）车辆通行和设备操作不当时，所损坏的隔热层。

3）管道和容器表面的冰霜。

4）管道和容器损坏的隔气层。

5）暴露的法兰和阀门配件（可见到凝结水或冰）。

6）损坏的隔热层及其保护层。

附录G　氨制冷系统安装工程施工及验收规范（SBJ 12—2011）

1　总则

1.0.1　为确保氨制冷系统安装工程的安装质量和安全运行，促进安装技术的进步，特制定本规范。

1.0.2　本规范适用于以氨为工作介质，设计压力不大于2MPa，工作温度高于-50℃氨制冷系统安装工程的施工及验收。包括以氨（NH_3）为制冷剂，以及以氨为制冷剂、以氯化钠（钙）水溶液、乙二醇水溶液等为载冷剂的各类制冷装置的氨制冷系统安装工程。

1.0.3　氨制冷系统的安装必须按工程设计文件进行施工。如果有修改，必须经原设计单位确认，并经建设单位同意。

1.0.4　现场组装的机器或设备，应按其制造厂的技术文件和相关标准的规定施行，质量标准不得低于本规范的规定。

1.0.5　氨制冷系统用制冷机器和设备、管道、阀门、自控元件、仪表、管件及涂料、绝热材料等必须具备生产厂家的产品合格证书，其各项指标必须符合设计文件的要求及现行国家标准的有关规定。

1.0.6　氨制冷系统的安装应按本规范各章节规定的内容进行质量检查，并填写相应的质量检查单，由施工方质检人员和监理方质检人员共同签字确认。

1.0.7　施工单位应制定出施工现场消防制度及应急预案，颁布施工现场用火工作审批程序。

1.0.8　氨制冷系统安装工程施工及验收，除应执行本规范规定外，尚应符合国家现行的有关标准，规范的规定。

2　制冷设备的安装

2.1　一般规定

2.1.1　本章适用于以活塞式、螺杆式、回转式氨制冷压缩机为主机的制冷设备、制冷辅助设备的安装。

2.1.2　氨制冷系统所采用的制冷设备及阀门、压力表等必须采用氨专用产品。

2.1.3　制冷设备安装时，配制与制冷剂接触的零件，不得采用铜和铜合金材料（磷青铜除外）。法兰、螺纹等连结处的密封材料，应选用耐油橡胶石棉板、聚四氟乙烯膜、氯丁橡胶密封液等。

2.1.4　制冷设备基础应按设计文件的要求制作，并应符合现行国家标准GB 50231—2009《机械设备安装工程施工及验收通用规范》的有关规定。

2.2　制冷压缩机及制冷压缩机组的安装

2.2.1　本节适用于带有公共底座整体出厂的活塞式制冷压缩机及制冷压缩机组的安装，以及带有公共底座的螺杆式制冷压缩机组的安装。

2.2.2　制冷压缩机及制冷压缩机组的安装应符合现行国家标准 GB 50274—2010《制冷设备、空气分离设备安装工程施工及验收规范》的有关规定。

2.3　辅助设备的安装

2.3.1　制冷系统的辅助设备，如冷凝器、蒸发器、贮液器、辅助贮液器、中间冷却器、经济器、油分离器、空气分离器、氨液分离器、集油器、低压循环贮液器、氨液循环泵组、氨泵等，就位前应检查其基础及地脚螺栓孔的位置、应符合设计文件中设备管道接口的方向；对于氨液分离器等吊挂式设备，吊装前应检查其支、吊点的位置是否符合设计文件的要求。

2.3.2　制冷辅助设备安装前，应进行单体吹污，吹污可用0.8MPa（表压）的干燥压缩空气进行，次数不应少于3次，直至无污物排出为止。

2.3.3　辅助设备安装前，还应进行单体气密性试验，其试验压力应按设计文件和设备技术文件的规定进行。本项单体气密性试验，可同设备单体吹污结合进行。

2.3.4　无特殊要求的卧式辅助设备安装，其水平偏差和立式辅助设备安装的铅垂度偏差均不宜大于1/1000。

2.3.5　带有油包或放油口的卧式制冷辅助设备如：贮液器、卧式蒸发器等设备的安装，应以2/1000的坡度坡向油包或放油口一方。

2.3.6　四重管式空气分离器应水平安装，其氨液进口端应高于另一端，坡度应控制在2%。

2.3.7　安装在常温环境下的低温制冷辅助设备，其支座下应增设硬质垫木，垫木应预先进行防腐处理，垫木的厚度应按设计文件的要求确定。

2.3.8　氨泵的安装，除应符合现行国家标准 GB 50275—2010《压缩机、风机、泵安装工程施工及验收规范》的有关规定外，还应符合下列要求：

1）氨泵泵体的水平轴线的标高，应低于低压循环贮液器内最低液面的标高，其间距应符合设计文件和氨泵技术文件的规定。

2）氨泵进液管道上应尽量减少弯头，必须使用弯头时，其弯曲半径应尽量大，氨泵进出液管道上应严格避免形成"液囊"或"气袋"。

3）氨泵进液管上的过滤器安装位置应尽量靠近氨泵泵体。

2.4　现场组装及现场制作的制冷辅助设备、冻结装置安装

2.4.1　现场组装、现场制作的制冷设备，除应符合设计文件和设备技术文件的要求外，并应符合现行国家标准 GB 9237—2001《制冷和供热用机械制冷系统安全要求》的有关规定。

2.4.2　现场组装、现场制作的氨制冷设备组装或制作完成后，必须进行单体吹污及气密性试验。单体吹污的压力、清洁度的要求应符合本规范第 2.3.2 条的规定；气密性试验应符合本规范第 2.3.3 条的规定。安装应符合本规范第 2.3.4 条的规定；

2.4.3　隧道式、螺旋式和往复式冻结装置的现场组装除应符合设计文件及设备技术文件的要求外，还应符合下列要求：

1）传动装置应灵活，运转可靠。

2）风机的安装应符合现行国家标准 GB 50275—2010《压缩机、风机、泵安装工程施工及验收规范》的有关规定，风机电缆贯穿分隔墙体时，其贯穿孔应采用有机堵料如防火泥、防火密封胶等封堵。

3）调整好装置冻结室内空气的流速场，将装置入货口与出货口之间的风压调整到装置技术文件规定的范围内。

4）冻结装置厢体接缝应紧密，不得出现结露、结霜现象。

5）速冻装置的地坪应有良好的防水层与隔热层，并应有相应的防冻措施，装置融霜水应有组织的排放或收集以作他用。

6）速冻装置检修用保温门启、闭应灵活，不得有变形及密封不良现象。

3　阀门、过滤器、自控元件及仪表安装

3.1　阀门、过滤器的安装

3.1.1　氨制冷系统用阀门应符合设计文件的规定，并应满足使用工况（工作压力、工作温度等）的要求确定。

3.1.2　对于阀体进、出口密封性能良好，并在其保用期内的各类阀门，安装前可不做解体清洗，只清洗阀门的密封部位；对不符合该条件的阀门，均应做解体清洗，并应按阀门技术文件的要求更换填料及垫片。

3.1.3　解体清洗后的阀门，均应逐个进行气密性试验，其试验压力应按设计文件和设备技术文件的规定进行。

3.1.4　阀门阀体的安装应符合制冷系统中氨气（液）的流向（加氨用阀门除外）。阀门手轮的朝向应符合设计文件和阀门技术文件的要求。

3.1.5　成排安装的阀门（如阀站），阀门手轮的中心应在同一直线上。

3.1.6　对氨液（气）过滤器应检查其金属滤网是否符合该设备技术文件的要求，对不符合要求的要予以更换。

3.2　自控元件及仪表的安装

3.2.1　所有待安装的自控元件应能满足设计文件和使用工况（工作压力、工作温度等）的要求。

3.2.2　电磁阀、恒压阀、单向阀、浮球液位控制器等，在安装前均应用干燥的气体逐个进行气密性试验，合格者方可安装。

3.2.3　安全阀、旁通阀、压力表在安装前，需经当地政府安检部门认可的指定机构进行校验并铅封。

3.2.4　电磁阀、电磁主阀、电磁恒压主阀、恒压阀、恒压主阀等阀体的安装应符合相关技术文件的要求。

3.2.5　浮球液位控制器必须垂直安装，不允许有倾斜角度，安装前应在试验台上进行浮球动作灵敏性试验。

3.2.6　压力（压差）控制器应垂直安装在振动小的地方，并应在试验台上检查预设控制压力值。压差控制器两端，高、低压连接管应连接正确，不可接反。

3.2.7　氨压力表的安装位置应符合设计文件的规定外，还应满足下列要求：

1）当氨压力表盘最大刻度压力小于或等于 1.6MPa 时，其精度应不低于 2.5 级，当氨压力表盘最大刻度压力大于 1.6MPa 时，其精度应不低于 1.5 级。

2）压力表应垂直安装（安装在高大容器上的压力表，为方便操作人员观察，其压力表盘可向前倾斜 15°安装）。安装在压力波动较大的设备或管道上的压力表，其导压管应采取减振或隔离措施。压力表的导压管上不得接其他用途的管道。

3）安装在室外的压力表，应做防雨、遮阳等防护设施。

3.2.8　温度控制器的安装除应符合设计文件和设备技术文件的规定外，还应满足下列要求：

1）温度控制器应垂直安装。

2）冷库冷间内用的温度控制器感温元件，应安装在能代表该冷间空气温度的地方，且使感温元件周围空气有良好的流动性。

3）安装于管道或密封容器内的感温元件，应按设计文件的要求放置在充有冷冻油的套管中。

4　制冷管道、蒸发（搁架）排管加工、制作与安装

4.1　一般规定

4.1.1　制冷管道安装应具备下列条件：

1）制冷管道安装应在有关的土建工程检验合格，满足管道安装要求并已办理交接手续后进行，并应尽量避免绝热工程与管道工程交叉作业。

2）与管道连接的机械和设备已找正就位，并固定完毕。

4.1.2　与氨接触的管材、管件的材质、规格、型号以及焊接用的原、辅料均应符

合设计文件的要求，并满足使用工况（工作压力、工作温度等）的要求。

4.2　制冷管道加工及管件制作

4.2.1　制冷系统管道安装之前，应将管子内的氧化皮、污杂物和锈蚀除去，将其内部清理干净，使管道内壁出现金属光泽，并应及时封闭管道，放置于干燥避雨的地方待用。

4.2.2　管子切口端面应平整，无裂纹、重皮、毛刺、缩口，不得有熔渣、氧化皮、铁屑等杂物。

4.2.3　管子切口平面倾斜偏差应小于管子外径的1%，且不得超过3mm。

4.2.4　弯管制作及其质量要求，应符合现行国家标准 GB 50235—2010《工业金属管道工程施工及验收规范》的有关规定。

4.2.5　焊制三通管件，应兼顾制冷的正常工作流向。

4.2.6　管道伸缩弯应按设计文件的要求制作，质量要求应符合本规范第4.2.2～4.2.4条的规定。

4.3　管道支、吊架制作与安装

4.3.1　管道支、吊架的形式、材质、加工尺寸等应符合设计文件的规定。

4.3.2　管道支、吊架所用型钢应平直，确保支、吊架与每根管子或管垫接触良好。

4.3.3　管道支、吊架制作完后，应对其焊缝进行外观检查，不得有漏焊、气孔、夹渣、裂纹、咬肉等缺陷。其焊接变形应予矫正。

4.3.4　管道支、吊架的螺栓孔，应用机械方法加工。

4.3.5　管道支、吊架的卡环或 U 形管卡，宜用圆钢或扁钢弯制而成，其圆弧部分应光滑，尺寸应与管子外径相符。

4.3.6　管道支、吊架制作组装后其外形尺寸偏差不得大于3mm，并应进行涂漆等防锈处理，其涂层应均匀、完整、无损坏和漏涂。

4.3.7　管道支、吊架安装后，其坐标偏差不得超过10mm，标高允许偏差为 −10～0mm。

4.4　管道焊接

4.4.1　工程投资方的质检人员与工程监理人员应对参加管道焊接施工的焊工进行焊工资格预审和登记，并应将其执业资格证上的证件号、执业资格等级、使用期限及颁证单位记录在案。

4.4.2　管子坡口的加工宜采用机械方法，也可采用氧—乙炔焰加工。加工后必须除净其表面10mm范围内的氧化皮等污物，并将影响焊接质量的凹凸不平处磨削平整。

4.4.3　管子、管件的坡口形式和尺寸的选用，应考虑容易保证焊接接头的质量，填充金属少，便于操作及减少焊接变形等因素。焊接坡口形式若设计文件无规定时，可按表 G-1 选取。

表 G-1　焊接接头坡口形式和尺寸

序号	坡口名称	坡口形式	手工焊坡口尺寸/mm		
1	I 形坡口		T	1.0 ~ 3.0	3.0 ~ 6.0
			C	0 ~ 1.5	0 ~ 2.5
2	V 形坡口		T	3.0 ~ 9.0	9.0 ~ 26.0
			α	65° ~ 75°	55° ~ 65°
			C	0 ~ 2.0	0 ~ 3.0
			P	0 ~ 2.0	0 ~ 3.0
3	不同壁厚管子坡口加工		$L \geqslant 4\,(S_1 - S_2)$		

4.4.4　不同管径的管子对接焊接时，应按设计文件的规定选用异径管接头。焊接时，其内壁应做到平齐，内壁错边量不应超过壁厚的 10%，且不大于 2mm。不得通过加热大管径缩口后连接小口径管子。

4.4.5　管道连接其焊缝的位置应符合下列要求：

1）管道对接焊口中心线距弯管起弯点不应小于管子外径，且不小于 100mm。不得在弯头上开孔。

2）直管段两对接焊口中心面间的距离，当管子公称直径大于或等于 150mm 时，不应小于 150mm；当公称直径小于 150mm 时，不应小于管子外径。

3）管道对接焊口中心线与管道支、吊架边缘的距离以及距管道穿墙墙面和穿楼板板面的距离均应不小于 100mm。

4）不得在弯头、焊缝及其边缘上开孔。管道开孔时，焊缝距孔边缘的距离不应小于 100mm。

4.4.6　制冷管道及含有制冷剂的其他管道应采用氩弧焊封底、手工电弧焊盖面的焊接方法。每条焊缝施焊时，应一次完成。所用氩气纯度应在 99.96% 以上，含水量小于 20mg/L。

4.4.7　焊缝的补焊次数不得超过两次，否则应割去或更换管子重焊。

4.4.8　任何时候都不得在管道内保有压力的情况下进行焊接作业。

4.4.9　焊接操作应在环境温度 0℃ 以上的条件下进行，如果气温低于 0℃，焊接前应注意清除管道上的水汽、冰霜。并要对焊接接头处进行预热，使焊缝两侧 100mm 的范围内的管段预热到 15℃ 以上。

4.4.10　焊接时，作业区域风速不应超过下列规定，当超过规定时，应采取有效的防风措施。

1）焊条电弧焊、氧乙炔焊：8m/s。

2）氩弧焊、二氧化碳气体保护焊：2m/s。

4.5　制冷管道安装

4.5.1　当管道组成件需用螺纹连接时，管道的螺纹部分的管壁有效厚度应符合设计文件规定的壁厚。螺纹连接处密封材料宜选用聚四氟乙烯带或密封膏，拧紧螺纹时，不得将密封材料挤入管道内。

4.5.2　管道上仪表连接点开孔宜在管道安装前进行。

4.5.3　埋地管道必须在按设计文件规定进行压力试验合格后，经涂敷石油沥青涂料防腐处理，并经管道标高和坐标的复测，在有关单位进行隐蔽工程验收会签后，方可进行回填覆盖。

4.5.4　穿墙或穿越楼板的管道，应在其穿越处设置套管。穿墙套管的外露长度，每侧不应小于25mm。穿楼板套管应高出楼板面50mm，管道穿过屋面时应有防水肩、防雨帽。管道连接的法兰、螺纹接头及焊缝不得置于套管内。

4.5.5　套管的直径应符合设计文件的规定，若设计未作规定时，其套管外径应为穿越管外径（包括隔热层）加50mm。穿越管与套管间的环形空间，其两端应用不燃物填塞（隔热管道应用隔热材料密封），有振动的管道（如制冷压缩机排气管），可只留空隙不填充物料。

4.5.6　管道安装允许偏差值应符合表 G-2 的规定。

表 G-2　管道安装允许偏差值

项　　目			允许偏差/mm
坐标	架空及地沟	室外	25
		室内	15
	埋地		60
标高	架空及地沟	室外	±20
		室内	±15
	埋地		±25
水平管道平直度	DN≤100mm		0.002L，最大 50
	DN>100mm		0.003L，最大 80
立管铅垂度			0.005L，最大 30
成排管道间距			15
交叉管的外壁或隔热层间距			20

注：L 为管子有效长度；DN 为管子公称直径。

4.5.7　氨制冷系统管道的坡向及坡度，当设计文件无规定时，宜采用表 G-3 的规定。

表 G-3　氨制冷系统管道坡向及坡度

管 道 名 称	坡　　向	坡度（%）
氨压缩机排气管至油分离器的水平管段	坡向油分离器	0.3 ~ 0.5
与安装在室外冷凝器相连接的排气管	坡向冷凝器	0.3 ~ 0.5
氨压缩机吸气管的水平管段	坡向低压循环贮液器或氨液分离器	0.1 ~ 0.3
冷凝器至贮液器的出液管其水平管段	坡向贮液器	0.1 ~ 0.5
液体分配站至蒸发器的供液管水平管段	坡向蒸发器（空气冷却器、排管）	0.1 ~ 0.3
蒸发器至气体分配站的回气管水平管段	坡向蒸发器（空气冷却器、排管）	0.1 ~ 0.3

4.5.8　管道安装加固必须牢靠，带隔热层的管道在管道与支、吊架之间应衬垫木或隔热管垫。垫木应预先进行防腐处理，垫木或隔热管垫的厚度应符合设计文件的规定。

4.6　蒸发（搁架）排管制作与安装

4.6.1　蒸发（搁架）排管制作与安装除应设计文件的规定外，尚应满足下列要求：

1）蒸发（搁架）排管的加工制作应符合本规范第 4.2.1 条 ~ 第 4.2.5 条和第 4.4.1 条 ~ 第 4.4.10 条的规定。

2）不得用两个 90°压制弯头焊接的方法，来制作 180°弯头。

3）蒸发（搁架）排管气、液集管上的开孔必须用机械加工，不得采用气割成孔。

4）蒸发（搁架）排管的安装符合表 G-4 的规定。

表 G-4　蒸发（搁架）排管制作与安装尺寸允许偏差

检 查 项 目		允许偏差/mm
集管上的开孔位置	沿轴线方向的位移	≤1.5
	垂直轴线方向的位移	不允许
同一间冷间内各组蒸发（搁架）排管的标高		±5
卧式蒸发排管各横管间的平行度		≤1/1000
立式蒸发排管各立管间的平行度		≤1/1000
蒸发（搁架）排管平面的翘曲（排管一角扭出平面的距离）		≤3
顶排管安装的水平误差		≤1/1000
顶排管制作或安装过程中所形成的中部向上（下）的弯曲		不允许

5）经压力和密闭性试验合格后的蒸发（搁架）排管，外表面应按设计文件的要求进行涂漆。如果设计文件未提出具体要求，则可在其外表面涂刷防锈漆两道，涂层应完整，无流淌、皱纹、气泡等缺陷。

4.7　空气冷却器（冷风机）安装

4.7.1　落地式空气冷却器（冷风机）的安装，除应满足设计文件的规定外，尚应满足下列要求：

1）放置落地式空气冷却器（冷风机）的混凝土基础强度已满足设计安装的要求。

2）混凝土基础上的预埋钢板位置核对无误。

3）安装完后通过与电工的配合，点动空气冷却器上装设的鼓风机，检查风机转向是否正确，是否擦碰风筒。水盘内不得有残留水。

4.7.2　吊顶式空气冷却器（冷风机）的安装，除应满足设计文件的规定外，尚应满足下列要求：

1）安装前应核对施工现场预留的吊顶式空气冷却器（冷风机）的吊杆位置无误。

2）按其出场所携带的技术文件要求进行安装。

3）安装时可在吊顶式空气冷却器（冷风机）所选定的安装基准面上，用水准仪进行双向校正，尽量减小安装偏差。吊杆固定端应用双螺母锁紧。

5　氨制冷系统排污

5.0.1　氨制冷系统管道吹扫、排污时，应设置安全警戒标识，非操作人员不得进入操作区域。

5.0.2　制冷系统管道安装完成后，应用 0.8MPa（表压）的压缩空气对制冷系统管道进行分段吹扫、排污。吹扫的顺序应按主管、支管依次进行。吹扫出的脏物，不得进入已吹扫合格的管道。系统吹扫所使用的压缩空气应由空气压缩提供。

5.0.3　不允许吹扫的设备及管道应及时与吹扫系统隔离。

5.0.4　系统管道吹扫前，不应安装孔板、法兰连接的调节阀、节流阀、仪表、安全阀等。对于采用焊接连接的上述阀门、电磁阀和仪表，应采用取流经旁路或卸掉阀头及阀座加保护套等保护措施。

5.0.5　管道吹扫前应检查管道支、吊架的牢固程度，必要时应予以加固。

5.0.6　空气吹扫过程中，当目测排气无烟尘时，应在距排气口 300mm 处设置涂白漆的木质靶板检验，5min 内靶板上无铁锈、尘土、水分及其他杂物，方为合格。

5.0.7　制冷系统管道排污洁净后，应拆卸可能积存污物的阀体，并将其清洗干净然后重新组装。

6　氨制冷系统试验

6.1　一般规定

6.1.1　施工单位应通过其质检人员对制冷系统的施工质量进行全面检查，并核对各项设备及管道文件的供货方所提供的合格证明。

6.1.2　建设单位、授权的监理单位，应通过其质检人员对氨制冷系统的施工质量进行监督和检查。

6.2　外观检验

6.2.1　外观检验应包括对制冷系统中各种设备、各种管道组成件、管道支承件的检验（不包括已检验过的隐蔽工程）。

6.2.2　除焊接作业有特殊要求的焊缝外，应在施焊后立即除去渣皮、飞溅，并应将焊缝表面清理干净，及时进行外观检验。

6.2.3　制冷管道焊缝的外观检验质量应符合现行国家标准 GB 50236—2011《现场

设备、工业管道焊接工程施工规范》的有关规定。

6.3　焊缝内部质量无损检验

6.3.1　制冷管道焊缝的内部质量，应按设计文件的规定进行射线照相检验。其射线照相检验的方法和质量分级标准，应符合现行国家标准 GB 50236—2011《现场设备、工业管道焊接工程施工规范》的有关规定。

6.3.2　当设计文件对管道焊接的内部质量检验未作出明确规定时，可执行下列规定：

1）对于工作温度在 −30℃（含 −30℃）以下的管道，对每一名焊工施焊的焊缝抽取 10% 进行射线检验，其质量不得低于Ⅲ级，如发现有一处焊缝射线检验不合格，则应对其剩余施焊的焊缝再抽取 20% 进行射线检验，如再发现有一处焊缝射线检验不合格，则应对其施焊的全部焊缝进行射线检验。

2）其他管道焊缝应进行抽样射线检验，其抽查比例不低于 5%，且不少于 1 个焊接接头，其质量不得低于Ⅲ级。

3）抽检管道焊缝的部位，应由工程投资方的代表、设计单位代表和工程监理方代表三方人员经协商后确定，并以书面形式予以明确备案。

6.3.3　当检验发现管道焊缝缺陷超出设计文件和现行国家标准 GB 50235—2010《工业金属管道工程施工规范》的规定时，则必须进行返修，同一处焊缝其返修次数不得超过两次。两次返修仍不合格的焊缝必须割掉后重新拼接焊接。

6.4　制冷系统管道气体压力强度试验及气密性试验

6.4.1　制冷系统管道进行气体压力强度试验时的环境温度应在 5℃ 以上，且管道系统内的焊接接头的射线照相检验已按规定检验合格。

6.4.2　管道系统气体压力强度试验的试验介质采用清洁、干燥的空气或氮气。试验时应将制冷系统管道高、低压侧分开进行压力强度试验，并应先试验低压侧、后试验高压侧。

6.4.3　管道系统做气体压力试验时，应划出作业区的边界，无关人员严禁进入试压作业区。

6.4.4　氨制冷管道系统其气体压力强度的压力应符合设计文件的规定，当设计文件无规定时，则气体压力强度试验的压力对氨制冷系统的低压侧，其试验压力应为 1.7MPa，而高压测试验压力应为 2.3MPa。

6.4.5　管道系统气压试验时，管道系统内压力应逐级缓升，其步骤如下：

1）试压时升压速度不应大于 50kPa/min。

2）升压至试验压力值的 50% 时，停止升压并保持 10min，对试验系统管道做一次全面检查，发现异常应及时处理。

3）若仍无异常现象，再以试验压力的 10% 分次逐级升压，每次停压保持 3min，达到设计压力后停止升压并保持 10min。

4）若仍无异常现象，则将试验压力继续升压至强度试验压力，停止升压并保持 10min，对试验系统管道再做一次全面检查，如无异常则将压力降至设计压力，用涂刷中性发泡剂的方法仔细巡回检查，重点查看法兰连接处、各种焊缝处有无泄漏。

6.4.6　对于氨制冷压缩机、氨泵、浮球液位控制器、安全阀等设备、制冷控制元件，在制冷管道系统试压时，可暂时予以隔离。制冷系统开始试压时必须将玻璃板液位两端的阀门关闭，等系统压力稳定后再缓慢将其两端的阀门开启。

6.4.7　制冷系统管道充气进行压力强度试验经检查无异常，而后应将其系统压力降至其各自对应的设计压力，继而进行系统气密性试验。继续保持这个压力值，6h 后开始记录压力表读数，经 24h 后再检查压力表读数，其压力降不大于按公式 6.4.7 计算出的结果，为系统气密性试验合格。当压力降不符合上述规定时，应查明原因，消除泄漏，并源，并重新进行气密性试验，直至合格。制冷系统气压强度试验的结果和系统管道气密性试验结果，应经工程投资方代表和工程监理方代表签字确认。

$$\Delta p = p_1 - \frac{273 + t_1}{273 + t_2}p_2 \qquad (G-1)$$

式中　　Δp——管道系统的压力降（MPa）；

p_1——试验开始时系统中的气体压力（MPa，绝对压力）；

p_2——试验结束时系统中的气体压力（MPa，绝对压力）；

t_1——试验开始时系统中的气体温度（℃）；

t_2——试验结束时系统中的气体温度（℃）。

6.4.8　制冷系统管道在气压试验过程中，严禁以任何方式敲打管道及其组成件，严禁在管道带压的情况下紧固螺栓。

6.5　氨制冷系统抽真空试验

6.5.1　氨制冷系统抽真空试验应在系统气压压力强度试验和气密性试验合格后进行。

6.5.2　制冷系统抽真空时，除关闭与外界有关的阀门外，还应将制冷系统中的其他阀门全部开启。系统抽真空操作应分数次进行。

6.5.3　当系统内剩余压力小于 5.333kPa 时，停止抽气，保持 24h，当系统内压力无变化则为抽真空试验合格。如系统内压力有所回升，则应查找系统中的泄漏点，消泄漏点后，应重新按上述要求进行系统管道的气密性试验和抽真空试验，直至完全合格。其试验合格结果应经工程投资方代表，工程监理方代表签字确认。

6.6　氨制冷系统充氨试验

6.6.1　制冷系统充氨试验应在抽真空试验合格后进行，在做好操作人员人身防护的前提下，利用制冷系统的真空度逐步向制冷系统向中缓慢充入氨液。当氨制冷系统压力升高到 0.2MPa（表压）时，应停止向系统充氨。

6.6.2　可用酚酞试纸对系统中各法兰连接处和焊缝处进行检测，如发现有氨泄漏，应将泄漏部位的氨气排净，并与大气相通后方可进行补焊修复。

6.6.3　严禁在管路内含氨或带压的情况下，对管路进行补焊修复作业。

7　制冷设备和管道的防腐及绝热

7.1　制冷设备和管道的防腐

7.1.1　制伶设备和管逗防腐工作应在制冷系统氨试验合格后进行。

7.1.2　涂刷防腐介质前应清除设备管道表面的铁锈、焊渣、毛刺、油和水等污物。

7.1.3　涂刷防锈油漆宜在环境温度为 5~40℃时进行，并采取必要的防火、防冰冻、防雨等措施。

7.1.4　徐漆应均匀、颜色一致，漆膜附着力应牢固，无剥落、皱皮、气泡、针孔等缺陷。

7.1.5　无保温层的制冷设备及管道的外壁涂漆的种类、颜色等应符合设计文件的要求；当设计文件无规定时，一般应采用防锈漆打底，调和漆罩面的施工方法。设备及管道涂刷面漆的颜色宜采用表 G-5 的规定。外表面无损的制冷压缩机和空气冷却器可不再涂漆。

表 G-5　制冷设备及管道涂漆颜色

设备及管道名称	颜 色 名 称	设备及管道名称	颜 色 名 称
冷凝器	银灰（B04）	低压循环贮液器	天（酞）蓝（PB09）
贮液器	淡黄（y06）	中间冷却器	天（酞）蓝（PB09）
油分离器	大红（R03）	排液桶	天（酞）蓝（PB09）
集油器	赭黄（yR02）	高、低压液体管	淡黄（y06）
氨液分离器	天（酞）蓝（PB09）	吸气管、回气管	天（酞）蓝（PB09）
高压气体管、安全管、均压管	大红（R03）	阀门的阀体（不锈钢阀体除外）	银灰（B04）
放油管	赭黄（yR02）	截止阀手轮	淡黄（y06）
放空气管	乳白（y11）	节流阀手轮	大红（R03）

注：表中括号内编号为漆膜颜色标准的编号。

7.1.6　蒸发排管的防腐应符合本规范第 4.6.1 条的规定。

7.1.7　埋于地下的管道防腐处理应符合本规范第 4.5.3 条的规定。

7.2　制冷设备及管道的绝热

7.2.1　制冷设备及管道绝热工程应符合设计文件的要求，并按隔热层、防潮层、保护层的顺序施工。

7.2.2　制冷设备及管道绝热工程应在制冷系统氨试验合格，制冷设备及管道防腐工程结束后进行。施工前需保冷的设备、管道外表面应保持清洁、干燥，冬季、雨季、雨雪天施工应有良好的防冰冻、防雨雪措施。

7.2.3　隔热层、防潮层、保护层的材料性能应有生产厂的质量证明，施工技术要求应符合设计文件的规定，并应符合现行国家标准 GB 50126—2008《工业设备及管道绝热工程施工规范》的规定。

7.2.4　管道的隔热层穿过墙体或楼板时不得中断。

7.2.5　设备及管道隔热层厚度的允许偏差为 0~+5mm。

7.2.6　严禁将容器上的阀门、压力表埋入容器的隔热层内。

7.2.7　采用镀锌薄钢板、不锈钢薄钢板、铝合金薄板做设备及管道隔热层的保护层时，其外表面不涂漆，但管道保护层外表面应按本规范表 7.1.5 的规定，刷贴色环，色环的宽度和间距宜采用表 G-6 的规定设置。

表 G-6　色环的宽度和间距允许值

管路保温层外径/mm	色环宽度/mm	色环间距/m
<150	50	1.5 ~ 2.0
150 ~ 300	70	2.0 ~ 2.5
>300	100	5.0

8　氨制冷系统灌氨

8.0.1　制冷系统灌氨必须在制冷系统（设备、管道）绝热工程施工完成并经检验合格后进行。

8.0.2　制冷系统充注用液氨（钢瓶装或槽车装）质量应符合现行国家标准GB 536—1988《液体无水氨》一等品指标的规定。

8.0.3　制冷系统灌氨操作时应由注册持证的制冷工进行作业，全面落实安全生产责任制，以保证作业人员安全。

8.0.4　制冷系统液氨的灌注量应以满足制冷系统正常运行准则，灌氨操作时应逐步进行，不得将设计用氨量一次注入制冷系统中。

9　氨制冷系统试运转

9.0.1　制冷系统试运转除应按设计文件和设备技术文件的有关规定进行外，尚应符合下列要求：

1）参与制冷系统试运转的制冷工，必须持有国家认证的职业资格证书，该证书需在其有效期内，并应进行现场登记。

2）氨压缩机间已配备了手电筒、人工呼吸器、防毒面具、橡胶手套、应急药品等劳动防护器具。

3）单体制冷设备［如制冷压缩机（组）、蒸发式冷凝器及空气冷却器用鼓风机等］空载运行正常，制冷系统中各类容器中的液体处于正常液位。

4）为制冷系统配套的冷却水系统试运转正常。

5）制冷系统配套的供配电系统调试正常。

6）制冷系统中浮球液位控制器、压力控制（传感）器等自控元件调试完毕，工作状态稳定。

7）温、湿度仪表及其他仪表调试完毕，示值误差范围应符合设计文件及设备技术文件的规定。

8）制冷系统已充灌了满足系统试运转所需的液氨量。

9.0.2　将氨制冷压缩机（制冷压缩机组）逐台进行带负荷试运转，每台压缩机最后一次连续运转时间不得少于 24h 每台压缩机累计运转时间不得少于 48h，各项运转参数符合设计文件及设备技术文件的规定，方为合格。

9.0.3　制冷系统试运转合格后，应将系统内过滤器拆下，进行彻底清洗并重新组装。

10　工程验收

10.0.1　氨制冷系统经带负荷运转合格后，方可办理工程验收。

10.0.2　工程未办工程验收，其设备不得投入使用。

10.0.3　工程验收时施工单位应向投资方提交下列资料：

1）设备开箱检查记录及设备技术文件、设备出厂合格证书、检测报告等。

2）氨制冷系统用阀门、阀件、自控元件、仪表等出厂合格证、检验记录或调试合格记录等。

3）氨制冷系统主要材料（管材、型钢、绝热材料）等各种材质报告的证明文件。

4）机器、设备基础复检记录及预留孔洞、预埋管件的复检记录。

5）隐蔽工程施工记录及验收报告。

6）设备安装重要工序施工记录。

7）管道焊接检验记录。

8）制冷系统吹扫、排污工作记录。

9）制冷系统气体压力强度试验、气密性试验、抽真空试验、充氨试验的记录。

10）氨制冷系统试运转工作记录。

11）设计修改通知单、竣工图。

12）施工安装竣工报告等其他有关资料。

10.0.4　对制冷系统工程设计文件中标明的各类技术指标的检查，可委托国家认可的具有相应资质（能进行冷库建筑工检测，工业、商业用制冷设备检测）的检测单位进行现场检测，并出具检测报告。

附录 H　冷库管理规范（GB/T 30134—2013）

1　范围

本标准规定了冷库制冷、电气、给排水系统，库房建筑及相应的设备设施运行管理、维护保养要求和食品贮存管理要求。

本标准适用于贮存肉、禽、蛋、水产及果蔬类的食品冷库，贮存其他货物的冷库可参照执行。

2　规范性引用文件（略）

3　术语和定义（略）

4　基本要求

4.1　冷库管理应遵循《中华人民共和国消防法》、GB 28009—2011 等我国有关法律法规及标准规范的规定。

4.2　冷库管理人员，应具备一定的专业知识和技能；特种作业人员（电梯工、制冷工、叉车工、电工、压力容器操作工等）应依据《特种设备安全监察条例》及国家相关规定持证上岗；库房作业人员，应具有健康合格证，经培训合格后方能上岗。

4.3　冷库生产经营企业应建立安全生产制度、岗位责任制度、各项操作规程；应建立事故应急救援预案，并定期演练。

4.4　冷库生产经营企业宜建立质量管理体系、HACCP（食品危害分析及关键控制点）体系、职业健康安全管理体系、环境管理体系和库存管理信息系统。

4.5　冷库生产经营企业应建立日常培训制度，并建立培训人员档案。

4.6　冷库生产经营企业应配备与生产经营规模相适应的设备设施，并对其进行定期检查、维护、发现问题及时排除。

4.7　当设备、设施或操作控制系统进行更新改造或升级时，冷库生产经营企业应对相应的维护及操作规程等及时更新完善。作业人员操作前，应接受培训。

4.8　冷库生产经营企业应在厂区特定的位置设立安全标识，其安全色应符合GB 2893—2008 的规定。

4.9　冷库生产经营企业在采用节能运行模式时，应保证食品质量和安全生产。

4.10　库房中的食品应根据其贮存工艺的要求，分区（间）贮存。库房温、湿度应满足其在规定的时间范围内的贮存要求；对于气调式冷库，库内的气体成分尚应满足其在规定的时间范围内的贮存要求。

4.11　食品的冷加工，应按规定的时间、温度完成其冷却/冻结加工，并应记录食品进出库的温度。对于畜禽肉的胴体及块状食品，应记录其中心温度。

4.12　冷库生产经营企业应保持区域内清洁卫生。库房及加工间应定期消毒，冷藏间应至少每年消毒一次，所食用的消毒剂应无毒无害、无污染。

4.13　厂区要求

4.13.1　冷库厂区内严格控制有毒有害物品，防止造成食品污染。

4.13.2　厂区内的通道应满足交通工具畅通运行的要求。

4.13.3　厂区主线道路的照明照度应不小于 25lx、广场照明照度应不小于 30lx。

4.13.4　厂区内运输车辆的行驶速度应不超过 15km/h。

4.14　非作业人员未经许可不得进入作业区域。

4.15　冷库内严禁烟火。

5　冷库运行管理

5.1　制冷系统运行管理

5.1.1　应建立交接班制度、巡检制度、设备维护保养制度等。

5.1.2　应采用人工或人工与自动仪器相结合的方式，监测制冷系统的运行状况，定时做好运行记录，确保系统安全正常运行。

5.1.3　操作人员发现运行问题及隐患应及时排除，当班处理并做好相应记录。

5.1.4　操作人员应及时排除制冷系统内的不凝性气体，对于氨制冷系统，应将不凝性气体经空气分离器处理后排放至水容器中。

5.1.5　从制冷系统中回收的冷冻油，应经再生处理，并经检测合格方可重复使用。

5.1.6　制冷设备应按照其使用说明书的要求进行操作。

5.1.7　冷凝器的运行压力不得超过系统设计允许值，如出现异常情况，应及时处理。

5.1.8　冷凝器应定期清除污垢。

5.1.9　高压贮液器液面应相对稳定，存液量不应超过容器容积的 2/3；卧式高压贮液器的液位高度不得低于容器直径的 1/3。

5.1.10　低压循环桶、气液分离器的存液量不应超过容器容积的 2/3，液位高度不得超过高液位报警线。

5.1.11　氨制冷系统应视系统运行情况，定期放油。

5.1.12　蒸发器表面霜层及管内油污等应定时清除。

5.1.13　水冷冷凝器、水泵等用水设备在环境温度低于 0℃时，应采取防冻措施。

5.1.14　制冷剂钢瓶应严格按照《气瓶安全监察规程》中的有关规定使用。

5.1.15　制冷系统长期停止运行时，应妥善处理系统中的制冷剂。

5.1.16　阀门相关要求如下：

1）在制冷系统中，有液体制冷剂的管道和容器，严禁将进出两端的阀门均处于关闭状态。

2）制冷系统正常运行或停止运行时，系统中的压力表阀、安全阀前的截止阀和均压阀应处于开启状态。

3）多台高压贮液器并联使用时，均液阀和均压阀应处于开启状态。

4）冷风机融霜时，严禁关闭回气截止阀。

5）安全阀应按《特种设备安全监察条例》的规定定期校验并做好记录。

5.1.17　制冷系统所用仪器、仪表、衡器、量具应按规定的时间间隔由具备相应资质的机构进行校准或鉴定（验证）。

5.1.18　运行记录要求如下：

1）操作人员应至少每隔 2h 做一次巡视检查并做好运行记录。

2）运行值班记录应按规定的内容如实填写，字迹工整，并保持记录册整洁、完整，不得随意涂改，做好统一保管。运行值班记录应至少保存 5 年。

5.1.19　机房内不得存放杂物及与工作无关的物品，设备设施的备品、备件应整齐码放在规定的位置。

5.1.20　防护器具相关规定如下：

1）防护器具的使用人员应经过培训，熟知其结构、性能和使用方法及维护保管方法。

2）消防灭火器、防毒器具和抢救药品等应急物品应放在危险事故发生时易于安全取用的位置，并由专人保管，定期校验和维护。

3）应建立防护用品、器具的领用登记制度。

5.1.21　制冷系统维修保养要求如下：

1）制冷压缩机应按制造商的要求定期进行大、中、小修和日常维修保养。其他制冷设备应定期维护保养。

2）特种设备应按照《特种设备安全监察条例》、《固定式压力容器安全技术监察规程》和《在用工业管道定期检验规程》的相关规定进行管理。

3）特种设备应由具备相应资质的机构进行维保。

4）制冷系统检修前，应检查系统中所有的阀门的启闭状态，确认状态无误后方可进行检修，并设置安全标识。

5）检修带电设备时，应首先断电隔离并在开关处设置安全标识；通电运行前应确认接地良好。

6）制冷系统拆检、维修、焊接时，应排空维修部位的制冷剂并与大气连通后方可进行，严禁带压操作。

7）向系统外排放冷冻油时，应注意防火，并严格避免制冷剂外泄。

8）长期停机时，应切断电源。

9）制冷系统进行管路、设备更换维修后，应进行排污及强度、气密试验。气密性试验应使用氮气或干燥清洁的空气进行，严禁使用氧气。

10）维护检修后，应填写维修记录。维修记录的内容包括维护时间、设备、人员、维修内容、责任人、工作说明等。

5.2　给排水系统管理

5.2.1　冷却水、融霜水的水质应满足设备的水质要求和卫生要求。

5.2.2　应保证冷库给水系统有足够的水量、水压。

5.2.3　冷库用水的水温应符合下列规定：

1）水冷冷凝器的冷却水进出口平均温度应比冷凝温度低 5 ~ 7℃。

2）融霜水的水温应不低于10℃，宜不高于25℃。

5.2.4　冷库生产、生活用水应做好计量，并采取有效的节水措施。

5.3　电气运行管理

5.3.1　应建立配电间停送电操作规程、电气安全操作规程、交接班制度、巡检制度、设备维护保养制度等。

5.3.2　操作者应严格遵循设备操作规范和巡检制度，发现异常情况及时处理，确保设施和系统正常运行。

5.3.3　应详细填写运行值班记录，运行值班记录应按规定的内容如实填写，字迹工整，并保持记录册整洁、完整，不得随意涂改，做好统一保管。运行值班记录应至少保存5年。

5.3.4　冷库的电气设置应符合 GB 50072—2010 的相关要求并定期检查，保证其良好的性能。

5.3.5　应定期检查备用电源的可用性。

5.3.6　变压器的经济运行应符合 GB/T 13462—2008 的规定。

5.4　库房管理

5.4.1　库房应定期打扫、消毒，保持清洁卫生。严禁存放与贮存食品无关的物品。

5.4.2　库房内应注意防水、防制冷剂泄漏，严禁带水作业。

5.4.3　应及时清除穿堂和库房的墙、地坪、门、顶棚等部位的冰、霜、水。

5.4.4　无进出货时，库房门应处于常闭状态。

5.4.5　应对库房货架的紧固件、水平度和垂直度等至少每 6 个月进行一次检查。

5.4.6　搬运设备

1）搬运设备应无毒、无害、无异味、无污染，符合相关食品卫生要求。

2）冷库搬运设备应能在低温环境下正常运行。

3）叉车停用时，应停放在规定的位置，并将货叉降至最低位置。

4）搬运设备应定期消毒。

5.4.7　应采用耐低温、防潮防尘型照明设施。大、中型冷库冷间的照明照度不宜低于 50lx，穿堂照度不宜低于 100lx。小型冷库冷间的照度不宜低于 20lx，穿堂照度不宜低于 50lx。作业视觉要求高的冷库，应按具体要求进行配置。

5.4.8　应在库房内适当的位置设置至少 1 个温度测量装置，冻结物冷藏间的温度测量误差不大于 1℃，冷却物冷藏间的温度测量误差不大于 0.5℃。如果需要测量湿度，相对湿度测量误差不大于 5%。温湿度测量装置的安装位置应能正确反映冷间的平均温、湿度。

5.4.9　应定期检查并记录库房温度，记录数据的保存期应不少于 2 年。

5.4.10　应至少每季度核查一次库内温、湿度检测装置，发现问题及时解决。

5.4.11　库房内应合理分区并设置相关标识。

5.4.12　采用货架堆垛及吊轨悬挂食品，其质量不得超过货架及吊轨的承重荷载。

5.4.13　库房地下自然通风道应保持畅通，不应有积水、雪、污物。采用机械通风或地下油管加热等防冻措施，应由专人负责操作和维护。

5.4.14　库房应设置防撞设施。

5.4.15　土建式冷库的冻结间和冻结物冷藏间空库时，相应的库房温度应保持在 -5℃以下。

5.4.16　库内作业结束后，作业人员应确认库内无人后方可关灯、锁门。

5.4.17　应为库内作业人员配备防寒工装。

6　食品贮存管理

6.1　应对入库食品进行准入审核，合格后入库，并做好入库时间、品种、数量、等级、质量、温度、包装、生产日期和保质期等信息记录。

6.2　入库前，应检查并确保库房的温湿度符合要求，并做好记录。

6.3　宜遵循先进先出、分区存放的原则。

6.4　在冷库中贮存的食品，应满足贮存食品整体有效保质期的要求，贮存时间不得超过该食品的协议保存期，并定期进行质量检查，发现问题及时处理。

6.5　清真食品的贮存应符合民族习俗的要求，库房、搬运设备、计量器具、工具等专用。

6.6　具有强烈挥发气味和相互影响（如乙烯）的食品应设专库贮存，不得混放。

6.7　食品堆码时，宜使用标准托盘［1200mm × 1000mm（优先推荐使用），

1100mm×1100mm]，且托盘材质符合食品卫生标准。

6.8　食品堆码时，应稳固且有空隙，便于空气流通，维持库内温度的均匀性。食品堆码应符合下列要求：

1）距冻结物冷藏间顶棚≥0.2m。

2）距冷却物冷藏间顶棚≥0.3m。

3）距顶排管下侧≥0.3m。

4）距顶排管横侧≥0.2m。

5）距无排管的墙≥0.2m。

6）距墙排管外侧≥0.4m。

7）距风道≥0.2m。

8）距冷风机周边≥1.5m。

6.9　应对出库食品进行检验，办理出库手续。

6.10　应做好出库时间、品种、数量、等级、质量、温度、包装、生产日期和保质期等信息记录。易腐食品贮藏温湿度要求见表H-1。

表 H-1　易腐食品贮藏温湿度要求

品类序号	食品类别	食品品名	贮藏温度/℃	相对湿度（%）
1	根茎菜类蔬菜	芹菜	-1~0	95~98
		芦笋	0~1	95~98
		竹笋	0~1	90~95
		萝卜	0~1	95~98
		胡萝卜	0~1	95~98
		芜菁	0~1	95~98
		辣根	-1~0	95~98
		土豆	0~1	80~85
		洋葱	0~2	70~80
		甘薯	12~14	80~85
		山药	12~13	90~95
		大蒜	-2~0	70~75
		生姜	13~14	90~95
2	叶菜类蔬菜	结球生菜	0~1	95~98
		直立生菜	0~1	95~98
		紫叶生菜	0~1	95~98
		油菜	0~1	95~98
		奶白菜	0~1	95~98
		菠菜	-1~0	95~98
		茼蒿	0~1	95~98
		小青葱	0~1	95~98
		韭菜	0~1	90~95

（续）

品类序号	食品类别	食品品名	贮藏温度/℃	相对湿度（%）
2	叶菜类蔬菜	甘蓝	0～1	95～98
		抱子甘蓝	0～1	95～98
		菊苣	0～1	95～98
		乌塌菜	0～1	95～98
		小白菜	0～1	95～98
		芥蓝	0～1	95～98
		菜心	0～1	95～98
		大白菜	0～1	90～95
		羽衣甘蓝	0～1	95～98
		莴苣	0～2	95～98
		欧芹	0～1	95～98
		牛皮菜	0～1	95～98
3	瓜菜类蔬菜	苦瓜	12～13	85～90
		丝瓜	8～10	85～90
		佛手瓜	3～4	90～95
		矮生西葫芦	8～10	80～85
		冬西葫芦（笋瓜）	10～13	80～85
		冬瓜	12～15	65～70
		南瓜	10～13	65～70
		黄瓜	12～13	90～95
4	茄果类蔬菜	甜玉米	0～1	90～95
		青椒	9～10	90～95
		红熟番茄	0～2	85～90
		绿熟番茄	10～11	85～90
		茄子	10～12	85～90
5	花菜类蔬菜	青菜花	0～1	95～98
		白菜花	0～1	95～98
6	食用菌类蔬菜	双孢蘑菇	0～1	95～98
		香菇	0～1	95～98
		平菇	0～1	95～98
		金针菇	1～2	95～98
		草菇	11～12	90～95
		白灵菇	0～1	95～98
7	菜用豆类蔬菜	菜豆	8～10	90～95
		毛豆荚	5～6	90～95
		豆角	8～10	90～95
		豇豆	9～10	90～95

（续）

品类序号	食品类别	食品品名	贮藏温度/℃	相对湿度（%）
7	菜用豆类蔬菜	芸豆	8～10	90～95
		扁豆	8～10	90～95
		豌豆	0～1	90～95
		荷兰豆	0～1	95～98
		甜豆	0～1	95～98
		四棱豆	8～10	90～95
8	落叶核果类	桃	0～1	90～95
		樱桃	−1～0	90～95
		杏	−0.5～1	90～95
		李	−1～0	90～95
		冬枣	−1～1	90～95
9	常绿果树核果类	生杧果	13～15	85～90
		催熟杧果	5～8	85～90
		杨梅	0～1	90～95
		橄榄	5～10	90～95
10	仁果类	苹果	−1～1	90～95
		西洋梨、秋子梨	−1～0.5	90～95
		白梨、砂梨	−0.5～0.5	90～95
		山楂	−1～0	90～95
11	浆果类	葡萄	−1～0	90～95
		猕猴桃	−0.5～0.5	90～95
		石榴	5～6	85～90
		蓝莓	−0.5～0.5	90～95
		柿子	−1～0	85～90
		草莓	−0.5～0.5	90～95
12	柑橘类	橙类	5～8	85～90
		柚类	5～10	85～90
13	瓜类	西瓜	8～10	80～85
		哈密瓜（中、晚熟）	3～5	75～80
		哈密瓜（早、中熟）	5～8	75～80
		甜瓜、香瓜（中、晚熟）	3～5	75～80

（续）

品类序号	食品类别	食品品名	贮藏温度/℃	相对湿度（%）
13	瓜类	甜瓜、香瓜（早、中熟）	5～8	75～80
		香蕉	13～15	90～95
		荔枝	1～4	90～95
		龙眼	1～4	90～95
		木菠萝	11～13	85～90
		番荔枝	15～20	90～95
		菠萝	10～13	85～90
		红毛丹	10～13	90～95
		椰子	5～8	80～85
14	坚果类	—	3～5	50～60
15	畜禽肉	冷却畜禽肉	-1～4	85～90
		冷冻畜禽肉	≤-18	90～95
16	水产品	冰鲜水产品	0～4	85～90
		冷冻水产品	≤-18	90～95
		金枪鱼	≤-50	90～95
17	速冻食品	速冻调制食品	≤-18	—
		速冻蔬菜	≤-18	90～95
18	冰激凌	—	≤-23	90～95
19	酸奶	—	2～6	—
20	蛋	鲜蛋	-2.5～-1.5	80～85
		冰蛋	-18	80～85

注：鉴于易腐食品的种类繁多，特别对于果蔬类食品的品种、产地、成熟度、采摘期、加工工艺、保鲜工艺等存在较大差异，本表仅给出列名易腐食品通用贮藏温湿度要求。各地可根据具体情况，参照执行。

7　冷库安全设施管理

7.1　消防设施

7.1.1　消防设施日常使用管理由专职管理员负责。专职管理员应每日检查消防设施的状况，确保设施完好、整洁、卫生。发现丢失、损坏应立即补充、更新。

7.1.2　消防设备设施应由具备相应资质的机构进行维修保养和定期检测。

7.1.3　应设有消防安全疏散等指示标识,严禁关闭、遮挡或覆盖安全疏散指示标识。保持疏散通道、安全出口畅通,严禁将安全出口封闭、上锁。

7.1.4　应保持应急照明、机械通风、事故报警等设施处于正常状态,并定期检测、维护保养。

7.2　氨气体浓度报警仪

7.2.1　采用氨制冷系统的机房应安装氨气体浓度报警仪,库房宜安装氨气体浓度报警仪。氨气体浓度报警仪应由法定计量鉴定机构或厂家每年进行复检,确保安全有效。

7.2.2　氨气体浓度报警仪宜与其他相关设备联防控制和管理。

7.3　设有视频监控系统的冷库,应设立专管员负责安防监控系统的日常管理与维护,确保视频监控系统的安全运行、视频质量清晰。视频资料应至少保存3个月,并不得擅自复制、修改视频资料。

8　冷库建筑维护

8.1　应每年对冷库建筑物进行全面检查,做出维护计划。日常维护中,发现屋面漏水,隔气防潮层起鼓、裂缝,保护层损坏,屋面排水不畅,落水管损坏或堵塞,库内外排水管道渗水,墙面或地面裂缝、破损、粉面脱落,冷库门损坏等问题应及时修复并做好记录。

8.2　地坪冻鼓,墙壁和柱子裂缝时,应查明原因,及时采取措施。

8.3　采用松散隔热层时,如隔热层下沉,应以同样材料填满压实,发现受潮要及时翻晒或更换。

8.4　冷库维修时宜采用新工艺、新材料,做好维修的质量检查及验收。

附录 I　冷库安全规程 （GB 28009—2011）

1　范围

本标准规定了冷库设计、施工、运行管理及制冷系统长时间停机时的安全要求。

本标准适用于以氨、卤代烃等为制冷剂的直接制冷系统及间接制冷系统的冷库。其他类型的冷库和制冷系统可参照执行。

本标准不适用于作为产品出售的室内装配式冷库。

2　规范性引用文件（略）

3　术语和定义（略）

4　基本要求

4.1　冷库应由具备冷库工程设计、压力管道设计资质的单位进行设计。

4.2　冷库应使用具有相关生产资质企业制造的制冷设备。

4.3　冷库施工单位应具备相应施工资质。

4.4　冷库应按设计文件进行施工。

4.5　冷库生产经营单位应建立安全生产保障体系,具体参见《中华人民共和国安全生产法》。

5　制冷设备及附件安全要求

5.1　制冷压缩机及辅助设备

5.1.1　制冷压缩机和制冷辅助设备应符合产品标准要求。

5.1.2　制冷压缩机应设置压力、电动机过载等安全保护装置。

5.1.3　制冷压缩机联轴器或传动带应设置安全保护装置。

5.1.4　压力容器应符合《固定式压力容器安全技术监察规程》的要求。

5.1.5　制冷剂泵、液压泵、水泵等外露的转动部位，均应设置安全保护装置。

5.2　管路、仪表、阀门及控制元件

5.2.1　制冷剂分配站应安装压力指示装置。

5.2.2　压力表应采用制冷剂专用压力表，且应有制造厂的合格证。

5.2.3　压力表量程应不小于最大工作压力的 1.5 倍，不大于最大工作压力的 3 倍。

5.2.4　压力表每年应经有相应资质的检验部门校验。

5.2.5　压力表应安装在便于操作和观察的位置，必须防冻和防振动。

5.2.6　每台泵、风机均应设过载保护装置。

5.2.7　冷凝器、贮液器、低压循环桶、中间冷却器等制冷辅助设备上应设置安全阀。

5.2.8　安全阀每年应由具备相应资质的检验部门校验并铅封。安全阀每开启一次，应重新校正。

5.2.9　气液分离器、低压循环桶、低压储液器、中间冷却器和满液式经济器应设置液位指示器和液位控制、报警装置。

5.2.10　贮液器应设液位指示器。

5.2.11　在制冷压缩机的高压排气管道和制冷剂泵出液口，均应设置单向阀。

5.2.12　冷凝器与贮液器之间应设均压管。两台以上贮液器之间应分别设气体均压管、液体平衡管（阀）。

5.2.13　制冷剂液面指示器进出口应设有自动闭塞装置。

5.2.14　在强制供液制冷系统中，泵的出口侧应设自动旁通阀。

6　冷库设施安全要求

6.1　冷库应具备完善的消防设施，具体参见《中华人民共和国消防法》。

6.2　冷库用运输工具应符合《特种设备安全监察条例》的要求。

6.3　库房内应具备应急逃生设施。

6.4　库房内的货架应有足够的强度和刚性。

6.5　氨制冷机房内应配置防护用具和抢救药品，并放置于易获取的位置。

6.6　变配电室和具有高压控制柜的制冷机房，应配置高电压操作使用的专用工具及防护用品。

7　冷库设计安全要求

7.1　在氨制冷机房门口外侧便于操作的位置，应设置切断制冷系统电源的紧急控制装置，并应设置警示标识。每套制冷压缩机组起动控制柜（箱）及机组控制台应设紧急停机按钮。

7.2　制冷机房应装有事故排风装置。氨制冷机房的事故排风装置应采用防爆型。当制冷系统发生事故而被切断电源时，应能保证事故排风装置的可靠供电。

7.3　氨制冷机房、高低压配电室应设置应急照明，照明灯具应选用防爆型，照明持续时间不应小于30min。

7.4　氨制冷机房应安装氨气浓度检测报警装置及供水系统。

7.5　水冷却式制冷压缩机应设置断水保护。

7.6　机房门应向外开，且数量应确保人员在紧急情况下快速离开。

7.7　设在室外的制冷辅助设备应设防护栏，并设置警示标识。高压贮液器设在室外时，应避免太阳直射。

7.8　库房内应采用防潮型照明灯具和开关。

7.9　库房内灯具安装高度小于或等于2.2m时，应采用安全电压供电。灯具金属外壳均应接保护线。

7.10　低于0℃的库房内动力及照明线路，应采用适合库房温度的耐低温绝缘电缆。

7.11　穿过库房隔热层的电气线路，应采取可靠的防火措施。

7.12　冷库设计应满足消防的有关规定。

8　冷库建设与施工安全要求

8.1　施工现场应配备必要的安全设施。

8.2　在保温材料施工过程中，应设专职安全员，严禁明火，严禁与产生火花现象的作业同步施工。

8.3　采用聚氨酯现场喷涂保温施工时，应有强制通风措施。

8.4　在已完成保温作业的场所进行可能产生火花现象的作业时，应采取防护措施。

8.5　库房高度降温不能影响维护结构和主体结构的安全。

8.6　建设工程竣工后，应经验收合格方可投入使用。

8.7　施工完毕，施工单位应将完整的竣工资料交付建设单位。

9　库内贮存货物安全要求

9.1　应对入库货物进行准入审核。合格后方可入库，并做好信息记录。

9.2　食品冷库库房内不得存放有毒、有害、有异味物品或其他易燃、易爆品。

9.3　库房内应有防鼠、防虫、防蝇等设施。

9.4　库房应满足冷藏货物贮存工艺的要求。

9.5　应设有库内温度记录装置。

9.6　货物应分类、单独存放，并应定期检查货物质量，及时清除变质和过期货物。应记录每批货物的出入库时间、温度和保质期等，该记录资料应保存至该批货物保质期后六个月。

9.7　应定期对贮存设施设备进行清洁、消毒，并达到贮存货物的卫生要求。

10　冷库管理安全要求

10.1　冷库运营单位应建立安全生产责任制和安全操作规程。

10.2　特种作业人员应依据《特种设备安全监察条例》及国家相关规定，持证上岗。

10.3　采用新工艺、新技术、新设备，应制定相应的安全技术措施。

10.4　冷库运营单位应对厂房、机电设备进行定期检查、维护。

10.5　冷库的安全装置和防护设施，不得擅自拆除。

10.6　冷库运营单位应建立重大事故的应急救援预案和人员救援预案，定期演练。

10.7　压力容器的管理：

1）冷库运营单位应依据《固定式压力容器安全技术监察规程》的规定，做好压力容器的安全管理。

2）冷库运营单位应根据《固定式压力容器安全技术监察规程》的要求，逐台办理压力容器的使用登记手续。

3）冷库运营单位应按照《固定式压力容器安全技术监察规程》的要求，定期对压力容器进行检验。

4）压力容器使用不得超出其设计允许使用范围。

5）安全附件更换时，应选用具有相应制造许可证的单位生产的相应规格的产品，应随带产品质量证明书，并在产品上装设牢固的金属铭牌。

10.8　库房内的操作：

1）库房内货物堆码应稳固整齐，不应影响库房内的气流组织和货物的进出。

2）库房内应合理分区并设置相关标识。

3）库房应及时清除冰、霜、凝结水，库内排管和冷风机等要及时除霜。

4）库内严禁带水作业。

5）冷库内作业人员应有良好的防寒措施，应携带照明用具。

6）库内作业结束，库房作业人员应确认库内无人后方可上锁。

11　制冷系统的调试、操作、维护安全要求

11.1　制冷系统的气压试验

11.1.1　制冷系统安装或大修后，应依据系统的设计要求使用氮气或干燥清洁的压缩空气进行气压试验，且应有安全措施。

11.1.2　气密试验过程中泄漏点严禁带压修复。

11.1.3　试压用连接件应采用无缝钢管或耐压 3MPa 以上的橡胶管。与其相接的管头必须有防滑沟槽。

11.1.4　严禁使用制冷压缩机对系统进行气压试验。

11.2　压缩机充注冷冻油

11.2.1　冷冻油的型号和质量应满足压缩机生产厂家的要求。

11.2.2　氨制冷机房内不得存放冷冻油及其他易燃易爆物品。

11.2.3　加油过程中严禁水分、污物进入系统。

11.2.4　冷冻油的灌注量应满足压缩机生产厂家的要求。加油时应计量并做相应记录，以便确定加入的油量。

11.3　制冷系统充注制冷剂

11.3.1　制冷剂的品种、质量和充注量应满足制冷系统的设计要求。

11.3.2　充注制冷剂前，应对制冷系统抽真空。

11.3.3　向系统充注制冷剂时，应采用耐压 3.0MPa 以上的连接件，与其相接的管头必须有防滑沟槽。

11.3.4　充注或抽出制冷剂操作完成后，制冷剂瓶应立即与系统分离。

11.3.5　加氨站应设在机房外并设安全标识，加氨时严禁加热。

11.4　制冷压缩机的操作

11.4.1　压缩机应按照使用说明书的要求进行使用和操作。

11.4.2　压缩机的油压、油位、油温、排气压力、排气温度、压缩比、吸气压力、吸气温度等运行参数超出正常范围应立即停机。

11.4.3　当库房内热负荷剧烈波动或系统融霜操作时，应防止压缩机发生液击。

11.5　制冷辅助设备的操作

11.5.1　热气融霜时，热气进入蒸发器前的压力不得超过 0.8MPa。

11.5.2　冷风机单独用水融霜时，严禁关闭该冷风机回气阀。

11.5.3　卧室冷凝器、组合式冷凝器、再冷却器、水泵以及其他用水冷却的设备，在环境温度低于 0℃时，应采取措施，防止冻裂。

11.5.4　贮液器液位高度不得高于 80%。

11.5.5　氨制冷系统向外排放不凝性气体时，须经专门设置的空气分离器，并将不凝性气体排放至水容器中。

11.5.6　制冷系统中有液体制冷剂的管道和容器，严禁同时将进出两端的阀门关闭。

11.5.7　从制冷系统中回收的冷冻油，应经严格的再生处理，符合质量要求后方可使用。

11.6　制冷系统的维护

11.6.1　特种设备的使用和检修要求参见《特种设备安全监察条例》和《在用工业管道定期检验规程》和相关规定。

11.6.2　制冷系统拆检、维修、施焊过程中，应排空维修部位的制冷剂并与大气接通后方可进行。

11.6.3　检修制冷设备时，须在其电源开关等相关位置设安全标识，检修完毕后，由检修人员亲自取下。

11.6.4　大修后的制冷系统，应经过排污、压力试验和抽真空后方可充注制冷剂。

11.6.5　在进行任何调整、维修、接线或接触电器元件之前，相关装置应断电或隔离。

11.6.6　通电运行前应确认接地良好。

11.6.7　定期检查各电器元件接触部位是否良好，如有不良，应立即进行维修各更换。

11.6.8　控制柜、台使用环境就保持通风良好，严禁存放杂物。

11.6.9　设备检修时，如果有冷冻油排放，应注意防火和防止制冷剂外泄。

11.6.10　初次开机或长时间停用后再次开机时，应将电器元件接线重新紧固，并做控制柜主回路、电动机绝缘电阻检测。

11.6.11　长期停机时，应切断电源，并妥善处理制冷系统中的制冷剂。

12　安全标志

12.1　冷库施工过程中，应根据施工工艺的安全要求设立安全标志。

12.2　压力容器、非专业操作人员免进区域、关键操作部件等均应设置安全标志。

12.3　制冷管道应标示管内制冷剂或载冷剂名称。

12.4　每座冷库应在现场明显位置设置永久性的标志，内容包括：

1）安装商的名称和地址。

2）制冷剂的名称和充注量。

3）润滑剂的名称和充注量。

4）系统设计压力。

附录 J　氨泄漏事故紧急救援预案（国家质检总局资料摘录）

1　总则

1.1　紧急救援预案目的

在氨制冷装置氨气泄漏导致急性中毒或爆炸事故发生时，为提高应对和处理突发性安全事故的能力，及时、有序、科学、有效的组织应急救援，最大限度地减少人员伤亡和财产损失，根据有关资料摘录本紧急救援预案，各单位可根据具体情况加以制定。

1.2　适用范围

本预案适用于一般氨自制企业生产过程中突发氨气泄漏安全事故的紧急处理。

2　组织机构

2.1　人员组成

事故应急处理由企业安全管理负责人、安全管理人员、当班负责人和当班员工组成。根据氨泄漏事故处置应急救援预案的特点和要求，设立应急救援指挥部。指挥部根据应急救援预案的需要设施救组、支援组、警戒组、综合组四个小组。

氨泄漏事故处置应急救援预案组织机构：

总指挥：一般由企业分管安全生产的副总经理或总经理担任。

副总指挥：一般由企业分管安全生产的副总经理、企业分管生产技术的副总经理或安全生产部门经理担任。

成　员：一般由安全生产部门经理、生产部门经理、生产车间主任、安全管理人员等组成。

2.2　主要职责

2.2.1　总指挥工作职责如下：

全面负责氨泄漏事故处置应急救援期间的各种重大决策和对外关系，负责对氨泄漏事故处置应急救援进行总指挥、总协调，包括对人员、物资和装备、安全进度、各救援小组的协调等目标的实施进行控制，是氨泄漏事故处置应急救援过程中的最高指挥。

2.2.2　副总指挥工作职责如下：

协助总指挥全面负责氨泄漏事故处置应急救援期间各种重大决策的制订、实施以及实战演练过程中内外关系的协调，协助总指挥对氨泄漏事故处置应急救援的人员、物资和装备、安全进度、各救援小组的协调等目标的实施进行控制。

2.2.3　现场负责人工作职责如下：

负责现场救援工作的具体安排及人员安排。协助总指挥及副总指挥负责氨泄漏事故处置应急救援期间各种重大决策的实施以及实战演练过程中内外关系的协调。

2.2.4　当班负责人工作职责如下：

负责现场救援工作的具体安排、人员安排及具体救援工作。

2.2.5　综合组相关要求如下：

1）清楚事故制冷车间周围建筑格局及道路情况。

2）清楚事故制冷车间周围所有消防设施的放置地点。

3）熟练掌握消防设备的保养维护与操作方法。

4）清楚氨蔓延的走势。

5）清楚指定的逃生路线。

6）熟悉项目部通信设备的所在地和使用方法。

综合组工作职责：组织抢险所用材料、器械，在现场分发临时劳保用品；向相关单位通报事故情况，请求地方消防队和急救中心支援，并派人引导消防车、救护车进入抢险现场。

2.2.6　警戒组相关要求如下：

1）清楚事故制冷车间周围建筑格局及道路情况。

2）当发生险情时，警戒人员应迅速到达警戒位置，执行警戒任务，同时疏导他人逃生。

3）在警戒线负责拦阻无关人员和车辆进入抢险现场。

警戒组工作职责：引导周围人员疏散、撤离至安全区域，建立警戒区域（敷设警戒带，建立事故半径500m警戒区域），对事故现场进行警戒，维护事故现场秩序，保卫事故现场。

2.2.7　支援组相关要求如下：

1）负责清除障碍物的人员要求如下：

①清楚事故制冷车间周围建筑格局及道路情况。

②熟练掌握消防设备的保养维护与操作方法。

③清楚氨泄漏的走势。

④ 清楚指定的逃生路线。

2）负责水源的人员要求如下：

① 清楚水源与抽水电动机开关所在。

② 清楚水压状况。

③ 平时经常检查通水管道，防止堵塞。

④ 清楚指定的逃生路线。

3）负责电源截断的人员要求如下：

① 清楚项目部供配电接线情况。

② 清楚指定的逃生路线。

支援组工作职责：清除障碍物；敷设消防水带、安装开花水枪，对漏氨部位进行喷水稀释，协助施救小组进行施救工作。

2.2.8　施救组相关要求如下：

1）接受应急救援工作，熟知一般人身抢救知识。

2）熟悉事故制冷车间工艺流程，熟练掌握各种设备、阀门的操作方法及操作程序。

3）熟练掌握空气呼吸器等防护用具的操作和使用方法。

4）清楚指定的逃生路线。

施救组工作职责：摸清事故情况，采取紧急措施，完成氨泄漏事故处置及模拟人身救援任务。

3　事故报警

企业内任何人一旦掌握安全事故征兆或发生安全事故的情况，应迅速向上一级或总指挥报告；必要时，总指挥向 110 报警，并应通过电话等形式向当地政府、安监、公安、质监、环保、消防等有关部门报告。

安全事故发生后，必须在第一时间上报事件的基本情况。报告内容：发生事故的企业名称、联系人和联系电话；发生事故的地点和时间（年、月、日、时、分）；发生事故的简要经过、伤亡人数以及涉及范围；发生事故的设备名称、类别、性质、原因的初步判断；事故抢救处理的情况和采取的措施；需要有关部门和单位协助抢救和处理的有关事宜。

4　应急处置措施

4.1　自行处置

4.1.1　根据发生事故的具体情况，当班员工、当班负责人、安全生产管理人员、企业负责人按照制定的不同事故处理方案组织开展自救，防止事故蔓延，消除事故，并及时报告和报警。

自行处置措施如下：

1）疏散人员至上风口处，并隔离至气体散尽或将泄漏点控制住。

2）切断火源，必要时先切断污染区内的电源。

3）开启室外消防水并进行喷淋。

4）应急人员佩带好液氨专用防毒面具及手套进入现场检查事故原因。

5）采取对策以切断气源，或将管路中的残余部分经稀释后由泄放管路排尽。

6）在泄漏区严禁使用产生火花的工具和机动车辆，严重时还应禁止使用通信工具。

7）参与抢救的人员应戴防护手套和液氨专用防毒面具。

8）逃生人员应逆风逃生，并用湿毛巾、口罩或衣物置于口鼻处。

9）中毒人员应立即送往通风处，进行紧急抢救并通知专业部门。

4.1.2　因抢救人员、控制事故、消除事故、恢复生产而需要移动现场物件的，应当作好标志，采取拍照、摄像、绘图等方法详细记录事故现场原貌，妥善保存现场重要痕迹、物证。

4.2　社会救助处置

难以控制和消除事故，由外部单位、政府部门赶到并组织开展救援处理时，企业负责人应组织员工应积极配合；报告事故发生情况、自行处置情况、目前情况等。

5　保证措施

5.1　措施保证

5.1.1　预防措施。

1）氨泄漏预防措施如下：

① 值班人员定期检查压力表，发现压力表损坏时应及时停机更换新表。

② 检查时发现压力表刻度减小时，应及时上报当班技术责任人，并立即组织人员查明原因并采取具体有效措施处理。

③ 定期检查配置的灭火器及消防设施，若发现灭火器过期及消防设施损坏应及时跟换。

2）管理措施如下：

① 安全管理部门每1年组织一次模拟氨液泄漏事故消防演习。

② 安全管理部门每年举办一次消防知识培训班。

③ 按照消防法规结合本单位实际对重点部位和场所配备消防设施、器材，并定期进行检查维护、及时更换到期的消防器材，确保系统各种灭火器保持良好状态。

④ 严格执行本单位的《消防安全管理制度》，禁止流动吸烟和明火作业。

⑤ 安全管理部门对本单位消防工作贯彻落实情况进行每月检查，发现问题及时提出整改意见，督促整改，要求整改的问题经复查合格方可投入使用。

⑥ 安全管理部门负责统筹协调本单位消防设施的管理、维护、维修和更换。

5.1.2　氨压缩机发生漏氨事故处置措施如下：

1）氨压缩机发生漏氨事故后，先切断压缩机电源，马上关闭排气阀和吸气阀（双级氨压缩机应同时关闭二级排气阀及二级吸气阀），如果正在加油，应及时关闭加油阀。

2）应将机房运行的机器全部停止，操作人员发现压缩机漏氨时立即停机并根据自己所处位置，在关闭事故机时顺便将就近运行的机器断电。

3）如果漏氨事故较大，无法靠近事故机，则应到室外停机，停机后立即关闭所有油氨分离器进气阀及与事故机吸气相连的低压出气阀。

4）迅速开启氨压缩机机房所有的排风扇。

5）在处理事故时，用水管喷浇漏氨部位，使氨与水溶解，注意压缩机电动机的防水保护。

5.1.3　压力容器漏氨事故处置措施。处理此类事故，原则是首先采取控制，使事故不再扩大，然后采取措施将事故容器与系统断开，关闭设备所有阀门。漏氨严重不能靠近设备时要采取关闭与该设备相连接串通的其他设备阀门，用水淋浇漏氨部位，容器里氨液及时排空处理。属于此类设备有：冷凝器、高压贮液器、集油器、放空气器、低压循环储液器等。

1）主机油氨分离器漏氨。油氨分离器漏氨后，如果压缩机正在运行工作中，应立即切断压缩机电源，迅速关闭该油氨分离器的出气阀、进气阀、供液阀、放油阀及关闭冷凝器进气阀，压缩机至油氨分离器的排气阀。

2）卧式冷凝器漏氨。冷凝器漏氨后，如压缩机处于运行状态，应立即切断压缩机电源，迅速关闭所有高压贮液器均压阀和其他所有冷凝器均压、放空气器阀，然后关闭冷凝器的进气阀、出液阀。工艺允许时可以对事故冷凝器进行减压。

3）高压循环贮液器漏氨。高压循环贮液器漏氨后，立即关闭高压贮液器的进液阀、均液阀、出液阀、放油阀及其他关联阀门。如果氨压缩机处于运行状态，迅速切断压缩机电源，在条件及环境允许时，立即开启与低压容器相连的阀门进行减压、排液、尽量减少氨液外泄损失。当高压贮液器压力与低压压力一致时，应及时关闭减压排液阀门。

4）低压循环贮液器漏氨。低压循环贮液器漏氨后，该系统压缩机处于运行中，立即切断压缩机电源，关闭压缩机吸气阀，同时关闭低压桶的进气、回气、均液、放油及其他关联阀门，开启氨泵进液、出液阀及氨泵，将低压贮液桶内氨液送至库房蒸发器内，等低压贮液桶内无液后关闭氨泵进液阀。

5）集油器漏氨。集油器漏氨后，在放油过程中，都应立即关闭集油器的进油和减压阀。

6）放空气器漏氨。放空气器漏氨，应立即关闭混合气体进气阀、供液阀、回流阀、蒸发回气阀。

7）设备玻璃管和油位指示器漏氨。液油位指示器和玻璃管破裂漏氨，当上、下侧弹子失灵，应立即关闭指示器上、下侧的弹子角阀，尽早控制住氨液大量外泄。

5.1.4　蒸发器漏氨处置措施。蒸发器漏氨包括冷风机、墙排管、顶排管等，处理原则是立即关闭蒸发器供液阀、排液阀，并及时将蒸发器内氨液排空。

1）在冲霜过程中，应立即关闭冲霜水阀、关闭供液阀，开启回气阀进行减压。

2）在库房降温过程中，应立即关闭蒸发器供液阀，使氨泵系统停止运行。

3）根据漏氨情况，在条件、环境允许情况下，可采取适当的压力，用热氨冲霜的方法将蒸发器内氨液用氨压缩机压缩至高压贮液器内，减少氨液损失和库房空气污染。

4）确定漏氨部位，可做临时性处理，能打管卡的采取管卡紧固，减少氨的外泄量。

5）开启消防水、尽量稀释空气中的氨气。

5.1.5　阀门漏氨处置措施如下：

1）发现氨阀门漏氨后，迅速关闭事故阀门两边最近的控制阀。

2）器上的控制阀门漏氨。

关闭事故控制阀前最近的阀门。关闭容器的进出液阀、进出气阀、均液阀、均压阀、放油阀、供液阀、减压阀等阀门。如果高压容器上的控制阀门发生事故，在条件、环境允许时，应迅速开启有关阀门，向低压系统进行减压排液，减少氨外泄量和损失。开启事故处排风扇进行通风换气。

5.1.6　管道漏氨处置措施如下：

1）发现管道漏氨后，迅速关闭事故管道两边最近的控制阀门，切断氨液的来源。

2）根据漏氨情况，管子漏氨的大小，可采取临时打管卡的办法，封堵漏口和裂纹，然后进行事故部位抽空。

3）开启事故排风扇进行通风换气，并对事故部位抽空，更换新管修理补焊。

5.1.7　加氨装置漏氨处置措施。在加氨过程中，加氨装置漏氨，应迅速关闭加氨装置最近的阀门和氨瓶的出液阀。

5.1.8　处理漏氨事故时氨的排放措施。如果容器设备漏氨，在容器内氨液较多的情况下，必须将容器内的氨液排放到其他容器内或排放掉。氨液的排放分为系统内排放和向系统外排放。

1）向系统内的排放。一般应采取设备的放油管及排液管排放，将漏氨容器的氨液排至其他压力较低的容器内。

2）向系统外的排放，在特殊情况下，为了减少事故设备的氨液外泄，避免伤亡事故发生，将氨液通过串联设备放油管与耐压橡胶管放入水池中，以保证安全。在向外界排放氨液或氨气时，要注意阀门不要开得过大、过猛，防止胶管连接处脱落，造成意外事故的发生。

5.1.9　压力容器爆炸事故的应急处理措施如下：

1）立即疏散爆炸点为半径400m以内的所有人员，迅速通知毗邻单位，封闭各个交通路口，建立警戒，禁止车辆及人员进入爆炸现场。若风速较大，还应扩大人员疏散范围。抢救疏散工作做到统一指挥，分工明确，措施得当，保障有力，并用最快的速度向上级报告并请求支援。

2）积极抢救伤员，叙述查明爆炸部位是否有氨液泄漏，同时采用消防水对准泄漏部点稀释溶解（所有抢险人员必须在采取有效的安全防护下施救）。

5.2　知识保证

5.2.1　人员现场营救知识包括如下几方面：

1）现场抢救知识：

①救护者应做好个人防护，进入事故区抢救人员时，首先要做好个人呼吸系统和

皮肤的防护，佩戴好氧气呼吸器或防毒面具、防护服和橡胶手套。

② 将被氨熏倒者迅速移至温暖通风处，注意伤员身体安全，不能强拖硬拉，防止给中毒人员造成外伤。

2）对中毒人员的急救。将中毒者颈、胸部纽扣和腰带松开，保持中毒者呼吸畅通，注意中毒者神态，呼吸状况，循环系统的功能及心跳变化，同时用质量分数为 2%的硼酸水给中毒者漱口，让其少喝一些柠檬酸汁或质量分数为 3%的乳酸溶液，对中毒严重不能自理的伤员，应让其吸入质量分数为 1%～2%的柠檬酸溶液的蒸气，对中毒休克者应迅速解开衣服进行人工呼吸，并给中毒者饮用较浓的食醋。严禁其饮水。经过以上处治的中毒人员应迅速送往医院诊治。

3）沾氨的处理措施如下：

① 眼沾氨时切勿揉搓，可翻开眼皮用流动水或质量分数为 2%的硼酸水冲洗眼并迅速开闭眼睛，使水充满全眼。

② 对于鼻腔、咽喉部位沾氨，可向鼻内滴入质量分数为 2%的硼酸水，并用硼酸水漱口，可以喝大量的质量分数为 0.5%的柠檬酸水或食醋，以免助长氨在体内扩散。

③ 对于皮肤，应脱掉沾有氨的衣、裤，用水或质量分数为 2%的硼酸水冲洗受影响的部位，被烧伤的皮肤应暴露在空气中并涂上药物。

经过以上处治的人员应迅速送往医院诊治。

4）人工呼吸方法。最好采用口对口呼吸式，其方法是抢救者用手捏住中毒者的鼻孔，以 12～16 次/min 的速度向中毒者口中吹气，同时可以用针灸扎穴进行配合，其穴位有人中、涌泉、太冲。

5）人工复苏胸外挤压法。将患者放平仰卧在硬地或木板上，抢救者在中毒者一侧或骑跨在中毒者身上，面向中毒者头部，用双手的冲击式挤压中毒胸腔下部部位，每分钟 60～70 次，挤压时应注意不可用力过大防止中毒者肋骨骨折。

6　应急事故发生后现场处置及恢复

6.1　抢险信息发布

氨泄漏应急抢险信息的发布由总指挥负责。

6.2　现场恢复

事故现场应急行动结束后，由企业相关各部门组成生产恢复小组，生产恢复小组一般由总经理或授权的副总经理负责，调查事故发生原因，并组织清除现场垃圾和恢复生产。

综合组负责对外联系和对外发布新闻工作。

7　附则

7.1　应急工作结束后，应急救援小组应总结本次应急处置工作的经验，在应急工作结束后的 15 日内提交总结报告。

7.2　本救援预案是事故应急抢险的指导性文件。发生事故后，应视现场的具体情况，在指挥部的指导下开展应急救援和处置工作。

7.3　本预案由单位应急救援指挥部制定，并组织液氨泄漏应急救援演练。

附录 K　制冷工国家职业技能标准摘录（2009 年修订）

职业功能	工作内容	技能要求	相关知识
一、初级制冷工			
1. 操作与调整制冷系统	（1）操作准备	1）能根据运行日志判断系统状态 2）能确认电源电压及系统压力、温度、液位、油位是否符合开机要求 3）能填写运行日志	1）运行日志的地位与作用 2）运行日志的填写格式与要求 3）电压、电流、温度、压力、液位仪表的作用和识读方法 4）制冷系统压力、温度、液位的测点和作用
	（2）开停机	1）能开停制冷压缩机及辅助设备 2）能在发生断电、断水等异常情况时紧急停止制冷压缩机及辅助设备运行 3）能在冷却水或载冷剂不足时按要求补充	1）开停机操作规程 2）紧急停机注意事项
	（3）巡检操作	1）能确认系统压力、温度、液位、油位等运行参数 2）能选用冷冻机油 3）能将冷冻机油加入或排出制冷压缩机、油分离器 4）能将辅助设备内积存的冷冻机油通过集油器排出 5）能操作空气分离器等设备排放不凝性气体	1）制冷压缩机及辅助设备正常工作时各种参数的范围 2）压缩机加入或排出冷冻机油的操作要求 3）辅助设备及集油器排油操作要求 4）系统存在不凝性气体的现象及危害 5）空气分离器的工作原理 6）排放不凝性气体的操作要求
	（4）融霜操作	1）能根据制冷效果判断蒸发器结霜情况 2）能进行水融霜 3）能进行热制冷剂融霜	1）结霜与油污的危害 2）融霜方式 3）制冷剂热蒸气融霜的操作要求
	（5）调整运行参数	1）能根据用冷需求开关供液阀 2）能根据供液量调整供液阀 3）能根据需要调节载冷剂流量 4）能调控载冷剂容器液面	1）调节站的作用 2）供液量与制冷效果 3）载冷剂回路的组成与工作原理

（续）

职业功能	工作内容	技能要求	相关知识
一、初级制冷工			
2. 处理制冷系统故障	（1）处理制冷压缩机故障	1）能排除制冷压缩机曲轴箱压力过高的故障 2）能压紧阀门压盖，排除阀杆泄漏故障	1）制冷压缩机均压要求 2）阀门密封结构
	（2）处理电气系统故障	1）能判断电源故障 2）能使控制器、保护器等继电器复位	1）熔断器的选用 2）接触器、热继电器等继电器的工作原理
	（3）处理辅助设备故障	1）能发现系统制冷剂或润滑油泄漏故障 2）能更换水阀门，排除冷却水管路泄漏故障 3）能消除水泵气蚀现象 4）能消除氨泵（制冷剂泵）气蚀现象	1）常用检漏器具与试纸的性能及测试要求 2）水泵结构与工作原理 3）氨泵（制冷剂泵）抽气阀、出口旁通阀的作用及操作要求
3. 维护制冷系统	（1）保养制冷压缩机	1）能保持机器、设备洁净无油污，机器间、设备间整洁 2）能定期给各处螺栓、阀杆处涂抹润滑油、润滑脂 3）能紧固松动的螺栓	1）机房工作环境要求 2）机房、设备间安全要求 3）防腐、防锈常识
	（2）保养辅助设备	1）能清洗水过滤器、进风栅、布水器、循环水池等设施 2）能调整、更换 V 带 3）能调节循环水池水位 4）能清洗空气冷却式冷凝器 5）能定期给电动机、水泵、风机等设备的轴承充注润滑油、润滑脂	1）水冷却塔的工作原理 2）V 带传动的技术要求 3）水位控制阀的工作原理 4）冷凝器清洗要求 5）润滑油、润滑脂的性能、作用、规格
	（3）更换定检装置	1）能更换压力表 2）能更换温度计 3）能更换安全阀	1）仪表、安全阀的规格 2）更换仪表、安全阀的要求
二、中级制冷工			
1. 操作与调整制冷系统	（1）开停机	1）能根据冷负荷确定制冷压缩机运行台数 2）能根据冷负荷调节制冷压缩机能量	1）冷负荷与制冷量的关系 2）能量调节机构的工作原理和调整要求 3）冷凝器热负荷与冷却水温、水量的关系

（续）

职业功能	工作内容	技能要求	相关知识
		二、中级制冷工	
1. 操作与调整制冷系统	（2）巡检操作	1）能检查电动机温升 2）能检查接触器、继电器等器件	1）电动机异常温升的原因 2）万用表的使用方法
	（3）补充与排放制冷剂	1）能确定制冷剂不足 2）能将制冷剂加入或排出制冷系统 3）能紧急排泄制冷剂	1）补充与排出制冷剂的操作要领 2）制冷剂钢瓶的使用注意事项
	（4）调整运行参数	1）能根据运行需要调定油压 2）能根据运行需要调整时间继电器、温度继电器、压差控制器 3）能通过调整节流阀开启度调节冷藏间、冷冻间或载冷剂的温度 4）能设定自动化制冷装置	1）压差控制器、油压调节阀的工作原理 2）高低压控制器的工作原理 3）时间继电器的工作原理 4）温度继电器的工作原理 5）节流阀的工作原理和调整要求
2. 处理制冷系统故障	（1）处理制冷压缩机故障	1）能检查制冷压缩机加载情况 2）能根据制冷压缩机异响采取相应措施 3）能处理油压不正常的故障	1）制冷压缩机的结构 2）制冷压缩机异响的原因 3）制冷压缩机油压不正常的原因
	（2）处理电气系统故障	1）能排除短路、断路等故障 2）能更换接触器等器件 3）能更换融霜、油、冷却水等加热器	1）电路检查要求 2）接触器的结构与规格 3）加热器的结构与规格
	（3）处理辅助设备故障	1）能判断系统堵塞和冰塞并排除故障 2）能判断截止阀、单向阀内漏并更换	1）系统堵塞的原因与现象 2）过滤器、干燥过滤器的结构 3）截止阀、单向阀等阀门的结构

（续）

职业功能	工作内容	技能要求	相关知识
二、中级制冷工			
3. 维护制冷系统	（1）维护制冷压缩机	1）能拆装、清洗、更换油过滤器 2）能拆装、清洗、更换吸气滤网 3）能对制冷压缩机抽真空 4）能校正联轴器同轴度 5）能拆装、更换油泵 6）能清洗油冷却器 7）能更换起动器冷却液	1）制冷压缩机油过滤器的结构与作用 2）零部件拆装和清洗要求 3）联轴器的结构与装配技术参数 4）油泵的结构与工作原理 5）油冷却器的结构 6）起动器的种类与特点
	（2）维护辅助设备	1）能清洗、更换泵与风机的轴承、叶轮、扇叶、机械密封等部件 2）能修补破损防潮隔气层、隔热层	1）风机的结构与工作原理 2）防潮隔气层的作用及常用防潮隔气材料 3）隔热层的作用与结构及常用隔热材料
三、高级制冷工			
1. 操作与调整制冷系统	（1）处理长期停机	1）能对长期停机的机器设备进行密闭防潮、防冻 2）能进行标识记录 3）能起动长期停机的机器设备	1）机器设备长期停机的技术要求 2）机器设备长期停机的安全要求 3）长期停机的机器设备的维护要求
	（2）进行气密性试验	1）能进行制冷压缩机试机 2）能进行系统排污 3）能试验系统压力气密性 4）能试验系统真空密封性	1）制冷压缩机试机的技术要求 2）制冷系统排污、试压的技术要求 3）制冷系统真空的技术要求
	（3）操作特种制冷装置	1）能操作低温环境试验装置 2）能操作移动及运输用制冷装置	1）低温环境试验装置的组成与工作原理 2）移动及运输用制冷装置的组成与特点
	（4）调整运行参数	1）能设定与调整数字式控制仪表 2）能使用远程控制系统控制设备运行	1）数字式控制仪的基本原理 2）远程控制系统的基本原理与组成
	（5）调节载冷剂浓度	1）能配制载冷剂 2）能确定防腐剂的添加量	1）载冷剂浓度与密度的关系 2）防腐剂的种类与使用要求

（续）

职业功能	工作内容	技能要求	相关知识
三、高级制冷工			
2. 处理制冷系统故障	（1）处理制冷压缩机故障	1）能处理轴封泄漏 2）能防止液击危害扩大 3）能处理制冷压缩机液击 4）能处理奔油故障	1）轴封的结构与原理 2）摩擦环的种类与研磨的基本知识 3）液击的危害、产生原因及处理方法 4）奔油的危害和主要原因
	（2）处理辅助设备故障	1）能在液击后恢复容器正常液位 2）能处理蒸发器不进液的故障 3）能处理容器、管路中制冷剂泄漏的事故	1）气囊、液囊的形成原因 2）管夹、木塞的使用
3. 维护制冷系统	（1）编制备品备件需求计划	1）能确定压缩机及辅助设备零部件的规格型号 2）能确定易损件的范围及使用周期	零部件精度、使用寿命
	（2）维护制冷压缩机	1）能拆卸、装配制冷压缩机气缸、活塞连杆组、进排气阀组、阴阳转子、油三通阀、能量调节机构等零部件 2）能检查、调整零部件的间隙 3）能检查零部件的圆度、垂直度、水平度、平行度 4）能确定可用、需修、报废的零部件 5）能清洗冷却水套	1）装配知识 2）间隙要求 3）水套的作用与清洗
	（3）维护辅助设备	1）能清洗换热器 2）能修理换热器与管道	1）化学与机械清洗方法 2）换热器的维修方法
四、技师			
1. 操作与调整制冷系统	（1）安装、调整自控装置	1）能调整、更换传感器 2）能调试远程控制系统	1）传感器的种类与基本工作原理 2）自动控制的方式
	（2）试运行制冷系统	1）能制定试运行方案 2）能确定制冷剂充注量 3）能进行系统调试	1）设备的安装技术要求 2）试运行程序

（续）

职业功能	工作内容	技能要求	相关知识
四、技师			
2. 处理制冷系统故障	（1）处理制冷压缩机故障	1）能排除活塞、转子卡死或拉毛的故障 2）能判断零部件出现异常损坏的原因 3）能排除能量调节机构失灵的故障	能量调节的方式与工作原理
	（2）处理辅助设备故障	1）能排除电磁阀、热力膨胀阀的故障 2）能排除排气压力、中间压力、吸气压力异常的故障	1）电磁阀、热力膨胀阀的结构 2）排气压力、中间压力过高的原因 3）吸气压力过低的原因
3. 维护制冷系统	（1）维护制冷压缩机	1）能更换制冷压缩机 2）能检测、更换连杆 3）能检查、维修、更换主轴承、推力轴承、曲轴	连杆、主轴承等零部件的检测方法
	（2）维护辅助设备	1）能制定辅助设备大修方案 2）能更换辅助设备	1）设备安全要求 2）设备技术性能及技术指标
4. 管理制冷系统	（1）系统运行管理	1）能编制设备运行方案 2）能进行安全检查 3）能编制应急准备和响应方案 4）能通过原始数据判断设备运行状态	1）设备技术管理知识 2）质量管理体系知识 3）安全管理知识 4）职业健康安全常识 5）设备运行管理知识
	（2）设备管理	1）能建立设备台账 2）能建立设备维修档案	1）设备管理工作的基本内容 2）设备技术档案的基本知识
	（3）环境保护	1）能提出环境保护、节能降耗的措施 2）能回收利用润滑油 3）能利用制冷系统余热	1）环保与资源知识 2）润滑油再生处理知识 3）能量综合利用知识
5. 培训与指导	（1）培训	1）能讲授制冷系统运行知识 2）能讲授安装、试运行与修理知识 3）能讲授安全生产与环境保护知识	1）教案编写知识 2）教学基本知识

（续）

职业功能	工作内容	技能要求	相关知识
四、技师			
5. 培训与指导	（2）技能指导	1）能对初、中、高级制冷工进行技能操作指导 2）能编制作业指导书	1）技能操作教案编写知识 2）科技写作知识

注：1. 制冷工职业定义：操作制冷压缩机及辅助设备，使制冷剂及载冷剂在生产系统中循环制冷的人员。因大多冷库采用氨制冷剂，所以制冷工也称为氨机工。

2. 本标准对初级、中级、高级、技师的技能要求依次递进，高级别涵盖低级别的要求。

3. 制冷工职业共设四个等级，分别为：初级（国家职业资格五级）、中级（国家职业资格四级）、高级（国家职业资格三级）、技师（国家职业资格二级）。

附录 L　冷库机房工作记录表

表 L-1　某公司冷库机房工作记录表

年　月　日

设备名称	工作条件	测量时间							日平均	工作时间						运转小时数/h
										开车	停车	开车	停车	开车	停车	
1号单级机组	吸气压力/MPa															
	吸气温度/℃															
	排气压力/MPa															
	排气温度/℃															
	电流/A															
2号双级机组	一级 吸气压力/MPa															
	一级 吸气温度/℃															
	一级 排气压力/MPa															
	一级 排气温度/℃															
	二级 吸气压力/MPa															
	二级 吸气温度/℃															
	二级 排气压力/MPa															
	二级 排气温度/℃															
	电流/A															

（续）

设备名称	工作条件		测量时间						日平均	工作时间						运转小时数/h
										开车	停车	开车	停车	开车	停车	
3号双级机组	一级	吸气压力/MPa														
		吸气温度/℃														
		排气压力/MPa														
		排气温度/℃														
	二级	吸气压力/MPa														
		吸气温度/℃														
		排气压力/MPa														
		排气温度/℃														
		电流/A														
1号循环水泵	电流/A															
2号循环水泵	电流/A															
1号氨泵	电流/A															
2号氨泵	电流/A															
3号氨泵	电流/A															
4号氨泵	电流/A															
1号风机	电流/A															
2号风机	电流/A															
3号风机	电流/A															
4号风机	电流/A															
5号风机	电流/A															
6号风机	电流/A															

名　称		班　次				备注
		第一班	第二班	第三班	合计	
耗用材料/kg	冷冻机油					
	食盐					
	氨液					
放油量/L	从油分离器					
	从冷凝器					
	从蒸发器					
	从液氨分离器					
	从中间冷却器					交换班签字
	从排液桶					第一班：
	从高压储液桶					第二班：
	合计					第三班：
						车间主任：

表 L-2　某水果果批发市场冷库机房工作记录表

年　月　日

机号 工作条件 时间	一号机											二号机											三号机							四号机							五号机						
	一级				二级							一级				二级																											
	吸气压力/MPa	排气压力/MPa	吸气温度/℃	排气温度/℃	吸气压力/MPa	排气压力/MPa	吸气温度/℃	排气温度/℃	油压/MPa	油温/℃	电流/A	吸气压力/MPa	排气压力/MPa	吸气温度/℃	排气温度/℃	吸气压力/MPa	排气压力/MPa	吸气温度/℃	排气温度/℃	油压/MPa	油温/℃	电流/A	吸气压力/MPa	排气压力/MPa	吸气温度/℃	排气温度/℃	油压/MPa	油温/℃	电流/A	吸气压力/MPa	排气压力/MPa	吸气温度/℃	排气温度/℃	油压/MPa	油温/℃	电流/A	吸气压力/MPa	排气压力/MPa	吸气温度/℃	排气温度/℃	油压/MPa	油温/℃	电流/A
加油情况																																											
运转时间																																											

库房温度记录	时间	101库	102库	201库	202库	301库	302库	401库	402库	501库	202库	冰库

时间 设备	1号氨泵 电流	2号氨泵 电流	3号氨泵 电流	4号氨泵 电流

	早班	中班	晚班
值班负责人			

参 考 文 献

[1] 徐世琼. 制冷技术问答 [M]. 北京：中国农业出版社，1999.

[2] 张建一，李莉. 制冷空调装置节能原理与技术 [M]. 北京：机械工业出版社，2007.

[3] 国内贸易工程设计研究院. GB 50072—2010 冷库设计规范 [S]. 北京：中国计划出版社，2010.

[4] 范树孙. 压力管道作业人员培训教材 [M]. 北京：中国标准出版社，2008.

[5] 张启同. 冷库制冷技术 [M]. 北京：中国农业出版社，1982.

[6] 《制冷工程设计手册》编写组. 制冷工程设计手册 [M]. 北京：中国建筑工业出版社，1978.

[7] 中国就业培训技术指导中心. 制冷工：高级工 [M]. 北京：中国劳动社会保障出版社，2011.

[8] 张兆杰，王发现，曹志红. 压力容器安全技术 [M]. 郑州：黄河水利出版社，2004.

[9] 庄友明. 制冷装置设计 [M]. 厦门：厦门大学出版社，2006.

[10] 国务院法制办公室. 中华人民共和国安全生产法 [M]. 北京：中国法制出版社，2014.

[11] 郭和平. 一起氨瓶爆炸重大事故的分析 [J]. 制冷，2004（4）：39 - 40.

[12] 何平. 氨制冷企业的安全管理不能抓大放小 [J]. 冷藏技术，2007（1）：50.

[13] 单文忠，李鸿宇. 浅论冷库建筑消防安全隐患及预防措施 [J]. 冷藏技术，2013（2）：54 - 56.

[14] 刘岩松，王贺，于志强. NH_3/CO_2 制冷应用的误区解析 [J]. 冷藏技术，2014（2）：7 - 9.

[15] 宋明刚，孙承良. 氟利昂前景分析 [J]. 山东制冷空调，2011（2）：20 - 21.

[16] 薛福连. 溴化锂吸收式制冷机组化学清洗技术 [J]. 冷藏技术，2005（2）：33 - 35.